U0068805

電腦輔助電子電路設計－使用 Spice 與 OrCAD PSpice

鄭群星　編著

全華圖書股份有限公司

授 權 同 意 書

　　映陽科技股份有限公司代理 Cadence® 公司之 OrCAD® 軟體產品，並接受該公司委託負責台灣地區其軟體產品中文參考書之授權作業。

　　茲同意　全華圖書股份有限公司　出版之 Cadence® 公司系列產品中文參考書，書名：電腦輔助電子電路設計－使用 Spice 與 OrCAD PSpice(第四版)(附軟體光碟)　作者：鄭群星，得引用 OrCAD® V17.X 中的螢幕畫面、專有名詞、指令功能、使用方法及程式敘述。

　　有關 Cadence® 公司所規定之註冊商標及專有名詞之聲明，必須敘述於所出版之文書內。為保障消費者權益，Cadence® 公司產品若有重大版本更新，本公司得通知　全華圖書股份有限公司或作者更新中文書版本。

　　本授權同意書依規定須裝訂於上述中文參考書內，授權才得以生效。

此致
　　　全華圖書股份有限公司

授權人：映陽科技股份有限公司

代表人：湯秀珍

中華民國 106 年 8 月 14 日

cādence®
CHANNEL PARTNER

Your EDA Partner

序

　　在積體電路的設計中，SPICE(Simulation Program with Integrated Circuit Emphasis)是一個最基本的設計工具,而 SPICE 是由美國加州大學柏克萊分校(UC Berkeley)所發展出來的類比積體電路設計模擬軟體，它可求出電路的直流分析，頻率響應，暫態響應，失真分析，雜訊分析，轉移函數分析，傅立葉分析等，它是在類比積體電路設計中有最高評價的電路設計模擬軟體，目前幾乎沒有其他類比積體電路模擬軟體可與之匹敵,但是 SPICE 只能在迷你電腦或大型電腦上執行。

　　OrCAD PSpice 則是將 SPICE2G.6 的版本加以改良，使能於 PC WINDOWS 作業系統上執行的積體電路設計軟體，其功能幾乎與 SPICE 大同小異。

　　本書之特色在介紹 SPICE 與 OrCAD PSpice 的使用方法(偏重於類比電路及電路模擬)，並同時比較說明二者異同之處，對於 OrCAD PSpice 用繪圖的方式及文字描述的模擬方式均加以介紹，因文字描述的模擬方式是此設計軟體的基石。

　　本章可分為十三章，第一章至第八章的參數分析為基本分析，第八章至第十三章為進階分析，在各章中均對使用文字描述及繪圖方式的模擬均詳加介紹，讀者可依需要選擇不同的輸入方式閱讀。

　　本書適用於目前從事於積體電路設計的專業人員，大專院校研究所電子、電機、資工、通訊工程系的學生及技高電子、電機、資訊科的學生閱讀使用。

　　本書係利用課餘閒暇執筆編著而成，雖經細心校訂，錯誤之處在所難免，希先進專家專賜指正，不勝感激。

鄭群星 謹識

編輯部序

　　「系統編輯」是我們的編輯方針，我們所提供給您的，絕不只是一本書，而是關於這門學問的所有知識，它們由淺入深，循序漸進。

　　本書為目前市場最新 Cadence OrCAD PSpice 17.4 版，其內容第一至七章為基礎分析，第八至十二章為進階分析，針對 SPICE 及 OrCAD PSpice 不同的輸入方式，對文字描述方式及繪圖方式模擬電路，加以詳細介紹，並採用 step by step 方式說明，使讀者更容易瞭解。本書適合大學、科大及技高電子、電機、資工系「電子電路設計與模擬」及「積體電路設計」等課程或積體電路設計之相關工程師使用。

　　同時，為了使您能有系統且循序漸進研習相關方面的叢書，我們以流程圖方式，列出各有關圖書的閱讀順序，以減少您研習此門學問的摸索時間，並能對這門學問有完整的知識。若您在這方面有任何問題，歡迎來函連繫，我們將竭誠為您服務。

相關叢書介紹

書號：06471007
書名：CMOS 電路設計與模擬－使用
　　　LTspice(附範例光碟)
編著：鍾文耀
16K/216 頁/300 元

書號：06159017
書名：電路設計模擬－應用 PSpice 中文
　　　版(第二版)(附中文版試用版及範例
　　　光碟)
編著：盧勤庸
16K/336 頁/350 元

書號：06490
書名：Altium Designer 電腦輔助電路
　　　設計－疫後拼經濟版
編著：張義和
16K/520 頁/580 元

書號：06052037
書名：電腦輔助電路設計－活用 PSpice
　　　A/D－基礎與應用(第四版)
　　　(附試用版與範例光碟)
編著：陳淳杰
16K/384 頁/420 元

書號：06425017
書名：FPGA 可程式化邏輯設計實習：
　　　使用 Verilog HDL 與 Xilinx Vivado
　　　(第二版)(附範例光碟)
編著：宋啓嘉
16K/328 頁/380 元

書號：06191017
書名：Allegro PCB Layout 16.X 實務
　　　(第二版)(附試用版、教學影片光
　　　碟)
編著：王舒萱、申明智、普　羅
16K/416 頁/480 元

書號：05180047
書名：電力電子分析與模擬(第五版)
　　　(軟體、範例光碟)
編著：鄭培璿
16K/488 頁/500 元

◎上列書價若有變動，請以
　最新定價為準。

流程圖

書號：0643871
書名：應用電子學(第二版)
　　　(精裝本)
編著：楊善國

書號：0630001/0630101
書名：電子學(基礎理論)/(進階
　　　應用)(第十版)
編譯：楊棧雲.洪國永.張耀鴻

書號：04F32116/04F33106
書名：電子學上/下冊
　　　(附鍛練本)
編著：蔡朝洋.蔡承佑

書號：06471007
書名：CMOS 電路設計與模擬
　　　－使用 LTspice(附範例光
　　　碟)
編著：鍾文耀

書號：0512904
書名：電腦輔助電子電路設計
　　　－使用 Spice 與 OrCAD
　　　PSpice(第五版)
編著：鄭群星

書號：06159017
書名：電路設計模擬－應用
　　　PSpice 中文版(第二版)
　　　(附中文版試用版及
　　　範例光碟)
編著：盧勤庸

書號：05180047
書名：電力電子分析與模擬
　　　(第五版)(附軟體、範例
　　　光碟)
編著：鄭培璿

書號：06490
書名：Altium Designer 電腦輔
　　　助電路設計－疫後拼經
　　　濟版
編著：張義和

書號：06191017
書名：Allegro PCB Layout 16.X
　　　實務(第二版)(附試用版、
　　　教學影片光碟)
編著：王舒萱.申明智.普　羅

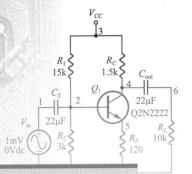

目錄

Contents

第一章　簡介 1-1

1-1　電子電路模擬程式的發展過程 1-2

　1-1-1　SPICE 1 1-2

　1-1-2　SPICE 2 1-3

　1-1-3　SPICE 3 1-3

　1-1-4　PSpice 1-3

　1-1-5　DESIGN CENTER 1-3

　1-1-6　Cadence OrCAD PSpice 1-4

　1-1-7　其他種 SPICE 之改良版本之模擬程式 1-5

1-2　SPICE 模擬電路程式之功能 1-6

1-3　OrCAD PSpice 電路模擬程式之功能 1-7

1-4　電路描述模擬的方式 1-8

　1-4-1　使用 SPICE 及 OrCAD PSpice 電路描述模擬的方式 1-8

1-5　OrCAD PSpice 繪圖模擬的方式 1-21

　1-5-1　如何進入 OrCAD PSpice 繪圖視窗 1-21

　1-5-2　繪圖及模擬 1-26

第二章　電路描述格式及規則 2-1

2-1　概述 2-2

2-2　SPICE 及 OrCAD PSpice 的輸入電路描述結構 2-2

2-3　SPICE 及 OrCAD PSpice 的輸入電路描述規則 2-4

　2-3-1　標題行的描述規則 2-8

　2-3-2　註解行的描述規則 2-8

　2-3-3　元件行的描述規則 2-8

第三章　被動元件的描述規則及取用 3-1

3-1　電阻器 3-2

3-1-1　電阻器元件的描述 3-2

3-1-2　OrCAD PSpice 電阻器模型參數設定描述 3-4

3-1-3　OrCAD PSpice 使用繪圖方式取用電阻元件的方法 3-6

3-1-4　設定或更改元件名稱及元件值 3-6

3-1-5　OrCAD PSpice 取用具有模型參數的電阻元件 3-10

3-2　電容器 3-19

3-2-1　電容器的描述 3-19

3-2-2　.OrCAD PSpice 電容器模型參數設定描述 3-21

3-2-3　取用電容元件的方式 3-22

3-2-4　設定或更改元件名稱及元件值 3-23

3-2-5　電容值初始電壓之設定 3-25

3-2-6　OrCAD PSpice 取用具有模型參數的電容元件 3-26

3-3　電感器(HENRY) 3-29

3-3-1　電感器元件描述 3-29

3-3-2　OrCAD PSpice 電感器模型參數設定描述 3-30

3-3-3　OrCAD Capture CIS 取用電感元件的方式 3-31

3-3-4　設定或更改元件名稱及元件值 3-32

3-3-5　電感器初始電流的設定 3-34

3-3-6　取用具有模型參數的電感元件 3-35

3-4　互感元件(變壓器) 3-36

3-4-1　互感元件(變壓器)的描述 3-37

3-4-2　OrCAD PSpice 互感元件模型參數設定描述 3-39

3-4-3　取用互感元件的方式 3-41

3-4-4　設定或更改變壓器元件名稱及元件值 3-43

3-4-5　變壓器初級圈次級圈電感量及交連值之設定及修改 3-43

3-5　傳輸線 3-44

3-5-1　傳輸線描述 3-44

3-5-2　OrCAD PSpice 傳輸線(有損失)元件模型參數設定描述 3-45

3-5-3　取用傳輸線元件的方式 3-48

3-5-4　設定或更改傳輸線的名稱 3-49

3-5-5　傳輸線的波長延遲時間及特性阻抗的設定 3-50

第四章　獨立電源元件描述及取用 4-1

4-1　獨立電壓及電流電源之描述及元件取用 4-2

4-1-1　OrCAD PSpice 獨立電壓及電流電源元件的取用 4-6

4-2　暫態分析獨立電壓電源及電流電源之函數波形描述及元件取用 4-14

4-2-1　脈波函數電源 4-14

4-2-2　正弦波函數電源 4-20

4-2-3　指數波函數電源 4-24

4-2-4　分段線性波函數電源 4-27

4-2-5　單一頻率的調頻波函數 4-32

4-3　OrCAD PSpice 可適用各種波形之電源元件的取用 4-35

4-4　OrCAD PSpice 接地元件 4-38

4-5　OrCAD PSpice 直流符號元件 4-40

第五章　控制電源元件描述及取用 5-1

5-1　線性控制電源 5-2

5-2　非線性控制電源 5-3

5-3　電壓控制電壓電源描述及取用 5-5

5-3-1　OrCAD PSpice 電壓控制電壓電源元件 5-7

5-4　電壓控制電流電源描述及取用 5-10

5-4-1　OrCAD PSpice 電壓控制電流電源元件 5-13

5-5　電流控制電流電源描述及取用 5-15

5-5-1　OrCAD PSpice 線性電流控制電流電源元件 5-18

5-5-2　OrCAD PSpice 非線性電流控制電流電源元件 5-20

5-6　電流控制電壓電源描述及取用 5-21

5-7　電壓控制開關描述及取用 5-26

5-7-1　電壓控制開關元件描述 5-26

5-7-2 電壓控制開關之模型參數設定描述 5-26

5-7-3 OrCAD PSpice 電壓控制開關元件 5-28

5-8 電流控制開關描述及取用 5-29

5-8-1 電流控制開關元件描述 5-29

5-8-2 電流控制開關之模型參數設定描述 5-30

5-8-3 OrCAD PSpice 電流控制開關元件 5-31

5-9 OrCAD PSpice 時間控制開關 5-32

5-10 控制電源應用的實例 5-35

第六章 半導體元件描述及取用 6-1

6-1 二極體元件描述及取用 6-2

6-1-1 二極體元件描述 6-2

6-1-2 二極體元件之模型參數設定描述 6-3

6-1-3 OrCAD PSpice 二極體元件的取用 6-7

6-1-4 OrCAD PSpice 二極體元件模型參數的設定與修改 6-11

6-2 雙極性電晶體元件描述及取用 6-17

6-2-1 雙極性電晶體元件描述 6-17

6-2-2 雙極性電晶體元件之模型參數設定描述 6-18

6-2-3 OrCAD PSpice 電晶體元件的取用 6-23

6-2-4 OrCAD PSpice 電晶體元件模型參數的設定與修改 6-30

6-3 接合場效電晶體元件描述及取用 6-30

6-3-1 接合場效電晶體元件描述 6-30

6-3-2 接合場效電晶體之模型參數設定描述 6-31

6-3-3 OrCAD PSpice 接合場效電晶體元件的取用 6-34

6-3-4 OrCAD PSpice 接合場效電晶體元件模型參數的設定與修改 6-35

6-4 金屬氧化物場效電晶體元件描述及取用 6-35

6-4-1 金屬氧化物場效電晶體元件描述 6-35

6-4-2 金屬氧化物半導體之模型參數設定描述 6-37

6-4-3 OrCAD PSpice 金屬氧化物場效電晶體元件的取用 6-42

6-4-4 OrCAD PSpice 金屬氧化物半導體元件模型參數的設定與修改6-45

6-5　砷化鎵場效電晶體元件描述及取用 6-45

　　6-5-1　砷化鎵場效電晶體元件描述 6-45

　　6-5-2　砷化鎵場效電晶體之模型參數設定描述 6-46

　　6-5-3　OrCAD PSpice 砷化鎵場效電晶體元件的取用 6-47

　　6-5-4　OrCAD PSpice 砷化鎵場效電晶體元件模型參數之設定與修改

　　　　　　6-48

第七章　模擬電路分析的種類及輸出格式 7-1

　7-1　模擬電路分析輸出變數描述 7-2

　　7-1-1　直流分析及暫態分析輸出變數描述 7-2

　　7-1-2　交流分析輸出變數描述 7-6

　7-2　直流分析 7-8

　7-3　偏壓點分析 7-8

　　7-3-1　偏壓點分析描述格式 7-8

　　7-3-2　偏壓點分析實例介紹 7-9

　7-4　小信號直流轉移函數分析 7-25

　　7-4-1　小信號直流轉移函數分析描述 7-26

　　7-4-2　小信號直流轉移函數分析之實例 7-27

　7-5　電路檔案的管理 7-40

　　7-5-1　電路檔案基本管理系統 7-40

　　7-5-2　如何使用電路檔案管理系統 7-41

　7-6　靈敏度分析 7-50

　　7-6-1　靈敏度分析描述 7-51

　　7-6-2　靈敏度分析實例介紹 7-52

　　7-6-3　OrCAD PSpice 所提供之觀測輸出之元件 7-61

　7-7　直流掃描分析(DC Sweep Analysis) 7-66

　　7-7-1　直流掃描分析描述格式 7-66

　　7-7-2　直流掃描分析輸出描述 7-70

　　7-7-3　直流掃描分析實例介紹 7-72

　7-8　交流分析 7-94

7-8-1   交流分析描述格式 7-95

7-8-2   交流分析輸出描述 7-98

7-8-3   交流分析實例介紹 7-103

7-9   失真分析 7-140

7-9-1   失真分析描述 7-141

7-9-2   失真分析輸出描述 7-142

7-9-3   失真分析實例介紹 7-143

7-10   雜訊分析 7-146

7-10-1   雜訊分析描述 7-146

7-10-2   雜訊分析輸出描述 7-147

7-10-3   雜訊分析實例介紹 7-149

7-11   暫態分析 7-159

7-11-1   暫態分析描述 7-159

7-11-2   暫態分析輸出描述 7-161

7-11-3   暫態分析之實例介紹 7-162

7-12   傅立葉分析 7-185

7-12-1   傅立葉分析描述格式 7-185

7-12-2   傅利葉分析實例介紹 7-186

第八章   其他分析 8-1

8-1   溫度分析 8-2

8-1-1   溫度分析描述 8-2

8-1–2   溫度分析實例介紹 8-3

8-2   參數調變分析(Parametric Analysis) 8-17

8-2-1   參數分析描述 8-17

8-2-2   參數分析實例介紹 8-19

8-3   蒙地卡羅分析 8-44

8-3-1   蒙地卡羅分析實例介紹 8-44

8-4   最壞情況分析(Worst Case Analysis) 8-56

8-4-1   最壞情況分析實例介紹 8-56

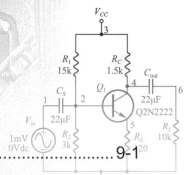

第九章　副電路 9-1

9-1　副電路的定義描述 9-2

9-2　副電路的呼叫描述 9-3

9-3　副電路應用的實例 9-4

9-4　使用繪圖方式建副電路 9-10

    9-4-1　副電路符號元件文字描述檔的產生 9-10

    9-4-2　將副電路建一符號元件 9-15

    9-4-3　副電路符號元件的取出 9-19

    9-4-4　副電路符號元件的引進與驗證 9-23

9-5　副電路符號元件應用實例介紹 9-28

第十章　階層式電路圖 10-1

10-1　階層式電路的設計方式 10-2

    10-1-1　運算放大器方塊圖的設計 10-3

    10-1-2　運算放大器方塊圖接腳的連接 10-5

    10-1-3　運算放大器方塊圖內部電路的畫法 10-7

    10-1-4　帶通濾波器方塊圖之設計 10-8

    10-1-5　帶通濾波器內部電路之設計 10-10

10-2　階層式電路的模擬 10-10

10-3　如何將階層圖編輯成符號元件使用 10-11

    10-3-1　運算放大器方塊圖符號元件資料庫的建立 10-12

    10-3-2　運算放大器方塊圖符號元件的建立 10-14

    10-3-3　運算放大器符號元件的編輯 10-16

    10-3-4　帶通濾波器方塊圖符號元件之設計 10-18

10-4　方塊圖符號元件的應用實例 10-21

10-5　如何在其他的專案中引用其他專案所建立之階層式方塊圖 10-23

第十一章　PSpice 類比行為模型 11-1

11-1　類比行為模型元件的種類 11-2

    11-1-1　PSpice 等效元件之類比行為模型 11-3

11-1-2 控制系統元件之類比行為模型 11-6

11-2 PSpice 等效元件類比行為模型應用實例介紹 11-8

 11-2-1 EFREQ 與 GFREQ 類比行為模型元件之應用－使用描點
    方式 11-8

 11-2-2 ELAPLACE 與 GLAPLACE 類比行為模型元件之應用實例
    介紹－使用轉移函數方式 11-12

 11-2-3 ETABLE 及 GTABLE 類比行為模型元件之應用實例介紹
    －使用表格方式 11-14

 11-2-4 GVALUE 及 EVALUE 類比行為模型之應用－使用數學
    函數 11-17

11-3 PSpice 控制系統元件之類比行為模型應用實例介紹 11-19

 11-3-1 MULT 乘法器之應用 11-19

 11-3-2 Chebyshev 濾波器之應用 11-21

參考資料 參-1

 ※第十二、十三章、附錄 A 及各章習題請見下頁 QR Code

第十二章　元件庫的編輯 12-1

12-1 模型參數資料庫介紹 12-2

12-2 模型參數元件資料庫的使用 12-5

 12-2-1 模型參數元件資料庫引用實例 12-6

12-3 模型參數元件資料庫的編輯 12-8

 12-3-1 使用文字描述敘之模型參數元件庫的編輯 12-8

 12-3-2 使用繪圖方式之模型參數元件資料庫的編輯 12-9

12-4 符號元件庫的編輯 12-10

 12-4-1 現有符號元件的編輯 12-10

 12-4-2 編輯新的符號元件庫 12-17

第十三章　其他描述之功能 13-1

13-1 初始偏壓點條件設定描述 13-2

13-2 OrCAD PSpice 使用繪圖方式初始偏壓點的設定 13-3

13-3　節點電壓設定描述 13-4

13-4　OrCAD PSpice 使用繪圖方式節點電壓的設定 13-5

13-5　寬度設定描述 13-6

13-6　OrCAD PSpice 使用繪圖方式的欄寬設定 13-7

13-7　庫存資料庫檔案描述 13-8

13-8　OrCAD PSpice 使用繪圖方式的庫存資料庫檔案的設定 13-8

13-9　引入檔案描述 13-9

13-10　OrCAD PSpice 使用繪圖方式引入檔案功能的設定 13-9

13-11　OrCAD PSpice 偏壓點的儲存與載入 13-10

　　　13-11-1　儲存偏壓點(Save bias point) 13-11

　　　13-11-2　載入偏壓點(Load bias point) 13-12

13-12　選用項 13-13

　　　13-12-1　選用項描述 13-13

13-13　其他選用項描述敘述 13-16

13-14　OrCAD PSpice 在繪圖環境下選用項之設定方式 13-16

附錄 A　OrCAD PSpice 之安裝步驟 A-1

QR Code 內容如下：

1. 第十二章
2. 第十三章
3. 附錄 A
4. 各章習題
5. 範例程式碼
6. OrCAD PSpice 17.4 下載路徑
   https://trial.cadence.com/

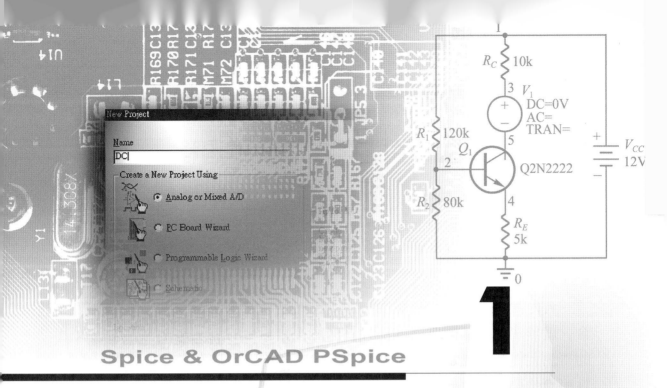

Spice & OrCAD PSpice

1

簡介

學習目標

1-1 電子電路模擬程式的發展過程

1-2 SPICE 模擬電路程式之功能

1-3 OrCAD PSpice 電路模擬程式之功能

1-4 電路描述模擬的方式

1-5 OrCAD PSpice 繪圖模擬的方式

1-1　電子電路模擬程式的發展過程

　　傳統分離式(discrete)電子電路的設計，均使用麵包板(Bread-board)的方式將所需的元件組合而成後，再加以測量，並評估其線路的性能，若有未能達到所期望之性能時，再加以修改、測試，直到得到所預期設計之結果為止。

　　若是當電子電路的複雜度增加，尤其是積體電路的設計，麵包板的組合、就無法配合積體電路內部大量緊密複雜組合的電子電路，且麵包板上的寄生元件與效應在積體電路上是完全不同的，因此在麵包板上測試的特性將無法準確顯示積體電路的特性。況且當電子電路非常複雜時，若使用麵包板組合，所產生的錯誤裝配，亦造成浪費時間、人力及錯誤性能的評估。所以使用麵包板設計電子電路的方法在目前電子科技的發展驅勢而言，是不合乎實際的需要。因此一種模擬電子電路的計算機程式逐漸被發展使用，它可以解決上述電子電路設計所發生的問題，由於它將電子電路以數學模式表示，並配合數值分析，再由設計電路者選擇各種性能分析項目的執行，其執行結果就與實際測量的結果一模一樣，甚至電路模擬的結果能提供整個電子電路完整的性能，這是在一般實際電子電路測量時無法得到的。

　　SPICE(Simulation Program with Integrated Circuit Emphasis)是目前發展數種最成功的類比積體電路模擬程式之一，它是由美國加州大學柏克萊分校的積體電路電子研究室中心發展出來的，在此將其發展過程說明如下各小節。

1-1-1　SPICE 1

　　SPICE 是由另一個電路模擬程式 CANCER 演進而來的，它的第一版本於 1972 年完成，它只能於大型電腦或迷你電腦上執行。

1-1-2 SPICE 2

SPICE 的被廣泛應用證實了它能解決很多電子電路的設計問題，由於使用者提供了一些經驗指出 SPICE 的優點及缺點，而使 SPICE 1 有了第二版本的發展，那就是 SPICE 2，其共有下列幾個版本。

1. SPICE 2A ：於 1975 年七月公開發行。
2. SPICE 2B ：於 1975 年秋季公開發行。
3. SPICE 2C ：於 1975 年秋季公開發行。
4. SPICE 2D ：於 1976 年秋季公開發行。
5. SPICE 2E ：於 1979 年一季公開發行。
6. SPICE 2F ：於 1980 年一月公開發行。
7. SPICE 2G ：於 1980 年九月公開發行。
8. SPICE 2G.5：於 1982 年八月公開發行。
9. SPICE 2G.6：於 1985 年八月公開發行。
10. SPICE 2G.7。

1-1-3 SPICE 3

SPICE 3 大約在 1985 年夏季公開發行，係使用 C 語言撰寫，並且具有繪圖的功能，至目前為止已經發展至好幾個版本。

1-1-4 PSpice

PSpice 是由 Microsim 公司依據 SPICE 2G.6 的版本加以改良，使之能於 IBM PC MS-DOS 系統下執行的模擬程式。

PSpice 在 4.0 版本後更加入類比行為模型(Analog Behavioral Model)及數位電路模擬功能，使 PSpice 由類比電路的模擬進入所謂類比–數位混合模擬(Analog/digital Mixed-Mode Simulation)的世紀。

1-1-5 DESIGN CENTER

在 1991 年左右 Microsim 公司為了克服 SPICE(PSpice)程式只能以文字檔的電路描述方式，輸入模擬程式做模擬分析的不方便，因此開發了以繪圖方式作為輸入模擬程式的工具稱為 Schematics。它讓 PSpice 的使用者可將欲模擬的電路以繪圖的方式在電腦上使用 Schematics 繪完圖後，再呼叫 PSpice 程式進行模擬的工作。(註：Schematics 為 Microsim 公司之註冊商標)。

　　因此在 1992 年 Microsim 公司更將 PSpice 與 Schematics 整合成一功能更強的模擬軟體，稱之為 Design Center。

1-1-6　Cadence OrCAD PSpice

　　在 1998 年 OrCAD 與 Microsim 公司合併，因此將 PSpice 易名為 OrCAD PSpice，最後在 2000 年 OrCAD 為世界著名的電子設計自動化軟體廠商 Cadence 公司所合併，其可包含下列各種之功能：

1.　OrCAD Capture CIS

具有繪圖的功能，使用者可在 Capture CIS(Compoment Information System)內編繪電路完成後，再執行 OrCAD PSpice A/D 的模擬功能。

2.　OrCAD PSpiceA/D

為 PSpice 的主要部分，可執行類比、數位及混合式(Mixed-Mode)電路的模擬分析，其可接受 OrCAD Capture CIS 繪圖的方式或直接以電路描述的方式執行電路模擬的功能。

3.　PROBE

為一軟體的示波器，可將模擬的輸入及輸出信號以示波器方式顯示。

4.　OrCAD PSpice Stimulus Editor

具有產生各種類比與數位信號的軟體信號產生器之功能。

5.　OrCAD PSpice Model Editor：

可由使用者自行建立在 OrCAD PSpice 所未能提供的元件模型，如二極體(Diode)、雙極性電晶體(BJT)、場效電晶體(MOSFET)、接合場效電晶體(JFET)、IGBT、運算放大器(OP)、比較器(Comparator)、穩壓器(Voltage regulator)、電壓參考(Voltage Reference)、磁蕊(Magnetic core)等元件。(教學試用版只能建立二極體元件模型)

6. OrCAD PSpice Advanced Analysis(選購項目)：

將 PSpice 原來的進階分析如參數分析、蒙地卡羅及最壞情況分析等整合，並再加入了 Optimizer 及 Smoke Analysis 等功能。

7. OrCAD PSpice Advanced Analysis Optimization(選購項目)：

可計算出使電路特性達到各項規格要求的各項元件值，以縮短設計電路中常使用的 Trialand error 的時間，為一設計最佳化軟體(教學試用版限制一個元件值對兩種規格的最佳化)。

OrCAD PSpice 有教學版(或稱學生版、教育版、評估版、試用版)與專業版兩種，教學版適合於教學使用，且可自由使用。為尊重智慧財產權，使用專業版務必向原廠或代理商購買。

註 OrCAD PSpice 的安裝，請參閱附錄 A。

1-1-7 其他種 SPICE 之改良版本之模擬程式

採用 SPICE 2 模擬程式相關的電路模擬程式至目前為止在商業上發行的有下列幾種：

1. HSPICE

由 Avant 公司所發行的，適用於 Mainframe 電腦、工作站及個人電腦上執行。

2. IG-SPICE

由 A.B Associates 公司發行，為一交談式及繪圖輸出的電路模擬程式。

3. I-SPICE

由 NCSS 公司發行，為一交談式及繪圖輸出的電路模擬程式。

4. IS-SPICE

由 Intusoft 公司所發行，由 SPICE 2G.6 版本改良，可於 PC 上執行，並可在 batch mode 上執行，具有繪圖功能。

5. Z-SPICE

由 ZTEC 公司所發行，直接由 SPICE 2G.5 轉換而來。

6. SPICE / POLT Graphics Processor

　　由 California Scientific Software 公司所發行，採用 SPICE 3A.7 及 3B.1 之版本，且包含 SPICE 2G.6 的分析型態及極點零點分析。

　　此外尚有許多商用的模擬程式，只要附有 SPICE 字尾者大部份均由 SPICE 2 修改而來。

1-2　SPICE 模擬電路程式之功能

　　SPICE 模擬電路程式其模擬分析電子電路的功能可分為下列幾種：

1. 直流分析(DC Analysis)

　　直流分析在求電路的工作點，也就是小信號的偏壓點，因此在分析時電路中的電容器視同斷路，電感器視同短路。

2. 小信號轉移函數(Small Signal Transfer Function)

　　小信號轉移函數在求出輸出變數與輸入電源的小信號比，如電壓增益、電流增益、互阻、互導等，以及小信號輸入電阻及輸出電阻等。

3. 直流轉換曲線(DC Transfer Curves)

　　直流轉換曲線的輸出在求出不同輸入電源對應不同輸出變數的直流轉換曲線。直流轉換曲線可以決定數位電路的雜訊及類比電路的大信號特性。

4. 直流小信號靈敏度(Small Signal Sensitivities)

　　直流小信號靈敏度在求出電路內某一輸出變數或多個輸出變數對電路某一元件參數的直流小信號靈敏度。

5. 小信號頻域分析(Small Signal Frequency Domain Response)

　　小信號頻域分析在求出當輸入電源的頻率改變時，電路輸出保留特性的頻率響應。

6. 雜訊分析(Noise Analysis)

　　雜訊分析在求出電路中的電阻及半導體元件所產生的熱雜訊(Thermal noise)，以及半導體元件的射雜訊(shot noise)及閃爍雜訊(flick noise)。雜訊的單位為伏/$\sqrt{赫茲}$ $(V/\sqrt{HZ})$或安培/$\sqrt{赫茲}$ $(A/\sqrt{HZ})$，所以一個電路的輸出雜訊是輸入除以頻率平方根的雜訊均方根值程度。SPICE 的雜訊分析可將總輸出雜訊與等效輸入雜訊輸出，同時每一雜訊源在每一選定頻率範圍內對電路產生的影響也能輸出。

7. 失真分析(Distortion Analysis)
    SPICE 能求出二次階波與三次階波失真及內調失真。

8. 暫態分析(Transient Analysis)
    暫態分析是在求出電路相對應於某一時域輸入的時域響應，也就是在求出某一指定時間範圍內，對應於某一輸出變數的輸出值。電路元件的初始條件由直流分析所決定。

9. 傅立葉分析(Foruier Analysis)
    傅立葉分析對於求大信號正弦波輸入的傅立葉諧波失真非常有效，其能求出在輸入正弦波基本頻率 f_o 下之輸出波形的直流值及傅利葉分析的前 9 個傅立葉係數值(a_1 至 a_9)，也就是求出暫態分析波形之諧波成分的大小及相位，所以可求出該模擬電路產生頻率失真之大小。

10. 溫度分析(Temperature Analysis)
    溫度分析在指定所模擬的電路係工作於某種溫度下做模擬，若不指定工作溫度，則 SPICE 均將所模擬的電路設定在攝氏 27 度的工作溫度。

1-3 OrCAD PSpice 電路模擬程式之功能

OrCAD PSpice 係將 SPICE 2G.6 之版本修改使之能於 PC 電腦之作業系統下執行，故其功能與 SPICE 2 大同小異，其不同之點說明如下：

1. PSpice 不能執行 SPICE 2 的失真(DISTO)分析。

2. PSpice 使用"Probe"的圖形處理器(Graphics Post-Processor)，可將程式執行的曲線以圖形方式繪出於顯示器上，而 SPICE 2 係採用文字檔的方式，以字元符號做點的方式將程式執行的曲線描繪出，故其解析度較差，但 SPICE 3G 以後的版本已改用圖形處理器的方式繪圖。

1-4　電路描述模擬的方式

1-4-1　使用 SPICE 及 OrCAD PSpice 電路描述模擬的方式

使用 SPICE 或 OrCAD PSpice 電路描述模擬的方法如圖 1-1 所示之流程圖，茲將其步驟說明如下：

1. 繪出所欲模擬電路之電路圖
   首先將設計完成且欲模擬之電路圖繪於一張紙上。
2. 標出電路圖上各元件之連接節點及節點編號
   依據網路拓樸的原理將電路圖上各元件之連接節點標出，並賦予節點編號，節點編號不可重覆，接地節點編號以「0」表示，如圖 1-2(a) 所示。
3. 依據 SPICE 及 OrCAD PSpice 元件描述之規則給予電路各元件值及名稱，如圖 1-2(b)所示。有關 SPICE 及 OrCAD PSpice 之元件描述規則將於第三章詳細敘述。
4. 決定所要模擬分析的種類
   決定該電路模擬分析的種類，例如要做暫態分析或失真分析等。
5. 使用文字編輯器(Text Editors)或記事本輸入電路描述
   依據 SPICE 及 OrCAD PSpice 之電路描述格式建立一電路描述輸入檔，以便執行模擬，其延伸檔名為.CIR。如圖 1-2(b)所示為圖 1-2(a) 之 SPICE 及 OrCAD PSpice 之電路描述輸入檔，詳細情形將於第二章中詳細介紹。
6. 使用 SPICE 或 OrCAD PSpice 之電路描述輸入檔執行 SPICE 或 OrCAD PSpice A/D 模擬程式。
7. 檢查 SPICE 或 OrCAD PSpice 執行輸出檔之結果。(其結果輸出檔為其輸入檔名之延伸檔名改為.OUT)
   在執行 SPICE 或 OrCAD PSpiceA/D 程式後會產生一輸出檔，因此檢查 SPICE 或 OrCAD PSpice 執行輸出檔之結果。若電路描述之格式有錯，則回到電路描述輸入檔檢查修改之，然後再執行，直至電路描述輸入正確為止。

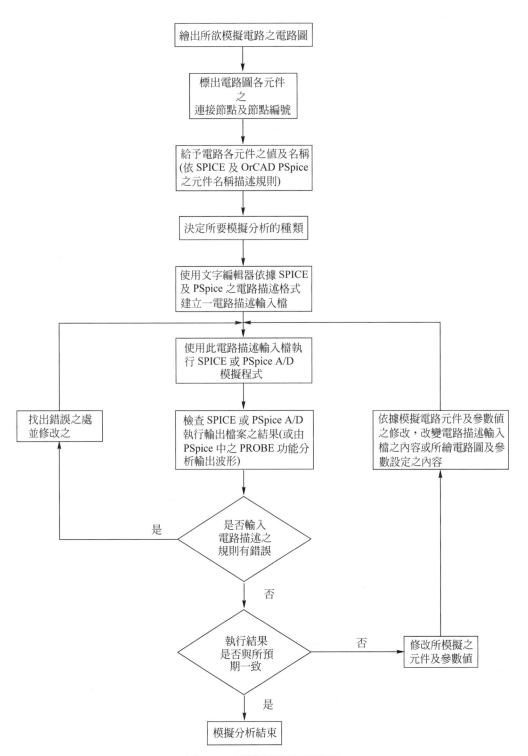

圖 1-1 電路模擬之流程圖

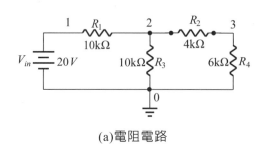

(a)電阻電路

```
EXAMPLE1                <--標題行
*RESISTOR CIRCUIT       <--註解行

VIN     1    0    20V   <--表示直流電源 VIN 連接於節點 1 與 0 之間，其值為 20V

R1  1    2    10K       <--表示 R1 電阻連接於節點 1 與節點 2 之間，其值為 10K

R2  2    3    4K        <--表示 R2 電阻連接於節點 2 與節點 3 之間，其值為 4K

R3  2    0    10K       <--表示 R3 電阻連接於節點 2 與節點 0 之間，其值為 10K

R4  3    0    6K        <--表示 R4 電阻連接於節點 3 與節點 0 之間，其值為 6K

.OP       控制行    <--決定分析的種類為求直流工作點

.END         結束行    <--表示輸入電路描述檔已結束
```

(b)電路描述輸入檔

圖 1-2

8. 檢查輸出檔之結果是否與所預期之結果一致

　　由輸出檔模擬分析之結果(或由 OrCAD PSpice 之 PROBE 輸出顯示波形中)檢查是否與所預期電路設計之結果一致，若未能達成所預期之結果，則修改原設計電路之元件及參數，並將修改之結果於電路描述輸入檔中更正，再執行 SPICE 或 OrCAD PSpiceA/D 模擬程式，直至其模擬輸出結果與所設計預期之結果一致為止。

1-4-1-1 SPICE 電路描述模擬的方式

由於 SPICE 只能在大型電腦或迷你電腦的 UNIX 作業系統上執行，故應使用該系統的文字編輯器，將欲模擬之電路描述檔輸入後(副檔名為.CIR)，然後再進入安裝 SPICE 之目錄下，執行 SPICE"電路描述檔名"命令，再按 Enter 鍵，即可執行，其模擬結果在電路檔名.OUT 檔內。詳細情形請請教大型電腦或迷你電腦之管理者。

註 安裝 OrCAD PSpice 系統軟體之方法請參閱附錄 A。

1-4-1-2 OrCAD PSpice 使用電路描述模擬的方式

OrCAD PSpice 使用電路描述(不用繪圖)模擬的方式如下：

1. 如圖 1-3 所示點選所有應用程式→OrCAD Trial 17.4-2019→PSpice AD 17.4 就會進入如圖 1-4 所示 PSpice A/D 視窗。

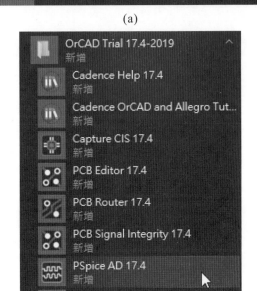

(a)

(b)

圖 1-3 OrCAD PSpice A/D 的開啓

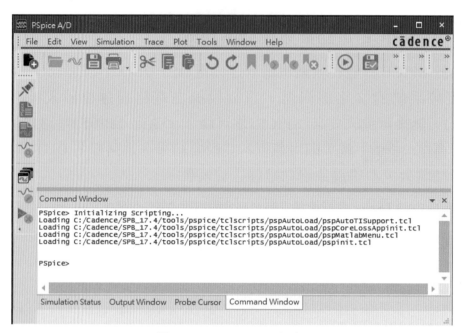

圖 1-4　PSpice A/D 視窗

2. 如圖 1-5 所示點選 File→New→Text File 命令，就會出現如圖 1-6 所示之視窗(但是內容為空白畫面)。

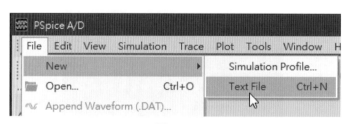

圖 1-5

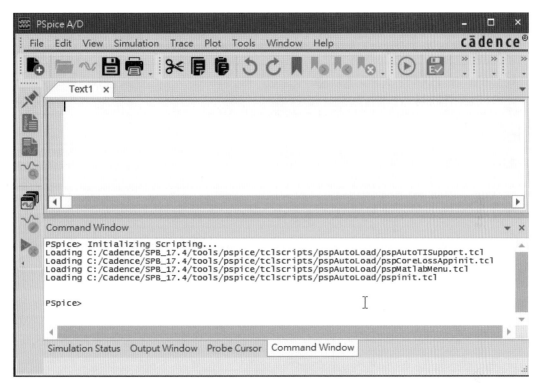

圖 1-6　PSpice A/D 視窗

3. 將圖 1-2(a)所示之電路，依 OrCAD PSpice 描述格式輸入，如圖 1-7 及
   圖 1-8 所示，然後如圖 1-9 所示點選 File→Save 命令或點選 🖫 存檔圖
   示命令將之存檔，其副檔名為.CIR，例如 ex1_1.cir 如圖 1-10 所示。(要
   記住存在那一個資料夾)

```
ex1_1
VIN    1    0    20v
R1     1    2    10K
R2     2    3    4K
R3     2    0    10K
R4     3    0    6K
.OP
.END
```

圖 1-7　電阻電路之電路描述檔

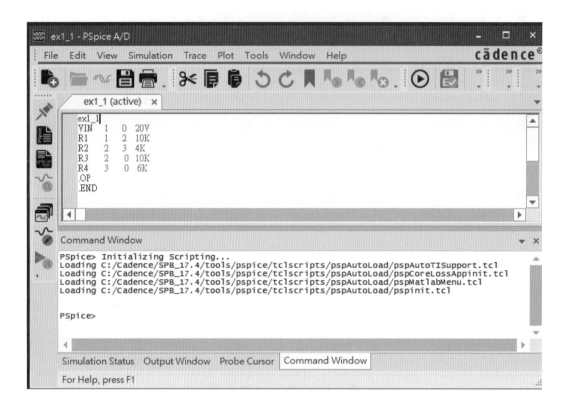

圖 1-8　電阻電路之電路描述檔

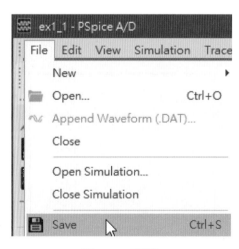

圖 1-9　存檔

圖 1-10 另存新檔視窗

4. 若將 PSpice 關閉後再要開啟此電路描述檔，則應如圖 1-11 所示點選
   File→Open 命令，就會出現如圖 1-12 所示的開啟舊檔視窗，然後點選
   ex1-1.cir 檔將之開啟。(注意副檔名為.cir)

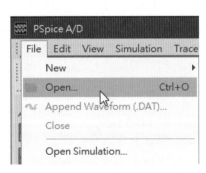

圖 1-11 模擬輸入檔的開啟

註 一：cir 為 PSpice Circuit File 的簡稱。

圖 1-12 開啟舊檔視窗

5. 如圖 1-13 所示再點選 Simulation→Run ex1_1(或右上方的 ⊙ 圖示命
   令)命令執行模擬,若電路描述輸入檔正確,則會在如圖 1-14 所示下
   方的 Output Window 視窗顯示 Simulation Complete 字樣(點選最下方的
   左邊第二個 Output Window 標籤才會出現該視窗)。

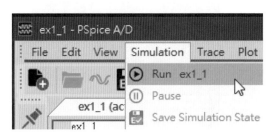

圖 1-13 模擬的執行

註 二: 若不會出現此 Simulation 命令請將 PSpice A/D 關閉,再開啟一次 PSpice A/D
即可。

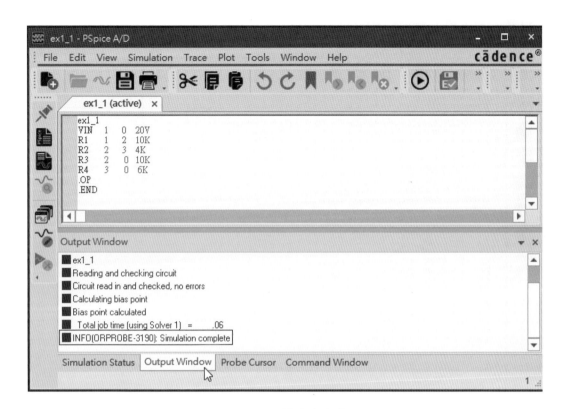

圖 1-14　模擬完成之畫面

6. 如圖 1-15 所示點選 View→Outputfile 命令，就會出現如圖 1-16 所示之
輸出檔視窗(將之放大)，其副檔名為.out，即 ex1_1.out.1。

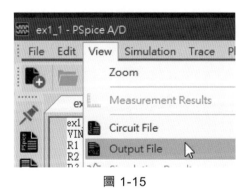

圖 1-15

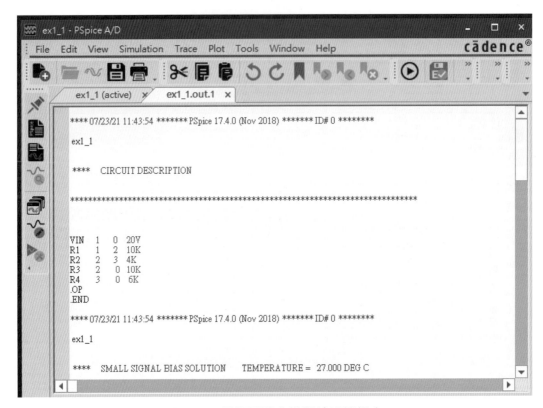

圖 1-16　電阻電路之模擬輸出檔視窗

7. 調整此視窗右邊之上下捲軸，使之往下移，即可看見 PSpice 所求出各節點之電壓值、電壓源之消耗電流及消耗功率，如圖 1-17 所示，如 NODE (1)為 20V 表示 VIN 為 20V，NODE(2)為 6.6667V 表示 VR3 = 6.6667V，NODE (3)為 4.0000 表示 VR4 = 4V，其電源之消耗功率為 2.67×10^{-2} 瓦(再調整卷軸往下看會有執行此程式所花費時間顯示)。點選圖 1-17 左下方視窗之 Simulation Status 標籤後再點選上方的 Device 鈕會顯示該電路元件有 4 個電阻及 1 個電壓電源如圖 1-18 所示。

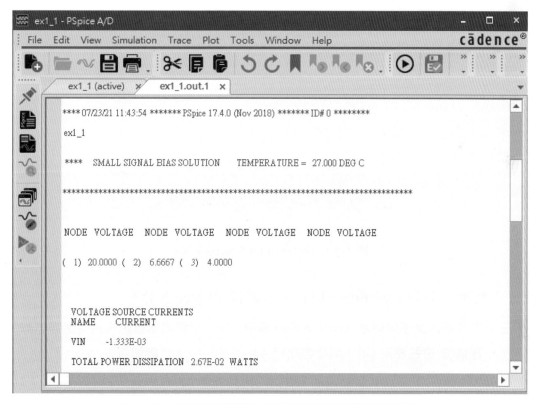

圖 1-17 顯示電路節點電壓及元件之模擬結果視窗

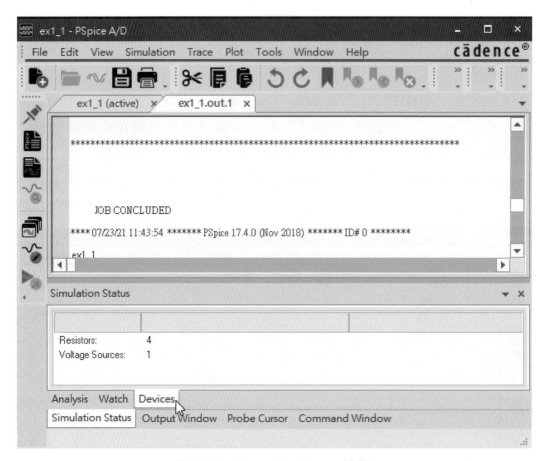

圖 1-18   Simulation Status 視窗

8.   可點選命令列上的 File→Exit 命令離開 PSpice A/D。

註 三： 亦可使用文字編輯器 wordpad 或記事本：輸入電路描述檔後再將電路描述輸入
存檔(副檔名要取.cir)，然後再執行 4、5、6、7、8 步驟即可。

1-5 OrCAD PSpice 繪圖模擬的方式

OrCAD PSpice 可以用繪圖的方式完成模擬的功能,也就是不要以圖 1-7 所示電路描述方式來模擬。

1-5-1 如何進入 OrCAD PSpice 繪圖視窗

1. 點選如圖 1-19(a)所示桌面上的圖示或所有應用程式 → OrCAD Trial 17.4-2019 → Capture CIS 17.4 就會出現如圖 1-20 所示之 OrCAD Capture CIS 視窗。

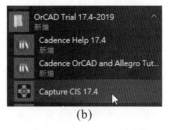

(a)   (b)

圖 1-19

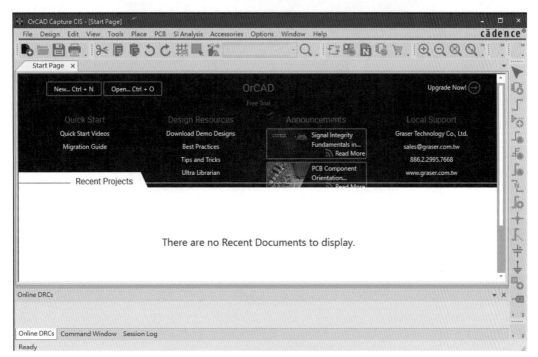

圖 1-20 OrCAD Capture CIS 視窗

2. 若是第一次進入 OrCAD PSpice 時，則如圖 1-21(a)所示點選左邊的 New... Ctr + N 標籤或點選如圖 1-21(b)所示命令列圖示上的 File→ New→Project 命令就會出現如圖 1-22 所示之 New Project 視窗，在 Name 右方的空白框子，輸入 Project 的名字，如 ex1 後，在 Location 右欄選擇所要儲存的路徑，再點選下方的 Enable PSpice Simulation 使之打√，表示要執行 PSpiceA/D 之模擬程式。

註 四：所謂 Project 表示一設計專案。

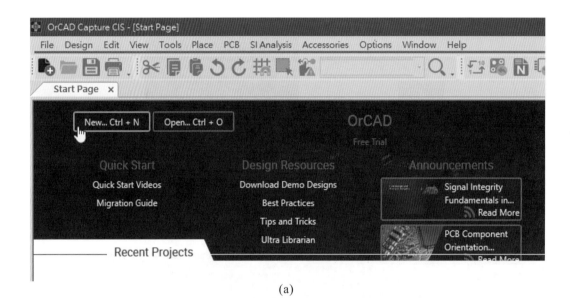

(a)

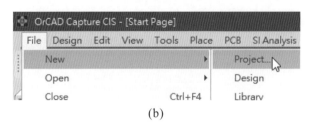

(b)

圖 1-21 專案的開啓創建

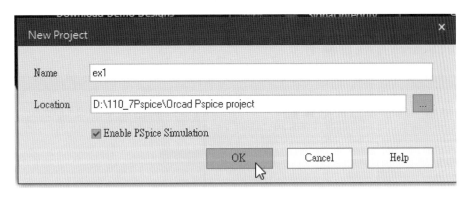

圖 1-22　New Project 視窗

3. 然後再點選圖 1-22 所示下方的 OK 鈕即可，就會出現如圖 1-23 所示
　 之 Create PSpice Project 視窗，點選下方的 Create a blank project，再
　 點選 OK 鈕。

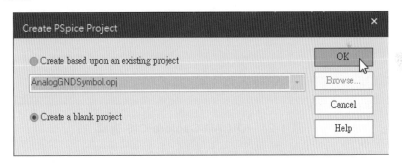

圖 1-23　Create PSpice Project 視窗

4. 即可出現如圖 1-24 所示之視窗，點選右上角的 x 圖示，將右邊的 PSpice Part Search 小視窗關閉。

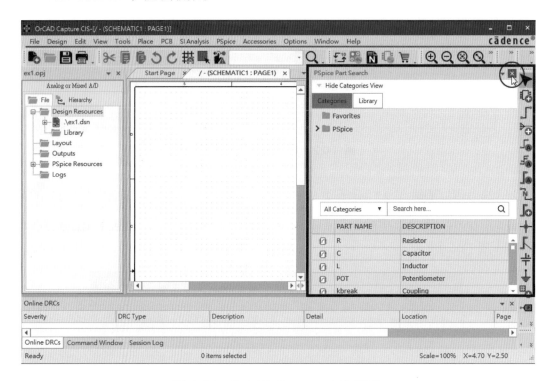

圖 1-24　OrCAD Capture CIS 視窗

5. 即可出現如圖 1-25 所示的專案管理視窗(Project Manager)、電路圖頁面編輯視窗(Schematic Page Editor)及 Session Log 視窗(點選最下方的 Session Log 標籤即可出現)，如圖 1-25 所標出之①、②及③所示，我們將在此視窗上操作。

茲將各視窗及工具列的功能說明如下：

① Capture 工具列圖示

為提供 Capture CIS 一般功能的圖示命令，如儲存、放大、縮小、圖面等。

② 繪圖工具列(Tool bars)

本工具列在提供繪製電路圖時所需的各種圖示命令工具。

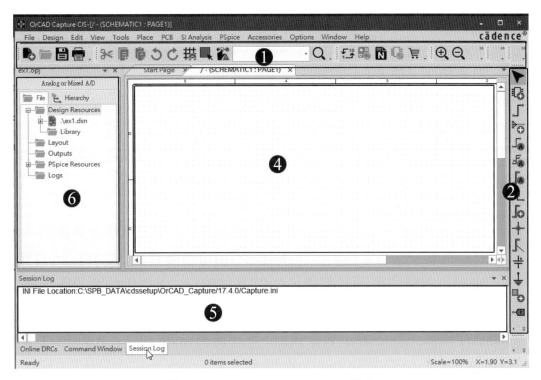

圖 1-25 OrCAD Capture CIS 視窗

③ PSpice 工具列

點選如圖 1-26 所示右上角之圖示命令就會出現，其為提供執行 PSpice 功能所需的圖示命令工具。

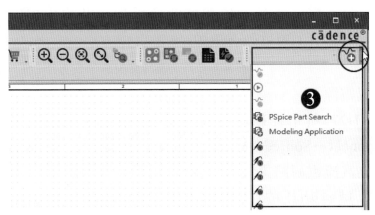

圖 1-26 PSpice 工具列

④ 電路圖頁面編輯視窗(Schematic Page Editor)

本視窗在執行專案的電路圖編輯，電路圖編輯完成後才能執行其他相關動作，如 PSpice 等。

⑤ 交談日誌視窗(Session Log)

本視窗在顯示電路圖編輯及模擬過程中所產生的事件(event)及系統回應的信息與狀態，若在執行過程中發生錯誤也會在此視窗顯示其錯誤的相關信息。

⑥ 專案管理視窗(Project Manager)

如圖 1-25 所示左邊為本視窗，其功能在管理及顯示所建專案內部所有的檔案，如(a)電路圖(Schematic)，(b)電路圖頁(Page1)，(c)元件庫，(d)顯示電路圖的階層架構，(e)及其 PSpice 所提供的資源等，類似檔案總管的功能。

如果在操作過程中看不到此視窗，可在此視窗最上的命令列上(在最右邊)點選 Windows→Session Log 命令即可出現。

現在以圖 1-2 所示之電路為例子，說明如何利用 OrCAD PSpice 來繪圖及模擬。

1-5-2　繪圖及模擬

在如圖 1-25 所示之繪圖編輯區開始操作，若沒出現則點選上方的 SCHEMATIC1:PAGE1 標籤就會出現。

1. 取元件

(1) 取直流電源

如圖 1-27 所示在繪圖視窗上的主功能表上點選 Place→PSpice Component→Source→Voltage Sources→DC 後，就會出現如圖 1-28 所示之直流電源將之放置於適當位置後，按 mouse 左鍵定位，再按 Esc 鍵結束(或按右鍵出現一功能表，點選 End Mode 命令即可結束)。

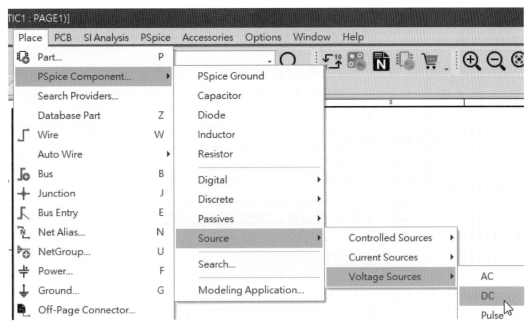

圖 1-27 取直流電源

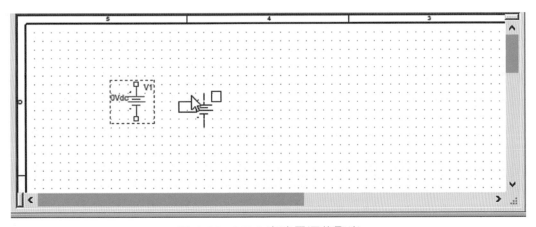

圖 1-28 VDC 直流電源的取出

(2) 取電阻器

① 如圖 1-29 所示點選主功能表之 Place→PSpice Component→Resistor 命令以取出電阻器,並將之至於適當之位置,按 mouse 左鍵一次,將之定位。放好 R1,如圖 1-30 所示之位置(可調整圖面之寬度使圖面變大),再移動 mouse 至 R1 電阻右邊後,按 mouse 左鍵一次將之定位,此時已將 R1 及 R2 置於適當位置,每一元件之間要留有一段距離以作為連線之用如圖 1-31 所示。

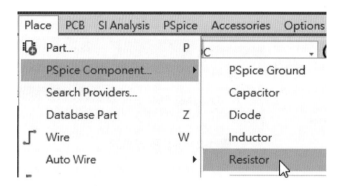

圖 1-29　取電阻元件

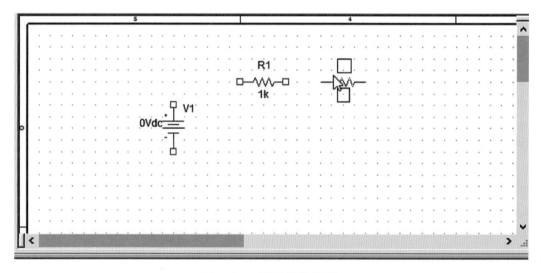

圖 1-30　電阻器的取出

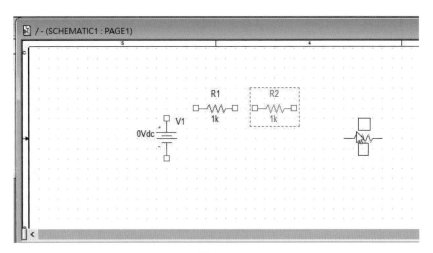

圖 1-31

②　按 　Ctrl 　+　 R 　鍵一次將電阻轉動成垂直方向後，如圖 1-32 所示，移動 mouse 將之置於 R1 與 R2 之間，如圖 1-33 所示 R3 之位置，按 mouse 左鍵一次將之定位。

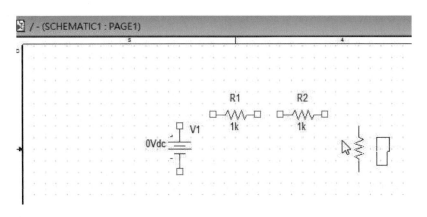

圖 1-32

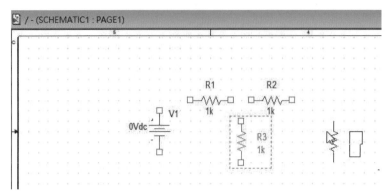

圖 1-33

③　再移動 mouse 至 R2 電阻右端，按 mouse 左鍵一次，將電阻 R4
　定位，再按 mouse 右鍵一次出現一功能表，點選 **End Mode** 命令
　以完成電阻之取放動作(或按 Esc 鍵結束)，如圖 1-34 所示。

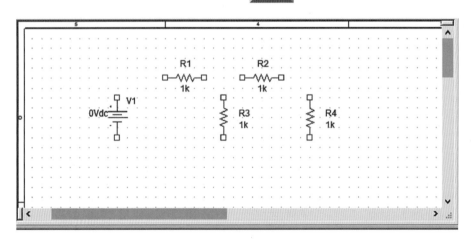

圖 1-34

可執行在 Capture 工具列上的放大縮小圖示命令 🔍🔍🔍🔍 以調整圖
面之大小。

至目前為止已經將電源及電阻元件取出。

註 五：若元件位置要調整，則以 mouse 左鍵點選該元件，使之變紅色，再按住 mouse
　　　左鍵不放，拖曳至適當位置即可。若要刪除該元件，則點選該元件，使之變紅
　　　色，再按 Delete 鍵即可。

(3) 取地線

如圖 1-35 所示，點選主功能表之 Place→Ground (或 Place→PSpice Component →PSpice Ground)命令，會出現如圖 1-36 所示之 Place Ground 對話盒，點選右方的 Add Library..按鈕就會出現如圖 1-37 所示之 Browse File 視窗，點選 library 資料夾(在您安裝 PSpice 軟體的路徑下)下的 pspice 資料夾將之開啓再點選 source(.olb)元件庫，以將之開啓如圖 1-38 所示，就會出現如圖 1-39 所示之 Place Ground 視窗。然後在圖 1-39 所示左下方的 libraries 下方點選 source，在 Symbol 下方大欄位點選 0 後，在中間下方的 Name 下方框子會出現 0(零)，再按 OK (或點選 Enter 鈕)，就可取出地線，移動 mouse 將地線放在 R3 電阻器之下方，注意各元件間均要留空隙以做爲連線之用，再按 mouse 左鍵一次，將之定位，再按 Esc 鍵一次完成動作，最後完成如圖 1-40 所示。

圖 1-35　地線的取出

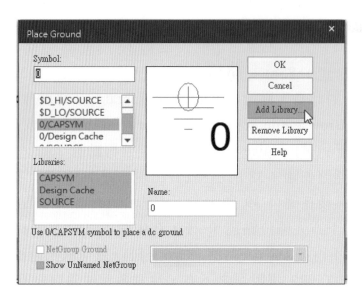

圖 1-36　Place Ground 視窗

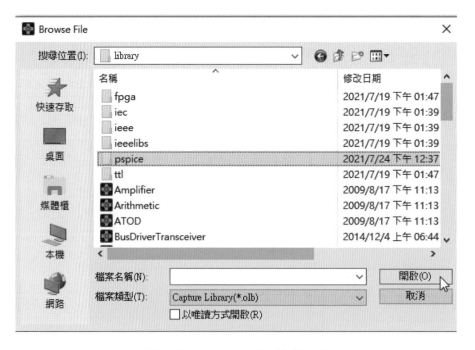

圖 1-37　Browse File 視窗(一)

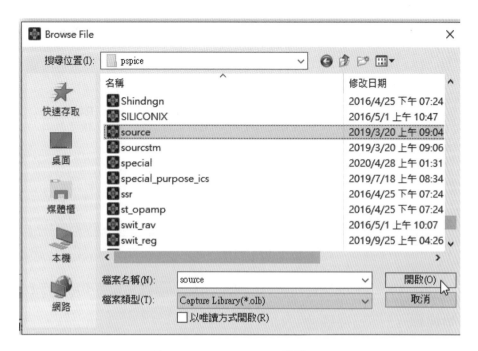

圖 1-38　Browse File 視窗(二)

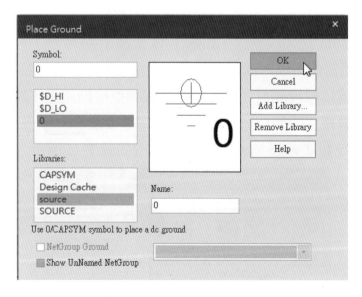

圖 1-39　Place Ground 視窗

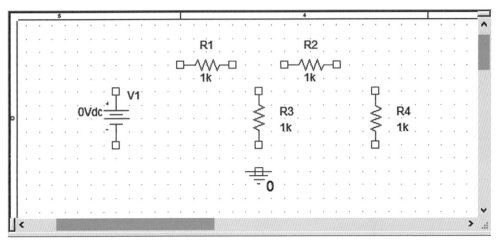

圖 1-40　地線的取出

註 六：若使用 Place→PSpice component→PSpice Ground 命令即可不用執行上列動作。

2. 開始連線

　　如圖 1-41 所示點選主功能表之 Place→Wire 命令或 ∫ 繪圖工具圖示(在右方)，會出現一十字游標，以 mouse 移動十字游標至電壓電源 V1 上端線段，以 mouse 左鍵點選(起點)，放左鍵後，再移動 mouse，如圖 1-42 所示，至 R1 電阻器的左端(也就是連線的終端)，按 mouse 左鍵二次，即完成 V1 與 R1 之連線動作，如圖 1-43 至圖 1-44 所示，再移動十字游標至 R1 電阻器的右端，同法連接至 R2 左端，同法再連接其他元件。(注意兩元件連接線段間最好要有正方形或圓型接點產生才算有連接好，否則模擬時會產生問題)，全部連線連接完畢後按 Esc 鍵或按 mouse 右鍵，再執行 End Wire 命令結束，而完成如圖 1-45 所示之連線。

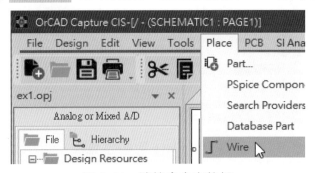

圖 1-41　連線命令之執行

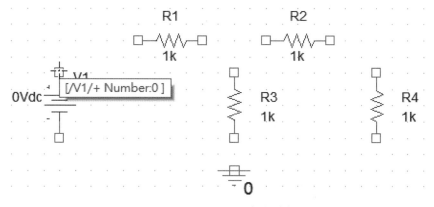

圖 1-42 電阻電路之連線(一)

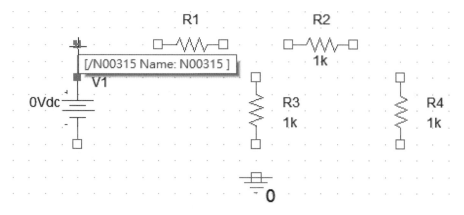

圖 1-43 電阻電路之連線(二)

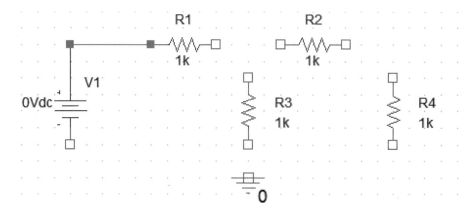

圖 1-44 電阻電路之連線(三)

註 七：若線條劃錯，只要點選該線條使之變紅色，再按　Delete　鍵，即可將之消除。

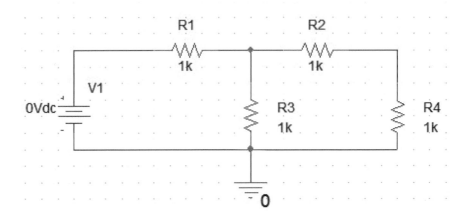

圖 1-45　電阻電路之連線(四)

3.　改變元件的屬性(元件名稱及元件值)

(1)　更改電源名稱及元件值

①　如圖 1-46 所示在該直流電源元件上的 V1 字體以 mouse 左鍵連續點兩下，就會出現如圖 1-47 所示的 Display Properties 視窗，將在 Value:右邊欄位中之 V1 改成 VIN 後，按 OK 鈕即可將 V1 改成 VIN，如圖 1-48 所示(可將之移動至適當位置)。

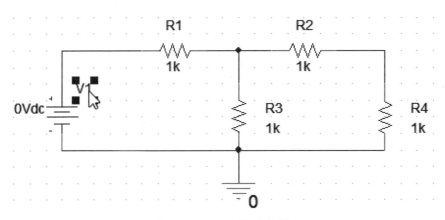

圖 1-46　更改電源名稱

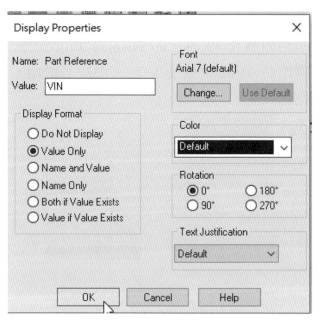

圖 1-47 Display Properties 視窗

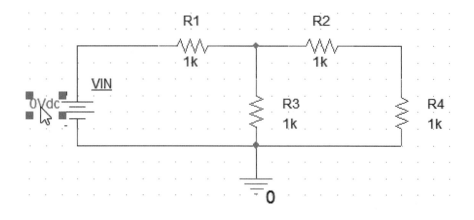

圖 1-48 更改電源名稱為 VIN

註 八：在 VIN 字體下方出現有一下底線，係表示該元件名稱已經被變更過的意思。

② 　如圖 1-48 所示在 VIN 元件上 0Vdc 的地方以 mouse 左鍵連續點兩
　下，會出現如圖 1-49 所示的 Display Properties 視窗，在 Value:
　右邊的欄位將 0Vdc 改成 20V 後，再按 OK 鈕，而完成如圖 1-50
　所示之電壓設定。

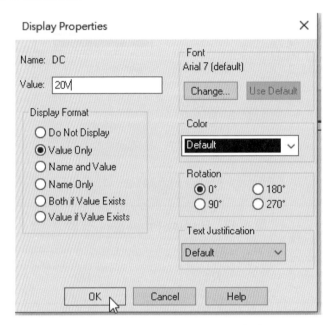

圖 1-49　Display Properties 視窗

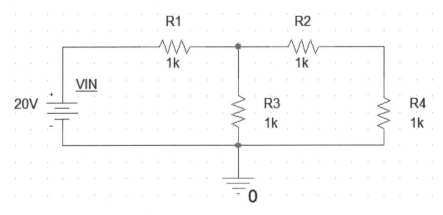

圖 1-50　更改電源名稱及電壓值

(2) 改變電阻值

在圖 1-50 中每一個電阻值都是 1k，不是我們所需要的值，故要將之改變，其方法如下：

如圖 1-51 所示以 mouse 左鍵連續點選 R1 電阻元件 1k 字體二次，會出現如圖 1-51 所示之 Display Properties 視窗，在 Value:欄位右方長框內，將 1k 消除，並改鍵入 10k，再按 OK 鍵即可，如圖 1-52 所示，此時 R1 電阻器就由 1k 改成 10k 了，如圖 1-53 所示，其餘 R2、R3、R4 等電阻均用此法改變其值，最後完成如圖 1-54 所示。

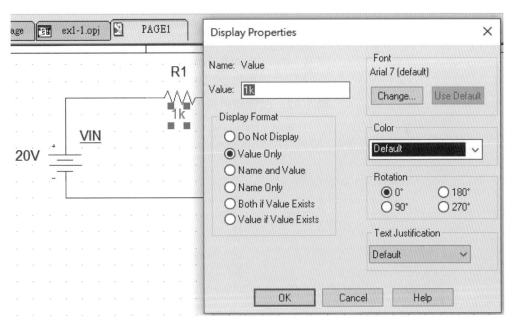

圖 1-51 改變電阻值(一)

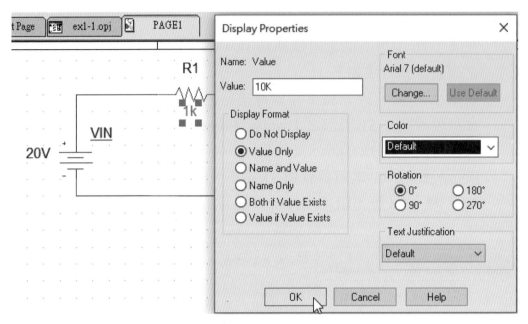

圖 1-52　改變電阻值(二)

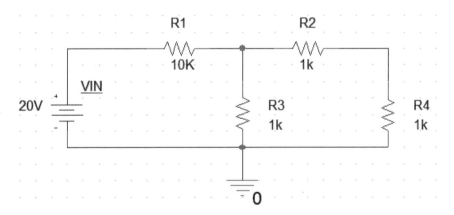

圖 1-53　改變電阻值(三)

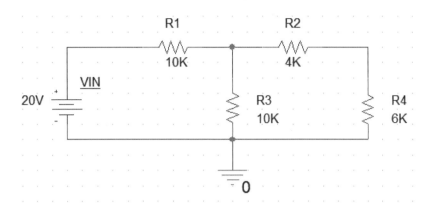

圖 1-54　改變電阻值(四)

註 九：元件的代號及數值所擺放的位置若不滿意，可以以 mouse 左鍵點選它使之變紅色，再按住 mouse 左鍵不動，再移動之。

4. 加入元件節點編號

如圖 1-55 所示點選 Place→Net Alias 命令或 圖示，會出現如圖 1-56 所示的 Place Net Alias 視窗，在 Alias 下欄輸入 1，如圖 1-57 所示，再點選 OK 鍵後出現一小方格，將 mouse 移至兩元件相連接線段之處，如 R1 電阻左端之線段，如圖 1-58 所示，mouse 左鍵按一次定位，就會出現 1 字在線段上，即在 VIN 與 R1 元件連接處標上節點 1 之編號，如圖 1-59 所示。再按 mouse 右鍵，出現一功能命令，如圖 1-60 所示，再點選 Edit Properties 命令會再出現圖 1-61 所示的視窗，再將 Alias 下方欄位的 1 改成 2，再按 OK 鍵後並將之置於 R1 與 R2 二電阻連接的線段上就可將節點 2 標在其上，如圖 1-62 至圖 1-63 所示，同法再標節點 3 於 R2 與 R4 之間，如圖 1-64 至圖 1-65 所示。

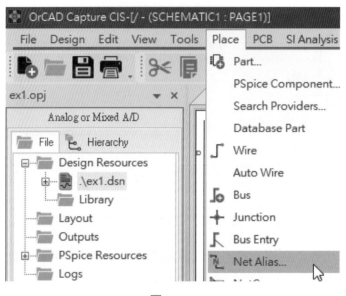

圖 1-55

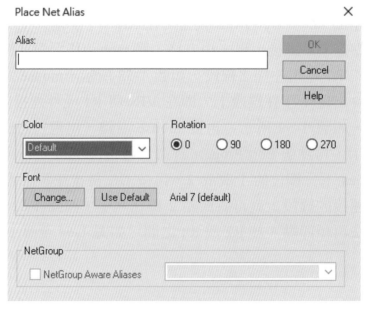

圖 1-56 Place Net Alias 視窗

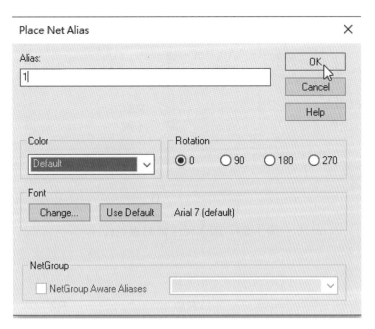

圖 1-57　Place Net Alias 視窗

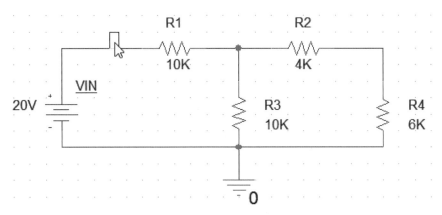

圖 1-58　加入元件節點編號(一)

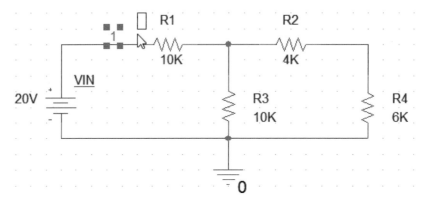

圖 1-59　加入元件節點編號(二)

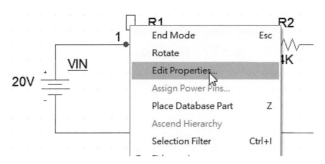

圖 1-60　加入元件節點編號(三)

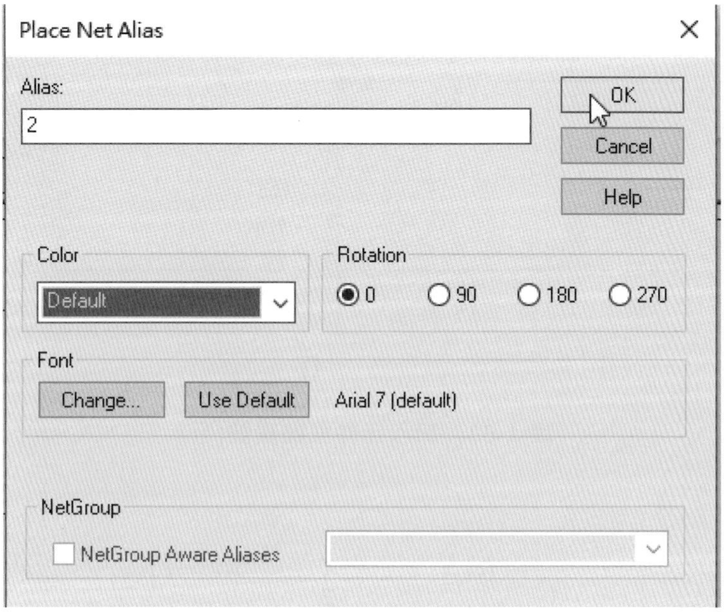

Place Net Alias

Alias:

2

OK

Cancel

Help

Color

Default

Rotation

⦿ 0   ○ 90   ○ 180   ○ 270

Font

Change...   Use Default   Arial 7 (default)

NetGroup

☐ NetGroup Aware Aliases

圖 1-61　Place Net Alias 視窗

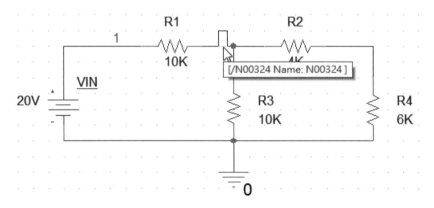

圖 1-62　加入元件節點編號(四)

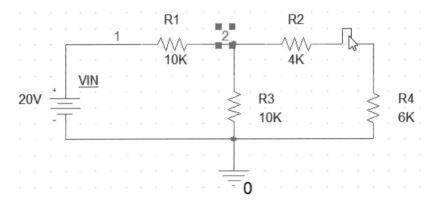

圖 1-63　加入元件節點編號(五)

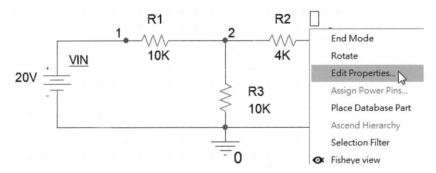

圖 1-64　加入元件節點編號(六)

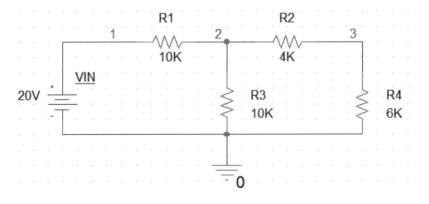

圖 1-65　加入元件節點編號(七)

5. 電路圖存檔

    然後點選 File→Save 命令或 ▭ 圖示以將之存檔。

6. 產生網路連表 Netlist

    如圖 1-66 所示點選 Pspice→Creat Netlist 命令，若沒有錯誤(error)就會
    產生本電路的網路連接表，若有 error 可由網路連接表來分析，或由如圖
    1-67 所示下方的 Session Log 視窗中看出其錯誤之信息(error massage)。
    在圖 1-67 所示下方顯示 PSpice netlist generation complete 字體表示產
    生網路連接表成功(若沒有出現 Session Log 視窗，點選最下方的
    Session Log 標籤即可出現)。

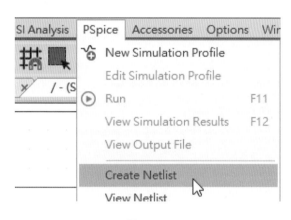

圖 1-66

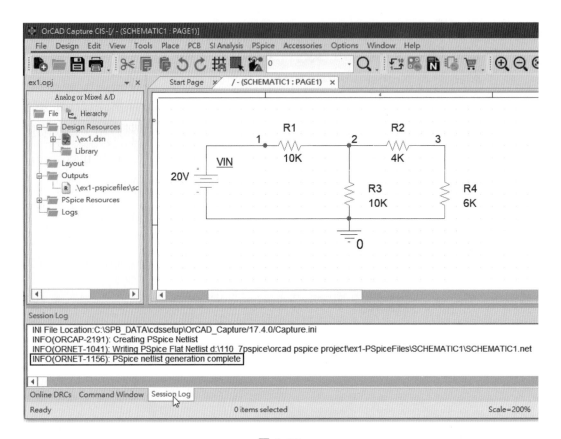

圖 1-67

7. 觀看網路連接表

如圖 1-68 所示點選 PSpice→View Netlist 命令，就可看到如圖 1-69 所示之網路連接表，其格式與圖 1-7 電路描述檔之內容很類似。

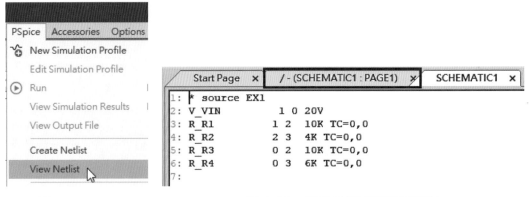

圖 1-68   圖 1-69   電阻電路之網路連接表

8. 執行模擬之功能

(1) 回到電路圖點選圖 1-69 所示上方之(SCHEMATIC1:PAG1)標籤。

(2) 以圖 1-2(a)電路為例,因為只做工作點分析,故如圖 1-70 所示點選 Pspice→New Simulation Profile 命令後,就會出現如圖 1-71 所示之 New Simulation 之小視窗,在 Name:下方欄位,鍵入 OPT,再點選 Create 鈕,即以 OPT 檔名存檔,則會出現圖 1-72 所示之模擬種類 設定視窗,如圖 1-73 所示(若沒看到可能在工作列上),在中間上方 的 Analysis type:下方欄位點選 Bias Point(表示要執行工作點分析), 右邊 Output File Options 點選 include detailed bias point......(表示要 包含詳細的偏壓點),再點選 OK 後回電路圖。

圖 1-70 設定模擬種類

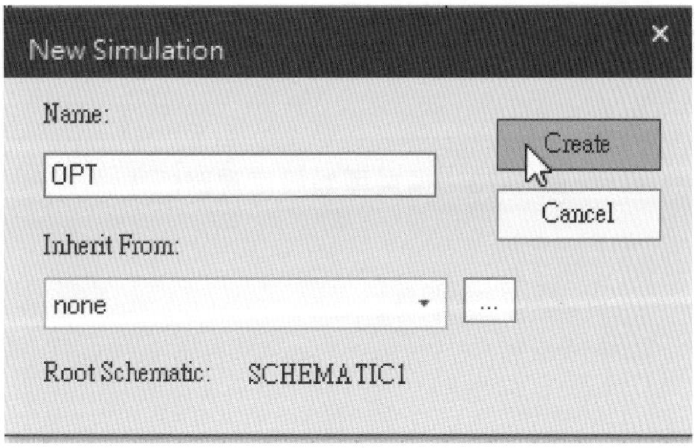

圖 1-71 New Simulation 之小視窗

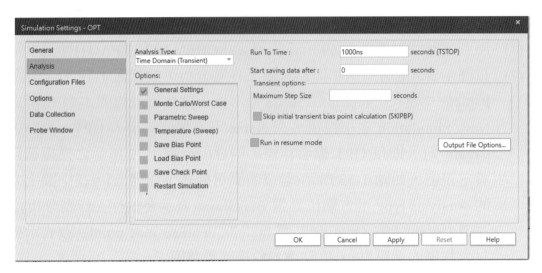

圖 1-72　模擬種類設定視窗(一)

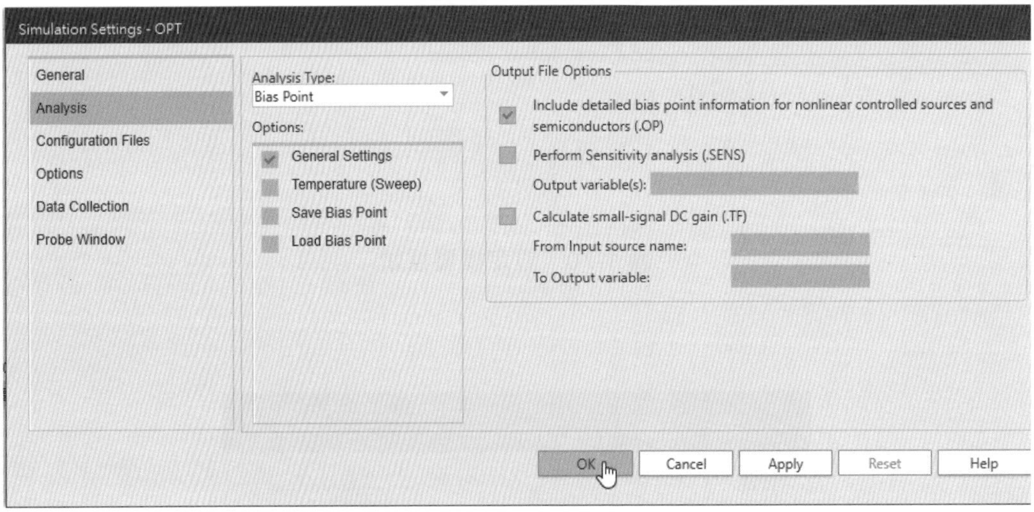

圖 1-73　模擬種類設定視窗(二)

(3) 如圖 1-74 所示點選 PSpice→Run 命令或(⊙)圖示命令(在上方的工具列圖示上)，若無錯誤訊息，電路圖視窗也會現如圖 1-75 所示，在電路圖上的三個節點顯示其直流工作點電壓值。

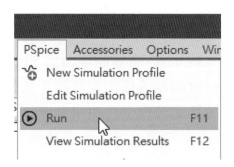

圖 1-74 執行模擬命令

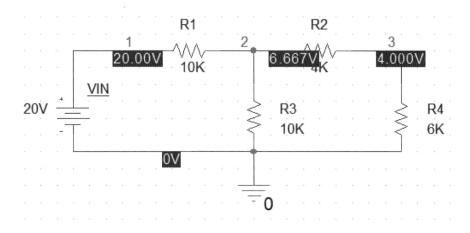

圖 1-75 模擬結果

9.　檢視模擬結果輸出檔

(1)　如圖 1-76 所示點選 PSpice→View→Output File 即可看到模擬輸出之結果，如圖 1-77 所示。

(2)　可移動上下捲軸往下使之出現如圖 1-78 所示之畫面，在其第 55 行至 58 行中會顯示其節點電壓值，在第 66 行中其電壓電源之電流為 –1.333E – 03 即–1.333mA，負值的理由為 SPICE(PSpice)有關電源的描述為正到負，而實際電流係由電源的正端流出，經過電阻元件再回到電源的負端，經電源內部再由電源正端流出，故其電源之電流為負值。第 68 行表示電源之總功率消耗為 2.67×10^{-2} 瓦(即 20V × 1.333×10^{-3})。

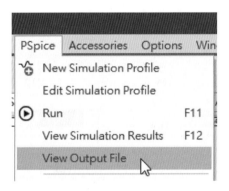

圖 1-76　模擬輸出結果

圖 1-77　檢視模擬輸出結果

```
54:
55:   NODE    VOLTAGE      NODE    VOLTAGE      NODE    VOLTAGE      NODE    VOLTAGE
56:
57:
58: (    1)   20.0000  (    2)    6.6667  (    3)    4.0000
59:
60:
61:
62:
63:      VOLTAGE SOURCE CURRENTS
64:      NAME           CURRENT
65:
66:      V_VIN        -1.333E-03
67:
68:      TOTAL POWER DISSIPATION    2.67E-02   WATTS
69:
70:
71: **** 07/25/21 12:08:02 ******* PSpice 17.4.0 (Nov 2018) ******* ID# 0 ********
72:
73:  ** Profile: "SCHEMATIC1-OPT"  [ d:\110_7pspice\orcad pspice project\ex1-PSpiceFiles\SCHEMATIC1\O
```

圖 1-78　模擬輸出結果之顯示(二)

10. 點選 File→Save 命令存檔，再點選 File→Exit 命令離開 PSpice A/D。

11. 若要開啓此專案，則在啓動 OrCAD 如圖 1-25 所示之視窗後，點選 File
→Open→Project 命令後開啓 ex1 OPJ 檔即可，如圖 1-79 所示。

圖 1-79

註 十：若您使用繪圖的方式設計電路，但對 SPICE/PSpice 的電路描述格式一定要有充
分的瞭解，才能在模擬時找出錯誤信息，代表的意義及檢視模擬之結果。

★習題詳見目錄 QR Code

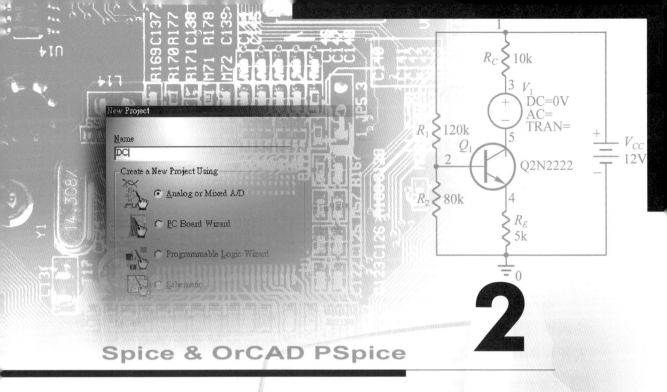

Spice & OrCAD PSpice

電路描述格式及規則

學習目標

2-1 概述

2-2 SPICE 及 OrCAD PSpice 的輸入
電路描述結構

2-3 SPICE 及 OrCAD PSpice 的輸入
電路描述規則

2-1　概述

SPICE 及 OrCAD PSpice 是一個計算機模擬電路的程式，爲了使用者的方便，程式的輸入語法係採用自由格式(free format)，不需要將數據輸入於固定的行列位置，程式並提供合理的電路參數設定值，以及合理的偵錯以保證電路的正確輸入。

雖然 SPICE 及 OrCAD PSpice 採用自由格式的輸入語法，但是仍有一些規則需要遵行。因此本章將針對 SPICE 及 OrCAD PSpice 的電路描述格式及規則加以說明。

註 本章參考自[1]至[9]及其他相關參考資料

2-2　SPICE 及 OrCAD PSpice 的輸入電路描述結構

如圖 2-1 所示爲 SPICE 及 OrCAD PSpice 模擬程式的輸入電路描述結構，總共分爲五大類：

1. 標題行(Title Line)

本行在說明輸入電路的標題，其位置一定要在電路描述的第一行，但是標題行之後一定要空幾行才能繼續下面的元件描述行，空幾行依不同的電腦系統而定(OrCAD PSpice 不用空行)。

2. 註解行(Comment Lines)

本行在作爲註解說明之用，以*號爲開頭，例如圖 2-1 中說明本電路爲二極體整流器。

3. 元件行(Element Lines)

本行在描述電路元件的名稱、連接節點及元件值，SPICE (OrCAD PSpice)的電路連接點規則係將接地節點視爲"0"節點。

4. 控制行(Control Lines)

   本行在說明要 SPICE(PSpice)程式執行的各種模擬分析的功能及所設定之模擬參數，以"."號為開頭。如圖 2-1 所示要 SPICE (OrCAD PSpice)執行繪出節點 1 及節點 2 的輸出電壓(暫態分析)波形以及設定暫態分析時間間距及二極體的模型參數值。

5. 結束行(End Lines)

   本行在說明 SPICE(OrCAD PSpice)的輸入電路描述已經結束，此行一定要置於電路描述的最後一行。

註 一：SPICE 或 OrCAD PSpice 規定第一行一定要為標題行的敘述或註解行敘述，不能有其他敘述，否則在模擬時會有錯誤信息顯示。

```
1.*TITLE LINE      SOLUTION TO EXAMPLE 2.1
2.COMMENT LINE     *DIODE RECTIFIER
3.ELEMENT LINES    VIN  1    0    Sin(0 2 1kHz 0.0 0.0)
                   D1   1    2    DB
                   R1   2    0    10K
4..CONTROL LINES   .PLOT TRAN V(1)      ←繪出 V(1)輸入波形
                   .PLOT TRAN V(2)      ←繪出 V(2)的暫態分析(即輸出波形)
                   .TRAN 12Usec 2Msec  ←決定暫態分析的時間間距與終止時間
                          ↑        ↑
                       時間間距   終止時間
                   .MODEL DB D(RS=120 CJO=2PF) ←設定二極體的模型參數值
  .END LINE        .END
```

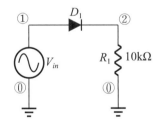

圖 2-1 二極體之電路圖之 SPICE(OrCAD PSpice)電路描述

2-3　SPICE及OrCAD PSpice的輸入電路描述規則

1. 資料描述間的區別

   SPICE 及 OrCAD PSpice 的電路描述行敘述由於係採用自由格式，所以其資料描述可以以空格(不限個數)、逗點(，)、等號(=)或左括號(())及右括號())將之分隔區別，但是習慣上都使用空格將之分隔開，如圖 2-1 的例子中，每一行的資料描述均使用一個或一個以上的空格將之分隔開。

2. 連續描述行的識別

   當一行的電路描述長度不夠說明時，則將繼續描述在下一行時，則此時下一描述行的第一個字要以+號表示其為上一行電路描述行的繼續，相同的若還不夠，則繼續描述在第三行，同理第三行的第一個字也要以+號表示，其餘類推。

3. 資料描述字元的限制

   在所有的描述行中其每個字元(characters)的限制不能超過八個字母(Letter)(A～Z)，其中字元間不能插雜有，=0 及空格符號。

   數值依資料描述可包含整數(2，-22，99)、浮點小數(floating-point number)(如 3.14156，2.3)、整數及浮點小數接著整數的指數(如 2E3，2.1E-5)。另外整數或浮點小數之後也可加上如下的比例因子(scale factors)：

   ```
   MIL=2.54E-6        M=1E-3(milli)
   K=1E3(Kilo)        U=1E-6(micro)
   MEG=1E6(Mega)      N=1E-9(nano)
   G=1E9(Giga)        P=1E-12(pico)
   T=1E12(Tera)
          F=1E-15(femto)
   ```

注意：MEG 與 M 代表不同的比例因子，尤其在表示電阻、電容及電感元件之元件值應特別注意。

若在數字描述之後緊接著文字(非比例因子)，則 SPICE 亦將視之無效，也就是 20，20V，20VOLTS，20HZ 均代表相同的數值。

若在比例因子之後緊接著文字(非比例因子)，則 SPICE 亦將此文字忽略，例如：M，MA，Msec 及 MMHOS 均代表比例因子 10^{-3}。且 8000，8000.0，8000HZ，8E3，8.0E3，8KHZ 均代表相同的數值。此外所有的字母最好用大寫寫成。

4. 電路描述行排列的順序

   SPICE(OrCAD PSpice)的電路描述除了第一行是標題行(TITLE LINE)，最後一行是結束行(END LINE)外，其餘的描述行可不依順序排列，但是連續描述行一定要在所連續的行數之後(但副電路的結束行，一定要在副電路描述的最後一行)。

5. 元件描述行的規則

   元件描述行(ELEMENT LINE)的描述順序是元件的名稱、元件連接節點、元件值。元件名稱的第一個文字代表元件的特性，例如電阻器則其名稱敘述為 RXXXXXXX，但不超過八個文數字串。

6. 元件連接節點的規則

   元件的連節接點可以不必連續，但不能重覆，且不能有負數節點的編號，而接地點必需為"0"節點。

7. 在電路的所有節點都應有至地的直流迴路

   此乃 SPICE(OrCAD PSpice)在執行小信號直流分析時對每一節點的直流電壓之要求。所以若有二電容器串聯於一節點，如圖 2-2(a)所示，SPICE(OrCAD PSpice)將不會執行，會印出 No DC path to node 之錯誤信息，所以要以一大電阻(1GΩ)與電容並聯如圖 2-2(b)所示，以提供一直流接地迴路。此大電阻值不會改變電路的原有特性，也不會影響 SPICE(OrCAD PSpice)模擬程式的執行。此外在電路所有節點中，除了傳輸線外，每一個節點至少應連接至二個元件(因 SPICE 允許有無終止端點的傳輸線)。

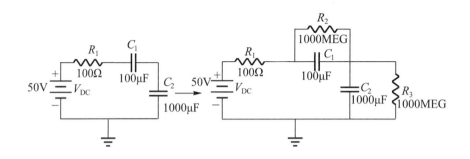

(a)無直流迴路　　　(b)並聯一大電阻於電容上使之有直流迴路

圖 2-2　直流迴路要求之說明

8. 元件分支電壓與分支電流的參考方向

SPICE 對於元件分支電壓與分支電流的參考方向係採用相關的參考方向，如圖 2-3 所示。正電流由正端節點(N+)流入元件；至負端點(N-)流出。

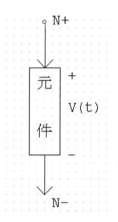

圖 2-3　元件相關參考方向

9. 模擬電路網路拓撲的規則

在 SPICE(OrCAD PSpice)所模擬的電路中不能包含有：(1)電壓電源及電感元件的迴路(LOOP)，(2)只有電壓電源或只有電感元件的迴路，(3)電流電源及電容元件的切集(cutest)(串聯之意)，(4)只有電流電源或只有電流元件的切集。、若有上述現象產生則可用一小電阻與電感串聯或用一大電阻與電容並聯解決之(如第 7 項所述)。如圖 2-4(b)所示,使用一 0.0001Ω 的小電阻與每一電感器串聯,以防止形成電壓電源及電感元件的迴路。

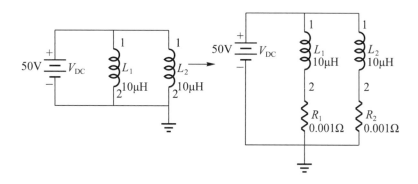

(a)包含電壓電源及電感的迴路　(b)解決方法

圖 2-4　網路拓樸的說明

10. 產生.END 結束行應注意之事項

在使用文字編輯器(Text Editor)產生 SPICE(OrCAD Pspice)之輸入描述檔時,每按 RETURN(Enter)鍵一次時,會產生一空白行於最後一行,因此若在輸入.END 敘述後,又按 Carriage Return(Enter)鍵時,將會在.END 之後產生一行空白行。因此在執行 SPICE 或 OrCAD PSpice 程式後,SPICE 檢查輸入檔的最後一行是否有.END 描述時,由於現在輸入檔的最後一行為空白行(雖然.END 在最後空白行的上面一行),而不是.END 的描述,SPICE 就會輸出".END Line not found"之錯誤信息(但不會影響模擬的結果),所以在執行 SPICE 時要確定輸入檔的最後一行是.END 描述而不是空白行。

2-3-1 標題行的描述規則

TITLE LINE

一般格式

(任何文數字)

範例 2-1 CE Amplifier

標題行(Title Line)一定要置於輸入電路描述的第一行位置，且只能有一行描述。SPICE(OrCAD PSpice)程式在執行時會將此標題行印出。

2-3-2 註解行的描述規則

COMMENT LINE

一般格式

* COMMENT

範例 2-2 * R1 MUST BE RED

註解行的第一個字以*表示。此外 PSpice 亦可以在元件描述行之後加上';'表示註解行之描述：

一般格式

(Circuit file text)；(any text)

範例 2-3 RIN 1 2 10K；Input resistor

範例 2-4 CO 3 4 100mF；output capacitor

2-3-3 元件行的描述規則

SPICE(OrCAD PSpice)模擬程式所模擬的電路元件可包含電阻、電容、電感、傳輸線、控制電源、獨立電源、半導體元件等，茲將各元件的描述規則於下列各章說明之。

★習題詳見目錄 QR Code

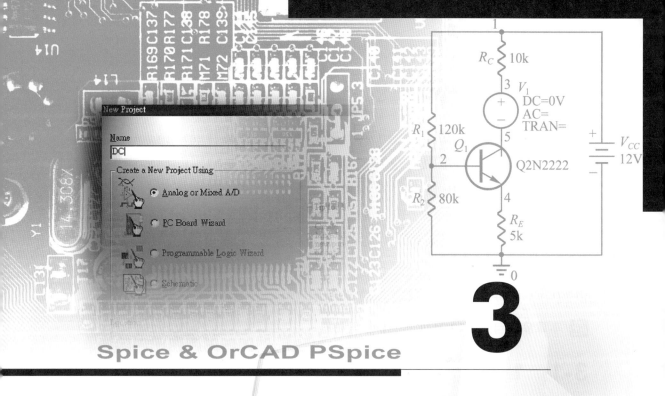

Spice & OrCAD PSpice

3

被動元件的描述規則及取用

學習目標

3-1 電阻器

3-2 電容器

3-3 電感器(HENRY)

3-4 互感元件(變壓器)

3-5 傳輸線

　　本章將針對 SPICE 及 OrCAD PSpice 的電路模擬描述格式中元件描述行(Element Line)的電阻，電容，電感，變壓器及傳輸線的描述規則作一詳細的介紹。其描述中有<>符號者表示選用項也就是此敘述可寫可不寫，若不寫則依其機定值而定。由於 OrCAD PSpice 係由 SPICE 改良而來，故在描述中若二者定義相同者只以 SPICE 說明一次不再重覆。

　　另外在 OrCAD Capture CIS 中如何呼叫取出上列各種被動元件也將一併說明，以便讓讀者互相對照靈活使用。

註 本章參考自[1]至[9]及其它相關參考資料。

3-1　電阻器

3-1-1　電阻器元件的描述

> **R　RESISTOR**
>
> **SPICE 之格式**
> *Rxxxxxxx　N1　N2　VALUE　<TC=TC1<，TC2>>*
> **OrCAD PSpice 之格式**
> *Rxxxxxxx　N+　N-　<MODELNAME>　VALUE　<TC=TC1<，TC2>>*

Rxxxxxxx　　　　為電阻元件的名稱，開頭第一個字一定要以 R 表示，長度不超過八個文數字串表示，如圖 3-1 所示表示其電阻之名稱為 R1。

N1，N2　　　　表示電組元件所連接的節點編號，習慣上以 N1 為正端節點，N2 為負端節點，正電流由正端節點流入至負端節點，如圖 3-1 所示，該電阻組元件之節點編號為 1 及 2。

VALUE　　　　表示該電阻元件的值，單位為歐姆，其值可為正或負值，但不能為零值。

<TC=TC1<,TC2>>   表示電阻的溫度係數，此描述若不寫出，則其值均設定爲零，SPICE 在模擬電路，當工作溫度改變時，元件值也會跟著改變，所以電阻值爲溫度的函數，其關係式如下列(3-1)式所示：

$$VALUE(T)=VALUE(TNOM)*(1+TC1*(T-TNOM)+$$
$$TC2*(T-TNOM)^2)) \qquad\qquad (3-1)$$

其中

T	表示模擬電路的溫度。
TNOM	表示標稱(NOMINAL)溫度，其機定值爲 27^0C。(詳情見第十三章.TNOM 描述)
TC1	表示一階溫度係數。
TC2	表示二階溫度係數。
N+，N-	同 SPICE 之 N1，N2 定義，只是 N+表示電阻器所連接之正端節點，N-表示電阻所連接之負端連接節點，正電流由 N+節點流進電阻而至 N-節點流出，如圖 3-1 所示。
<MODELNAME>	表示電阻器的模型名稱，此乃要設定電阻器之模型參數時，所給予之模型名稱，若不設定電阻器的模擬參數，則此敘述可不寫。有關 OrCAD PSpice 之模擬參數設定描述請看下一節之說明。

範例 3-1   R1   1   2   10K   TC=0.0001，0(SPICE & OrCAD PSpice)

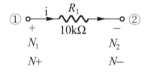

圖 3-1 電阻元件之描述

在範例 3-1 中，若 TNOM 之溫度爲 27℃，其電阻值爲 10KΩ，若溫度爲 80℃時，則由 3-1 式可得其電阻值爲：

$$VALUE(80^{\circ}C)$$
$$=10000*(1+0.0001*(80\text{-}27)+0*(80\text{-}27)^2)$$
$$=10000*(1.0053)=10053\Omega$$

範 例 3-2　　R1　1　2　1K (SPICE & OrCAD PSpice)

3-1-2　OrCAD PSpice 電阻器模型參數設定描述

在電阻器元件描述中，OrCAD PSpice 有模型參數設定之描述，而 SPICE 沒有。只是 OrCAD PSpice 改用模型參數設定描述來設定電阻器的溫度係數。

.MODEL

一般格式

.MODEL MODELNAME RES<(PAR1=PVAL1 PAR2=PVAL2......)>

.MODEL　　　　　表示設定元件之模型參數。

MODELNAME　　表示被設定元件之模型名稱，以指明係那一電阻器設定的元件模型參數，此 MODELNAME 描述名稱必須與該電阻元件描述的 MODELNAME 描述相同，在範例 3-2 中由於電阻器 R1 之模型名稱為 RMOD，表示要設定 R1 元件之模型參數，故其模型名稱為 RMOD。

RES　　　　　　表示設定電阻器元件的模型參數。

<(PAR1=PVAL1...)>　表示設定該元件之模型參數名稱及其給予之參數值，模型參數名稱見表 3-1。

範例 3-3   R1   1   2   RMOD   1K (OrCAD PSpice)

　　　　　　　.MODEL   RMOD   RES

表 3-1   OrCAD PSpice 電阻器之模型參數

OrCAD PSpice 電阻器之模型參數		單　位	機定值
R	電阻倍率係數	$℃^{-1}$	1
TC1	線性溫度係數		0
TC2	二次溫度係數	$℃^{-2}$	0
TCE	指數溫度係數	%/℃	0
T_MEASURE	測量溫度	℃	
T_ABS	絕對溫度	℃	
T_REL_GLOBAL	對目前相對溫度	℃	
T_REL_LOCAL	對 AKO 模型相對溫度	℃	

　　如果有包含模型名稱(MODELNAME)敘述，但在模型參數中無標出 TCE 之值，則該電阻值為：

$$VALUE(T)=VALUE(TNOM)*R(1+TC1*(T-TNOM)$$
$$+TC2*(T-TNOM)^2) \qquad (3-2)$$

　　若含有模型名稱敘述，且在模型參數中有標出 TCE 的值，則該電阻值為：

$$VALUE(T)=VALUE(TNOM)*R*1.01^{TCE(T-TNOM)} \qquad (3-3)$$

註 一：TNOM 為標稱溫度(Nominal Temperature)，詳情請看 13-12 小節選用工具描述.OPTIONAL 之.TNOM 描述。電阻雜訊的計算使用 1Hz 頻寬；電阻產生的熱雜訊(Thermal Noise)為頻譜功率密度(每單位頻寬) $i^2=4 \cdot K \cdot T/resistance$。

　　在範例 3-4 中設定模型參數 R=1，TC1=0.0001，TC2=0。

範例 3-4　　RC1　1　2　RMOD　10K

.MODEL　RMOD　RES(R=1 TC1=0.0001 TC2=0)

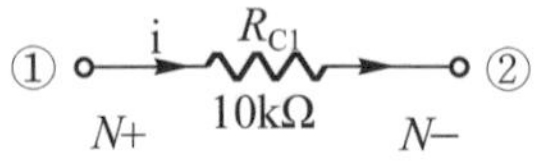

圖 3-2　電阻器

在範例 3-4 中，RC1 在 TNOM 之溫度為 27℃時為 10KΩ，則在 80℃溫度時由(3-2)式中可得其電阻為：

$$VALUE(80℃)=10000*(1+0.0001*(80-27)+0*(80-27)^2)$$
$$=10000*(1.0053)=10053Ω$$

由此結果中可發現與範例 3-1 SPICE 之溫度係數設定之結果完全一樣。

3-1-3　OrCAD PSpice 使用繪圖方式取用電阻元件的方法

在 OrCAD Captare CIS 中取用電阻的方式如第 1-5-2 小節之如圖 1-29 至圖 1-34 所示。

3-1-4　設定或更改元件名稱及元件值

要設定或更改電阻器的元件名稱或元件值有二種方式如下列步驟所示：

1. 單一名稱或元件值的設定或更改

(1) 若要更改電阻元件的名稱，則以 mouse 左鍵連續點選 R1 字體二次，就會出現如圖 3-3 所示之 Display Properites 視窗，在 Value:右邊框內，將 R1 改成 R100，如圖 3-4 所示，再點選 OK 鍵即可，即可將 R1 改成 R100，如圖 3-5 所示。

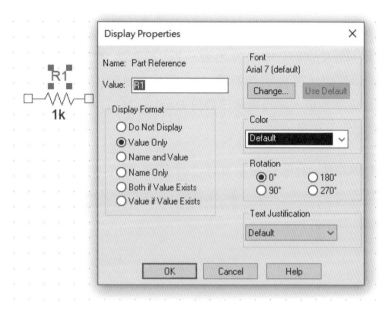

圖 3-3 電阻器之 Display Properties 視窗(一)

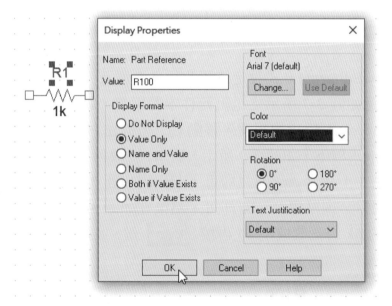

圖 3-4 電阻元件名稱的變更(一)   圖 3-5 電阻元件名稱的變更(二)

註 二：在圖 3-5 中的 R100 會出現下底線，表示此元件名稱已被修改過，可點選 Options→Preferences 命令會出現 – Preferences 視窗，點選左下角的 More Preferences 鈕，就會出現如圖 3-6 所示之視窗(等一會兒)，點選左下方的 Schematic 字體後，將右邊第三項的 Display " __ " on User..，右方的打勾取消就不會出現下底線。

(2) 若要改變電阻值請參閱第 1-5-2 小節的圖 1-51 至圖 1-53 的方法。

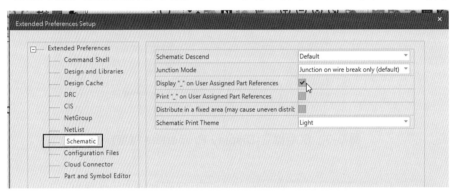

圖 3-6　電阻下底線的取消

2. 使用工作選單(Property Editor)的方式設定或更改元件名稱及元件值

以 mouse 左鍵連續點選如圖 3-7 所示之電阻元件本體兩次，就會出現一如圖 3-8 所示之 Property Editor 的視窗，移動右下方的左右捲軸(向右移)，在 Part Reference 框下，如圖 3-9 所示，將 R100 改回 R200 後再按 Enter 鍵並點選左上角之 Apply 鈕即可，若出現如圖 3-10 所示之 Undo Warning 小視窗，則點選 Yes 鈕即可，然後在如圖 3-11 所示最右邊的 Value 框下的 5k 將之改成 10k，再按 Enter 鍵，並按 Apply 鈕即可。

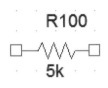

圖 3-7　電阻值及名稱已變更

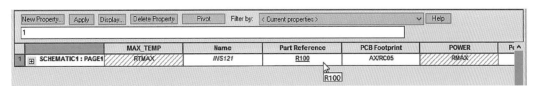

圖 3-8　Property Editor 視窗(一)

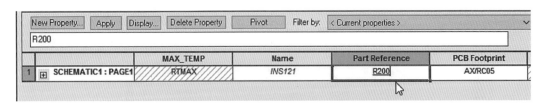

圖 3-9　Property Editor 視窗(二)

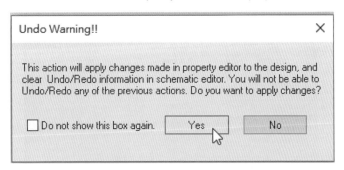

圖 3-10　Undo Warning 視窗

		TC1	TC2	TOLERANCE	Value	VOLTAGE	
1	SCHEMATIC1 : PAGE1	0	0		10k	RVMAX	

圖 3-11　Property Editor 視窗(三)

註 三：若要將圖 3-11 的水平顯示改成垂直顯示，可點選圖 3-12 上方的 Pivot 鈕，即可將之呈現垂直的顯示，如圖 3-13 所示，再點按一次就會又呈現水平的顯示。

註 四：點選圖 3-12 上方的(SCHEMATIC1:PAGE 1)鈕就會回到電路圖頁面。

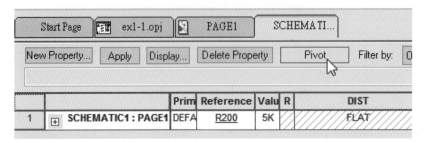

圖 3-12　水平顯示

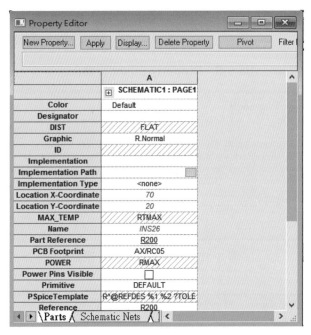

圖 3-13　垂直顯示

3-1-5　OrCAD PSpice 取用具有模型參數的電阻元件

要取用具有模型參數的電阻元件，其執行步驟如下：

1. 如圖 3-14 所示，點選 Place→PSpice Component→Search 命令就會在右方出現，如圖 3-15 所示之 PSpice Part Search 視窗。

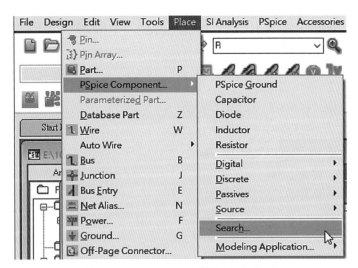

圖 3-14　Rbreak 元件取出之命令

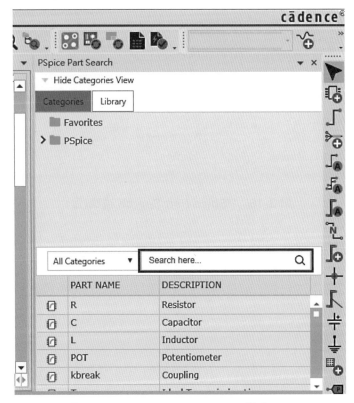

圖 3-15　PSpice Part Search 視窗(一)

2.　如圖 3-15 所示，在其中間 search here... 空欄鍵入 Rbreak 鈕後按 enter
　　或搜尋鍵就會在其下方出現與 Break 字體相關之元件，如圖 3-16 左下
　　方所示。

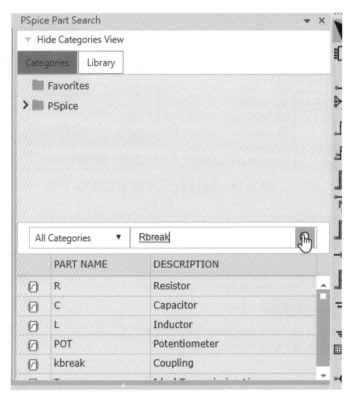

圖 3-16　PSpice Part Search 視窗(二)

3. 往下尋找點選在圖 3-17 左下角的"Rbreak"字體二下就可將該元件取出並置於適當位置,如圖 3-18 所示。

圖 3-17 Rbreak 元件之取出(一)

R201

Rbreak

1k

圖 3-18 Rbreak 元件之取出(二)

4. 將 Rbreak 定位後,再按右鍵,出現一功能表,點選 End Mode 命令,結束。再以 mouse 點選 Rbreak 元件,然後按 mouse 右鍵,將會出現如圖 3-19 所示之功能表,再點選 Edit PSpice Model 命令後,即可出現如圖 3-20 所示之 PSpice Model Editor 視窗(會在工作列上點選它就會出現),就在視窗右邊框內 R=1 右邊鍵入所要設定的模型參數,如 TC1=0.001(見 3-1-2 節所描述的參數設定規則,只是沒有加括號而已),如圖 3-21 所示,再存檔然後將此視窗關閉即可。

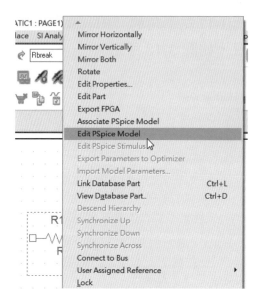

圖 3-19　更改模型參數功能表

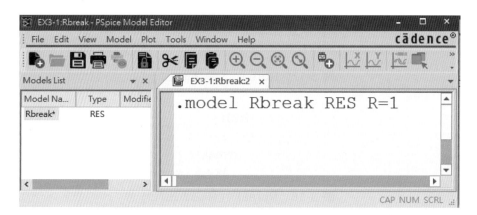

圖 3-20　PSpice Model Editor 視窗(一)

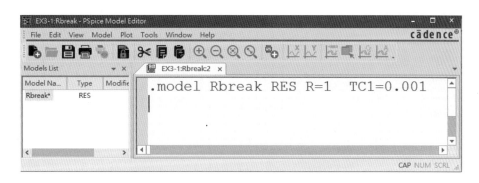

圖 3-21　PSpice Model Editor 視窗(二)

　　若是要再使用第二個不同模型參數名稱的電阻元件(也就是其模型參數名稱不是 Rbreak)時，應執行下列步驟：

1. 在 Rbreak 元件取用出來後(若沒出現 PSpice Part Search 視窗，則點選右上角如圖 3-22(a)所示之箭頭，就會出現 PSpice Part Search 字體如圖 3-22(b)所示)，並進入設定模型參數視窗(如圖 3-16～3-20)，在圖 3-22 視窗中將之存檔。

2. 如圖 3-23 所示點選此視窗的 Model→Copy From 命令，會出現如圖 3-24 之 Copy Model 視窗，在 Source 右框點選(由 Browse 鈕點選，見註四) 如圖 3-25 所示所安裝 PSpice 資料夾內之 library 資料夾內的 breakout.lib 後再點選開啟舊檔，就會在 From Model:右框出現其元件，如圖 3-26 所示，點選 Rbreak 後，在上面 New Model:右欄內鍵入新的模型參數名稱如 RA，再點選 OK 鈕。

註 五：其係安裝在 C:\Cadence\SPB_17.4\tools\PSpice\libraty\breakout.lib

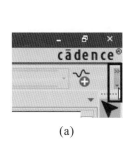

(a)

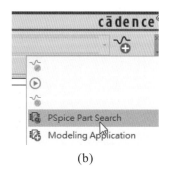

(b)

圖 3-22

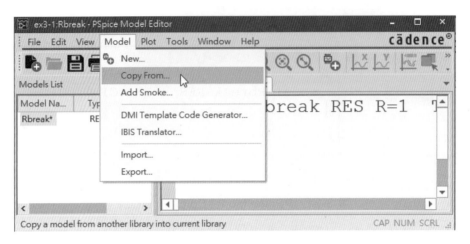

圖 3-23　Copy From 命令

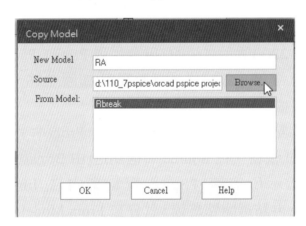

圖 3-24　Copy Model 視窗(一)

3.　此時會出現一如圖 3-27 所示之 PSpice Mode Editor 視窗，在最左邊的 Model Name 欄位下已經增加了一個 RA*元件，然後存檔(*會消失)，將此視窗開關閉。

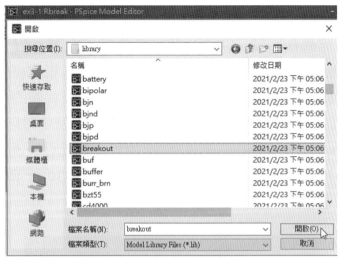

圖 3-25 Copy Model 視窗(二)

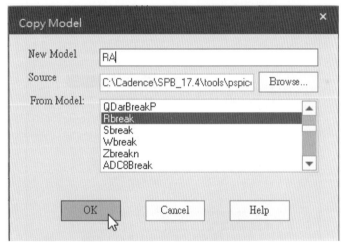

圖 3-26 Copy Model 視窗(三)

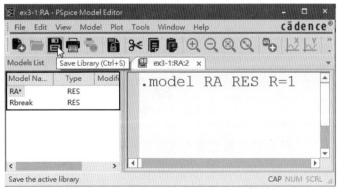

圖 3-27 PSpice Mode Editor 視窗

4. 此時再呼叫 Rbreak 元件出來(如圖 3-14 至圖 3-18 所示)，點選該元件之 Rbreak 字體按右鍵一次會出現一功能表，點選 <u>Edit Properties</u> 命令後，會出現如圖 3-28 所示之 Display Properties 視窗(亦可點選該字體二次出現 Display Properties 視窗)，再將 Value:右欄的 Rbreak 字改成 <u>RA</u> 後，則該元件即為模型參數名稱為 RA 之可設定電阻模型參數之元件，如圖 3-29 所示(是相當於 Rbreak 的第二個元件)，可執行如圖 3-19 至圖 3-21 所示之命令設定其模型參數，如圖 3-30 所示(可自己設定參數)，然後存檔。

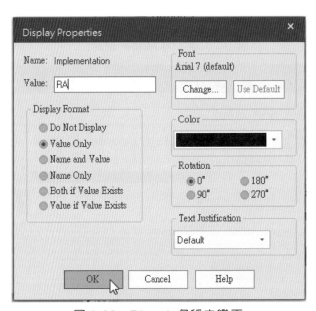

圖 3-28　Rbreak 名稱之變更

圖 3-29　第二種不同模型名稱的電阻元件

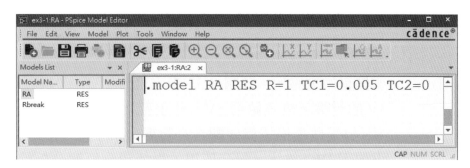

圖 3-30 RA 電阻元件之模型

註 六：另外一種方法為可以將圖 3-20 右邊視窗 Rbreak 模型名稱改為 RA、RB 或 RC，
這樣就不會變更到 Rbreak 這個可設定模型元件參數的電阻器，因為它是可供所
有使用者隨意修改模型參數的電阻元件。

3-2 電容器

3-2-1 電容器的描述

C Capacitor

SPICE 之格式

CXXXXXX N+ N- VALUE <IC=Initial condition> (線性電容)

CXXXXXX N+ N- POLY C0 C1 C2……<IC=Initial condition>

(非線性電容)

OrCAD PSpice 之格式

CXXXXXX N+ N- <MODELNAME> VALUE <IC=Initial condition>

CXXXXXX　　　表示電容元件的名稱，第一個字要用 C 表示，長度不能超
過八個文數字串，在圖 3-31 中表示其為電容器 C12。

N+，N-　　　表示電容元件所連接的正負端節點編號，也就是正電流由
正端節點流進元件然後到達負端節點，如圖 3-31 所示其正
負端節點編號分別為②、⓪。

VALUE　　　　　　表示電容器的電容量，其單位為法拉。

IC=Initial　　　表示電容元件的初始電壓，也就是電容器在時間為零時，
Condition　　　所儲存的電壓值，在圖 3-31 中因電容器在 t=0 時，儲存有
　　　　　　　　5V 的電壓，故其值為 5V。此項若不寫表示其初始電壓為
　　　　　　　　零。但是此項描述尚要配合在暫態分析中的.TRAN 行描述
　　　　　　　　再加入 UIC 敘述，配合使用，詳情請看暫態分析行描述。

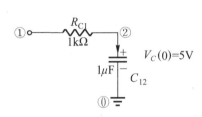

圖 3-31　電容器

POLY　　　　　　在 SPICE 描述中係表示非線性電容器之多項式描述。

C0　C1　C2...　　表示決定非線性電容器多項式的係數，電容器之值為：

$$C=C0+C1*V+C2*V^2+……\qquad\qquad(3\text{-}4)$$

　　　　　　　　(C 單位為法拉，V 為電容器之電壓)

<MODELNAME>　　表示 OrCAD PSpice 電容器的模型名稱，此乃要設定該電
　　　　　　　　容器之模型參數時，所給予之模型名稱，以指明係那一電
　　　　　　　　容器要設定的模型參數，若不設定電容之模型參數，則此
　　　　　　　　敘述可不寫。在範例 3-8 中 CAB 電容器之模型參數名稱為
　　　　　　　　CLOD，詳情請看下節電容器之模型參數設定描述。

範例 3-5　　C12　2　0　1μF　IC=5V　　(圖 3-31)

範例 3-6　　C123　2　0　10PF

範例 3-7　　CA　2　3　10PF　IC=5V

範例 3-8　　CAB　3　0　CLOD　10PF

範例 3-9　CNOL　1　2　POLY　5　3　2　IC=3V(圖 3-32) (SPICE)

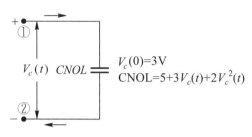

圖 3-32　例題 3-9 之非線性電容器

3-2-2　OrCAD PSpice 電容器模型參數設定描述

SPICE 之電容描述無溫度係數設定描述(但可以由溫度描述行設定，詳情請看第八章.TEMP 溫度描述分析敘述)，而 OrCAD PSpice 有模型參數設定描述以設定電容器之溫度係數，其格式如下所述。

.MODEL

一般格式

.MODEL MODELNAME CAP<(PAR1=PVAL1 PAR2=PVAL2......)>

.MODEL　　　　表示設定元件之模型參數。

MODELNAME　　表示被設定元件之模型名稱，在範例 3-10 中，由於 CAB 電容器之模型名稱為 CLOD，因此要設定 CAB 元件之模型參數，故其模型名稱為 CLOD。

CAP　　　　　表示要設定電容器元件之模型參數。

<(PAR1=PVAL1......)>　　表示設定該電容元件之模型參數名稱及其給予之參數值，其參數值見表 3-2，此項若不寫則以表 3-2 中之機定值決定。在範例 3-10 中設定模型參數 C=1，TC1=0.001，TC2=0.1。

表 3-2　OrCAD PSpice 電容器之模型參數

OrCAD PSpice 電容器之模型參數		單位	機定值
C	電容倍率因子		1
VC1	線性電壓係數	$VOLT^{-1}$	0
VC2	二次電壓係數	$VOLT^{-2}$	0
TC1	線性溫度係數	$℃^{-1}$	0
TC2	二次溫度係數	$℃^{-2}$	0
T_MEASURE	測量溫度	℃	
T_ABS	絕對溫度	℃	
T_REL_GLOBA	目前相對溫度	℃	
T_REL_LOCAL	對 AKO 模型相對溫度	℃	

若 MODELNAME 省略，則 VALUE 之值為電容值，其單位為法拉(F)，假若 MDELNAME 不省略，則電容器之電容值：

Cap=VALUE * C(1+VC1 * V+VC2 * V^2)(1+TC1*(T-TNOM)
　　+TC2* (T-TNOM)^2)　　　　　　　　　(3-5)

註 七：OrCAD PSpice 電容器無雜訊模式，TNOM 表 Nominal Temperature(詳情見第十三章 13-12 及 13-14 小節.TNOM 描述。)

範例 3-10　CAB　3　0　COLD　10PF
　　　　.MODEL COLD CAP(C=1 TC1=0.0001 TC2=0.1)

　　同理亦可由(3-5)式，求出電容器在某一溫度下之電容值。

範例 3-11　CK　5　6　TX　20Pf
　　　　.MODEL　TX　CAP

3-2-3　取用電容元件的方法

在 OrCAD Captare CIS 中取用電容元件的方式如下：

在 OrCAD Capture CIS 視窗下，如圖 3-33 所示，點選 Place→Pspice Component→Capacitor 命令後就會將該元件取出，將之置於適當之位置後按 ESC 鍵後結束命令。但是該電容元件值為 1nF 及元件名稱為 C1，如圖 3-34 所示。

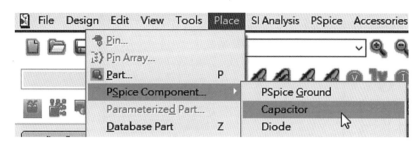

圖 3-33 電容器取出之命令

圖 3-34 電容元件(一)

3-2-4 設定或更改元件名稱及元件值

要設定或更改電容器的元件名稱及元件值同電阻器有二種方式，如下列所示：

1. 單一名稱及元件值的設定或更改

方法同電阻器，若要更改電容元件的名稱，則以 mouse 左鍵連續點選 C1 字體二次，就會出現如圖 3-35 所示之 Display Properties 視窗，在 <u>Value:</u> 右邊框內，將 C1 改成 C100，再點選 OK 鈕即可將 C1 改成 C100，如圖 3-36 所示。若要改變電容值 1nF 為 5uF，則以 mouse 左鍵連續點選 1n 字體兩次，則會出現如圖 3-35 所示之 Display Properties 視窗，將左上角的 Value: 右邊的 1n 改成 5uF 後再點選 OK 鈕，即可將電容 1n 改成 5uF，如圖 3-36 所示。

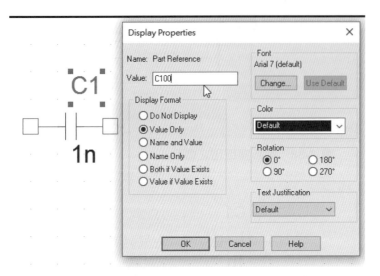

圖 3-35　電容器之 Display Properties 視窗　　　　圖 3-36　電容元件(二)

2. 以工作選單(Property Editor)的方式設定或更改元件名稱及元件值

以 mouse 左鍵連續點選如圖 3-36 所示之電容元件本體兩次,就會出現一如圖 3-37(a)所示之 Property Editor 的視窗,移動右下方的左右捲軸,在 Part Reference 下框將 <u>C100</u> 改回 <u>C200</u>,然後再將最右邊的 Value 框下的 5uF 改成 10uF,如圖 3-37(b)所示,並點選左上角的 Apply 鈕即可,若出現-Undo Warning 小視窗,則點選 Yes 鈕即可。

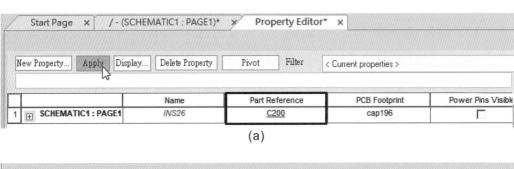

(a)

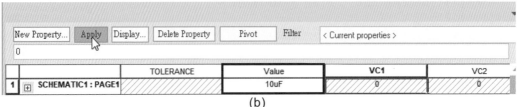

(b)

圖 3-37　Property Editor 視窗

3-2-5　電容值初始電壓之設定

　　以 mouse 左鍵連續點選電容器本體二次將會出現如圖 3-38 的 Property Editor 視窗，在 IC 的下方框內鍵入 5V，再按 Enter 鍵並點選左上角之 Apply 鈕，即可將電容器的初值設為 5V。若要將 IC=5V 於元件上顯示，如圖 3-39 所示，則將游標置於 IC 下方框內 5V 之位置時，再點選左上角之 Display 鈕，會出現一如圖 3-40(a)所示之 Display Properties 小視窗，點選左邊 Display Format 下方之 Name and Values 後再點選 OK 鈕後，再回電路圖就會在電容元件上顯示 IC=5V 字樣。如圖 3-40(b)所示。

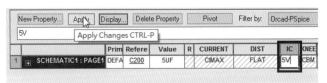

圖 3-38　Property Editor 視窗(二)

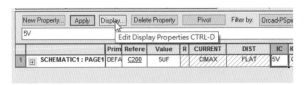

圖 3-39　Property Editor 視窗(三)

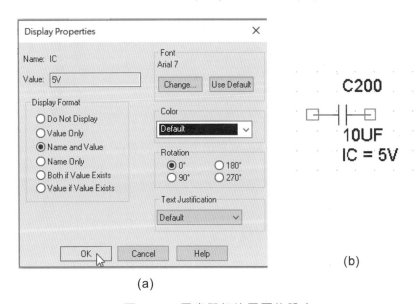

(a)

(b)

圖 3-40　電容器初始電壓的設定

3-2-6　OrCAD PSpice 取用具有模型參數的電容元件

要取用具有模型參數的電容元件，方法同電阻元件，其執行步驟如下：

1. 在視窗最上方的命令列點選 Place→PSpice Component→Search 命令，就會在右方出現如圖 3-41 所示之 PSpice Part Search 視窗。

2. 如圖 3-42 所示在其中間 Search here...空欄鍵入 Cbreak 後按 enter 鍵就會在其下方出現與 Break 字體相關之元件，如圖 3-43 左下方所示。

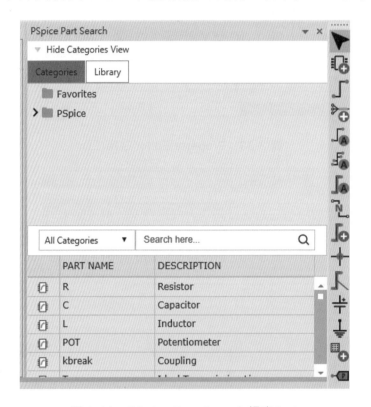

圖 3-41　PSpice Part Search 視窗(一)

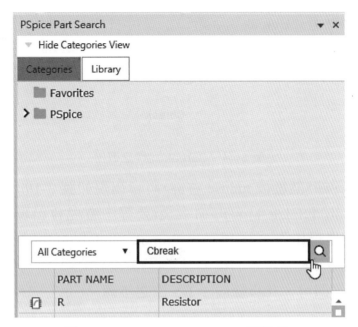

圖 3-42 PSpice Part Search 視窗(二)

圖 3-43 PSpice Part Search 視窗(三)

3. 在圖 3-43 點選 "Cbreak" 字體二下就可將該元件取出,並置於適當位置,如圖 3-44 所示。

C201

Cbreak

1n

圖 3-44　Cbreak 元件之取出

4. 再點選該元件,然後按 mouse 右鍵,將會出現如圖 3-19 所示之功能表,再點選 Edit PSpice Model 命令後(要等一會兒會出現在下方工作列上),即可出現如圖 3-45 所示之 PSpice Model Editor 視窗,就在視窗右邊框內鍵入所要設定的模型參數(格式見 3-2-2 節,只是不加括號)後,再存檔即可,其步驟同 3-1-5 節之步驟。

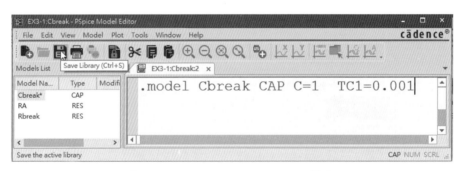

圖 3-45　PSpice Model Editor 視窗

5. 若要使用第二個不同模型參數名稱的電容元件,其方法同電阻器之方法,請參考圖 3-23 至圖 3-30 所示。

3-3 電感器(HENRY)

3-3-1 電感器元件描述

L INDUCTOR

SPICE 之格式

LXXXXXXX N+ N- VALUE<IC=Initial codition>(線性電感)

LXXXXXXX N+ N- POLY L0 L1 L2 ......<IC=Initial codition>

(非線性電感)

OrCAD PSpice 之格式

LXXXXXXX N+ N- <MODELNAME> VALUE<IC=Iinitial Condition>

LXXXXXXX   表示電感元件的名稱,第一個字母一定要 L 表示,長度不
            能超過八個文數字串,在圖 3-44 中表示電感器的名稱為
            LA。

N+,N-   表示電感元件正負端點所連接的節點編號,正電流是由正
            端節點流入至負端節點,在圖 3-46 及圖 3-47 中分別表示
            為②、③及①、⓪節點。

VALUE   表示電感元件的值,其單位為亨利(HENRY)。

<IC=Initial condition>   表示電感元件的初始電流,也就是電感器
            在時間為零時,所充電的電流值。在圖 3-47 電感器在 t=0
            時之充電電流為 1mA,此項描述若不寫表示其初始電流為
            零。使用此項描述時,則必須在暫態分析描述行.TRAN 加
            上選用項 UIC 敘述,方可配合使用,詳情請看.TRAN 暫態
            分析之描述。

POLY   在 SPICE 描述中表示非線性電感器之多項式描述。

L0 L1 L2...　表示非線性電感器多項式的係數，電感器之值為：

$$L=L0+L1*I+L2*I^2 \tag{3-6}$$

<MODELNAME>　表示電感器的模型名稱，此乃要設定電感器之模型參數時，所給予之模型名稱，以指明是那一電感器設定的模型參數。若不設定電感器之模型參數，則此敘述可不寫。在範例 3-14 中 LK 電感器之模型名稱為 KL，詳情請看下節之電感器模型參數設定描述。

範 例 3-12　LA　2　3　1μH

範 例 3-13　L1　1　0　IC=1mA

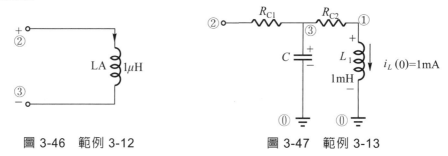

圖 3-46　範例 3-12　　　　　　圖 3-47　範例 3-13

3-3-2　OrCAD PSpice 電感器模型參數設定描述

　　SPICE 之電感器描述無溫度設定描述(但可以由溫度描述設定之，詳情請看.TEMP 溫度描述行敘述)，而 OrCAD PSpice 有模型參數設定描述以設定電感器之溫度係數，其格式如下所述。

.MODEL

一般格式

.MODEL　MODELNAME　IND<(PAR1=PVAL1 PAR2=PVAL2……)>

.MODEL　　表示要設定元件之模型參數。

MODELNAME　表示要設定元件模型參數之模型名稱，在範例 3-15 中由於 L1 電感器之模型名稱為 LMOD，因要設定 L1 之模型參數，故其模型名稱為 LMOD。

IND　　　　　　　表示設定電感器元件之模型參數。

＜(PAR1=PVAL1…)＞　表示設定該電感器元件之模型參數名稱及其給予之參數值，其參數名稱見表 3-3，此項若不寫以機定值設定。在範例 3-15 中設定模型參數為 L=1，TC1=0.0001，TC2=0。

表 3-3　電感器之模型參數

OrCAD PSpice 電感器之模型參數		單 位	機定值
L	電感倍率因子		1
IL1	線性電壓係數	amp^{-1}	0
IL2	二次電壓係數	Amp^{-2}	0
TC1	線性溫度係數	$℃^{-1}$	0
TC2	二次溫度係數	$℃^{-2}$	0
T_MEASURE	測量溫度	℃	
T_ABS	絕對溫度	℃	
T_REL_GLOBA	對目前相對溫度	℃	
T_REL_LOCAL	對 AKO 模型相對溫度	℃	

如果沒有 MODELNAME 敘述，則 VALUE 即為電感的亨利值。

如果有 MODELNAME 敘述，則電感器之值為：

$$IND=(VALUE)*L*(1+IL1*I+IL2*I^2)*(1+TC1*(T-TNOM)$$
$$+TC2*(T-TNOM)^2) \tag{3-7}$$

範 例 3-14　LK　1　2　KL　1mH

　　　　　.MODEL　KL　IND

範 例 3-15　L1　1　0　LMOD　1μH　IC=1mA

　　　　　.MODEL　LMOD　IND(L=1　TC1=0.0001　TC2=0)

　　在範例 3-15 中亦可由(3-7)式求出在某種溫度下電感器之值。

3-3-3　OrCAD Capture CIS 取用電感元件的方式

在 OrCAD Captare CIS 中取用電感器的方式如下：

在 OrCAD Capture CIS 視窗最上方的命令列如圖 3-48 所示，點選 Place →PSpice Component→Inducror 命令後就會將該元件取出，但是該電感元

件值為 10uH 及元件名稱為 L1，如圖 3-49 所示，其中⊗符號表示正端節點，
即電流由該端點流入電感器。

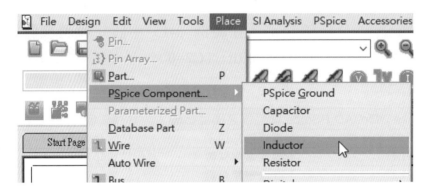

圖 3-48　電感器取出命令

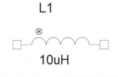

圖 3-49　電感器元件

3-3-4　設定或更改元件名稱及元件值

設定或更改電感器元件的名稱及元件值有二種方式如下列所示：

1. 單一元件名稱及元件值的設定或更改

   同電容器之方法，若要更改電感元件的名稱及其電感值，如圖 3-50 所
   示，則以 mouse 左鍵連續點選 L1 字體二次，就會出現一 Display
   Properites 視窗，在 Value 右邊框內，將 L1 改成 L100，再點選 OK 鈕
   即可，即可將 L1 改成 L100。若要改變電感值 10uH 為 5uH，如圖 3-51
   所示，則以 mouse 左鍵連續點選 10uH 字體兩次，則會出現一 Display
   Properites 視窗，將左上角的 Value 右邊的 10uH 改成 5uH 後再點選
   OK 鈕，即可將電感 10uH 改成 5uH。

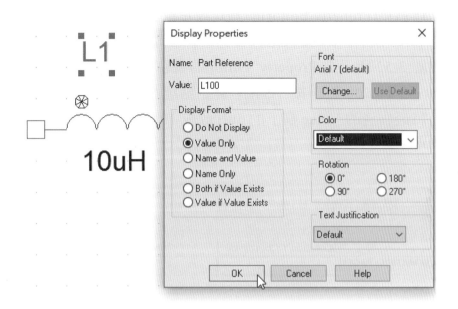

圖 3-50　Display Properties 視窗(一)

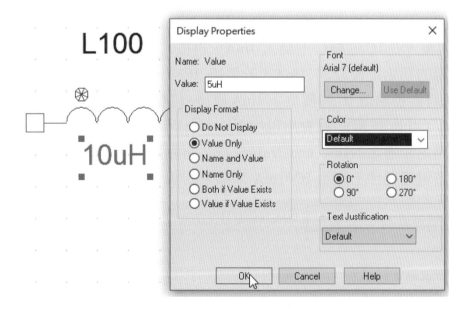

圖 3-51　Display Properties 視窗(二)

2. 以工作選單(Property Editor)的方式設定或更改元件名稱及元件值

    以 mouse 左鍵連續點選如圖 3-51 所示之電感元件本體兩次,就會出現一如圖 3-52 所示之 Property Editor 的視窗,在 Part Reference 下欄將 L100 改回 L200 後再按 Enter 鍵並點選右上角之 Apply 鈕即可,然後在將最右邊的 Value 欄下的 5uH 改成 10uH,再按 Enter 鍵及 Apply 鈕即可。

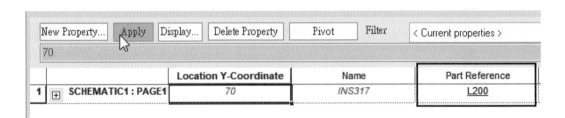

圖 3-52 Properties Editor 視窗

3-3-5 電感器初始電流的設定

以 mouse 左鍵連續點選電感器本體二次將會出現如圖 3-53 的 Properity Editor 視窗,在 IC 的欄位下鍵入 1mA,再按 Enter 鍵及 Apply 鈕,即可將電感器的初始電流設為 1mA。若要將 IC=1mA 的初始值於電感器上顯示,則是將游標點選 IC 的欄位下 1mA 處後,再點選左上角之 Display 鈕(在 Properity Editor 視窗),就會出現如圖 3-40(a)所示右邊之 Display Properties 視窗,點選左邊之 Name and Values 後,再點選 OK 鈕後,再回電路圖,就會在該電感元件上顯示 IC=1mA 字樣,如圖 3-54 所示。

圖 3-53 電感器初始電流的設定

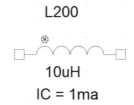

圖 3-54　具有初始電流的電感器元件

3-3-6 取用具有模型參數的電感元件

要取用具有模型參數的電感元件同電流器，其執行步驟如下：

1. 點選 Place→PSpice Component→Search 命令就會在右方出現如圖 3-55 所示之 PSpice Part Search 視窗。

2. 如圖 3-55 所示在其中間空欄鍵入 Lbreak 後按 enter 鍵，就會在其下方出現與 Lbreak 字體相關之元件，如圖 3-55 所示。

圖 3-55　PSpice Part Search 視窗

3. 在圖 3-55 所示左下方中點選 "Lbreak" 字體二下就可將該元件取出，並置於適當位置，如圖 3-56 所示。

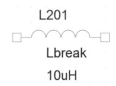

圖 3-56　Lbreak 元件之取出

4. 再點選該元件，然後按 mouse 右鍵，將會出現如圖 3-19 所示之功能表，再點選 Edit PSpice Model 命令後即可出現如圖 3-57 所示之 PSpice Model Editor 視窗，就在視窗右邊框內鍵入所要設定的模型參數(格式見 3-3-2 節)後，再存檔即可，其餘步驟如 3-1-5 節所述。

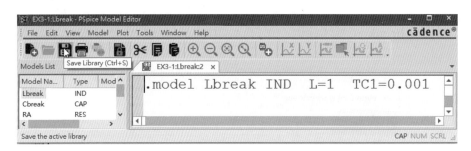

圖 3-57　具有模型參數的電感元件

5. 要使用第二個不同模型參數名稱的電感元件，其方法同電阻器之方法。

3-4　互感元件(變壓器)

互感元件為兩個電感器交連或多個電感器交連所形成的變壓器。

3-4-1 互感元件(變壓器)的描述

K COUPLER(MUTUAL) INDUCTOR(Transformer)

SPICE 之格式

KXXXXXXX LPPPPP LSSSSS Coupling-VALUE

OrCAD PSpice 之格式

KXXXXXXX LPPPPP LSSSSS Coupling-VALUE

或 KXXXXXXX LYYYYY...Coupling-VALUE MODELNAME

SIZE-VALUE(磁蕊元件)

KXXXXXXX   為互感元件(變壓器)的名稱,開頭第一個字一定要以 K 表示,長度不超過八個文數字串。

LPPPPPPP   為互感元件的初級(第一個)電感器的名稱,描述規則同電感元件之描述規則。

LSSSSSSS   為互感元件的次級(第二個)電感器名稱,描述規則同電感元件之描述規則。

Coupling-VALUE   為互感元件的交連係數(Coupling coefficient)K,其值必大於 0 或小於 1。

LYYYYYYY...   表示互感元件的多個電感器名稱,描述規則同電感器元件描述規則。

MODELNAME   表示互感元件之模型名稱。

SIZE-VALUE   表示互感元件變成磁蕊元件時,磁蕊截面積的放大因子(Scale),此敘述若不寫,則其機定值為 1,此值表示積層型(Lamination Layer)磁蕊的層數。

      SPICE(OrCAD PSpice)的互感元件採用傳統的圓點表示法,圓點均標於互感元件的第一個正端節點,也就是電流由圓點節點流入,如下範例所示。

範例 3-16　V1　1　0　AC　1　　(圖 3-58)

K1　LA　LB　0.8

LA　1　0　2mH

LB　2　0　10mH

RL　2　0　110Ω

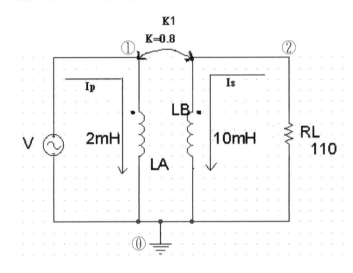

圖 3-58　範例 3-16

範例 3-17　KCL　L3　L4　0.8

L3　1　2　20mH

L4　3　4　30mH

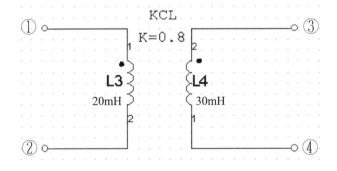

圖 3-59　範例 3-17

如果變壓器上有好幾組線圈，則必須以 KXXXXXXX 敘述；一一將之交連，例如在圖 3-60 之範例 3-18，一個初級線圈有中心抽頭且具有兩個次級圈的變壓器，則其描述規則如下所述：

範例 3-18

```
*Primary Coil
 LA 1 2 20μH
 LB 2 3 20μH
 LC 3 4 30μH
*SECONDARY
 LD 5 6 40μH
 LE 7 8 50μH


*MUTUAL INDUCTOR(Transformers)
 KAB LA LB 0.8
 KAC LA LC 0.8
 KBC LB LC 0.8
 KAD LA LD 0.8
 KAE LA LE 0.8
 KBD LB LD 0.8
 KBE LB LE 0.8
 KCD LC LD 0.8
 KCE LC LE 0.8
```

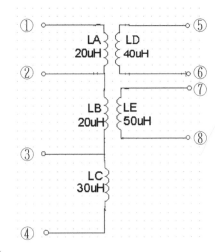

圖 3-60　範例 3-18

3-4-2　OrCAD PSpice 互感元件模型參數設定描述

當 OrCAD PSpice 互感元件描述採用 MODELNAME 模型名稱敘述時，此互感元件就是非線性的磁蕊變壓器，因此本節要對此磁蕊的模型參數設定描述作一詳細的介紹，其描述格式如下所述。

.MODEL

一般格式

.MODEL   *MODELNAME*   *CORE<(PAR1=PVAL1 PAR2=PVAL2……)>*

.MODEL   表示要設定電感元件之模型參數。

MODELNAME   表示被設定電感元件之模型名稱，以指明係那一磁蕊元件設定的元件模型參數，此 MODELNAME 描述名稱必須與該磁蕊元件描述的 MODELNAME 名稱相同。

CORE   表示要設定磁蕊元件的的模型參數。

<(PAR1=PVAL1…)   表示設定該磁蕊元件之模型參數名稱及其給予之參數值，其模擬參數之名稱如表 3-4 所示。

表 3-4 互感元件之模型參數

OrCAD Pspice 磁蕊元件之模型參數		單位	機定值
LEVEL	模型指數		1
AREA	平均磁蕊截面積	cm^2	.1
PATH	平均磁蕊路徑長度	cm	1
GAP	有效氣隙長度	cm	0
PACK	PACK(stacking)因子		1
MS	磁化飽和	Amp/meter	1E+6
ALPHA	中間範圍交連參數(Level=1)		.001
A	熱能量參數	AMP/meter	000
C	domain flexing parameter		.2
K	domain antisotropy		500
GAMMA	domain 阻尼參數	sec^{-1}	∞

範例 3-19   K1   LA   0.3   F

                 .MODEL   F   CORE(AREA=0.6 MS=2E+3)

範例 3-20 K3　LB　0.3　LC

　　　　　　.MODEL　LC　CORE(AREA=0.5)

3-4-3 取用互感元件的方式

在 OrCAD Captare CIS 中取用互感元件的方式如下所示：

1. 在 OrCAD Capture CIS 視窗下，點選 Place→Part 命令或右邊繪圖工具列的圖示命令，就會在右邊出現一如圖 3-61 所示之 Place Part 視窗，互感元件的 Library 在 ANALOG.olb 中(或 ANALOG_p.olb)，故要將 ANALOG.olb (ANALOG p.olb) library 包含進來，則點選中間的 Libraries 下方右邊的第二個 Add library 圖示，就會出現－Browse File 視窗，至所安裝的 C:\Cadence\SP13_17.4\tools\capture\library\pspice\下的 analog.olb 將之開啓加入，如圖 3-62 所示。

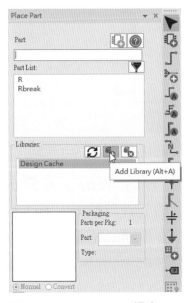

圖 3-61　Place Part 視窗(一)　　　　圖 3-62　Library 的加入

2.　此時在如圖 3-63 所示之 Place Part 視窗中間的 Libraries 下方就會出現 <u>ANALOG</u> 字體。

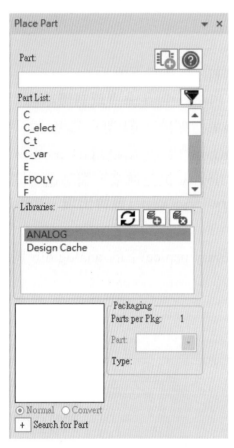

圖 3-63　Place Part 視窗(二)

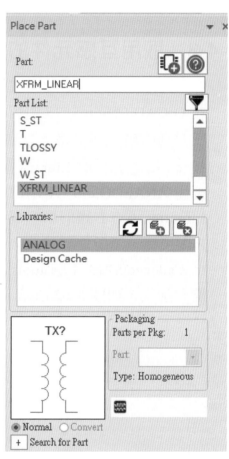

圖 3-64　互感元件之 Place Part 視窗

3.　此時點選 ANALOG 後，再至本視窗左上方的 Part:下方鍵入 XFRM_LINEAR 後，就會在左下角出現該互感的元件符號，如圖 3-64 所示，在 Part List:下欄連續點選 XFRM_LINEAR 字體二下就會將該互感元件取出，然後將之置於適當之位置，如圖 3-65 所示。

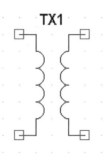

圖 3-65　互感元件

3-4-4 設定或更改變壓器元件名稱及元件值

設定或更改變壓器之元件名稱及元件值有二種方式如下列所示：

1. 單一元件名稱及元件值的設定或更改

    若要更改變壓器元件的名稱，則以 mouse 左鍵連續點選變壓器之元件上 TX1 字體二次，就會出現一 Display Properties 視窗(如圖 3-50 所示)，在 Value 右邊框內，將 TX1 改成 TA1，再點選 OK 鈕即可，即可將 TX1 改成 TA1。

2. 以工作選單(Property Editor)的方式設定或更改元件名稱及元件值

    以 mouse 左鍵連續點選如圖 3-65 所示之變壓器元件本體兩次，就會出現一 Property Editor 的視窗(如圖 3-52 所示)，在 Part Reference 下框將 TA1 改回 TX1 後再按 Enter 鍵並點選左上角之 Apply 鈕即可。

3-4-5 變壓器初級圈次級圈電感量及交連值之設定及修改

以 mouse 左鍵連續點選變壓器兩次，就會出現一如圖 3-66(a)所示之 Properties Editor 視窗，初級圈及次級圈的電感量，則在圖 3-66(a)之 Properties Editor 視窗下的 L1-value 及 L2-value 欄位下方設定或修改之，Couply value 之設定或修改如圖 3-66(b)所示，在 Coupling 欄位輸入所欲設定或修改之值，再按 Enter 鍵，並點選左上角之 Apply 鈕即可。

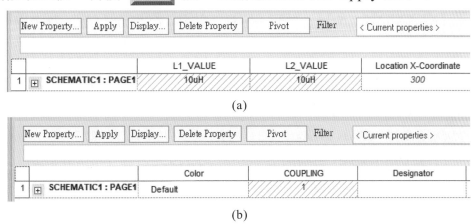

(a)

(b)

圖 3-66 變壓器初級圈、次級圈電感量及變壓器交連值的設定及修改

若要在變壓器上顯示其交連值之方法同電感器初值設定的方式。

3-5　傳輸線

在 SPICE 2 的版本裡，傳輸線都將之視為無損失的(Lossless)，此乃在積體電路內傳輸線的實體及電子長度都非長短，因此其損失非常小，幾乎可忽略不計。

如果要考慮傳輸線的損失，可以將傳輸線分開成幾個小段的部分組成，然後在每個小段串聯一小電阻代表集膚效應的導體損失。但是在暫態分析時，SPICE (OrCAD PSpice)的計時步階要小於或等於每一小段傳輸線的最小傳輸延遲，因此短的傳輸線將會執行很長的模擬時間。

另外由於傳輸線的損失與頻率有關，所以串聯一電阻只能代表在一個工作頻率的損失。

3-5-1　傳輸線描述

T　TRANSMISSION LINES (LOSSLESS)

SPICE 之格式

TXXXXXXX　NA+　NA-　NB+　NB- ZO=VALUE F=FREQ
　　　　　　<NL=LENH> <IC=VA, IA, VB, IB>
或 TXXXXXXX　NA+　NA-　NB+　NB-　ZO=VALUE　TD=VALUE
　　　　　　<NL=LENH> <IC=VA, IA, VB, IB>

註 八：上面有兩個描述項被描述，表示的意義是 TD 及 F 兩者中必須有一項被描述。

OrCAD PSpice 之格式

TXXXXXXX　NA+　NA-　NB+　NB-　<MODELNAME> ZO=VALUE
　　<TD=VALUE><F=FREQ><NL=LENH>>(無損失 Ideal line)
TXXXXXXX　NA+　NA-　NB+　NB- <<MODELNAME> <ELECTRICAL LENGTH VALUE>>LEN=VALUE　R=RVALUE　L=LVALUE G=GVALUE(Lossy Line 有損失)

註 九：TD 及 F 兩者雖然是選用項，但兩者之中必須要有一項被描述。

TXXXXXX	表示傳輸線元件的名稱，開頭第一個字一定要以 T 表示，長度不超過八個文字數字串。
NA+，NA-	表示傳輸線埠 A(因傳輸線有兩個埠，A 及 B)的正端及負端的節點，正電流由正端節點流入埠中抵達負端節點。
NB+，NB-	表示傳輸線埠 B 的正端及負端的節點，正電流由正端節點流入埠中抵達負端節點。
ZO=VALUE	表示傳輸線的特性阻抗，單位為歐姆。
F=FREQ	表示傳輸線的工作頻率。
TD=VALUE	表示傳輸線的延遲時間，單位為秒。
<NL=LENH>	表示頻率 F 與波長的關係，若此值不寫，則其機定值為 0.25(表示 F 為四分之一波長的頻率)。
<IC=VA,IA,VB,IB>	表示通過及流入傳輸線 A 埠端與 B 埠端的初值電壓及電流值，此項係數若不寫其機定值為零。在選用此項初始條件時，在.TRAN 暫態分析描述中須加上 UIC 描述方可。
LEN	物理長度。
R	每單位長度電阻。
L	每單位長度電感。
G	每單位長度電導。
C	每單位長度電容。

3-5-2 OrCAD PSpice 傳輸線(有損失)元件模型參數設定描述

當 OrCAD PSpice 是有損失的傳輸線 (Lossly Line) 時採用 MODELNAME 模型名稱敘述時，其敘述如下：

一般格式

.MODEL MODELNAME TRN<PAR1=<PAVAL1 PAR2=PVAL2……>>

.MODEL　　　　表示要設定元件之模型參數。

MODELNAME　　表示要設定元件之模型名稱,同互感元件之規則。

TRN　　　　　　表示傳輸線之模型。

<(PAR1=PAVAL1...)>　表示設定傳輸線之模型參數名稱及其給予之參數值。

OrCAD Pspice 傳輸線之模型參數名稱除了 ZO,TD,F,NL 外尚有 R(Ω/LEN)每單位長度之電阻,L(henries/LEN)每單位長度之電感量,G(mhos/LEN)每單位長度之電導,C(farads/LEN)每單位長度之電容,LEN(agrees with RLGC)物理長度。

範例 3-21　T1　1　0　2　0　ZO=75　F=50MEGHZ　TD=10NS
　　　　　　　NL=0.5(OrCAD PSpice)

範例 3-22　TA　1　0　2　0　ZO=300　TD=50N(SPICE & OrCAD
　　　　　　　PSpice)

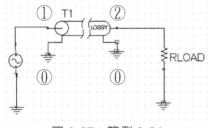

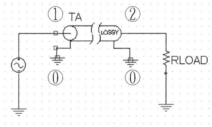

圖 3-67　範例 3-21　　　　　　　　圖 3-68　範例 3-22

TD 及 F 決定了傳輸線的長度,兩者雖然是選用項(option),但是兩者之中必需要一項被描述。

其中 TD、F 及 NL 之關係如下式所示:

$$TD=L/v \tag{3-8}$$

$$v=C \cdot FC \tag{3-9}$$

$$NL=L/\lambda \tag{3-10}$$

$$\lambda = v / f \tag{3-11}$$

L ：實體長度（physical length）

v ：速度(Velocity)　　　　　　　　　　　C：自由空間之速度

FC：速度因素，FC≦1.00　　　　NL：正規化電子長度

λ ：波長　　　　　　　　　　　　　　f：頻率

故正規化電子長度(Normalized electrical length)為：

$$NL=Lf/ v \tag{3-12}$$

$$L=TD v =NL v /f \tag{3-13}$$

$$TD=NL/f \tag{3-14}$$

$$NL=fTD \tag{3-15}$$

在暫態分析(.TRAN)中，內部計時步階不能超過最小傳輸線延遲時間的一半，所以模擬電路中若含有傳輸線，則模擬分析時間會很長。

範例 3-23　T1　2　0　3　0　Z0=150　TD=30ns

範例 3-24　TA　2　0　3　0　Z0=150　F=100MEGHZ

範例 3-25　TB　2　0　3　0　Z0=150　F=100MEG　NL=5

以上的描述方式只是適用於一種傳輸線模式(propagating mode)，如果傳輸線在實際的電路內採用兩種傳輸模式，就會有四個連接節點，因此就要使用兩個傳輸線的描述方式，如範例 3-26 所示。

範例 3-26　T1　1　2　3　4　Z0=300　TD=1ns

　　　　　　T2　2　0　4　0　Z0=75　TD=2ns

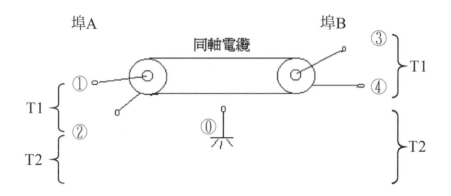

圖 3-69　範例 3-26

　　在範例 3-26 中 T1 描述表示同軸電纜內部導體與隔離線(shield)間之描述，T2 表示同軸電纜隔離線與外部接地線之描述。

3-5-3　取用傳輸線元件的方式

　　在 OrCAD Captare CIS 中呼叫傳輸線的方式如下：

　　傳輸線在 OrCAD Capture CIS 的元件為 T(無損失)及 TLOSSY(有損失)二種。

　　在 OrCAD Capture CIS 視窗下，點選 Place→Part 命令或右邊繪圖工具列的 🔲 圖示，就會出現一 Place Part 視窗，如圖 3-70 所示，傳輸線元件的 Library 在 ANALOG.olb 中(或 ANALOG_p.olb)，故要將 ANALOG.olb(ANALOG _p.olb) library 包含進來，則應執行第三章中 3-4-3 節之動作，若已經執行該項動作，則 ANALOG.olb 應會在 Place Part 視窗下方的 Libraries:下方框內。若是要取用無損失的傳輸線，此時如圖 3-70 所示，點選 ANALOG 後，再至本視窗左上方的 Part 下方鍵入 T 後(或在 Part List:下方點選 T)，就會在左下角出現該傳輸線的符號，如圖 3-70 所示，在 Part List:下框連續點選 T 字二下後就會將該元件取出，但若是取用有損失的傳輸線則要在 Place Part 的視窗下鍵入 TOLSSY 後在 Part List:下框連續點選 TOLSSY 字二下，就可將該元件取出，如圖 3-71 所示。

註 十：亦可在視窗上點選 Place→PSpice Component→Passive→TLine Ideal (TLine Lossy)命令，將無損失及有損失的傳輸線元件取出。

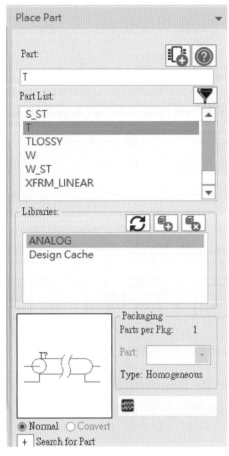

圖 3-70 傳輸線元件(無損失)

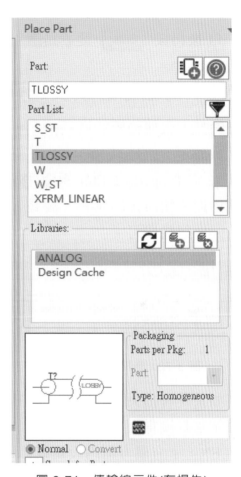

圖 3-71 傳輸線元件(有損失)

3-5-4 設定或更改傳輸線的名稱

要設定或更改傳輸線的元件名稱有二種方式如下列所示：

1. 單一元件名稱的設定或更改

   若要更改傳輸線元件的名稱，則以 mouse 左鍵連續點選傳輸線元件 T1 字體二次，就會出現一 Display Properties 視窗(如圖 3-50 所示)，在 value 右邊框內，將 T1 改成 T100，再點選 OK 鈕，即可將 T1 改成 T100。

2. 以工作選單(Property Editor)的方式設定或更改

以 mouse 左鍵連續點選傳輸線元件本體兩次，就會出現一 Property Editor 的視窗，如圖 3-66 所示，在 Part Reference 下框將 T100 改回 T1 後再按 Enter 鍵並點選左上角之 Apply 鈕即可。

3-5-5 傳輸線的波長延遲時間及特性阻抗的設定

對無損失傳輸線的波長(NL)，延遲時間(TD)，特性阻性(ZO)，頻率(F) 等參數設定，則是以 MOUSE 左鍵連續點選無損失傳輸線兩次將會出現如 圖 3-72 之 Property Editor 視窗(移動下方的捲軸)。在 F、NL 及 TD、ZO 下 方框內鍵入所設定的頻率、波長、延遲時間及特性阻抗後，再點選左上角 的 Apply 鈕後即可。

| New Property... | Apply | Display... | Delete Property | Pivot | Filter by: | Orcad-PSpice |

75

		Primitive	Reference	Value	R	F	Locatio	NL	Source	TD	Z0
1	⊞ SCHEMATIC1 : PAGE1	DEFAULT	T1	T		1MEG	80	0.25	T.Normal	1US	75

圖 3-72　無損失傳輸線頻率、波長、延遲時間、特性阻抗之設定與修改

如果是有損失的傳輸線，則在其 Properity Editoy 視窗如圖 3-73 所示， 其每單位長度電阻、電容、電導、電感及物理長度的設定則在 R、C、G、 L、LEN，下方欄方框內設定或修改之。

其頻率與波長的關係在圖 3-72 之 Property Editor 視窗中的 NL 下方欄 框內設定，而頻率 F，延遲時間 TD，特性阻抗 ZO 的設定係在圖 3-72 中 的 F 及 TD 和 Z0 下方欄框內設定。

| New Property... | Apply | Display... | Delete Property | Pivot | Filter by: | Orcad-PSpice |

		Primitive	Referenc	Value	R	C	G	L	LEN	Locatio	Source
1	No Object Selected.										
2	⊞ SCHEMATIC1 : PAGE1	DEFAULT	T2	TLOSSY	1	1	1	1	1	100	TLOSSY.

圖 3-73　有損失傳輸線各種參數之設定與修改

★習題詳見目錄 QR Code

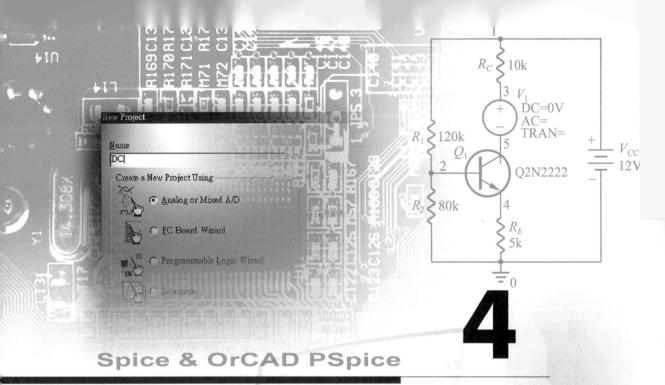

Spice & OrCAD PSpice

獨立電源元件描述及取用

學習目標

4-1 獨立電壓及電流電源之描述及
　　元件取用

4-2 暫態分析獨立電壓電源及電流
　　電源之函數波形描述及元件取
　　用

4-3 OrCAD PSpice 可適用各種波
　　形之電源元件的取用

4-4 OrCAD PSpice 接地元件

4-5 OrCAD PSpice 直流符號元件

　　本章將針對 SPICE 及 OrCAD PSpice 之獨立電源元件及其描述規則做一詳細的介紹。由於 OrCAD PSpice 係由 SPICE 之版本修改而得，因此在說明描述之定義時，若 SPICE 與 OrCAD PSpice 之描述相同，則以 PSpice 之描述說明其定義，不必重覆說明，在描述時有<>者表示選用描述即有需要才描述，沒有需要就不必描述，其中若有設定其參數值者，若不描述則以機定值為準。另外在 OrCAD Capture 中如何取用及設定各種獨立電源元件也將一併說明，以使讀者互相對照靈活運用。

註 本章參考自[1]至[9]及其他相關參考資料

4-1　獨立電壓及電流電源之描述及元件取用

V　**Independent Voltage Source**　　　**獨立電壓電源**

I　**Independent Current Source**　　　**獨立電流電源**

SPICE 之格式

VXXXXXXX　N+　N- <<DC>DC/TRAN VALUE><AC <ACMAG<ACPHASE>>
<TRANSIENT(Parameter1 Parameter2........)>>

IXXXXXXX　N+　N- <<DC>DC/TRAN VALUE> <AC <ACMAG<ACPHASE>>
<TRANSIENT(Parameter1 Parameter2.........)>>

OrCAD PSpice 之格式

VXXXXXXX　N+　N-　<<DC>VALUE<AC<ACMAG <ACPHASE>>
<TRANSIENT(Parameter1 Parameter2........)>>

IXXXXXXX　N+　N-　<<DC>VALUE<AC<ACMAG <ACPHASE>>
<TRANSIENT(Parameter1 Parameter2.........)>>

VXXXXXXX　　　　　爲獨立電壓電源元件的名稱,開頭第一個字一定要以 V 表
　　　　　　　　　　示,長度不超過八個文數字串,如範例 4-1 所示,表示其
　　　　　　　　　　獨立電壓電源之名稱爲 VCC。

IXXXXXXX　　　　　爲獨立電流電源元件的名稱,開頭第一個字一定要以 I 表
　　　　　　　　　　示,長度不超過八個文數字串。

N+ , N-　　　　　　表示獨立電壓電源或電流電源所連接的正、負節點編號,
　　　　　　　　　　如圖 4-1 所示,表示該獨立電壓(電流)電源連接的正端節
　　　　　　　　　　點爲 N+ ,負端節點爲 N-。電壓電源的某一節點不一定要
　　　　　　　　　　接地。正電流係由正端節點流進電壓(電流)源,再流至電
　　　　　　　　　　壓(電流)源負端的節點。

　　　　　　　　　　電源的電壓與電流乘積爲正,表示從電路吸收功率,電源
　　　　　　　　　　的電壓與電流乘積爲負,則表示送出功率給電路。

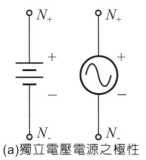 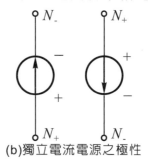

(a)獨立電壓電源之極性　　　　　　(b)獨立電流電源之極性

圖 4-1

<DC>　　　　　　　　表示獨立電壓(電流)電源爲非時變(Time Invariant)
　　　　　　　　　　的直流電壓(電流)電源。

<DC/TRAN VALUE>　　表示 SPICE 獨立電壓(電流)電源的直流或暫態分析
　　　　　　　　　　值之大小,如果獨立電壓(電流)電源爲一非時變
　　　　　　　　　　(Time - invariant)電源,也就是爲直流電壓(電流)電
　　　　　　　　　　源,則此描述可依需要而增減。

<<DC>VALUE>　　　　表示 OrCAD PSpice 獨立電壓(電流)電源的直流電
　　　　　　　　　　壓(電流)值,此 VALUE 描述在直流工作點分析及直
　　　　　　　　　　流掃描(DC SWEEP)分析中若不描述,表示其值爲
　　　　　　　　　　零。

`<AC>`	表示獨立電壓(電流)電源為小信號正弦波的交流電源，若獨立電壓(電流)電源不是小信號正弦波的交流電源，則此 AC 字樣及下列二個描述可忽略不描述，此描述在交流分析中採用。
`<ACMAG>`	表示小信號正弦波的交流電壓(電流)電源之大小(Magnitude)，若此值不寫，其機定值為 1。
`<ACPHASE>`	表示小信號正弦波的交流電壓(電流)電源之相位(Phase)，若此值不寫其機定值為 0 度相位。
`<TRANSIENT>`	此為執行暫態分析時獨立電源所選擇的五種時變函數。SPICE (OrCAD PSpice)可允許有 SIN(正弦波)、PULSE(脈波)、EXP(指數波)、PWL(分斷線性波)、SFFM(單一頻率的調頻波)等五種函數波形，詳情請看下節的時變函數波形的種類及參數描述介紹。若在做直流分析時，獨立電源的值將以時間為零的值決定之。
`Parameter1……`	在 TRANSIENT 敘述中所選擇的時變函數波形的設定參數，詳情請看下節的時變函數波形的種類及參數描述介紹。

範例 4-1　VCC　1　2　DC　10V (圖 4-2)

範例 4-2　I1　2　3　DC　6A (圖 4-3)

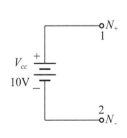

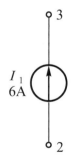

圖 4-2　範例 4-1　　　　　圖 4-3　範例 4-2

範例 4-3　　VS　5　6 (圖 4-4)

範例 4-4　　IA1　4　5　DC　−6 (圖 4-5)

範例 4-5　　I3　7　8　AC　3.0　60 (圖 4-6)

範例 4-6　　VA　12　13　AC　5.0　45 (圖 4-7)

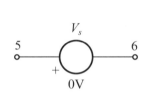  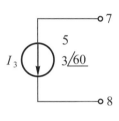 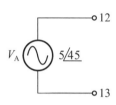

　　圖 4-4　範例 4-3　　　圖 4-5　範例 4-4　　　圖 4-6　範例 4-5　　　圖 4-7　範例 4-6

範例 4-7　　VCC　1　0　DC　10

　　　　　　RC1　1　2　1K

　　　　　　RC2　2　0　1K

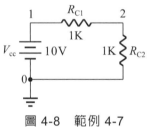

圖 4-8　範例 4-7

註 一：電源之電流方向與電阻元件方向不同

範例 4-8　　VIN　2　0　AC　2　30 (圖 4-9)

　　　　　　RC1　2　1　500

　　　　　　RC2　1　0　500

範例 4-9   RS   3   0   1K (圖 4-10)

R1   4   0   500

R2   4   5   220

R3   5   0   5K

I10   3   4   AC   5   60

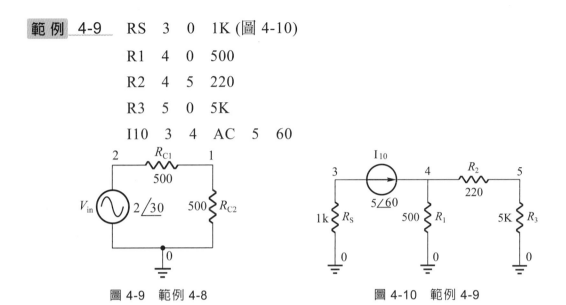

圖 4-9   範例 4-8   圖 4-10   範例 4-9

4-1-1   OrCAD PSpice 獨立電壓及電流電源元件的取用

OrCAD PSice 的獨立電源元件係在 SOURCE.OLB 元件資料庫內，在取用該元件時，則執行驟如下：

4-1-1-1   獨立直流電壓電源元件
(元件名稱 VDC 或 VSRC，元件庫 source.olb)

1.   VDC 直流電壓電源

(1)   進入 OrCAD Capture CIS 後，如圖 4-11 所示，點選 Place→PSpice Component→Source→Voltage Sources→DC 命令後就可將該獨立直流電壓電源取出，如圖 4-12(a)所示。但該電壓值為 0Vdc，因此要將之改為所設定之值。

(2)   例如設定該元件之電壓值為 12V，mouse 在圖 4-12 所示之 0Vdc 字上連續點二下，將會出現如圖 4-13(a)所示之 Display Properties 小視窗，在 Value 右框輸入 12V，再點選 OK 鈕，即可設定直流電壓值為 12V(見圖 4-12(a))，若要更改電壓值，也是利用此法變更之。

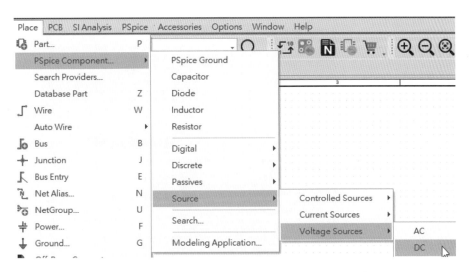

圖 4-11　取出獨立直流電壓電源元件(VDC)之命令

輸入電壓值及電壓電源名稱之設定與修改

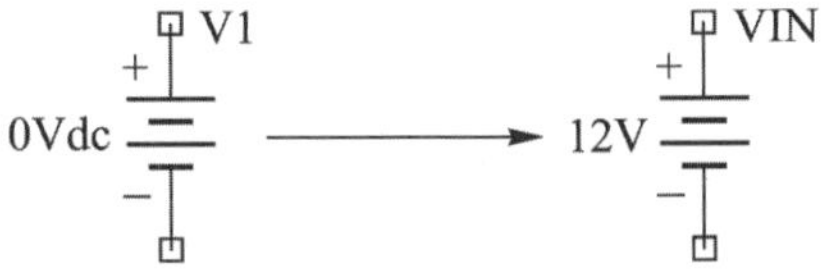

VDC獨立直流電壓電源

圖 4-12

(3)　若要更改該元件之電壓名稱爲 V1，mouse 在圖 4-12 所示之 V1 字上連續點二下，將會出現圖 4-13(b)所示之 Display Properties 小視窗，在 Value 右框改鍵入 VIN，再點選 OK 鈕即可，就會將圖 4-12 (a) 之直流電壓電源名稱更改爲 VIN，若要變更其名稱，也是利用此法變更。

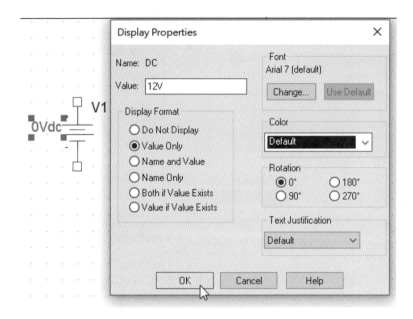

(a)Display Properties 視窗

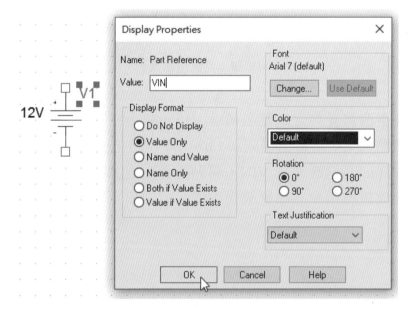

(b)Display Properties 視窗(二)

圖 4-13

2. VSRC 獨立電壓電源

另一獨立電壓電源元件的名稱為 VSRC，取用該元件之方法同取用互感元件的方法。其方法如下：

(1) 點選 Place→Part 命令後會在右邊出現－Place Part 視窗，如圖 3-61 所示。則點選 Libraries：下方右邊的 Add Library 圖示至所安裝的 PSpice 資料夾下的 source.olb 將之開啟，如圖 4-14 所示。

(2) 此時在如圖 4-15 所示之中間 Libraries:下方將出現－ SOURCE 字體，點選該字體後在 Part:下欄鍵入 VSRC，亦可在 Part List: 下欄找到 VSRC 點選它。

(3) 在 Part List:下欄連續點選 VSRC 字體二下就可將該元件取出，如圖 4-16 所示。

設定電壓值之方法只要在圖 4-16 左圖的 DC = 字樣上，以 mouse 左鍵連續點二下後，會出現如圖 4-13(a)所示之小視窗，然後再輸入其電壓值 12V 即可，方法同 VDC 元件 4-1-1-1 步驟(2)，結果如圖 4-16 右圖所示。同理設定更改元件之電壓名稱同 VDC 元件 4-1-1-1 步驟(3)。

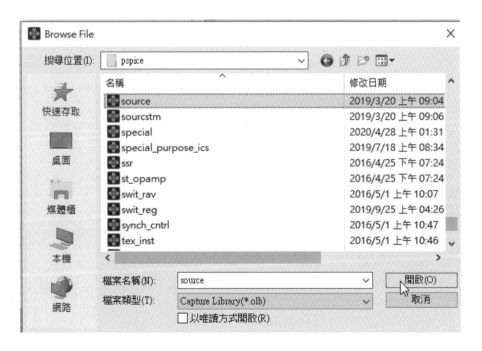

圖 4-14　source.olb Library 的加入

圖 4-15　獨立電壓電源 VSRC 的取出

輸入電壓值及電壓電源名稱之設定與修改

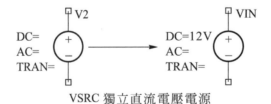

VSRC 獨立直流電壓電源

圖 4-16

註 二：VDC 獨立直流電壓電源亦可使用此種方法取出，只是在 Part:下欄鍵入 VDC 即可。

4-1-1-2 獨立直流電流電源元件
(元件名稱 IDC 或 ISRC，元件庫 source.olb)

取用該元件之方法同獨立電壓電源的取用方式，其方法如下所述。

1. IDC 獨立直流電源

   如圖 4-17 所示，點選 Place→PSpice Component→Source→Current Sources→DC 命令即可取出該元件。

   設定電流電源之電流值及電源名稱同獨立直流電壓電源的步驟(2)及(3)方法，在圖 4-18(a)左圖之 0Adc 字上以 mouse 左鍵連續點二下將 0Adc 改成 6A，然後在圖上之 I1 名稱上，以 mouse 左鍵連續點二下，將 I1 改成 IA1 即可。

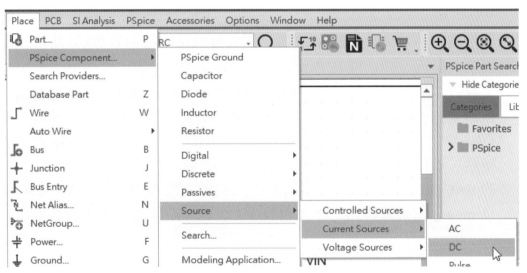

圖 4-17 獨立直流電流電源元件(IDC)之取出命令

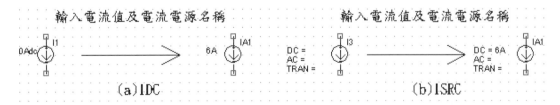

圖 4-18 獨立電流電源元件 IDC 及 ISRC

2. ISRC 獨立直流電源

取出該元件方法同 VSRC 獨立直流電源，只是在圖 4-15 的 Part: 下欄鍵入 ISRC 或在 Part List:下欄點選 ISRC，設定或變更其電流值時只要在圖 4-18(b)左圖的 DC = 字樣上，以 mouse 左鍵連續點二下，然後輸入其電流值即可(方法同直流電壓源步驟)，如圖 4-18(b)右圖所示。

4-1-1-3　獨立交流電壓電源元件 (元件名稱 VAC 或 VSRC，元件庫 source.olb)

1. VAC 獨立交流電壓電源

如圖 4-17 所示但點選 Place→PSpice Component→Source→Voltage Sources→AC 即可將該元件取出。

2. VSRC 獨立交流電源

取用該元件方法同如圖 4-15 所示獨立直流電壓電源方法，只是在 Part: 下框內鍵入 VSRC 或在 Part List:下欄點選 VSRC。

若只設定該元件電壓之大小如 ACMAG=5，相角為 0，及電源名稱，則同獨立直流電壓電源的方法，在圖 4-19(a)的 VAC 電源元件上的 1Vac 字上或圖 4-19(b)的 VSRC 電源元件的 AC=字上以 mouse 左鍵連續點二下將 1Vac 字改成 5V(或將 AC=改成 AC=5V)。然後在圖 4-19 的 VAC 電壓電源元件 V1 名稱上(或 VSRC 電壓電源元件的 V1 名稱上)以 mouse 左鍵連續點二下，再將 V1 改成 VA 即可，修改時其方法相同。

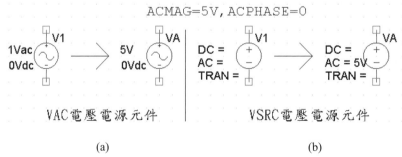

(a)　　　　　　　　　　　　(b)

圖 4-19　獨立交流電壓電源電壓值及名稱之設定與修改(一)

註三：VSRC 只能設定 ACMAG 之值，ACPHASE 固定為零值若要設定該元件之 ACMAG = 5.0 及 ACPHASE = 45(即 ACPHASE 不為零時)值及電源名稱(以範例 4-6 圖 4-7 為例)，則以 mouse 在該 VAC 獨立交流電壓電源元件本體上連續點二下，將會出現如圖 4-20 所示之 Properties Editor 視窗，則在 ACMAG 欄位下鍵入 5V，再按 Enter 鍵後，並在 ACPHASE 欄位下鍵入 45，再按 Enter 鍵，並在 Reference 欄位下鍵入 VA 後，按 Enter 鍵並點選左上角的 Apply 鈕即可。若要修改，則將 mouse 游標移至該項欄位之下後，再點選左上角之 Delete Property 鈕，將原來之值消除後，再鍵入新值即可。若不行則可在該數值上以倒退鍵消除之再修改即可。

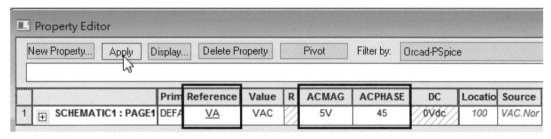

圖 4-20 獨立交流電壓電源電壓值及名稱之設定與修改(以範例 4-6 為例)(二)

4-1-1-4 獨立交流電流電源元件
(元件名稱 IAC 或 ISRC，元件庫 source.olb)

其餘設定及修改元件之名稱及參數之方法同電壓電源元件。

1. IAC 獨立電流電源元件

   如圖 4-17 所示但點選 Place→PSpice Component→Source→Current Sources→AC 命令即可將該元件取出如圖 4-21(a)所示。

2. ISRC 獨立電流電源元件

   取出元件之方法同 VSRC 獨立電壓電源，只是在圖 4-15 所示之 Place Part 視窗的 Part:下欄鍵入 ISRC 或在 Part List:下欄點選即可取出如圖 4-21(b)所示。

3. 電源名稱及電流值之設定與修改，其方法同前小節之獨立電壓電源之方法

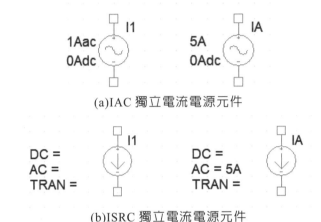

(a)IAC 獨立電流電源元件

(b)ISRC 獨立電流電源元件

圖 4-21　獨立交流電流元件電流值及名稱設定與修改

4-2　暫態分析獨立電壓電源及電流電源之函數波形描述及元件取用

本節要針對暫態分析(TRANSIENT)獨立電壓電源及電流電源之 <TRANSIENT (Parameter1...>>描述中的五種波形函數即(1)SIN(正弦波)(2)PULSE(脈波)(3)EXP(指數波)(4)PWL(分段線性波)(5)SFFM(單一頻率的調頻波)等函數波形 做一詳細的介紹。其中 SPICE 與 OrCAD PSpice 描述定義相同時，只介紹 SPICE 之定義，不再重覆介紹。

4-2-1　脈波函數電源

SPICE 之格式

VXXXX N+ N- Pulse(V1 V2 TD TR TF PW PER)(電壓波形)

IXXXX N+ N- Pulse(I1 I2 TD TR TF PW PER)(電流波形)

OrCAD PSpice 之格式

VXXXX N+ N- Pulse(V1 V2 TD TR TF PW PER)(電壓波形)

IXXXX N+ N- Pulse(I1 I2 TD TR TF PW PER)(電流波形)

表 4-1 為各參數之定義、單位及設定值。

表 4-1 脈波函數電源電壓、電流值之參數名稱及定義

名稱	定 義	單 位	機 定 值
V1	脈波的初始電壓	VOLTS	-----(表示要指明)
V2	脈波的電壓值	VOLTS	
I1	脈波的初始電流	AMPS	------
I2	脈波的電流值	AMPS	------
TD	延遲時間	SEC	------
TR	上升時間	SEC	0.0
TF	下降時間	SEC	TSTEP
PW	脈波寬度	SEC	TSTEP
PER	脈波之週期	SEC	TS0EP TS0EP

註 四：TSTEP 及 TSTOP 係指在暫態分析時，暫態分析描述中的時階大小(TSTEP)及停止時間(TSTOP)。

註 五：SPICE 與 OrCAD PSpice 之描述完全相同。

註 六：TD，TR，TF，PW，PER 描述不寫，則由機定值決定。

如圖 4-22 所示為其脈波之波形，表 4-2 為脈波之電壓電流值與時間之關係。

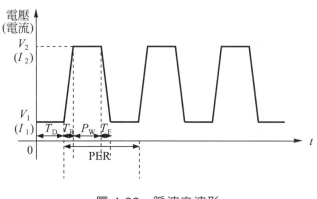

圖 4-22 脈波之波形

表 4-2　脈波電壓電流值與時間之關係

T	電壓及電流值
0(TD+PER)	V1 或 I1
TD	V1 或 I1
TD+TR(TD+PER+TR)	V2 或 I2
TD+TR+PW	V2 或 I2
TD+TR+PW+TF	V1 或 I1
TSTOP	V1 或 I1

範例 4-10　VIN　1　0　Pulse(0.2V 15V 3ns 0.1ns 1ns 6ns 10.1ns)

範例 4-11　IA　1　0　Pulse(0.3mA 3A 0.3ns 0.3ns 2ns 17.4ns 20ns)

4-2-1-1 OrCAD PSpice 脈波函數電壓電源及電流電源元件的取用

1. 脈波電壓電源元件
   (元件名稱 VPLUSE，元件庫 source.olb)
   有二種方法：
   (1) 如圖 4-23 所示，點選 Place→PSpice Component→Source→Voltage Sources→Pulse 命令即可將該元件取出。
   (2) 再執行 Place→Part 命令後，會在右邊出現如圖 4-15 所示之 Place Part 小視窗，在 Libraries：下方框內點選 SOURCE，然後在上方 Part：下方欄內鍵入 VPULSE 後在 Part List：下欄點選 VPULSE 兩下後就可將該元件取出，如圖 4-24(a)所示。

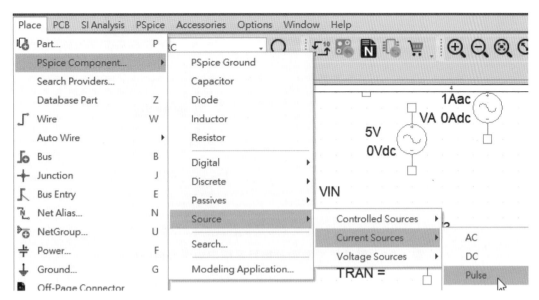

圖 4-23 脈波函數電壓電源元件(VPULSE)

(3) 設定或變更脈波電壓之名稱以及波形之各參數，有下列二種方法

① 單一名稱或各參數的設定及修改(以範例 4-10 為例)

若是名稱的更改，則如圖 4-25 所示在名稱 V1 字體上，連續點二下，會出現如圖 4-25 所示之 Display properties 小視窗，在 Value: 右欄將 V1 字體修改成 VIN。

若是參數的設定，則在如圖 4-24(a)圖所示脈波電壓電源的 V1 = 字體上，分別以 mouse 左鍵連續點二下，會出現圖 4-25 所示之 Display Properties 小視窗，在 Value 右框鍵入 0.2V，再點選 OK 鈕即可將 V1 值設為 0.2V(其餘參數之設定均同此法)。

圖 4-24 脈波電壓電源參數及名稱之設定及修改(範例 4-10)

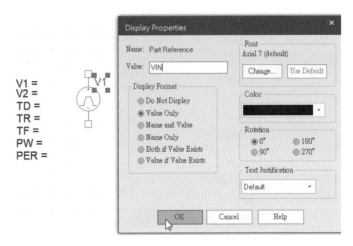

圖 4-25　脈波電壓電源參數及名稱之設定及修改(二)

② 使用工作選單的方式設定或修改

以 mouse 的左鍵連續在圖 4-24 左圖脈波電壓電源元件的本體上點選二下，就會出現出圖 4-26 所示之 Property Editor 視窗，在各設定參數欄位下鍵入所設定之值如 V1=0.2V 等，再按 Enter 鍵並點選左上角之 Apply 鈕即可。若要更改則 mouse 的游標移至該欄位的下方，然後點選左上角的 Delete Property 鈕，後就可將原值消除，然後再鍵入新設定值即可，若不行則按 Back space 鍵將原值消除後再鍵入新值。

			Prim	Reference	Value	R	DC	L	PER	PW	Source P	TD	TF	TR	V1	V2
1	⊞	SCHEMATIC1 : PAGE1	DEFA	VIN	VPULSE			13	10.1NS	6NS	VPULSE.M	3NS	1NS	0.1NS	0.2V	15V

圖 4-26　脈波電壓電源參數及名稱之設定及修改(以範例 4-10 為例)(三)

2. 脈波電流電源元件
(元件名稱 IPULSE，元件庫 source.olb)
脈波電流電源的名稱為 IPULSE，其執行方法同脈波電壓電源。有二種方法：

(1) 點選 Place→PSpice Component→Source→Current Source→Pulse 命令即可取出該元件，如圖 4-27(a)所示。

(2) 再執行 Place→Part 命令後將 IPULSE 元件取出。圖 4-27(a)為其元件符號，圖 4-27(b)為其參數名稱之設定及修改方法同脈波電壓電源元件，如圖 4-27(a)右圖所示。如圖 4-27(b)所示為使用工作選單的方式設定及修改。

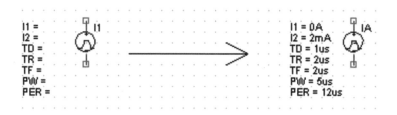

(a)脈波電流電源參數及名稱之設定及修改(一)

			AC	DC	I1	I2	Lo	Lo	PER	P	PW	So	TD	TF	TR
1	⊞	SCHEMATIC1 : PAGE1	0Aac	0A	0A	2mA	25	20	12us	0	5us	*IP*	1us	2us	2us

New Property... | Apply | Display... | Delete Property | Pivot | Filter | Capture PSpice

(b)脈波電流電源參數及名稱之設定及修改(二)

圖 4-27

註 七：在圖 4-27(b)中間右上方有一 Filter:字樣，右邊框內顯示 Capture PSpice，表示現在所顯示的參數為 Capture PSpice 元件的參數，它可濾掉其他非 Capture PSpice 元件之參數顯示，若讀者在此視窗內沒有看到 Capture PSpice 元件之相關參數顯示，則在 Filter 右框內點選 Capture PSpice 就會將 PSpice 相關元件之參數顯示。

4-2-2　正弦波函數電源

SPICE 之格式

VXXXX *N+* *N-* *<<AC>AC> <DC>DC>>* *SIN*
　　　　　　　　(VOFF VAMPL FREQ TD THETA)(電壓波形)

IXXXX *N+* *N-* *<<AC>AC> <DC>DC>>* *SIN*
　　　　　　　　(IOFF IAMPL FREQ TD THETA)(電流波形)

OrCAD　PSpice 之格式

VXXXX *N+* *N-* *<<AC>AC> <DC>DC>>* *SIN*
　　　　　　　(VOFF VAMPL FREQ TD DF PHASE) (電壓波形)

IXXXX *N+* *N-* *<<AC>AC> <DC>DC>>* *SIN*
　　　　　　　(IOFF IAMPL FREQ TD DF PHASE)(電流波形)

註 八： PSpice 比 SPICE 多一 PHASE 描述。

表 4-3 為正弦波函數電源之參數名稱及其定義。

表 4-3　正弦波電源之參數名稱及其定義

名稱	定　　義	單位值	機定值
VOFF	抵補(offset)電壓	VOLTS	----
VAMPL	振幅(Amplitude)電壓(峰值)	VOLTS	----
IOFF	抵補(offset)電流	AMPS	----
IAMPL	振幅(offset)電流	AMPS	----
FREQ	頻率	HZ	1/TSTOP
TD	延遲時間	SEC	0.0
DF(THETA)	阻尼因素(damping　factor)	degree	0.0
PHASE	相位	1/SECONDS	0.0
AC	交流電壓	VOLTS	0.0.
DC	直流電壓	VOLTS	0.0

註 九： TD，PHASE 及 DF 不寫則依其機定值而定。

正弦波函數之波形如圖 4-28 所示，正弦波之電壓(電流)值與時間之變化關係如表 4-4 所示。

		Prim	Reference	Value	R	DC	L	PER	PW	Source P	TD	TF	TR	V1	V2
1	⊞ SCHEMATIC1 : PAGE1	DEFA	VIN	VPULSE	/	/	13	10.1NS	6NS	VPULSE.M	3NS	1NS	0.1NS	0.2V	15V

圖 4-28　正弦波之波形

表 4-4　正弦波電壓(流)與時間之關係

T	電壓及電流值
0 至 TD	VOFF 或 IOFF
TD 至 TSTOP	VOFF+VAMPLSin(2π*FREQ(t-TD))EXP(-(t-TD) * THETA)　(4-1) 或 IOFF+IAMPLSin(2π*FREQ(t-TD))EXP(-(t-TD) * THETA) (4-2) (以上為 SPICE) VOFF+VAMPLSin(2π*(FREQ(t−TD))+PHASE/360 度))EXP(-(t-TD)*DF)　(4-3) IOFF+IAMPLSin(2π*FREQ(t - TD)+ PHASE/360 度)EXP(- (t-TD)*DF)　(4-4) (以上為 OrCAD PSpice)

範例 4-12　VAK　1　0　DC　0.006　AC　2　Sin (8mv 16mv 1KHZ)

範例 4-13　VB　8　0　Sin(0.3　1　20MEG　5ns　1E8)

範例 4-14　VC　13　15　0.005　AC　1　Sin(0　1　1MEG)

範例 4-15　IS1　6　8　DC　.009　AC　1　Sin(.005　.009　3.5MHZ)

以上範例均適用於 SPICE 及 OrCAD PSpice

範例 4-16　V1　1　0　Sin(0　3mv　100KHZ　6ms　1E3　15)(PSpice)

範例 4-17　VIN　1　0　Sin(0　2V　1KHZ　0　0　0)(PSpice)

範例 4-18　IA　0　1　Sin(0　0.5mv　20KHZ　8ms　10　60)(PSpice)

範例 4-19　IAK　2　0　Sin(0　5A　2KHZ　0　0　0)(PSpice)

注意：正弦波函數只適用於暫態分析使用，在交流分析是沒有作用，例如下列範例：

VAC   1   0   AC   2V

表示在交流分析時其振幅為 2V，但是暫態分析則為 0，反之如下列範例

VAC   1   0   Sin(0   2V   3KHZ)

表示在交流分析時其幅度為 0V，但是在暫態分析時為正弦波函數，其幅度為 2V，頻率為 3KHZ。

4-2-2-1　OrCAD PSpice 正弦波電壓電源及電流電源元件的取用

1.　正弦波電壓電源元件

(元件名稱 VSIN，元件庫 source.olb)

(1)　同前法點選 Place→PSpice Component→Source→Voltage Source→Sine 命令即可取出該元件，或執行 Place→Part 命令將 VSIN 元件取出。

(2)　設定正弦波電壓之名稱以及各參數值，同脈波電壓電源之方法也是有兩種方法，如圖 4-29(a)所示(只能更改名稱及設定四個參數，其餘參數均為零。若用圖 4-29(b)所示之方法，則可設定修改更多之參數。

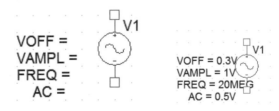

(a)正弦波電壓電源參數及名稱之設定及修改(一)

圖 4-29

		Reference	Value	AC	DC	DF	FREQ	PHASE	TD	VAMPL	VOFF
1	⊞ SCHEMATIC1 : PAGE1	VIN	VSIN	0.5V		0	20MEG	0	0	1V	0.3V

New Property... Apply Display... Delete Property Pivot Filter by: Orcad-PSpice

(b)正弦波電壓電源參數及名稱之設定及修改(二)

圖 4-29 (續)

2. 正弦波電流電源元件
    (元件名稱為 ISIN，元件庫 source.olb)
    正弦波電流電源的取用方式(執行 Place→PSpice Component→Source
    →Current Source→Sine 命令或執行 Place→Part 命令)其設定電流名稱
    以及各參數值同正弦波電壓電源，如圖 4-30(b)所示為使用工作選單的
    方式設定或修改。

(a)正弦波電流電源參數及名稱之設定及修改(一)

		Reference	Value	AC	DC	DF	FREQ	IAMPL	IOFF	PHASE	TD
1	⊞ SCHEMATIC1 : PAGE1	IA	ISIN	0Aac	0Adc	0	1k	10ma	0A	0	0

New Property... Apply Display... Delete Property Pivot Filter by: Orcad-PSpice

(b)正弦波電流電源參數及名稱之設定及修改(二)

圖 4-30

4-2-3　指數波函數電源

SPICE 之格式

VXXX　N+　N-　EXP(V1　V2 TD1 TC1 TD2 TC2)(電壓波形)

IXXX　N+　N-　EXP(I1　I2　TD1 TC1 TD2 TC2)(電流波形)

OrCAD PSpice 之格式

VXXX　N+　N-　EXP(V1 V2 TD1 TC1 TD2 TC2)(電壓波形)

IXXX　N+　N-　EXP(I1　I2 TD1 TC1 TD2 TC2)(電流波形)

註 十：SPICE 與 PSpice 之描述完全相同。

表 4-5 為其參數及其定義。

表 4-5　指數波之參數及其定義

名稱	定義	單位	機定值
V1	初值電壓	VOLT	-----
V2	峰值電壓	VOLT	-----
I1	初值電流	AMP	-----
I2	峰值電流	AMP	-----
TD1	上升延遲時間	SEC	0
TC1	上升時間常數	SEC	TSTEP
TD2	下降延遲時間	SEC	TD1+TSTEP
TC2	下降時間常數	SEC	TSTEP

圖 4-31 為指數波形之形狀,表 4-6 為指數波之電壓電流值與時間之關係。

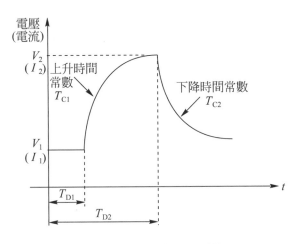

圖 4-31　指數波形之形狀

表 4-6　指數波電壓及電流值與時間之關係

t	電壓及電流值
0 至 TD1	V1 或 I1
TD1 至 TD2	V1+(V2-V1)*(1-EXP(-(t-TD1)/TC1)) 或 I1+(I2-I1)*(1-EXP(-(t-TD1)/TC1))
TD2 至 TSTOP	V1+(V2-V1)*(1-EXP(-(t-TD1)/TC1))+(V1-V2)*(1-EXP-(t-TD2)/TC2) 或 I1+(I2-I1)*(1-EXP(-(t-TD1)/TC1))+(I1-I2)*(1-EXP-(t-TD2)/TC2)

EXP 的波形使電壓或電流在 TD1 內保持在 V1 或 I1 值,然後隨時間常數 TC1 在 TD1 內由 V1 或 I1 上升至 V2 或 I2 值,然後在 TD2 時以 TC2 時間常數由 V2 或 I2 值隨指數衰減到 V1 或 I1 值。

範例 4-20　VS　1　0　EXP(-2　5　3NS　25NS　50NS　32NS)

範例 4-21　IS　1　0　EXP(0　5　6NS　15NS　38NS　16NS)

範例 4-22　VCS　1　0　EXP(0　0.01　3NS　7NS　14NS　21NS)

範例 4-23　IE　1　0　EXP(5mA　0.3A　5NS　12NS　18NS　25NS)

4-2-3-1　OrCAD PSpice 指數波電壓電源及電流電源元件的取用

1.　指數波電壓電源元件

(元件名稱為 VEXP，元件庫為 source.olb)

指數波電壓電源元件的取用方式及參數名稱之設定與修改同正弦波電源，只是元件名稱為 VEXP，點選 Place→PSpice Component→Source →Voltage Source→Exponential 命令即可將該元件取出，或執行 Place →Part 命令將 VEXP 元件取出。如圖 4-32 所示(以範例 4-20 為例)。

2.　指數波電流電源元件

(元件名稱為 IEXP，元件庫為 source.olb)

指數波電流電源元件的取用方式及參數名稱之設定與修改方式同指數波電壓電源，點選 Place→PSpice Component→Source→Current Source →Exponential 命令即可將該元件取出，或執行 Place→Part 命令。如圖 4-33 所示(以範例 4-23 為例)。

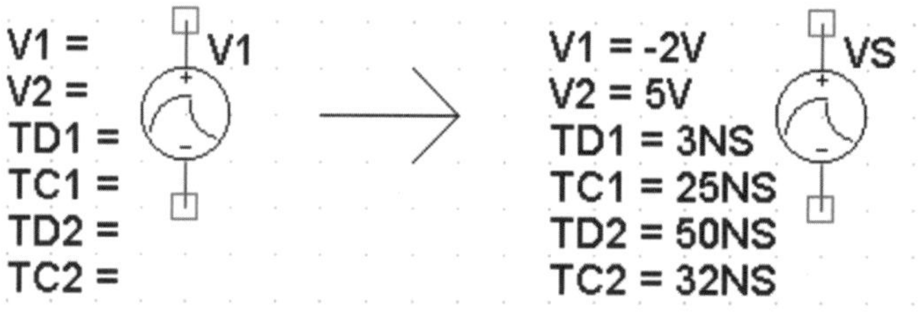

(a)指數波電壓電源參數及名稱之設定及修改(範例 4-20)

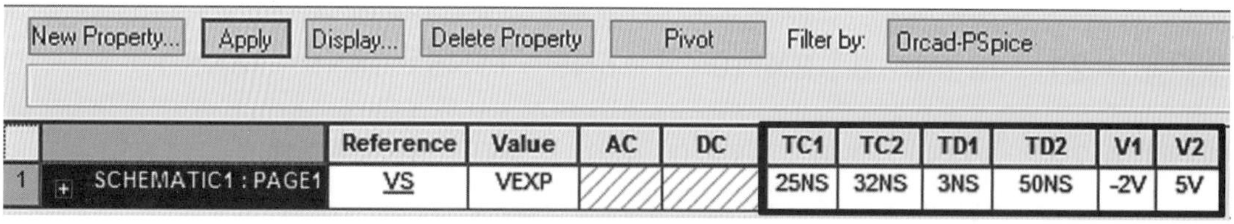

(b)指數波電壓電源參數及名稱之設定及修改(範例 4-20)

圖 4-32

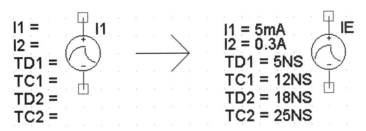

(a)指數波電流電源參數及名稱之設定及修改(範例 4-23)

			Reference	Value	AC	DC	I1	I2	TC1	TC2	TD1	TD2
1	⊞	SCHEMATIC1 : PAGE1	IE	IEXP	0Aac	0Adc	5mA	0.3A	12NS	25NS	5NS	18NS

New Property... | Apply | Display... | Delete Property | Pivot | Filter by: | Orcad-PSpice

(b)指數波電流電源參數及名稱之設定及修改(範例 4-23)

圖 4-33

4-2-4 分段線性波函數電源

SPICE 之格式
VXXX　N+　N-　PWL(T1 V1 T2 V2 T3 V3 ..... TN VN)(電壓波形)
IXXX　N+　N-　PWL(T1 I1 T2 I2 T3 I3 ..... TN IN)(電流波形)

OrCAD PSpice 之格式
VXXX　N+　N-　PWL(T1 V1 T2 V2 T3 V3 ..... TN VN)(電壓波形)
IXXX　N+　N-　PWL(T1 I1 T2 I2 T3 I3 ..... TN IN)(電流波形)

註 十一：SPICE 與 OrCAD PSpice 之描述完全相同

表 4-7 為其參數及其定義。

表 4-7　指數波之參數及其定義

名稱	定義	單位	機定值
TN	第 N 個轉折點時間	SEC	-----
VN	第 N 個轉折點電壓	VOLT	-----
IN	第 N 個轉折點電流	AMP	-----

　　PWL 格式會產生分段線性電壓波形或電流波形，其係由不同的時間對應不同的電壓(電流)所組成。如圖 4-34 所示為其波形。

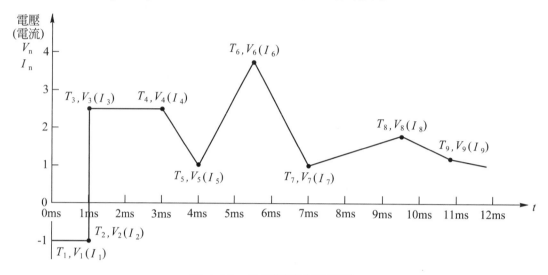

圖 4-34　分段線性波之波形

範 例 4-24　VCS　1　0　PWL(0　-1　1.2ms　-1　1.2ms　2.2
2.8ms　2.2　3.9ms　0.85　5.5ms　4　7ms　1　9.6ms
1.8　10ms　0.99) (如圖 4-34 所示)

範 例 4-25　I1　1　0　PWL(0　1　2　3　4　5　6　7)

範 例 4-26　VI　1　0　PWL(0　-3V　1NS　1V　5NS　3V　8NS　2V
10NS　4V　18NS　9V)

範 例 4-27　IS　1　0　PWL(0　–1A　1NS　2A　3NS　6A　7NS　8A
8NS　12A)

4-2-4-1　OrCAD PSpice 分段線性波電壓電源及電流電源元件的取用

1.　分段線性波電壓電源元件

(元件名稱為 VPWL，元件庫為 source.olb)

分段線性波電壓電源元件取用的方式與前面各小節稍有不同，其方法如下：

(1)　點選 Place→Part 命令就會在右邊出現－Place Part 視窗，如圖 4-35 所示。

(2)　在圖 4-35 中間的 Libraries:下框點 SOURCE，在上方的 Part List 下框點選 VPWL 字體二下就可取出該元件。

但是要設定各時間及電壓值則需使用工作選單的設定方式來完成，如圖 4-36 所示(以範例 4-24 為例)，原來在圖 4-36 中只有 T1~T8 及 V1~V8 八個轉折點，若要增加 T9 及 V9 則點選圖 4-36 左上角之 New Property 鈕就會出現如圖 4-37 所示之 Add New Property 視窗(若出現-Undo Waring 小視窗，則點選 Yes 鈕)，在 Name 下框鍵入 T9，Value 下框鍵入 10.8ms，再點選 OK 鈕會出現一如圖 4-38 所示之 Display properties 小視窗，再點選 OK 鈕即可，即可在圖 4-36 中增加一 T9 的欄位，而 V9 的欄位也是用相同方法來增加。

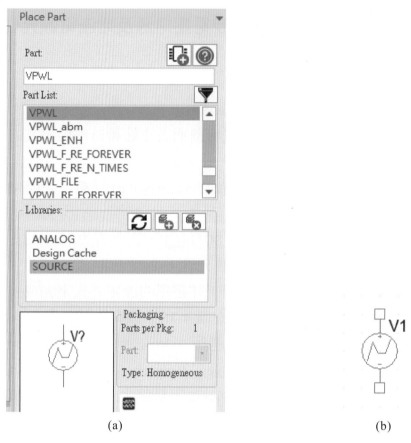

(a)　　　　　　　　　　　　　　　　　　(b)

圖 4-35　分段線性波電壓電源(VPWL)

		Reference	Value	I1	I2	I3	I4	I5	I6	I7	I8	T1	T2	T3	T4	T5	T6	T7	T8
1	⊞ SCHEMATIC1 : PAGE1	IS	IPWL	-1A	2A	6A	8A	12A				0	1NS	3NS	7NS	8NS			

圖 4-36　分段線性波電壓電源參數及名稱之設定及修改(範例 4-24)

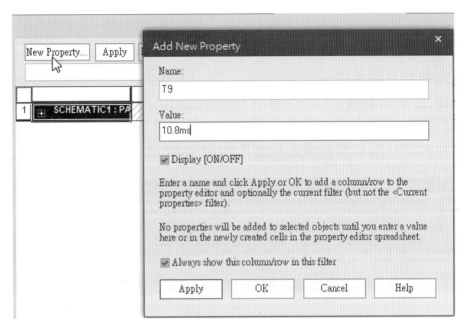

圖 4-37　分段線性波電壓電源參數之增加

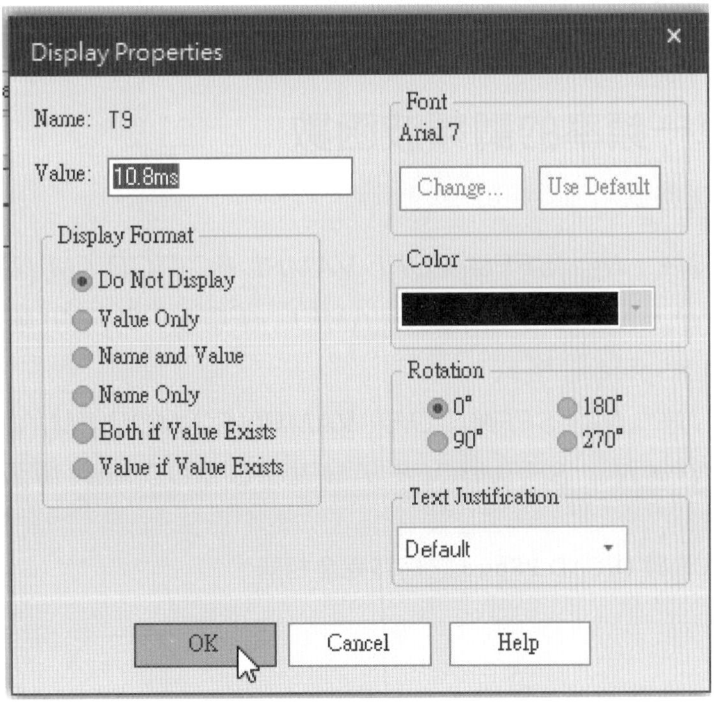

圖 4-38　Display properties 視窗

註 十二：若在圖 4-38 所示之 Display Format 下欄點選 Name and Value 就會使 T9 = 10.8ma 的字體在元件上顯示出來。

2. 分段線性波電流電源元件
    (元件名稱為 IPWL，元件庫為 source.olb)
    分段線性波電流電源元件名稱為 IPWL，其取用方式及設定時間及電流方式同分段線性波電壓電源，如圖 4-39 所示(以範例 4-27 為例)。

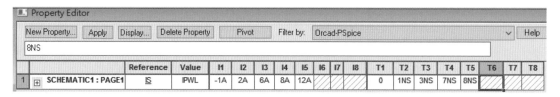

圖 4-39 分段線性波電流電源參數及名稱之設定與修改(範例 4-27)

註 十三：尚有其他分段線性電壓電源元件及電流元件名稱如下：
    (1)VPWL_ENH   (2)VPWL_F_RE_FOREVER   (3)VPWL_F_RE_N_TIMES
    (4)VPWL_FILE   (5)VPWL_RE_FOREVER   (6)VPWL_RE_N_TIMES
    (7)VPWL_abm 等元件，詳細細節請參閱 OrCAD PSpice 使用手冊。

4-2-5 單一頻率的調頻波函數

SPICE 之格式

VXXX   N+   N-   SFFM(VOFF VAMPL FC MOD FM)(電壓波形)

IXXX   N+   N-   SFFM(IOFF IAMPL   FC MOD FM)(電流波形)

Or CAD PSpice 之格式

VXXX   N+   N-   SFFM(VOFF VAMPL FC MOD FM)(電壓波形)

IXXX   N+   N-   SFFM(IOFF IAMPL FC MOD FM (電流波形)

註 十四：SPICE 與 OrCAD PSpice 之描述完全相同。

表 4-8 為其參數及其定義。

表 4-8　單一頻率調頻波的參數及其定義

名稱	定義	單位	機定值
VOFF	抵補(OFFSET)電壓	VOLTS	----
VAMPL	振幅(AMPLITUDE)電壓(峰值)	VOLTS	----
IOFF	抵補電流	AMPS	----
IAMPL	振幅電流(峰值)	AMPS	----
FC	載波頻率	HZ	1/TSTOP
MOD	調變指數		----
FM	調變頻率	HZ	1/TSTOP

註 十五：OrCAD PSpice MOD 之機定值為 0，而 SPICE 則必需指明。

如圖 4-40 所示為單一頻率的調頻波波形

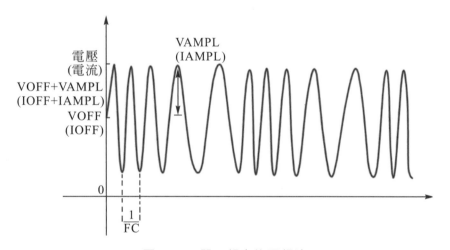

圖 4-40　單一頻率的調頻波

單一頻率之調頻波之電壓(電流)波形系由下列方程式所組成：

V=VOFF+VAMPL*SIN(2π*FC*t+MOD*Sin(2π*FM*t))　　(4-5)

或

I=IOFF+IAMPL*SIN(2π*FC*t+MOD*Sin(2π*FM*t))　　　(4-6)

範例 4-28　VA　2　0　SFFM(0　5V　12KHZ　3　400HZ)

範例 4-29　IK　1　0　SFFM(5.6　10　16MEG　8　16K)

4-2-5-1　OrCAD PSpice 單一頻率調變波電壓電源及電流電源元件的取用

1.　單一頻率調頻波電壓電源元件

(元件名稱為 VSFFM，元件資料庫為 source.olb)

取用該元件的方法同前法，只是元件名稱為 VSFFM，執行點選 Place →PSpice Component→Source→Voltage Source→FM Sine 命令即可將該元件取出，或執行 Place→Part 命令。設定元件之名稱及各參數值有兩種方式，如圖 4-41(a)及如圖 4-41(b)所示(以範例 4-28 為例)。

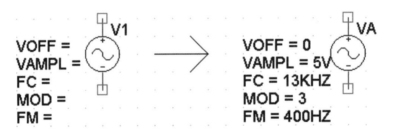

(a)單一頻率調頻波電壓電源參數之設定與修改(範例 4-28)

		PSpiceOnly	Reference	Value	AC	DC	FC	FM	MOD	VAMPL	VOFF
1	SCHEMATIC1 : PAGE1	TRUE	VA	VSFFM			13KHZ	400HZ	3	5V	0

(b)單一頻率調頻波電壓電源參數之設定與修改(範例 4-28)

圖 4-41

2. 單一頻率調變波電流電源元件

(元件名稱為 ISFFM，元件資料庫為 source.olb)。

元件名稱為 ISFFM，其取用元件及設定元件名稱及參數值之方法如調頻波電壓電源元件，只是要點選 Current Sources→FM Sine，如圖 4-42 所示，設定元件之名稱及各參數值同電壓電源元件之設定方式。

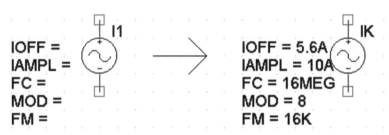

單一頻率調頻波電流電源參數及名稱設定與修改

圖 4-42

4-3 OrCAD PSpice 可適用各種波形之電源元件的取用

在 OrCAD PSpice 電源元件中，我們介紹了各種獨立直流、交流及暫態分析各種函數波形之元件，但是 OrCAD PSpice 亦提供了可包含上列各種電源波形於一身的元件，那就是電壓源 VSRC 及電流源 ISRC 電源元件，其使用方式如下：

1. 做為獨立直流電壓電源及直流電流電源之使用時

使用 Place→Part 命令在取出 VSRC 及 ISRC 元件後，其設定電壓電流值及名稱之方法已在圖 4-16 及圖 4-18 中說明。

2.　做為獨立交流電壓電源及電流電源之使用時

　　在取出 VSRC 及 ISRC 元件後，其設定電壓電流值及名稱之方法已在圖 4-19 及圖 4-20 中說明(只能設定交流電壓、電流值)

3.　做為暫態分析之各種電壓電流函數波形使用時

　　在取出該 VSRC 或 ISRC 元件後，如圖 4-43 所示，若要將該電源做為函數波使用時有二種設定方法如下：

(1)　在該 VSRC 或 ISRC 元件上的 TRAN=字樣，以 mouse 左鍵連續點二下，則會出現如圖 4-44 所示之 Display Properties 小視窗，在視窗左上方的 Value:右框鍵入在 4-2 節所敘述的各種函數波波形之描述格式，現以範例 4-17 為例，要將該電壓電源設定為正弦波，抵補電壓 Voff=0V，峰值電壓 VAMPL=2V，頻率 FREQ=1KHz，延遲時間 TD=0，阻尼因素 DF=0，相角 PHASE=0，則在圖 4-44 之視窗上的 Valve:右框鍵入 Sin(0 2 1KHz 0 0 0)再按 OK 鈕即可。至於電壓電源名稱修改成 VIN 同以前的方法。電流電源的設定方式亦同，至於修改的方式同電壓電源設定方式。

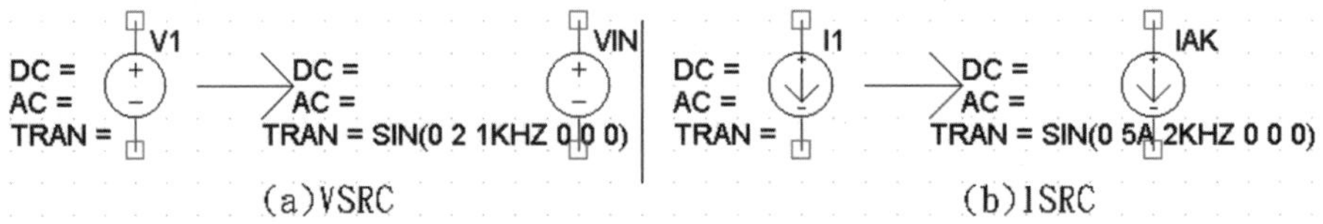

DC =　V1　　　DC =　VIN　　DC =　I1　　　DC =　IAK
AC =　(+ -)　→　AC =　(+ -)　AC =　(↓)　→　AC =　(↓)
TRAN =　　　TRAN = SIN(0 2 1KHZ 0 0 0)　TRAN =　　　TRAN = SIN(0 5A 2KHZ 0 0 0)
　　　(a)VSRC　　　　　　　　　　　　(b)ISRC

圖 4-43　VSRC 及 ISRC 電源元件函數波形之設定

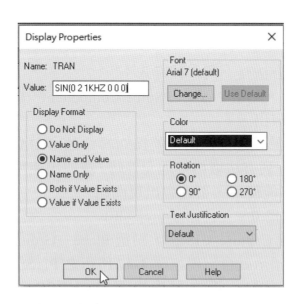

圖 4-44　設定函數波波形之 Display Properties 視窗(範例 4-17)

(2)　使用工作選單的方式設定或修改

以 mouse 在圖 4-43(b)的 ISRC 電源元件的本體上連續點二下，就會出現如圖 4-45 所示的 Property Editor 小視窗，現以範例 4-19 為例子，設定一正弦波電流電源，因此在 Property Editor 小視窗的右邊 TRAN 欄位下方鍵入 Sin(0 5A 2KHz 0 0 0)。至於名稱的設定，則在圖 4-44 的 Reference 下方欄位鍵入 IAK 後，再按左上角的 Apply 鈕即可，VSRC 電壓電源的設定方法同 ISRC 電源元件，修改方式同 4-2-1-1 節步驟 3。

New Property...	Apply	Display...	Delete Property	Pivot		Filter by:	Orcad-PSpice	
			PSpiceOnly	Reference	Value	V9	AC	DC	Location	TRAN
1	SCHEMATIC1 : PAGE1		TRUE	IAK	ISRC				520	SIN(0 5A 2KHZ 0 0 0)

圖 4-45　設定函數波形之 property Editor 視窗(範例 4-19)

以上是以正弦波函數波為例，若要設定脈波、指數波、分段線性波，單一頻率的調頻波等，均是參考 4-2 節所敘述的各種描述波形格式設定之。

4-4　OrCAD PSpice 接地元件

取用接地元件方法有下列二種方式：

1.　如圖 4-46 所示，點選 Place→PSpice Component→PSpice Ground 命令即可將該元件取出。

由於 SPICE 對於接地節點的編號為 0(零)，故 OrCAD PSpice 的接地元件，若是使用下列方法取出接地元件時，在取出使用時一定要在 Name 右框改為 0 方能使用，否則會出現問題。

2.　接地元件(名稱為 0，元件庫 source.olb)

在進入 OrCAD Capture CIS 後，點選 Place→Ground 命令或右方的繪圖工具列的 ⬇ 圖示就會出現如圖 4-47 所示之 Place Ground 小視窗，在左下方的 Libraries: 下方框內點選 SOURCE，然後在左上方的 Symbol: 下方框內鍵入 0 (或點選下方的 0)，再點選 OK 鈕後，就可把地線取出。

圖 4-46　取出接地元件命令的取出

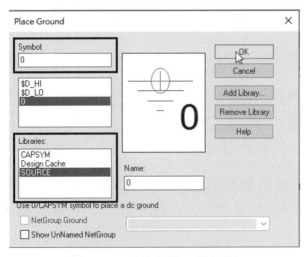

圖 4-47　接地元件(0)的取出

3. 接地符號元件(名稱為 GND，資料庫 CAPSYM)

OrCAD Pspice 亦提供了一些接地符號元件如 GND、GND_EARTH、GND_FIELD SIGNAL、GND_POWER、GND_SIGNAL 等，但是由於 SPICE 將接地節點編號定為 0，故取出後，要將 Name 改為 0，方可模擬使用，其操作方法如下所述：

執行 Place→Ground 命令或點選⏚圖示時，會出現一 Place Ground 小視窗，如圖 4-48 所示，在 Libraries 下方框內點選 CAPSYM，在上方點選名稱不同的接地符號時(如 GND)，然後一定要在右下方的 Name 下方框內鍵入 0，再點選 OK 鈕後，方可模擬使用，否則模擬時會發生錯誤之信息。因為 CAPSYM 是屬於 OrCAD 的符號元件資料庫，而不是 PSpice 的元件資料庫。

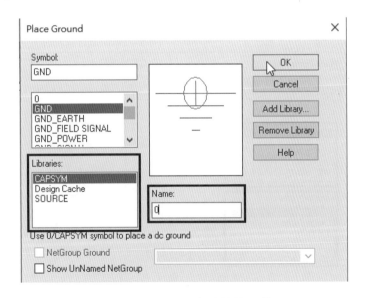

圖 4-48 另一種符號接地元件

4-5 OrCAD PSpice 直流符號元件

在 4-1 節中所介紹的獨立直流電壓元件名稱為 VDC 或 VSRC。OrCAD PSpice 另外有提供各種不同符號的直流符電壓電源，它的資料庫不在 source.olb 而是在 CAPSYM 中，它提供了 VCC，VCC_ARROW，VCC_BAR，VCC_CIRCLE 及 VCC_WAVE 等不同符號的直流電源符號元件。

1. 直流電壓電源符號元件的取出

   在進入 OrCAD Capture CIS 後，點選 Place→Power 命令或右方工具列的 ┬ 圖示，就會出現如圖 4-49 所示之 Place Power 視窗，在左下角的 Libraries:方框內，點選 CAPSYM，上面 Symbol:下框內點選任何一種直流電源符號元件，如 VCC 後，再點選 OK 鈕後就可將該直流電壓電源符號元件取出(其應用方式見圖 4-52 所示)。

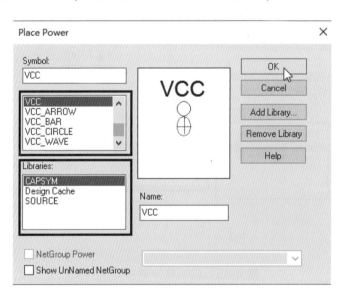

圖 4-49 直流電壓電源符號元件

2. 直流電壓名稱的設定及修改
    (1) 在取出該直流電壓電源符號元件後，在其 VCC 字體上連續點二下，
    就會出現如圖 4-50(a)所示之 Display Properties 小視窗。
    在 Value 右框內鍵入要修改的電壓名稱，如 VIN，再點選 OK 鈕後
    即可，如圖 4-50(b)所示。

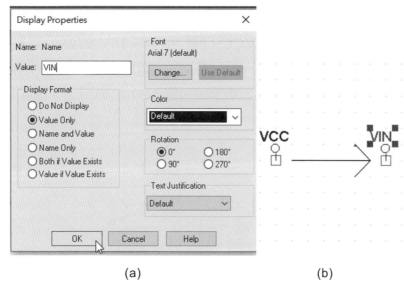

(a)   (b)

圖 4-50 直流電壓電源符號元件電壓名稱之設定與修改

(2) 另外一種設定與修改電壓名稱之方法，可在直流電壓電源符號元件
    本體上以 mouse 左鍵連續點兩下，就會出現如圖 4-51 所示之工作選
    單，將 Name 下方欄位之 VCC 改成 VIN 後，在按 Apply 後即可。
    修改時只要將 mouse 游標置於 Name 欄位下方的 VIN 處，再點選左
    上角的 Delete Propety 鈕，即可將舊名稱消除，然後再鍵入新名稱，
    若不行，則使用 Backspace 鍵將 VCC 字刪除，再改鍵入新名稱 VIN
    即可。

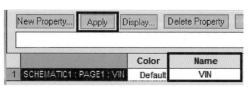

圖 4-51 工作選單之設定與修改電壓

3. 做爲模擬元件使用時

    由於直流符號元件不是 OrCAD PSpice 的 Model，因此要在做爲模擬電路使用時，應如圖 4-52(a)所示接上 VDC 或 VSRC 直流電源元件，方能執行模擬的功能，也就是在電路上如果有此直流符號電源 VCC 時，都代表它是一個符號的元件而已，並不是有一直流電壓值存在，所以應如圖 4-52(a)所示，再接一電壓爲 15V 的 VDC 或 VSRC 電源，表示該電晶體集極之電壓 VCC 符號元件與 15V 的直流電壓相連接，若無圖 4-52(a)之電路連接，而只有圖 4-52(b)之電路，在模擬時，電晶體的集極電壓是爲零的，因 VCC 在圖 4-52(b)中只是一個符號元件而已。

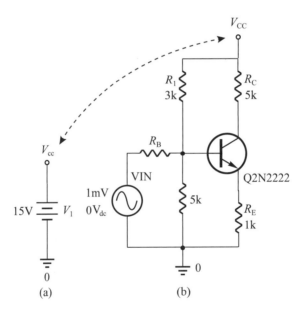

圖 4-52　VCC 直流符號元件

★習題詳見目錄 QR Code

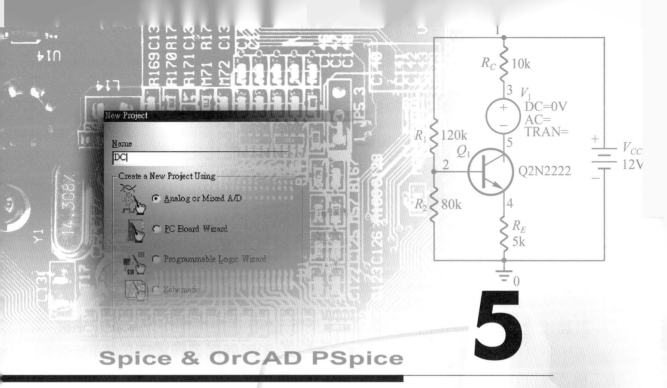

Spice & OrCAD PSpice

5

控制電源元件描述及取用

學習目標

5-1 線性控制電源

5-2 非線性控制電源

5-3 電壓控制電壓電源描述及取用

5-4 電壓控制電流電源描述及取用

5-5 電流控制電流電源描述及取用

5-6 電流控制電壓電源描述及取用

5-7 電壓控制開關描述及取用

5-8 電流控制開關描述及取用

5-9 OrCAD PSpice 時間控制開關

5-10 控制電源應用的實例

　　SPICE(OrCAD PSpice)模擬程式亦可模擬四種線性及非線性控制電源 (Dependent Sources)，即電壓控制電流電源(Voltage-controlled Current Source)，簡稱 VCCS；電壓控制電壓電源(Voltage-controled Voltage Source)，簡稱 VCVS；電流控制電流電源(Current-controlled Current Source)，簡稱 CCCS；電流控制電壓電源(Current-controlled Voltage Source)，簡稱 CCVS。

　　本章將針對 SPICE(OrCAD PSpice)之控制電源描述作一詳細的介紹，其描述中有<>者表示選用敘述，可寫可不寫，視需要而決定，若有設參數者，不寫，則由機定值決定。此外對於 OrCAD PSpice 的控制電源元件名稱及取用方式也將一一介紹。

註 本章參考自[1]至[9]及[11]及其相關參考資料。

5-1 線性控制電源

　　線性控制電源的描述應用在電晶體、場效電晶體及運算放大器之等效電路的描述非常有用，茲將線性控制電源之名稱，方程式、元件型式列於表 5-1 中。

表 5-1　線性控制電源的種類及其名稱

名稱	電路符號	方程式	元件型式	單位
電壓控制電流電源 VCCS	G_v	I=G*V	互導	Siemen
電壓控制電壓電源 VCVS	E_v	$V = E*V'$	電壓增益	V/V

表 5-1 線性控制電源的種類及其名稱(續)

名稱	電路符號	方程式	元件型式	單位
電流控制電流電源 CCCS	F_i	I=F*I´	電流增益	A/A
電流控制電壓電源 CCVS	H_v	V=H*I	互阻	Ohm

5-2 非線性控制電源

　　一般讀者可能對線性控制電源比較熟悉，也可能使用過，但是對於非線性控制電源可能不比較不熟悉，也甚少使用，因此本節將針對非線性控制電源作一詳細的介紹。

　　非線性控制電源大部分使用在非線性電阻器、乘法器，電壓控制及電流控制開關等。茲將非線性控制電源之名稱及方程式列於表 5-2 中。

表 5-2 非線性控制電源的種類及名稱

名　　　稱	方程式
電壓控制電壓電源(VCVS)	V=F(V)
電壓控制電流電源(VCCS)	I=F(V)
電流控制電流電源(CCCS)	I=F(I)
電流控制電壓電源(CCVS)	V=F(I)

　　非線性控制電源與線性控制電源不同之處，在非線性控制電源有一多項式函數(F(V)或 F(I))，其函數的引數也可以是多維的，此多項式函數內之多項式方程式決定了控制電源的輸出，多項式方程式依控制的電源的數目可分成下列幾種：

1. 一維多項式方程式(One–Dimensional Polynomial Equation)

   假如多項式僅為一個控制電源的函數，則稱此多項式電源是一維的，此多項式電源的多項式函數值 FV 為：

   $$FV = p_0 + p_1 \times fa + p_2 \times fa^2 + p_3 \times fa^3 + p_4 \times fa^4 + \cdots\cdots p_n \times fa^n \qquad (5\text{-}1)$$

   其中 fa 為控制的電源，$p0...pn$ 為多項式的係數。

   如果是電壓控制電壓電源，則 $p0$ 之單位為 volt，$p1$ 之單位為 volt/volt，$p2$ 之單位為 volt/volt*volt 等，依此類推。

2. 二維多項式方程式(Two – Dimensional Polynominal Equation)

   如果多項式為二個控制電源的函數，則稱為二維多項式方程式，則其函數值 FV 為：

   $$FV = P0 + p_1 \times fa + p_2 \times fb + p_3 \times fa^2 + p_4 \times fa \times fb + p_5 \times fb^2 + p_6 \times fa^3 fb$$
   $$+ p_7 \times fa^2 + p_8 \times fa \times fb^2 + p_9 \times fa^3 + \cdots\cdots \qquad (5\text{-}2)$$

   其中 fa 及 fb 為控制的電源，$p_0...p_n$ 為多項式的係數，如果為電壓控制電流電源，則 p_0 的單位為 Amp，p_1 及 p_2 的單位為 amp/volt，p_3、p_4 及 p_5 的單位為 amp/volt*volt，p_6、p_7、p_8 及 p_9 的單位為 amp/volt*volt*volt。

3. 三維多項式方程式

   如果多項式為三個控制的電源的函數，則稱為三維多項式方程式，則其函數值 FV 為：

   $$FV = p_0 + p_1 \times f_a + p_2 \times f_b + p_3 \times f_c + p_4 \times f_a^2 + p_5 \times f_a \times f_b + p_6 \times f_a \times f_c + p_7$$
   $$\times f_b^2 + p_8 \times f_b \times f_c + p_9 \times f_c^2 + p_{10} \times f_a^3 + p_{11} f_a^2 \times f_b + p_{12} \times f_a^2 \times f_c + p_{13} \times f_a$$
   $$\times f_b^2 + p_{14} \times f_a \times f_b \times f_c + p_{15} \times f_a \times f_c^2 + p_{16} \times f_b^3 + p_{17} \times f_b^2 \times f_c + p_{18} \times f_b \times f_c^2$$
   $$+ p_{19} \times f_c^3 + p_{20} \times f_a^4 + \cdots\cdots \qquad (5\text{-}3)$$

其中 fa，fb，fc 為控制的電源，$p_0...p_n$ 為多項式的係數，如果是電流控制電流電源，p_0 的單位為 amp，p_1、p_2 及 p_3 的單位為 amp/amp*amp。依此類推。

依此原理也可獲得四維、五維…多項式方程式

5-3 電壓控制電壓電源描述及取用

E Voltage Controlled Voltage Source

SPICE 之格式

EXXXXXXX   N+   N-   NC+   NC-   GAIN(線性)

EXXXXXXX   N+   N- <POLY> <NC1+ NC1-> <NC2+ NC2-> p0
    <p1.....><IC=....>(非線性)

PSpice 之格式

EXXXXXXX   N+   N-   NC+   NC-   GAIN(線性)

EXXXXXXX   N+   N-   <POLY(D)> <NC1+   NC1-> <NC2+   NC2->
    ......p0   <p1p2.....>(非線性)

註 一：SPICE 與 OrCAD PSpice 不同處為 PSpice 無<IC....>敘述。

EXXXXXXX	表示電壓控制電壓電源元件的名稱，開頭第一個字母一定要用 E，長度不能超過八個文數字串。
N+,N-	表示電壓控制電壓電源所連接的正負端節點，正電流係由正端節點流入電源至負端節點，如圖 5-1 所示。
NC+,NC-	表示控制電壓分支的正負端節點。
GAIN	表示電壓控制電壓電源之電壓增益。
POLY(D)	D 表示非線性控制電源多項式方程式的維數，如果是一維在 SPICE 此敘述可不寫。
<NC1+ NC1->…	表示非線性控制電源控制電壓分支的控制正負端節點，其控制節點的數目必須是多項式維數的兩倍。
p0p1p2……	為非線性控制電源多項式方程式的係數，如果某一係數沒有，應以 0.0 表示，不可跳過不寫。

\<IC=…\>	表示控制電壓在時間為零之值(初始條件)，若不寫表示 0V，為了節省 SPICE 的計算時間，此初始條件最好指名 (與實際控制變數值相接近)。

範例 5-1　　E1　3　4　1　2　100 (SPICE & OrCAD PSpice)(圖 5-1)

範例 5-2　　E1　4　0　2　3　5 (SPICE & OrCAD PSpice)(圖 5-2)

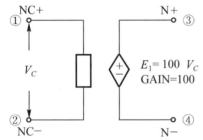

圖 5-1　線性電壓控制電源電壓

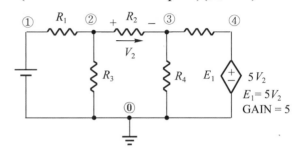

圖 5-2　範例 5-2 線性電壓控制電壓電源

範例 5-3　　EKT　1　3　POLY(1)　7　2　0　0.2　0.3　0.8　　(OrCAD PSpice 一維)

EKT　1　3　7　2　0　0.2　0.3　0.8 (SPICE)(圖 5-3)

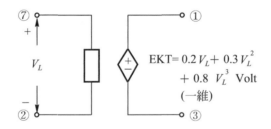

圖 5-3　範例 5-3 一維非線性電壓控制電壓電源

由於只有一維，在 SPICE 描述中 POLY 省略。

範 例 5-4　EL1　3　4　POLY(2)　1　2　5　6　0　0　0　0　8

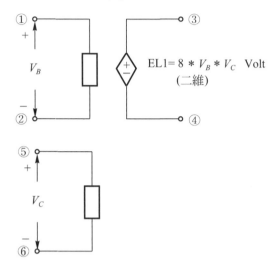

圖 5-4　範例 5-4 二維非線性電壓控制電壓電源

範 例 5-5　ECS　20　0　POLY(3)　5　6　30　36　40　42　0　1　0.5　0.7　IC=0.6,1.8,3(表示此電源受到 V(5,6),V(30,36)及 V(40,42) 所控制)

5-3-1　OrCAD PSpice 電壓控制電壓電源元件

OrCAD PSpice 控制電源元件係在 ANALOG.OLB 元件庫中。

5-3-1-1　OrCAD PSpice 線性電壓控制電壓電源元件

1. 線性電壓控制電壓電源元件

   (元件名稱：E，元件資料庫：ANALOG.OLB)

   點選 Place→Part 命令後，出現如圖 5-5 所示之 Place Part 小視窗，在 Libraries 下方點選 ANALOG，在 Part 下方框鍵入 E 或在 Part List:下 框點選 E，後再連續點選 E 字體二下，就可將該元件取出。

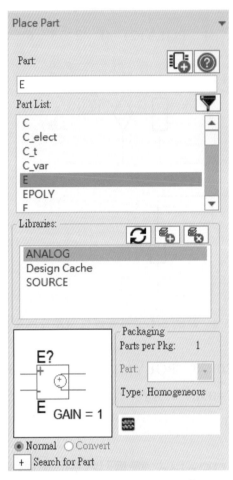

圖 5-5　線性控制電壓電源元件(E)

2.　電壓控制電壓源的名稱及增益的設定及修改

在該元件的本體上連續點二下就會出現如圖 5-6 所示之 Property Editor 視窗，若以範例 5-2 為例，則在 GAIN 欄位下方，鍵入 5 ，並點選 Apply 鈕即可，若要設定或修改其名稱則在 Reference 欄位下方鍵入 E1 。若不行則將游標指在該欄位下方後，再點選左上角之 Delete Property 鈕後，再鍵入新值即可。如圖 5-7 所示為線性電壓控制電壓電源元件的實際連接電路，以範例 5-2 為例。

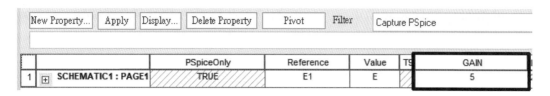

圖 5-6　電壓控制電壓電源的名稱及增益的設定與修改(範例 5-2)

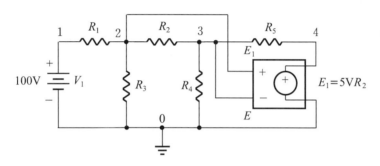

圖 5-7　線性電壓控制電壓電源的例子(範例 5-2)

5-3-1-2　OrCAD PSpice 非線性電壓控制電壓電源

1. 非線性電壓控制電壓電源元件
   (元件名稱：EPOLY，元件資料
   庫：ANALOG.OLB)
   非線性電壓控制電壓電源元件的
   名稱為 EPOLY，取出該元件之方
   法同前小節，如圖 5-8 所示。

圖 5-8　非線性電壓控制電壓電源元
件 EPOLY

2.　非線性電壓控制電壓電源元件的名稱及非線性方程式係數的設定及修改

　　名稱的設定與修改同線性電源，但要設定非線性方程式的係數時，應

　　在 Property Editor 視窗如圖 5-9 所示在 <u>COEFF</u> 的欄位下鍵入係數值(以

　　範例 5-3 為例)

		Source Package	PSpic	Reference	Value	T9	COEFF
1	⊞ SCHEMATIC1 : PAGE1	EPOLY	TRUE	EK2	EPOLY		0,0.2,0.3,0.8

圖 5-9　非線性電壓控制電壓電源名稱與非線性方程式係數的設定與修改(範例 5-3)

5-4　電壓控制電流電源描述及取用

G Volutage-Controlled Current Source

SPICE 之格式

GXXXXXXX　N+　N- NC+　NC-　Transconductance(線性)

GXXXXXXX　N+　N- <POLY(D)> <NC1+ NC1-> <NC2+ NC2->...

　　　　　po<p1p2 ....><IC=......>(非線性)

OrCAD PSpice 之格式

GXXXXXXX　N+　N-　NC+　NC-　Transconductance(線性)

GXXXXXXX　N+　N-　POLY(D) <NC1+ NC1-><NC2+ NC2->... po

　　　　　<p1p2....>(非線性)

註 二：SPICE 與 OrCAD PSpice 不同之處在 PSpice 無<IC....>敘述。

GXXXXXXX　　　　　　　表示電壓控制電流源的名稱，開頭第一個字母一定

　　　　　　　　　　　　要用 G 表示，長度不能超過八個文數字串。

N+，N-　　　　　　　　表示電壓控制電流源所連接的正負端節點。電流係

　　　　　　　　　　　　由正端節點流入電源，而至負端節點。

`<NC+ NC->`	表示控制電壓電流源電源所連接之正負端節點，如圖 5-11 所示。在範例 5-7 中控制電壓為 V_6，其正負端節點為 4 及 5。
`Transconductance`	表示電壓控制電流電源的互導，其單位為姆歐(MHOS)，在範例 5-7 中，其值為 0.5。
`POLY(D)`	D 表示非線性控制電源多項方程式的維數，如果是一維在 SPICE 中此描述可省略。但在 OrCAD PSpice 中不可省略。
`<NCl+ NCl->`	表示非線性控制電源控制電壓分支的控制正負端節點，其控制節點的數目必須是多項式維數的兩倍。
`p0p1p2...`	為非線性控制電源多項式方程式的係數，如果某項係數沒有，應以 0.0 表示，不可跳過不寫。
`<IC=......>`	為控制電壓在時間為零之初值(初始條件)，若不寫表示零。

範例 5-6　　GL1　3　4　1　2　0.1 (SPICE & OrCAD PSpice)(圖 5-10)

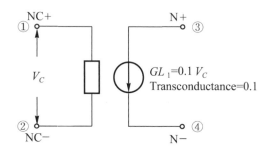

圖 5-10　線性電壓控制電流電源

範例　5-7　　G1　3　0　4　5　0.5 (SPICE & OrCAD PSpice)(圖 5-11)

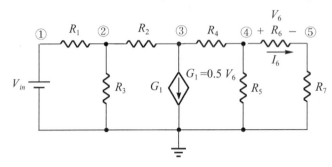

圖 5-11　範例 5-7 線性電壓控制電流電源

範例　5-8　　GXL　4　5　6　7　0　0.6　0.8　0.9 (SPICE) (圖 5-12)

GXL　4　5　POLY(1)　6　7　0　0.6　0.8　0.9(PSpice)
(圖 5-12)

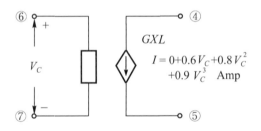

圖 5-12　範例 5-8 一維非線性電壓控制電流電源

範例　5-9　　GLOY　1　2　POLY(2)　3　4　5　6　0.005　8M　95U
(SPICE & PSpice)

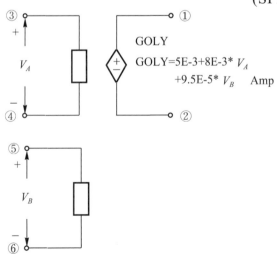

圖 5-13　範例 5-9 二維非線性電壓控制電流電源

5-4-1 OrCAD PSpice 電壓控制電流電源元件

OrCAD PSpice 電壓控制電流電源元件在 ANALOG.OLB 元件庫中。

5-4-1-1 OrCAD Pspice 線性電壓控制電流電源元件

1. 線性電壓控制電流電源元件(元件名稱：G，元件庫：ANALOG.OLB)。
   線性電壓控制電流元件的名稱為 G，取出該元件之方法，如圖 5-14 所示。

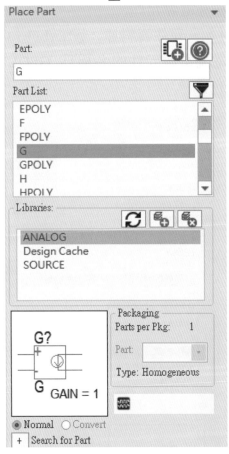

圖 5-14 線性電壓控制電流電源元件(G)

2. 電壓控制電流電源元件的名稱及互導的設定及修改
   名稱的設定與修改同電壓控制電壓電源元件，而在設定與修改其互導
   時，應如圖 5-15 所示在 Property Editor 視窗，將 GAIN 的欄位下鍵入互
   導值(以範例 5-6 為例)。

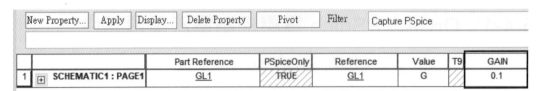

		Part Reference	PSpiceOnly	Reference	Value	T9	GAIN
1	⊞ SCHEMATIC1 : PAGE1	GL1	TRUE	GL1	G		0.1

圖 5-15　線性電壓控制電流電源互導之設定與修改(範例 5-6)

5-4-1-2　OrCAD PSpice 非線性電壓控制電流電源元件

1. 非線性電壓控制電流電源元件

   (元件名稱：GPOLY，元件資料庫：ANALOG.OLB)

   　非線性電壓控制電流電源元件的名稱為 GPOLY，取出該元件之方法同前小節，如圖 5-16 所示。

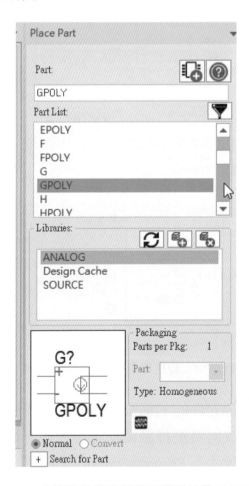

圖 5-16　非線性電壓控制電流電源元件(GPOLY)

2. 非線性電壓控制電流電源元件的名稱，及非線性方程式係數的設定、
修改及名稱的設定與修改同線性電源，只是在設定與修改其非線性方
程式的係數時，應如圖 5-17 所示，在 COEFF 的欄位下鍵入其係數值(以
範例 5-8 為例)

		Part Reference	Sour	Sour	PSpiceOnly	Reference	T9	COEFF
1	⊞ SCHEMATIC1 : PAGE1	GXL	C	GP	TRUE	GXL		0,0.6,0.8,0.9

圖 5-17　非線性電壓控制電流電源元件名稱及非線性方程式的設定與修改(範例 5-8)

5-5　電流控制電流電源描述及取用

F Current-Controlled Current Source

SPICE 之格式

FXXXXXXX　N+　N-　CCVNAME GAIN(線性)

FXXXXXXX　N+　N-　<POLY(D)>　CCVNAME1 <CCVNAME2....
　　　　　　　>p0<p1p2......> <IC=......>(非線性)

OrCAD PSpice 之格式

FXXXXXXX　N+　N-　CCVNAME1　GAIN (線性)

FXXXXXXX　N+　N-　CCVNAME1<CCVNAME2...>p0
　　　　　　<p1p2......>(非線性)

FXXXXXXX　　　表示電流控制電流電源之名稱，開頭第一個字一定要用
　　　　　　　F，長度不能超過八個文數字串。

N+　N-　　　　表示電流控制電流電源的正負端節點，正電流係由電源正
　　　　　　　端流入電源，而至負端節點。

CCVNAME1　　表示控制電流(Controlling Current)所流過的直流獨立電壓電源名稱，正的控制電流係由直流電壓電源的正端流入，經過電壓電源再由電壓電源的負端流出，如果在模擬電路中，控制電流並無流過獨立電壓電源，則要在控制電流所流過的路徑中，串聯一電壓值為零的獨立電壓電源，如範例 5-11 所示。

GAIN　　　　表示電流控制電流電源的增益。

POLY(D)　　表示非線性控制電源的多項式方程式的維數，如果是一維的在 SPICE 此項描述可省略不寫，PSpice 則不能省略。

CCVNAME1<CCVNAME2...>　表示非線性控制電源控制電流所流過的直流獨立電壓電源之名稱，其個數要與多項式方程式的維數相同。

p0p1p2...　　同電壓控制電流電源之敘述。

<IC=......>　表示控制電流在時間為零時之初值，若不寫則其機定值為零。

註 三： SPICE 與 PSpice 不同之處在 PSpice 無<IC...>敘述。

範例 5-10　VAB　1　2　50V
　　　　　　　　F1　3　4　VAB　100 (圖 5-18)

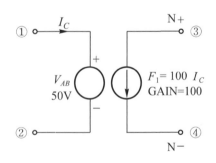

圖 5-18　範例 5-10 線性電流控制電流電源

範例 5-11　VIN　1　0　100V
　　　　　　R1　1　2　1K
　　　　　　R2　2　0　1K
　　　　　　R3　3　4　1K
　　　　　　R4　4　0　2K
　　　　　　R5　4　5　1K
　　　　　　V1　2　3　0V
　　　　　　F1　5　0　V1　5 (圖 5-19)

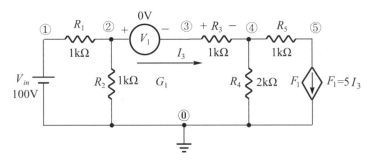

圖 5-19　範例 5-11 線性電流控制電流電源

　　在範例 5-11 中控制電流 I_3 的支路中並無直流獨立電壓電源，故串聯一電壓為 0 之獨立直流電壓電源 (V_1)就可達成電流控制電流電源之描述規則，而且又不會影響電路之正常工作狀態。

範例 5-12(a)　FK2　3　4　VIN　5　0.9　6 (SPICE)(圖 5-20)
　　　　　　　VIN　1　2　0

範例 5-12(b)　FK2　3　4　POLY(1)　VIN　5　0.9　6 (PSpice) (圖 5-20)
　　　　　　　VIN　1　2　0

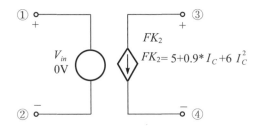

圖 5-20　範例 5-12 一維非線性電流控制電流電源

註 四：若是一維多項式方程式在 SPICE 描述中 POLY 敘述可省略。

範例 5-13   FL1   3   4   POLY(3)   VA   VB   VC   0   3   8   10
            VA   1   2   0
            VB   5   6   10V
            VC   7   8   0 (SPICE&PSpice)(圖 5-21)

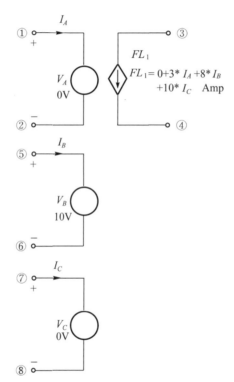

圖 5-21   範例 5-13 三維非線性電流控制電流電源(範例 5-13)

5-5-1   OrCAD PSpice 線性電流控制電流電源元件

1.   線性電流控制電流電源元件

     (元件名稱：F，元件資料庫：ANALOG.OLB)

     元件的名稱為 F，如圖 5-22 所示。

2. 線性電流控制電流電源元件的名稱及電流增益的設定及修改

名稱的設定與修改同電壓控制電流電源，只是在設定與修改電流增益時，應如圖 5-23 所示(以範例 5-11 爲例)，在 GAIN 下方欄位鍵入 5 後，在按 Apply 鈕即可。

圖 5-24 爲以圖 5-19 爲例之線性電流控制電流電源之實際連接線路。

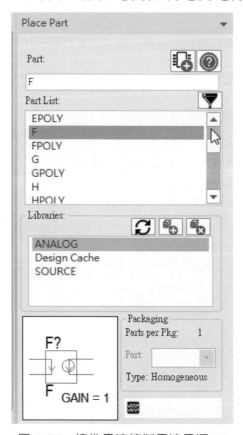

Place Part
Part:
F
Part List:
EPOLY
F
FPOLY
G
GPOLY
H
HPOLY
Libraries:
ANALOG
Design Cache
SOURCE
Packaging
Parts per Pkg: 1
Part:
Type: Homogeneous
F?
F
GAIN = 1

圖 5-22 線性電流控制電流電源(F)

New Property...
Apply
Display...
Delete Property
Pivot
Filter
Capture PSpice
5
IO_LEVEL
Par
Sour
Sou
PSpiceOnly
Reference
T9
GAIN
1
SCHEMATIC1 : PAGE1
F1
C
F
TRUE
F1
5

圖 5-23 線性電流控制電流電源元件名稱及電流增益的設定與修改(範例 5-11)

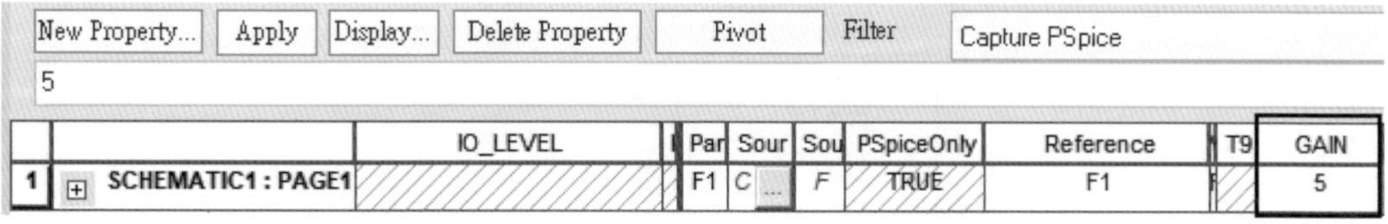

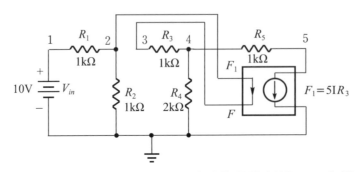

圖 5-24　線性電流控制電流電源之實際電路(以圖 5-19 為例)

5-5-2　OrCAD PSpice 非線性電流控制電流電源元件

1. 非線性電流控制電流電源元件

   (元件名稱：FPOLY，元件資料庫：ANALOG.OLB)

   元件的名稱為 FPOLY，如圖 5-25 所示。

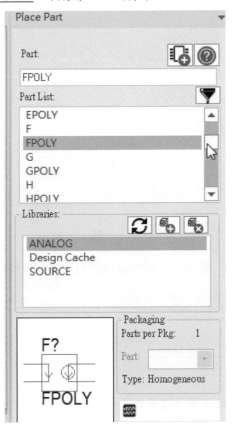

圖 5-25　非線性電流控制電流電源元件(FPOLY)

2. 非線性電流控制電流電源元件的名稱及非線性方程式係數的設定及修改
   名稱的設定與修改同線性電流控制電流電源,而在設定與修改其非線
   性方程式的係數時,應如圖 5-26 所示(以範例 5-12(b)為例),在 COEFF
   欄位的下方鍵入其係數值 5, 0.9, 6。

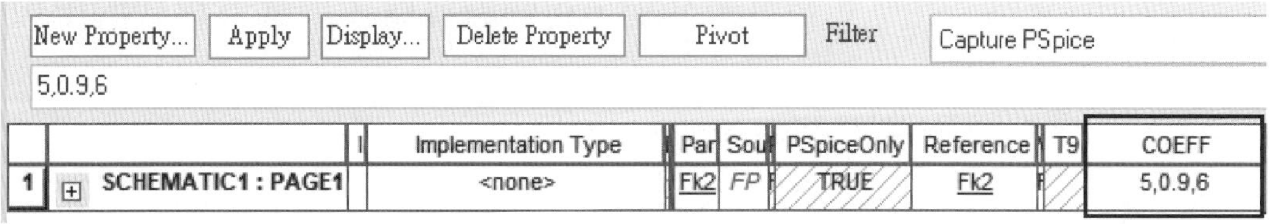

圖 5-26　非線性電流控制電流電源名稱及非線性方程式係數的設定與修改(範例 5-12(b))

5-6　電流控制電壓電源描述及取用

H Current-countrolled Voltage Source

SPICE 之格式

HXXXXXXX N+ N- CCVNAME Transresistance(線性)

HXXXXXXX N+ N- <POLY(D)> CCVNAME1<CCVNAME2....>p0
　　　　　<p1p2......><IC=......>(非線性)

OrCAD PSpice 之格式

HXXXXXXX N+ N- CCVNAME Transresistance(線性)

HXXXXXXX   N+ N- POLY(D) CCVNAME1 <CCVNAME2...>
　　　　　　p0<p1p2......>(非線性)

HXXXXXXX　　　　表示電流控制電壓電源之名稱,開頭第一個字一定要用
　　　　　　　　H,長度不能超過八個文數字串。

N+　N-　　　　　表示電流控制電壓電源所連接的正負端節點。

CCVNAME　　　　表示電流控制電壓電源之控制電流所流過的獨立直流電壓
　　　　　　　　電源名稱,如果控制電流沒有流過獨立直流電壓電源,則
　　　　　　　　需串聯一電壓為零的獨立直流電壓電源於控制電流所流過
　　　　　　　　的路徑中,其規則同電流控制電流電源之描述。

Transresistance　　　表示電流控制電壓電源的互阻，單位為歐姆 (OHMS)。

POLY(D)　　　　　　同電壓控制電流電源敘述。

CCVNAME1<CCVNAME2...>　表示非線性控制電流所流過的獨立直流電壓電源名稱，其個數要與多項式方程式的維數相同。

p0p1p2　　　　　同電壓控制電流電源敘述。

<IC=......>　　　　表示控制電流在時間為零時之初值，若不寫則其機定值為零。

註 五：SPICE 與 PSpice 不同之處為 PSpice 無<IC...>敘述。D 及 P_0P_1......等同電流控制電流電源描述。

範 例 5-14　H1　3　4　VA　10K

　　　　　　　　VA　1　2　0　(SPICE&PSpice)(圖 5-27)

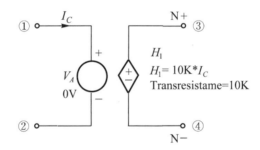

圖 5-27　範例 5-14 線性電流控制電壓電源

範 例 5-15　VIN　1　0　5V

　　　　　　　　R1　1　2　1K

　　　　　　　　R2　2　0　1K

　　　　　　　　R3　3　4　1K

　　　　　　　　R4　4　0　2K

　　　　　　　　R5　4　5　3K

　　　　　　　　V2　2　3　0V

　　　　　　　　H1　5　0　V2　0.5K　(SPICE & PSpice)(圖 5-28)

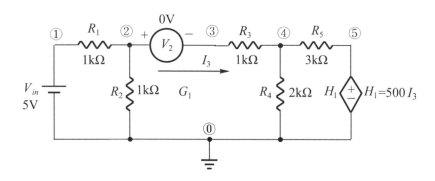

圖 5-28　範例 5-15 線性電流控制電壓電源

範例 5-16(a)　HT　3　4　V1　0　2　0　150 (SPICE)(圖 5-29)

V1　1　2　0

範例 5-16(b)　HT　3　4　POLY(1)　V1　0　2　0　150

V1　1　2　0　　　　(Orcad PSpice) (圖 5-29)

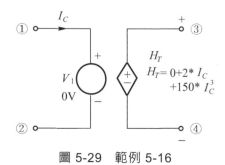

圖 5-29　範例 5-16

註 六：在 SPICE 敘若是一維多項式方程式則 POLY 敘述可省略。

5-6-1　OrCAD PSpice 線性電流控制電壓電源元件

1.　線性電流控制電壓電源元件

(元件名稱：H，元件資料庫：ANALOG.OLB)

元件的名稱為 H，如圖 5-30 所示。

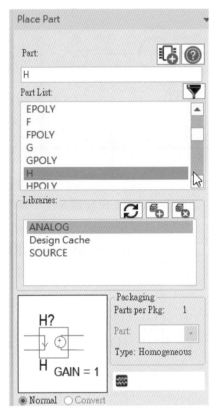

圖 5-30　線性電流控制電壓電源元件(H)

2.　線性電流控制電壓電源名稱及互阻之設定與修改
名稱的設定與修改同前法，只是在設定與修改互阻時，應如圖 5-31 所
示(以範例 5-14 為例)，在 GAIN 下方欄位鍵入互阻值 10K 即可。

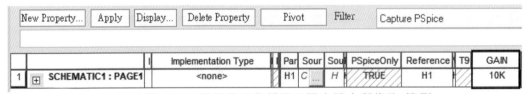

圖 5-31　線性電流控制電壓電源名稱及互阻之設定與修改(範例 5-14)

5-6-2 OrCAD PSpice 非線性電流控制電壓電源元件

1. 非線性電流控制電壓電源元件

   (元件名稱：HPOLY，元件資料庫：ANALOG.OLB)

   該元件的名稱為 HPOLY，如圖 5-32 所示。

2. 非線性電流控制電壓電源名稱及非線性方程式係數的設定及修改

   元件名稱的設定與修改同前法，而在設定與修改其非線性方程式的係數時，應如圖 5-33 所示(以範例 5-16 為例)，在 COEFF 欄位下鍵入 0, 2, 0, 150 係數即可，修改時同前法。

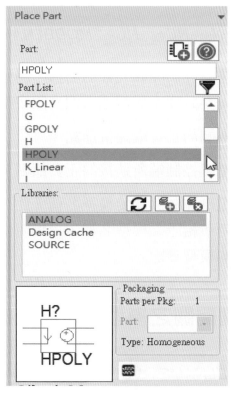

圖 5-32 非線性電流控制電壓電源元件(HPOLY)

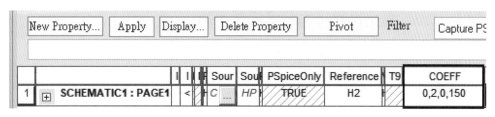

圖 5-33 非線性電流控制電壓電源名稱及非線性方程式係數的設定與修改(範例 5-16)

5-7　電壓控制開關描述及取用

　　電壓控制開關是電壓控制電阻的特種形式，其正端負端的電阻依其控制正負端之電壓決定，其電阻值在 RON 與 ROF 間連續的變化。SPICE 在 SPICE 3 才有電壓控制開關及電流控制開關之描述。

5-7-1　電壓控制開關元件描述

S Voltage-Controlled SWITCH 格式

一般格式

Sxxxxxxx　N+　N-　NC+　NC-　MODELNAME

SXXXXXXX　　表示電壓控制開關元件的名稱，開頭第一個字一定要以 S 表示，其長度不能超過八個文數字串。

N+　N-　　表示開關的正負端連接節點。

NC+　NC-　　表示電壓控制端所連接的正負節點。

MODELNAME　　表示電壓控制開關的模型名稱，此乃要設定該元件之模型參數時所給予之模型名稱，以指明係那一電壓控制開關要設定的模型參數。

5-7-2　電壓控制開關之模型參數設定描述

一般格式

.MODEL　MODELNAME　VSWITCH <(PNAME1=p1
　　　　　　　　　　　　　　　　PNAME2=p2..)>

.MODEL　　表示要設定元件之模型參數

MODELNAME　　　表示被設定元件之模型名稱，以指明係那一電壓控制開關元件設定的元件模型參數,此 MODELNAME 名稱必須與該電壓控制開關之元件描述的 MODELNAME 名稱相同。

VSWITCH　　　　表示設定的元件為電壓控制開關。

<PNAME1=p1...>　表示設定該電壓控制開關元件的模型參數名稱及給予之參數，此敘述若不寫，其參數值依其機定值而定。

表 5-3 為電壓控制開關之模型參數名稱及其單位。

表 5-3　電壓控制開關之模型參數

電壓控制開關之模型參數		單位	機定值
RON	開關導通時之電阻	ohm	1
ROFF	開關不導通時之電阻	ohm	1E+6
VON	在導通狀態下之控制電壓	Volt	1
VOFF	在不導通狀態下之控制電壓	Volt	0

在控制開關中必須連接一電阻(其值為 1/GMIN)至控制節點以保持浮接狀態，GMIN 值之設定可由選用項描述.OPTION 中改變。

上列參數中 RON 與 ROFF 之值必須大於 0 且小於 1/GMIN。

範例 5-17　　S1　3　4　1　2　CS　(圖 5-34)

　　　　　　S2　7　8　5　6　IL

　　　　　　.MODEL　CS　VSWITCH

　　　　　　.MODEL　IL　VSWITCH(RON=5　VON=10V

　　　　　　ROFF=2MEG)

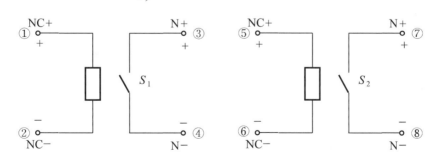

圖 5-34　範例 5-17

5-7-3　OrCAD PSpice 電壓控制開關元件

1.　電壓控制開關元件

(元件名稱：S、S_ST 或(Sbreak)，元件資料庫：ANALOG.OLB 或

(breakout.olb))

該元件名稱為 S、S_ST 或 Sbreak，如圖 5-35(a)及圖 5-35(b)所示。該

元件左端連接至控制電壓的節點上。

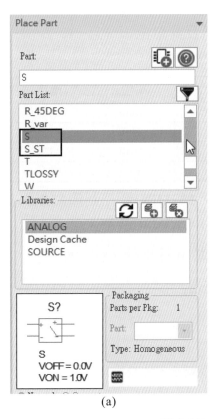
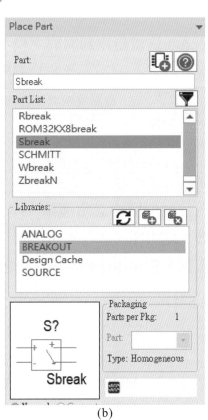

(a)　　　　　　　　　　　　　　(b)

圖 5-35　電壓控制開關元件(S)

註 七：breakout.olb 資料庫取用方式，請參考第 3-4-3 小節的圖 3-61 至圖 3-62 所示之

方法，只是開啟的是 breakout.olb。

2. 電壓控制開關元件名稱及模型參數之設定與修改

　該元件之名稱之設定與修改方法同前法，模型參數之設定與修改如圖 5-36 所示(以範例 5-17 為例)，在各相關模型參數欄位下鍵入適當值，在按 Apply 鈕即可，若不設定其參數則會自動顯示其機定值。

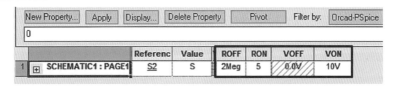

圖 5-36　電壓控制開關元件名稱及模型參數之設定與修改(範例 5-17)

5-8　電流控制開關描述及取用

　電流控制開關是電流控制電阻的特種型態，其開關正負端點間之電阻依其流過控制電源之電流而決定，其電阻值在 RON 與 ROFF 之間連續變化。

5-8-1　電流控制開關元件描述

W Current-Controlled SWITCH

一般格式

WXXXXXXX N+ N- VCONAME MODELNAME

WXXXXXXX　　　為電流控制開關元件的名稱，開頭第一個字一定要以 W 表示，其長度不能超過八個文數字串。

N+、N-　　　　表示電流控制開關的正負端連接節點。

VCONAME　　　表示控制電流所流過的獨立電壓電源名稱，如果控制電流所流過的路徑上沒有獨立電壓電源存在，則要串聯一電壓為 0 的獨立直流電壓電源在控制電流所流過的路徑中。

MODELNAME　　表示電流控制開關的模型名稱，此乃要設定該元件之模型參數時所給予之模型名稱，以指明係那一電流控制開關要設定的模型參數。

5-8-2 電流控制開關之模型參數設定描述

一般格式

.MODEL   MODELNAME   ISWITCH<(PNAME1=P1

PNAME2=P2....)>

.MODEL   表示要設定該元件之模型參數。

.MODELNAME   表示被設定元件之模型名稱，以指明係那一電流控制關元件設定的元件模型參數，此 MODELNAME 名稱必須與該電流控制開關之元件描述的 MODELNAME 名稱相同。

ISWITC   表示設定的元件為電流控制開關。

<(PNAME1=P1 PNAME2=P2....)>   表示設定該電流控制開關元件的模型參數名稱及其給予之參數值。此敘述若不寫，其參數值依機定值而定。

表 5-4 為電流控制開關之模型參數及其單位。

表 5-4   電流控制開關之模型參數

電流控制開關之模型參數		單位	機定值
RON	開關導通時之電阻	ohm	1
ROFF	開關不導通時之電阻	ohm	1E+6
ION	在導通狀態時之控制電流	Amp	0.001
IOFF	在不導通狀態時之控制電流	Amp	0

在電流控制開關中必須連接一電阻(其值為 1/GMIN)至控制點以保持浮接狀態，GMIN 值之設定可由選用項描述.OPTION 中改變。

RON 與 ROFF 之值必須大於 0 並小於 1/GMIN。

範例 5-18   W1   7   8   VIN   BC

VIN   5   6   0V

.MODEL   BC   ISWITCH(RON=6   ION=0.0025) (圖 5-37)

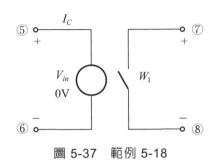

圖 5-37 範例 5-18

5-8-3 OrCAD PSpice 電流控制開關元件

1. 電流控制開關元件

元件名稱：W、W_ST 或(Wbreak)，元件資料庫：(breakout.olb)

該元件名稱為 W、W_ST 或 Wbreak，如圖 5-38 所示。該元件左邊兩

端連接至控制電流所流過的節點，但不能有獨立直流電壓電源存在其迴路

中。

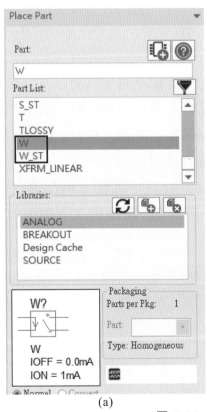

(a)

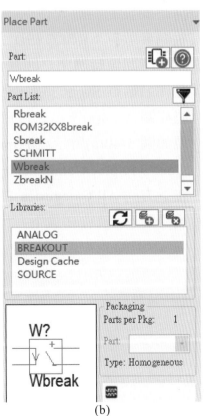

(b)

圖 5-38 電流控制開關元件(W)

2. 電流控制開關元件名稱及模型參數之設定與修改

名稱的設定與修改方法同前法，模型參數之設定與修改如圖 5-39 所示(以範例 5-18 為例)，在其相關模型參數的欄位下鍵入其設定或修改值後，在按 Apply 鈕即可。不設定者則依其機定值顯示。

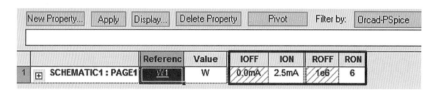

圖 5-39　電流控制開關元件名稱及模型參數之設定與修改

5-9　OrCAD PSpice 時間控制開關

所謂時間控制開關元件係指設定某一時間開(導通)、關(不導通)之元件，其相關參數有：RCLOSED 及 ROPEN 等。

1. 在某一時間值時關閉之開關元件

該元件名稱為 Sw_tClose，取用方法與前稍有不同，其方法如下：

(1) 將如圖 5-38(a)所示之視窗關閉(點選右上角的 x)就會在相同位置出現如圖 5-40(a)所示之 PSpice Part Search 小視窗。(若沒出現則點選 Place→PSpice Component→Search 命令就會出現)

(2) 在下方的 All Categories 右欄鍵入 Sw-tClose 字體後，再點選右邊的搜尋圖示，就會在最下方出現該元件之字體，點選它二下即可取出。

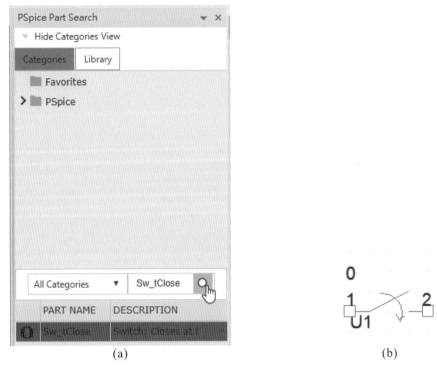

(a)   (b)

圖 5-40 受時間控制關閉之開關元件(Sw_tClose)

(3) 開關名稱及其相關參數之設定與修改如圖 5-41 所示。其開關關閉時間由 TCLOSE 下方欄位設定之。

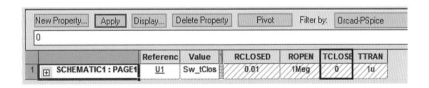

圖 5-41 開關名稱及其相關參數之設定與修改

2. 在某一時間值時打開之開關元件
    該元件名稱為 Sw_tOpen，取用方法如同 1.之方法如圖 5-42 所示。

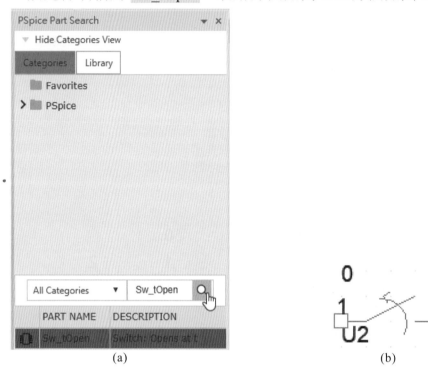

(a)   (b)

圖 5-42   受時間控制打開之控制開關元件(**Sw_tOpen**)

開關名稱及其相關參數之設定與修改如圖 5-43 所示，其開關打開時間
由 TOPEN 下方欄位設定之。

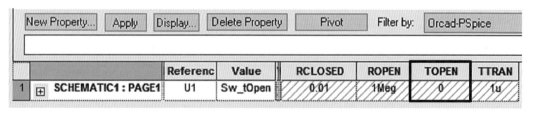

	Referenc	Value	RCLOSED	ROPEN	TOPEN	TTRAN
1 ⊞ SCHEMATIC1 : PAGE1	U1	Sw_tOpen	0.01	1Meg	0	1u

圖 5-43   開關名稱及其相關參數之設定與修改

5-10　控制電源應用的實例

本節針對四種控制電源的應用做一實例的介紹。

範例 5-19　若有圖 5-44 所示之 JFET 放大電路，則可將 JFET 轉換成電壓控制電流之等效電路如圖 5-45 所示，再由 SPICE(OrCAD PSpice)模擬程式去分析，其電路描述如圖 5-46 所示。(JFET 的 gm=0.03 A/V，ID=0.03VGS)

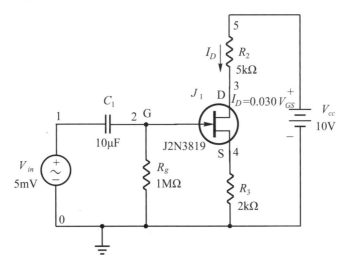

圖 5-44　JFET 放大電路

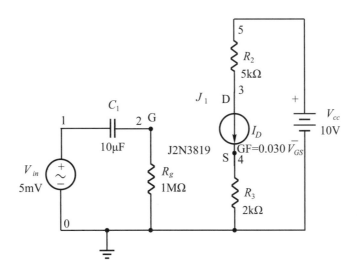

圖 5-45　JFET 放大電路之等效電路

```
VIN     1       0       AC      5mV
VCC     5       0       10V
C1      1       2       10UF
RG      2       0       1MEG
R2      5       3       5k
R3      4       0       2k
GF      3       4       2       4
                30E-3
```

圖 5-46　圖 5-19 之電路描述

範例 5-20　如圖 5-47 所示爲一運算放大器之電路，可將運算放大器轉換成電壓控制電壓電源之等效電路如圖 5-48 所示，再由 SPICE (OrCAD PSpice)模擬程式分析，其電路描述如圖 5-49 所示。

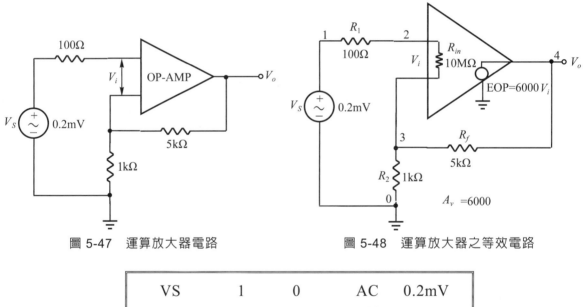

圖 5-47　運算放大器電路　　　　圖 5-48　運算放大器之等效電路

VS	1	0	AC	0.2mV	
R1	1	2	100		
R2	3	0	1K		
Rf	4	3	5K		
RIN	2	3	10MEG		
EOP	4	0	2	3	6E3

圖 5-49　運算放大器等效電路之描述

範 例 5-21　如圖 5-50 所示為一電晶體放大電路，可將電晶體放大電路轉換成電流控制電流電源之等效電路如圖 5-51 所示，再模擬分析，圖 5-52 為其 SPICE(PSpice)電路描述格式。

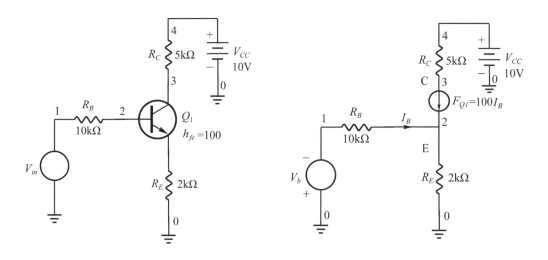

圖 5-50　電晶體放大電路　　　　圖 5-51　電晶體放大電路之等效電路

```
VB      0       1       0
VCC     4       0       10
RB              1       2
        10K
RE              2       0
        2K
RC              4       3
        5K
FQ1     3       2       Vb      100
```

圖 5-52　電晶體放大電路等效電路之電路描述

範例 5-22　圖 5-53 所示為一非線性電阻元件，其電流與電壓之非線性關係為 $I=1V+3V^2$，其中 V 為非線性電阻兩端之電壓，故可將之轉換如圖 5-54 所示之非線性電壓控制電流電源之等效電路，其電路描述之格式如圖 5-55 所示。

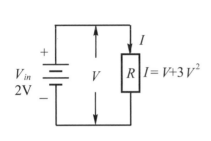

圖 5-53　非線性電阻元件

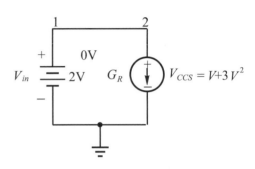

圖 5-54　非線性電阻之等效電路

```
VIN        1      0      DC      2V
GR         2      0      1       0       0      1  3(SPICE)
或 GR       2      0      POLY(1)         0      1  3(PSpice)
```

圖 5-55　非線性電阻等效電路之描述

註 八：實際上 SPICE(PSpice)在模擬 FET 或電晶體元件時，均採用半導體元件描述後第七章所述)，會自動轉換成 SPICE(PSpice)程式內之元件裝置模型再模擬分析，其分析結果會比實例 5-19 至 5-21 之結果更精確。而上面之範例只是為了方便說明控制電源描述之功用而舉例。

★習題詳見目錄 QR Code

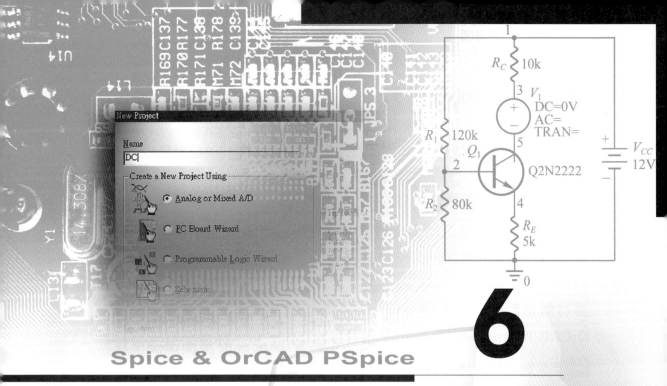

Spice & OrCAD PSpice

6

半導體元件描述及取用

學習目標

6-1 二極體元件描述及取用

6-2 雙極性電晶體元件描述及取用

6-3 接合場效電晶體元件描述及取用

6-4 金屬氧化物場效電晶體元件描述及取用

6-5 砷化鎵場效電晶體描述及取用

　　SPICE(OrCAD PSpice)對於半導體元件的描述可分為(1)二極體(2)雙極性電晶體(BJT)，(3)場效電晶體，(4)金屬氧化半導體場效電晶體(MOSFET)，(5)砷化鎵場效電晶體。

　　本章將針對這幾種半導體元件及其模型參數的描述做一詳細的介紹。若 SPICE 與 OrCAD PSpice 之描述相同者，則只介紹 SPICE 之描述，不再重覆，在描述中有< >者表示選用項(Optional)，可寫可不寫，如果不寫，設有機定值者，依其機定值而定，沒有機定值者則設定為 0。此外對於 OrCAD PSpice 的半導體元件取用方式也將一併介紹。

註 本章參考[1]至[16]，[19][20]及其他相關參考資料。

6-1　二極體元件描述及取用

　　表 6-1 為二極體模型參數之種類。

6-1-1　二極體元件描述

D　DIODE

SPICE 之格式
DXXXXXXX　N+　N-　MODELNAME<AREA><OFF><IC=VD>
OrCAD PSpice 之格式
DXXXXXXX　N+　N-　MODELNAME　<AREA>

DXXXXXXX　　　表示二極體元件的名稱，開頭的第一個字母一定要用 D，長度不能超過八個文數字串。

N+　N-　　　　表示二極體元件的正端(陽極)及負端(陰極)節點。

MODELNAME   表示二極體元件的模型名稱，此模型名稱是配合在模型參數描述.MODEL 中使用，以指明係設定那一個二極體之模型參數，此名稱必需以字母為開頭，最好與半導體元件描述的開頭字母相同，比較容易分別，例如二極體之模型名稱用 D 開頭。

<AREA>   面積因子(Area factor)，決定有多少個二極體模型名稱 MODELNAME 並聯在一起形成一個二極體 D，此 AREA 值可使二極體之 IS、RS、CJO 及 IBV 等參數依比例放大，此敘述不寫，其機定值為 1。

<OFF>   二極體元件在直流分析時的初始條件，其目的在改善收斂條件，尤其電路包含有一個以上的穩定狀態時，它可使電路能達到希望狀態的解。此敘述與第十三章.NODESET 敘述功能相同。

<IC=VD>   在暫態分析時設定二極體的初始電壓，以代替二極體之靜態直流工作點電壓，當設定此初始電壓時，在執行暫態分析時，不計算直流工作點。相同的使用初始條件時，在暫態分析.TRAN 敘述中要加上 UIC 描述才行。

6-1-2 二極體元件之模型參數設定描述

.MODEL 模型

SPICE 之格式

.MODEL   MODELNAME   D<(PNAME1=P1   PNAME2=P2...)>

OrCAD   PSpice 格式

.MODEL   MODELNAME   D<(PNAME1=P1 PNAME2=P2...)>

MODEL	表示設定半導體元件之模型參數。
MODELNAME	表示設定二極體之模型名稱,用來指明此一模型參數是屬於那一個二極體元件的模型參數,此 MODELNAME 描述名稱必需與該二極體元件描述的 MODELNAME 描述相同。
D	表示該半導體元件為接面二極體。
(PNAME1=P1...)	表示設定該半導體元件之模型參數名稱及其設定值。此項敘述不寫則其參數值由機定值決定。

表 6-1　二極體之模型參數

二極體之模型參數		單位	機定值	例子
*IS	Saturation current	amp	1E-14	3-0E-4
N	Emission coeffcicent		1	0.8
*RS	Parasitic (ohmic) resistance	ohm	0	12
*CJO	Zero-bias junction capacitance	farad	0	3pf
VJ	Junction potenial	volt	1	0.9
M	Grading coefficient		.5	0.3
FC	Coefficient for forward-bias Depletion capacitance		.5	0.83
TT	Transit time	Sec	0	0.5
BV	Reverse breakdown　voltage	volt	Infinite	100
*IBV	Reverse breakdown current	amp	1E-10(1E-3)	120
EG	Bandgap voltage(barrier height) (activation energy)	ev	1.11	0.82
XTI	Saturation-current Temperature exponent		3	5.2
KF	Flicker noise coefficient		0	
AF	Flicker noise exponent		1	

(以上資料參考自[1~9]等參考資料)

註 一：IBV SPICE 之機定值為 1E-3,其中有「*」表示會受到 AREA 值之影響。此外 PSpice 尚有 ISR,NR, IKF,NBV, IBVL, NBVL, TIKF, TBV1,TBV2,TRS1,TRS2, T_MEASURED,T_ABS,T_REL_GLOBAL,T_REL_LOCAL,等模型參數,詳情請參閱 OrCAD PSpice 使用手冊。

模型參數描述如果不寫，則依據機定值決定。模型參數描述可以共用，也就是如果有二個二極體其模型參數設定值完全一樣，則其模型參數描述只要一個，但是其模型名稱要一樣。

範例 6-1   VIN   1   0   SIN(0   6   60)

D1   1   2   SP

RL1   2   0   2K

.MODEL   SP   D(IS=2.5E-8   BV=180)   (圖 6-1)

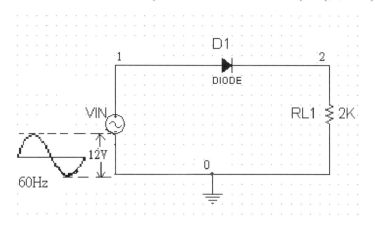

圖 6-1   範例 6-1

範例 6-2   D112DA

D234DA   2.0

.MODEL   DA   D(IS=8E-14   BV=85   IBV=0.6)

在範例 6-2 中 D1 及 D2 二極體具有相同的模型參數名稱，但是 D2 的 AREA 值為 2.0，表示 D2 的物理面積大於 D1 二極體 2 倍，也就是 D2 二極體的 IS、RS、CJO 及 IBV 模型參數值是與 D1 二極體完全不同(是 2 倍面積因子)。

範例 6-3　　D2　3　2　CS

.MODELCSD(BV=12　IBV=25M)　(圖 6-2)

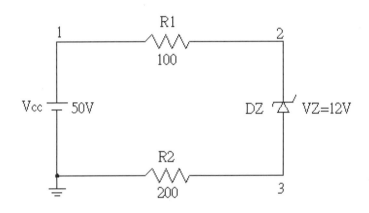

圖 6-2　範例 6-3

由範例 6-3 中可以知道二極體 DZ 之陽極為 3 節點，陰極為 2 節點，且其逆向崩潰電壓很低為 12V，故可知為 Zener 二極體。

二極體等效電路如圖 6-3 所示。

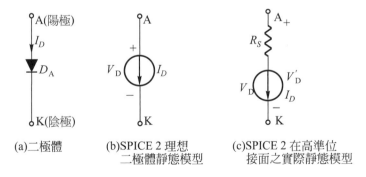

(a)二極體　　(b)SPICE 2 理想　　(c)SPICE 2 在高準位
　　　　　　二極體靜態模型　　　接面之實際靜態模型

圖 6-3　二極體之等效模型(取自參考資料[4][8][9])

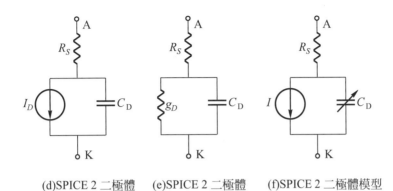

(d)SPICE 2 二極體　　　(e)SPICE 2 二極體　　　(f)SPICE 2 二極體模型
大信號模型　　　　　小信號模型

圖 6-3　二極體之等效模型(取自參考資料[4][8][9])(續)

6-1-3　OrCAD PSpice 二極體元件的取用

1.　Dbreak 二極體元件的取用

如表 6-2 所示為 OrCAD PSpice 所提供之二極體元件編號及其元件資料庫所在位置，大部份在表 6-1 中的二極體元件都是具有編號的二極體元件，其相關模型參數已經固定(由該相關廠家所提供)最好不要修改，若要使用自己設定模型參數的二極體則應使用 Dbreak 二極體元件。(註：在 Breakout.olb 元件資料庫的元件，其模型參數除了其機定值外均由使用者依需要來設定，其方法見下一小節第二步驟) 要取出該元件時，如圖 6-4 所示，點選 Place→PSpice Component→Diode 或 (Discrete→Diode (Power Diode))命令即可將 Dbreak 二極元件取出，若是其他二極體元件，只要確定其資料庫後再執行 Place → Part 命令後會在右方出現一如圖 5-38 所示之 Place Part 視窗，在 Libraries:下框點選其 Library，如 EVAL 或 BREAKOUT 後就可在其 Part List:下框點選所需要的如表 6-2 所示之 Dbreak 二極體元件，或鍵入其二極體元件名稱即可。

2. 其他二極體元件的取用

(1) 點選如圖 6-5 所示 Place Part 視窗的中間 Libraries:右邊的 Add Library 圖示  ，就會出現如圖 6-6 所示之 Browse File 視窗，點選 diode.olb 資料庫後將之開啟。

(2) 在如圖 6-7 所示之視窗的 Libraries:下方點選 DIODE 資料庫，就會在其上方的 Part List:下方就會出現不同編號的二極體元件，供使用者取用。

表 6-2　OrCAD PSpice 之二極體元件

元件名稱	說明	資料庫	符號	備註
D	二極體	diode.olb	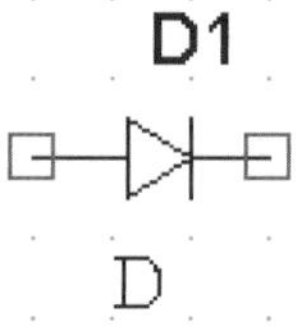 D1 D	無模型參數
D1N3940	二極體	diode.olb	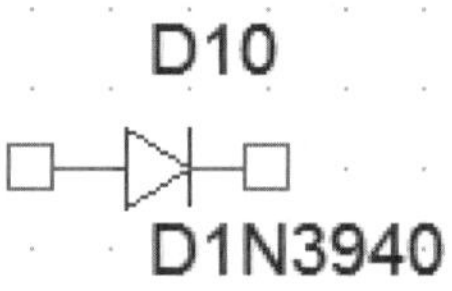 D10 D1N3940	
D1N4002	二極體	diode.olb	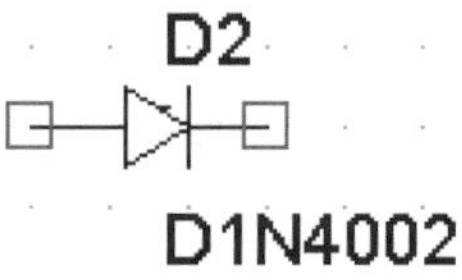 D2 D1N4002	
D1N4148	二極體	diode.olb	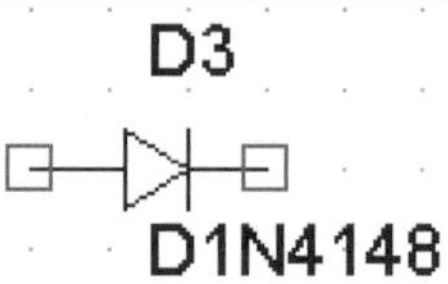 D3 D1N4148	
D1N914	二極體	diode.olb	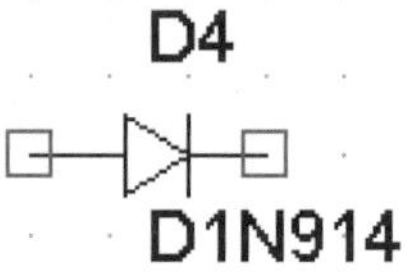 D4 D1N914	
MBD101	二極體	diode.olb	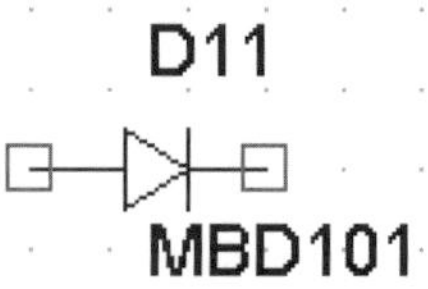 D11 MBD101	

表 6-2　OrCAD PSpice 之二極體元件(續)

元件名稱	說明	資料庫	符號	備註
D1N750	Zenier Diode	diode.olb	D5 D1N750	
Dbreak	二極體	Breakout.olb	D6 Dbreak	
Dbreak3	二個 Dbreak 二極體並聯	Breakout.olb	D7 Dbreak3	
DbreakCR	電流穩壓器 二極體	Breakout.olb	D8 Dbreak	
DbreakW	可變電容 二極體	Breakout.olb	D9 Dbreak	
DbreakZ	稽納二極體	Breakout.olb	D10 Dbreak	
Power_Dbreak	功率二極體	Breakout.olb	D2 power_Dbreak	

註 二：本章表格所列出的半導體元件名稱只是列出一小部份，尚有其他元件名稱請參考 PSpice 使用手冊

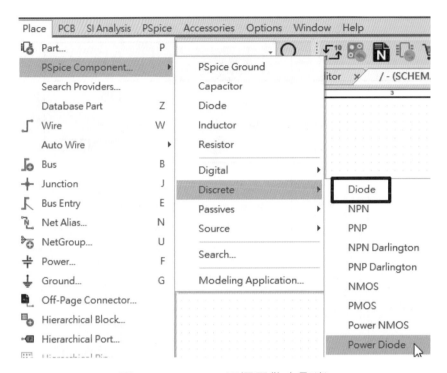

圖 6-4　Dbreak 二極元件之取出

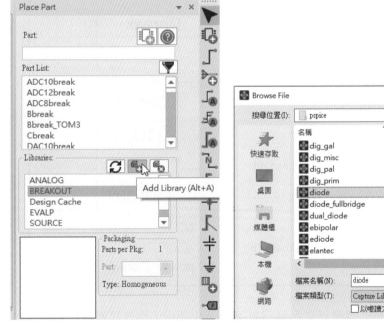

圖 6-5　Place Part 視窗(一)

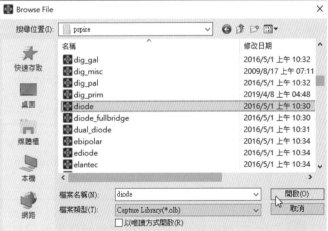

圖 6-6　Browse File 視窗

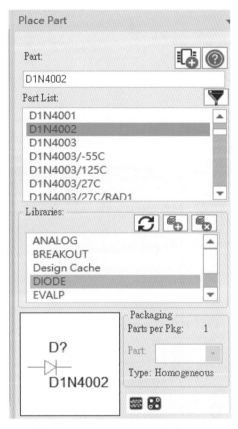

圖 6-7　Place Part 視窗(二)

6-1-4　OrCAD PSpice 二極體元件模型參數的設定與修改

1. 以目前所提供的廠商編號的二極體為例

現以 D1N4002 二極體為例(使用圖 6-7 之方法在 DIODE.OLB 資料庫)，如圖 6-8(a)所示在將該元件取出並完成完整電路之連接後，以 mouse 左鍵點選該元件使之變紅色，然後再按 mouse 右鍵一次，會出現如圖 6-8(b)所示之功能表，再點選 Edit PSpice Model 功能命令，就會出現如圖 6-9 所示之 PSpice Model Editor 視窗(在下方工作列)，在視窗右邊可看到其模型參數的描述，其格式與 6-1-2 小節中所描述的完全相同，因此若要修改其模型名稱或模型參數，只要在其適當位置，將之修改成適當之值後，再點選 File → Save 命令，將此修改值存檔即可，然後關閉此視窗。

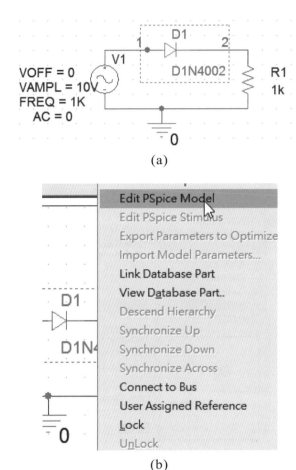

(a)

(b)

圖 6-8　修改 PSpice 模型參數之功能表

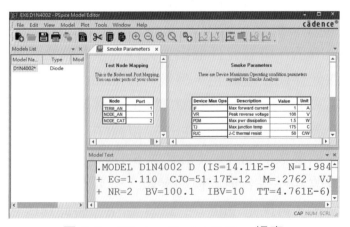

圖 6-9　PSpice Model Editor 視窗

注意：此時修改後的二極體元件就會儲存到電路檔名.lib 資料庫中，而不是儲存在原來
的 DIODE.LIB 中。

例如現在要把 D1N4002 的二極體模型名稱由 <u>D1N4002</u> 改為 <u>D1N</u>
<u>CHENG</u>，其 <u>BV</u> 由 100.1 改成 <u>50</u>，則在圖 6-9 中視窗下方的 Model Text
小視窗上的 D1N4002 將之修改成 D1NCHENG。然後再將 BV=100.1
改成 50，如圖 6-10 所示，改完存檔後，關閉此視窗(若出現一 Model
Editor 小視窗反問你是否要存檔改變於電路圖，點選 是(Y) 鈕)。然
後回電路圖存檔，如圖 6-11 所示，會在左邊的專案管理視窗上，在
PSpice Resource 資料夾內有一 Model Libraries 資料內有一
.\ex6-1-3-pspicefiles\ex6-1-3.lib 檔(ex6-1-3 為本電路圖之專案名)。

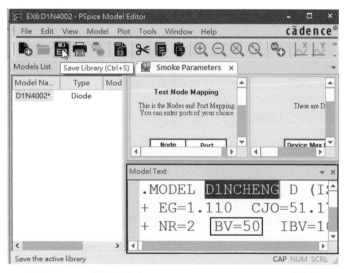

圖 6-10　修改後之 PSpice Model Editor 視窗

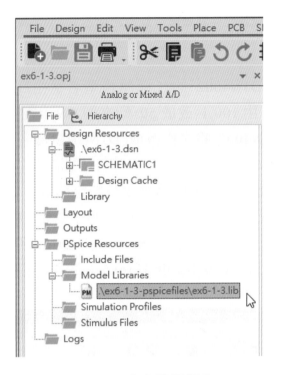

圖 6-11　專案管理視窗

　　由於原來 D1N4002 二極體元件是儲存在 DIODE.OLB 資料庫中,而現在將 D1N4002 二極體名稱修改成為 D1NCHENG 及其模型參數 BV 變更為 50 的新模型元件將會儲存到電路檔名.lib 的元件資料中,即為 ex6-1-3.lib 中。

　　此時點選如圖 6-11 左上方的 SCHEMATIC1 下的 PAGE1 鈕回到電路圖,點選 PSpice → New simulation profile 命令後出現一 New Simulation 小視窗,如圖 6-12 所示,在 Name:下框鍵入 TRAN 後再點選右上角的 Create 鈕,出現如圖 6-13 所示之 Simulating Setting 視窗,點選視窗左方中央的 Configuration Files 鈕,再點選中間的 Category:下方的 Library 字體,就會在 Configured Files 下方有兩行文字,表示此電路圖共聯接至兩個元件模型資料庫,即 ex6-3-1.lib 及 nom.lib,其中" nom.lib "表示所有的電路圖都會連接使用到這個模型資料庫,nom.lib 為系統預設的元件模型資料庫。

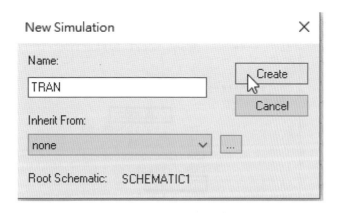

圖 6-12　New Simulation 視窗

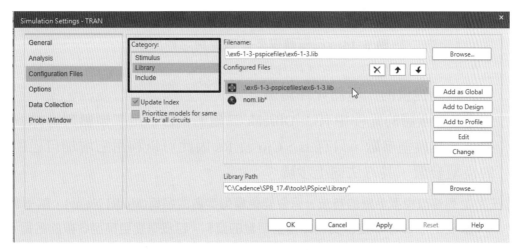

圖 6-13　元件模型資料庫連接畫面

　　因此這個電路在模擬時，此二極體 D1N4002 的模型名稱已改為 D1NCHENG，且其 BV 也改成 50 了，點選圖 6-13 左上角的 Analysis 鈕(請參考圖 7-173)，在中間的 Analysis type:下方點選 Time Domain (Tronsient)，右邊的 Run to time:2ms, Maximun Step Size:0.1ms 點選 OK 鈕後，然後點選執行模擬 圖示命令，就可由圖 6-14 輸出檔(點選 PSpice→View Ouput File 命令)所顯示之結果看出其相關模型參數的值。

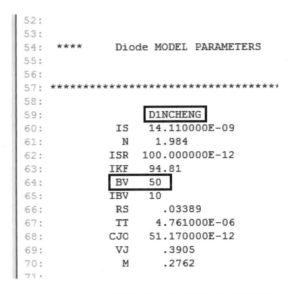

```
52:
53:
54:    ****      Diode MODEL  PARAMETERS
55:
56:
57:  *******************************
58:
59:                  D1NCHENG
60:         IS     14.110000E-09
61:          N      1.984
62:         ISR   100.000000E-12
63:         IKF    94.81
64:         BV     50
65:         IBV    10
66:          RS      .03389
67:          TT     4.761000E-06
68:         CJO    51.170000E-12
69:          VJ      .3905
70:           M      .2762
71:
```

圖 6-14　二極體模型參數變更之輸出檔

2.　以非廠商提供的二極體元件為例

在二極體的元件中有一 Dbreak 二極體，它不是二極體製造廠商所提供，其模型參數，只有 Is、Cjo 及 Rs 因此可以利用它增加自己所要的模型參數，其方法同上步驟。

註　三：上列修改模型參數的方法，只要變更模型參數的名稱(Model Name)，就不會修改到 PSpice 原本提供資料庫模型參數的資料。若沒有變更模型參數的名稱，則在圖 6-10 存檔時要執行另存新檔之動作，就會自動存在 ex6-1-3.lib 中，如圖 6-11 所示。

6-2　雙極性電晶體元件描述及取用

6-2-1　雙極性電晶體元件描述

Q BIPOLAR JUNCTION TRANSISTOR

SPICE 之格式

QXXXXXXX　　NC　　NB　　NE　　<NS> MODELNAME <AREA>
<OFF>

　　　　　　　　<IC=VBE,VCE>

OrCAD PSpice 之格式

QXXXXXXX　　NC　　NB　　NE <NS> MODELNAME <AREA>

QXXXXXXX	表示雙極性電晶體元件的名稱，開頭的第一個字母一定要用 Q，長度不能超過八個文數字串。
NC,NB,NE	表示電晶體集極、基極、射極之連接節點。
<NS>	雙極性電晶體的基底連接節點，如果不寫其機定值設定為節點 0。
MODELNAME	表示該電晶體元件的模型名稱，此模型名稱是配合在模型參數描述.MODEL 中使用，以指明係設定那一個電晶體之模型參數，此名稱必需以字母為開頭，最好與該電晶體元件描述的開頭字母相同，比較容易分別，例如電晶體名稱用 Q 開頭。
<AREA>	面積因子(Area Factor)，決定有多少個雙極體模型名稱 MODELNAME 並聯在一起形成一個雙極性電晶體 QXXXXXXX，可使電晶體之某些參數依比例放大，此 AREA 敘述若不寫則其機定值為 1。
<OFF>	雙極性電晶體在做直流分析時的初值。
<IC=VBE,VCE>	在暫態分析時雙極性電晶體的初始電壓，以代替其靜態直流工作點電壓，相同的使用初始條件敘述時，在暫態分析.TRAN 敘述中要加上 UIC 描述才行。

6-2-2　雙極性電晶體元件之模型參數設定描述

.MODEL 模型

SPICE 之格式

.MODEL　MODELNAME　PNP<(PNAME1=P1 PNAME2=P2....)>(PNP 電晶體)

.MODEL　MODELNAME　NPN<(PNAME1=P1 PNAME2=P2....)>(NPN 電晶體)

OrCAD-PSpice 之格式

.MODEL　MODELNAME　PNP<(PNAME1=1 PNAME2=P2....)>(PNP 電晶 體)

.MODEL　MODELNAME　NPN<(PNAME1=P1 PNAME2=P2....)>(NPN 電晶體)

.MODEL　MODELNAME LPNP<(PNAME1=P1 PNAME2=P2....)>(Lateral PNP 電晶體)

.MODEL	表示設定半導體元件之模型參數。
MODELNAME	表示半導體元件之模型名稱，用來指明此模型參數是屬於那一個電晶體元件的模型參數，此 MODELNAME 描述名稱必須與該電晶體元件描述之 MODELNAME 描述名稱相同。
.PNP,NPN,LPNP	表示該電晶體為 PNP 型，NPN 型或 Lateral PNP 型電晶體。
<PNAME1=P1....)>	表示設定該電晶體元件之模型參數名稱及其設定值。若此描述不寫，則其參數值由機定直決定。

表 6-3 為雙極性電晶體之各種模型參數。

表 6-3 雙極性電晶體之模型參數

雙極性電晶體之模型參數	單位	機定值	例子
*IS (Transport saturation Current)	amp	1E-16	3.0E-14
BF (ideal maximum Forward beta)		100	150
NF (forward current emission Coefficient)		1	0.8
VAN(VA) (forward Early voltage)	Volt	infinite	180
*IKF(IK) (corner for forward beta High-current roll-off)	amp	infinite	0.03
*ISE(C2) (base-emitter leakage Saturation current)	amp	0(0.10E-13)	
NE (base-emitter leakage Emission coefficient)		1.5	3.6
BR (ideal maximum reverse Beta)		1	0.5
NR (reverse current emission Coefficient)		1	0.8
VAR(VB) (reverse Early voltage)	Volt	infinite	360
*IKR (corner for reverse beta high-current roll-off)	amp	infinite	0.09
*ISC(C4) (base-collector leakage Saturation current)	amp	0	3.5E-13
NC (base-collector leakage Emission coefficient)			2.0(21.5)
*RB (zero-bias(maximum)base Resistance)	ohm	0	80
*RBM (minimum base resistance)	ohm	RB	5
*IRB (current at which Rb falls Halfway to RBM)	amp	Infinite	0.6
*RE (emitter ohmic resistance)	ohm	0	5
*RC (collector ohmic Resistance)	ohm	0	6
*CJE (base-emitter zero-bias p-n capacitance)	farad	0	10PF
VJE(PE) (base-emitter built-in Potential)	volt	75	0.8
MJE(ME) (base-emitter p-n grading Factor)		.33	0.36
*CJC (base-collector zero- bias p-n capacitance)	farad	0	5PF
VJC(PC) (base-collector built-in Potential)	volt	.75	0.62
MJC(MC) (base-collector p-n Grading (factor))		.33	0.41
XCJC (fraction of Cbc connected Internal to Rb)		1	
*CJS(CCS) (Collector-substrate zero bias p-nCapacitance)	farad	0	5PF
VJS(PS) (Collector-substrate built-in potential)	Volt	.75	
MJS(MS) (collector-substrate p-n grading factor)		0	0.36
FC (forward-bias depletion Capacitor coefficient)		.5	
TF (ideal forward transit Time)	sec	0	0.3ns
XTF (transit time bias Dependence Coefficient)		0	
VTF (transit time dependency On Vbc)	volt	Infinite	
*ITF (transit time Dependency on Ic)	amp	0	
PTF (excess phase@1/(2π-TF)Hz)	degree	0	
TR (ideal reverse Transit time)	sec	0	
EG (bandgap voltage(barrier height))	eV	1.11	
XTB (forward and reverse beta Temperature coefficient)	0		
XTI(PT) (IS temperature effect Exponent)		3	
KF (flicker noise coefficient)	0		
AF (flicker noise exponent)		1	

(以上參考自[1][2][3][4][8][9]等資料，OrCAD PSpice 尚有其他參數，詳情請參閱[5]的資料)

註 四： 機定值中之( )，表示係 SPICE 之機定值，「*」表示其參數值受 AREA 面積因子之影響。

　　對整體而言,電晶體的直流模型是由一些模型參數決定,其中 IS、BF、NF、ISE、IKF、NE 決定順向電流增益特性,IS、BR、NR、ISC、IKR 及 NC 決定逆向電流增益特性,VAF 及 VAR 決定順向及逆向區域的輸出電導。TF 及 TR 決定了基極儲存電荷模型,CJE、VJE、MJE 決定基射極接面之非線性空乏層電容。CJS、VJS 及 MJS 決定集基底接面之非線性空乏層電容。IS 會受到溫度的影響,並由 EG 及 XTI 所決定。

範例 6-4　　VIN10SIN(0　1　1KHZ)

　　　　　　R1121K

　　　　　　R25315K

　　　　　　R34010K

　　　　　　VCC50　5V

　　　　　　Q132　4T1

　　　　　　.MODEL　T1　NPN(BF=80 IS=3.2E-15)　(圖 6-12)

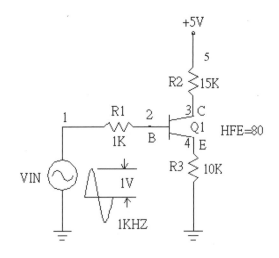

圖 6-15　範例 6-4

範例 6-5　Q1123CS3

　　　　Q2456CS

　　　　Q3789CS3

　　　　.MODEL　CS　NPN(BF=90)

　　在範例 6-5 中 Q1 及 Q3 之 AREA 值均為 3，表示 Q1 及 Q3 之物理面積為 Q2 的 3 倍，在模型參數表上標有*符號之參數均會受到 AREA 面積因子之影響，而 Q2 之 AREA 機定值為 1，故其標有*符號之參數不變，Q1、Q2 及 Q3 電晶體之 HFE 均為 90。

範例 6-6　Q1212324QA

　　　　.MODELQAPNP

　　在範例 6-6 之中 PNP 電晶體模型參數不寫，則其模型參數值依模型參數表上之機定值而定。

　　SPICE(OrCAD PSpice)使用的雙極電晶體模型是採用 Gummel-Poon 的延伸模型，同時也是 Eber-Moll 模型的加強版。實際上 PSpice 雙極電晶體模型相當於一本質電晶體的集極與射極分別與 RC/AREA 及 RE/AREA 的接觸電阻串聯，而集極串聯一隨電流變化的電阻，如圖 6-16 所示為 SPICE 與 OrCAD PSpice 之電晶體等效模型。

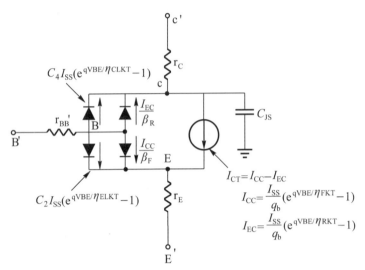

(a)SPICE 2 BJT Gummel-poon 之靜態模型

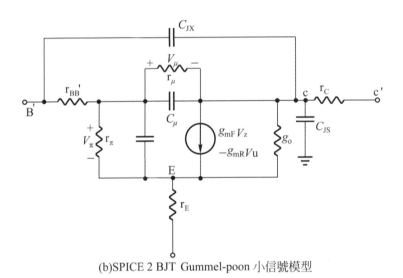

(b)SPICE 2 BJT Gummel-poon 小信號模型

圖 6-16　雙極性電晶體的等效模型(取自參考資料[4][8][9])

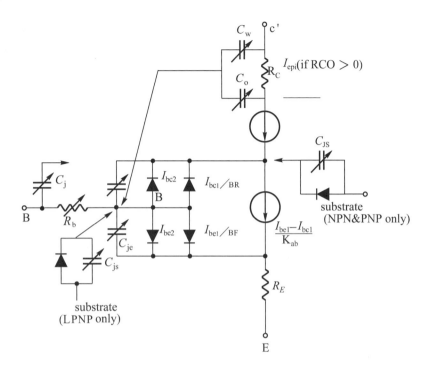

(c) SPICE BJT enhanced Gummel-poon

圖 6-16　雙極性電晶體的等效模型(取自參考資料[4][8][9])(續)

6-2-3　OrCAD PSpice 電晶體元件的取用

如表 6-4 所示為 OrCAD PSpice 所提供之電晶體元件之編號及其元件資料庫所在位置。取用該元件之方法如同二極體元件所述，

1. 若是取用 Breakout.olb 資料庫元件的電晶體元件，則如圖 6-17 所示，點選 Place → PSpice Component → Discret → NPN, PNP, NPN(PNP) Darlington, IGBT 等)，命令即可取出。

2. 若是取用其他電晶體元件

   (1) 點選 Place → Part 命令後方法同二極體元件。

   (2) 如圖 6-18 所示之 Place Part 小視窗，點選 Libraries:右邊的 Add Library 圖示以開啟如圖 6-19 所示之 Browse File 視窗的 bipolar.olb 檔。

表 6-4　OrCAD PSpice 電晶體元件

元件名稱	說明	資料庫	元件符號
Q2N2222	NPN 雙極性電晶體	bipolar.olb	
Q2N3904	NPN 雙極性電晶體	bipolar.olb	
Q2N2907A	PNP 雙極性電晶體	bipolar.olb	
Q2N3906	PNP 雙極性電晶體	bipolar.olb	
Q2N6059	達靈頓 NPN 雙極性電晶體	bipolar.olb	

表 6-4 OrCAD PSpice 電晶體元件(續)

元件名稱	說明	資料庫	元件符號
Q2N6052	達靈頓 PNP 雙極性電晶體	bipolar.olb	
QbreakN	NPN 雙極性電晶體	Breakout.olb	
QbreakN3	NPN 雙極性電晶體	Breakout.olb	
QbreakN4	NPN 雙極性電晶體	Breakout.olb	
QbreakL	Lateral PNP 雙極性電晶體	Breakout.olb	

表 6-4　OrCAD PSpice 電晶體元件(續)

元件名稱	說明	資料庫	元件符號
QbreakP	PNP 雙極性電晶體	Breakout.olb	
QbreakP3	PNP 雙極性電晶體	Breakout.olb	
QbreakP4	PNP 雙極性電晶體	Breakout.olb	
QdarBreakN	達靈頓 NPN 雙極性電晶體	Breakout.olb	
QDarBreakP	達靈頓 PNP 雙極性電晶體	Breakout.olb	
QVBICN	具 SPICE Gummel-Poon (SGP)模型功能的 NPN 雙極性電晶體，但比 SGP 好	Breakout.olb	

表 6-4 OrCAD PSpice 電晶體元件(續)

元件名稱	說明	資料庫	元件符號
ZbreakN (IGBT)	Acrony for insulated Gate Bipolar Transistor	Breakout.olb	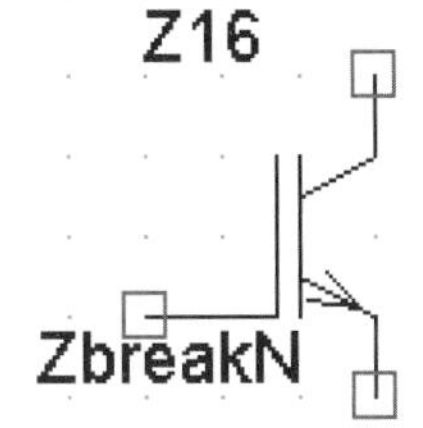 Z16 ZbreakN
IXGH40N60	Acrony for insulated Gate Bipolar Transistor	Eval.olb	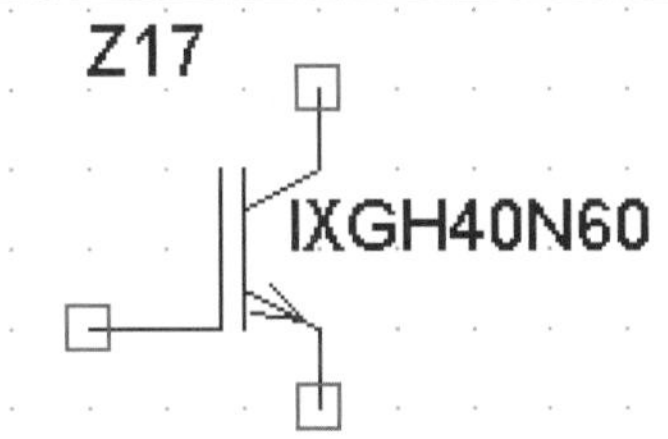 Z17 IXGH40N60

註 五： IGBT 為絕緣柵雙極電晶體(Insulated-Gate Bipolar Transistor, IGBT)的簡稱，主要用在控制電動車等電力裝置交流電動機的輸出，具有驅動電流小，導通電阻低的特性。

(3) 然後在圖 6-20 所示的視窗的 Libraries:下方點選 BIPOLAR 字體。

(4) 在 Part List 下欄點選需要的電晶體編號如 Q2N2222 而將之取出。

註 六： 亦可使用 Place→PSpice Component→Search 命令會出現如圖 5-40 所示之 PSpice Part Search 視窗，在下方的 All Categories :右欄鍵入 Q2N2222，亦可取出電晶體元件。

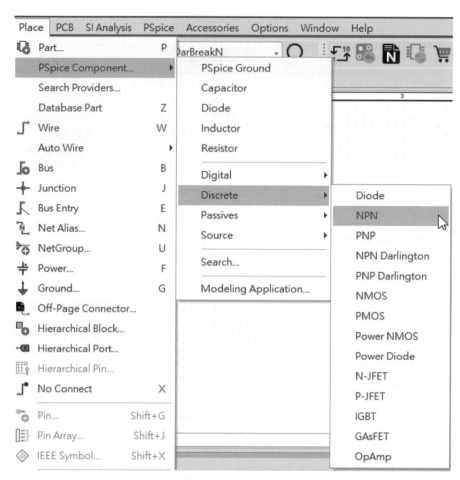

圖 6-17　雙極性電晶體元件之取出

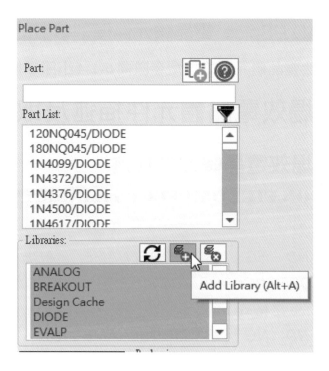

圖 6-18

圖 6-19

圖 6-20

6-2-4　OrCAD PSpice 電晶體元件模型參數的設定與修改

要設定與修改電晶體元件的模型參數同 6-1-4 小節二極體元件的方法。

6-3　接合場效電晶體元件描述及取用

6-3-1　接合場效電晶體元件描述

J JUNCTION FIELD-EFFECT TRANSISTOR

SPICE 之格式

JXXXXXX　ND　NG　NS　MODELNAME　<AREA>
　　　　<OFF><IC=CDS.VGS>

OrCAD-PSpice 之格式

JXXXXXX　ND　NG　NS　MODELNAME <AREA>

JXXXXXX	表示接合場效電晶體元件的名稱，開頭的第一個字母一定要用 J，長度不能超過八個文數字串。
ND,NG,NS	表示接合場效電晶體之汲極(Drain)、閘極(Gate)、源極(Source)之連接節點。
MODELNAME	表示該接合場效電晶體的模型名稱，此模型名稱是配合在模型參數設定描述.MODEL 中使用，以指明係設定那一個接合場效電晶體的模型參數，此名稱必需以字母為開頭，最好與半導體元件描述的開頭字母相同比較容易分別，例如接合場效電晶體之模型名稱用 J 為開頭。
<AREA>	面積因子(AREA FACTOR)，決定有多少個接合場效電晶體模型 MODELNAME 並聯在一起形成一個 JFET，可使接合場效電晶體之某些模型參數成比例放大，若不寫則其機定值為 1。
<OFF>	接合場效電晶體在直流分析的初始條件。
<IC=VDS,VGS>	在暫態分析時以接合場效電晶體之汲源極、閘源極電壓做為初始電壓(初值條件)，以代替其靜態直流工作電壓。相同的使用此初始條件描述時，暫態分析. TRAN 描述中要加上 UIC 描述方可。

6-3-2　接合場效電晶體之模型參數設定描述

.MODEL 模型

SPICE 之格式

.MODEL　MODELNAME　NJF<(PNAME1=P1　PNAME2 ⋯⋯)>(N channel JFET)

.MODEL　MODELNAME　PJF<(PNAME1=P1　PNAME2 ⋯⋯)>(P channel JFET)

OrCAD PSpice 之格式

.MODEL　MODELNAME　NJF<(PNAME1=P1　PNAME2 ⋯⋯)>(N channel JFET)

.MODEL　MODELNAME　PJF<(PNAME1=P1　PNAME2 ⋯⋯)>(P channel JFET)

.MODEL　　　　　　表示設定半導體元件之模型參數。

MODELNAME　　　表示半導體元件之模型名稱，用來指明此模型參數是屬於那一個接合場效電晶體元件的模型參數，此 MODELNAME 描述名稱必需與該接合場效電晶體元件描述之 MODELNAME 描述名稱相同。

NJF,PJF　　　　　表示該接合場效電晶體是 N 通道或 P 通道 JFET。

<(PNAME1=P1⋯)>　表示設定接合場效電晶體元件之模型參數名稱及其設定值，若此描述不寫，則其參數值由機定值決定。

　表 6-5 為接合場效電晶體之模型參數。

表 6-5　接合場效電晶體之模型參數

接合場效電晶體之模型參數	單位	機定值	例子
VTO　(threshold voltage)	volt	-2.0	-3.5
*BETA　(transconductance Coefficient)	amp/volt	1E-4	2.0E-4
LAMBDA　(channel-length Modulation)	1/volt	0	2.0E-5
*RD　(drain ohmic Resistance)	Ohm	0	80
*RS　(source ohmic Resistance)	Ohm	0	220
*IS　(gate p-n saturation Current)	Amp	1E-4	5.0E-15
PB　(gate p-n potential)	Volt	1	0.9
*CGD　(gate-drain zero-bias p-n capacitance)	Farad	0	3PF
*CGS　(gate-source zero-bias p-n capacitance)	Farad	0	10PF
FC　(forward-bias depletion Capacitance coefficient)		.5	
⊙VTOTC　(VTO temperature Coefficient)	Volt/℃	0	
⊙BETATCE　(BETA exponential Temperature coefficient)	%/℃	0	
KF　(flicker noise coefficient)		0	
AF　(flicker noise exponent)		1	

（以上資料取自[1][2][3][4][8][9]等資料，OrCAD PSpice 尚有其他參數，詳情請參閱[8][9]資料）

註 七：「*」表示該參數值會受 AREA 值之影響，「⊙」表示 SPICE 無此模型參數。

範例 6-7　J1123JK

.MODEL　JK　NJF(IS=3.0E-13　CGS=8PF)　（圖 6-21）

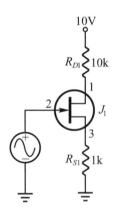

圖 6-21　範例 6-7

範例 6-8　JB　5 6 7　FAT

　　　　　.MODELFATPJF

範例 6-9　JAEX　7 8 9　JB3

　　　　　JC1　1112 13　JK

　　　　　JD1　15　16　17　JB

　　　　　.MODEL　JB　NJF(VTO=-2.5)

　　　　　.MODEL　JK　PJF

　　在範例 6-9 中 JAEX 之面積因子 AREA FACTOR 為 3，表示 JAEX 之物理面積大於 JD1 3 倍，故其註有*之參數值會受到此面積因子之影響而變化，而 JD1 之面積因子為 1，表示其參數值不變。但 JAEX 及 JD1 FET 之 VTO 均是-2.5 伏特。

　　圖 6-22 所示，為 SPICE 及 OrCAD PSpice 之 JFET 等效模型。

註 八：如果半導體元件的 MODELNAME 相同，則可共用一個模型參數描述，因其表示其某些參數是相同的。

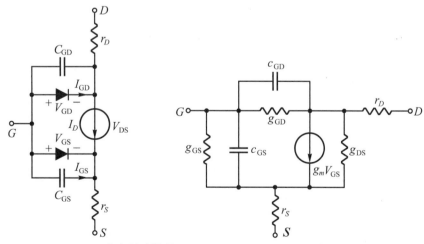

(a) SPICE 2 channel JFET 之大信號模型　　　(b) SPICE 2 JFET 之小信號模型

圖 6-22　JFET 之等效模型(取自參考資料[4][8][9])

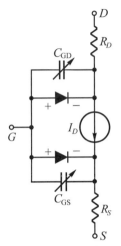

(c) OrCAD PSpice 之 JFET 模型

圖 6-22　JFET 之等效模型(取自參考資料[4][8][9])(續)

6-3-3　OrCAD PSpice 接合場效電晶體元件的取用

如表 6-6 所示為 OrCAD PSpice 所提供之接合場效電晶體元件編號及其資料庫所在位置。取用該元件之方式同取用電晶體元件的方式如圖 6-17 所示，可分為 N-JFET 及 P-JFET 及 GASFET 三種，或如同 6-18 至圖 6-20 所示執行 Place→Part 命令方式或如圖 5-40 所示可取出如表 6-6 所示之各種型式之 JFET。

表 6-6　OrCAD Pspice 接合場效電晶體元件

元件名稱	說明	資料庫	元件符號
J2N3819	N 通道接合場效電晶體	JFET.olb	J1 J2N3819
J2N4393	N 通道接合場效電晶體	JFET.olb	J2 J2N4393
JbreakN	N 通道接合場效電晶體	Breakout.olb	J5 JbreakN

表 6-6 OrCAD Pspice 接合場效電晶體元件(續)

元件名稱	說明	資料庫	元件符號
JbreakP	P 通道接合場效電晶體	Breakout.olb	J6 JbreakP

6-3-4 OrCAD PSpice 接合場效電晶體元件模型參數 的設定與修改

接合場效電晶體元件模型參數的設定與修改同 6-1-4 小節二極體之方法。

6-4 金屬氧化物場效電晶體元件描述及取用

6-4-1 金屬氧化物場效電晶體元件描述

M MOS FIELD-EFFECT TRANSISTOR

SPICE 之格式

MXXXXXXX   ND   NG   NS   NB
MODELNAME<L=VAL><W=VAL>
<AD=VAL><AS=VAL><PD=VAL><PS=VAL><NRD=VAL>
<NRS=VAL><OFF><IC=VDS,VGS,VBS>

OrCAD PSpice 之格式

MXXXXXXX   ND   NG   NS   NB
MODELNAME<L=VAL><W=VAL>
<AD=VAL><AS=VAL><PD=VAL><PS=VAL><NRD=VAL><NRS=VAL><NRG=VAL><NRB=VAL>

MXXXXXXX　　　表示 MOSFET 元件的名稱，開頭的第一個字一定要用 M，長度不能超過八個文數字串。

ND,NG,NS　　　表示 MOSFET 的汲極、閘極及源極的連接節點。

NB　　　　　　表示 MOSFET 的基底(Substrate Bulk)連接節點。

MODELNAME　表示該 MOSFET 元件的模型名稱，此模型名稱是配合在模型參數設定描述.MODEL 中使用，以指明係設定那一個 MOSFET 的模型參數，此名稱必需以字母為開頭，最好與半導體元件描述的開頭字母相同，比較容易分別，例如 MOSFET 之模型名稱用 M 為開頭。

<L=VAL>　　　MOSFET 之通道長度，單位為公尺(m)，若不寫則依其機定值而定(100 μ m)，此機定值可以由. OPTIONS 描述中修改之(詳情請看第十三章.OPTIONS 描述)。

<W=VAL>　　　MOSFET 之通道寬度，單位為公尺(m)，若不寫則依其機定值而定(100μm)，此機定值可以由.OPTIONS 描述中修改之(詳情請看.OPTIONS 描述)。

<AD=VAL>　　 MOSFET 之汲極擴散面積，單位為平方公尺(m 的平方)，若不寫則依其機定值而定(0.0)，此機定值可以由.OPTIONS 描述中修改之(詳情請看.OPTIONS 描述)。

<AS=VAL>　　 MOSFET 之源極擴散面積，單位為平方公尺(m 的平方)，若不寫則依其機定值而定(0.0)，此機定值可以由.OPTIONS 描述中修改之(詳情請看.OPTIONS 描述)。

<PD=VAL>　　 MOSFET 汲極接面之周長，單位為公尺(m)，若不寫則依其機定值而定(0.0)。

<PS=VAL>　　 MOSFET 源極接面之周長，單位為公尺(m)，若不寫則依其機定值而定(0.0)。

<NRD=VAL>　　　表示汲極的相對電阻性，NRD 乘以模型參數 RSH 值可求
　　　　　　　得汲極之寄生電阻，此敘述若不寫，則其機定值為 1。

<NRS=VAL>　　　表示源極的相對電阻性，NRS 乘以模型參數 RSH 值可求
　　　　　　　得源極之寄生電阻，此敘述若不寫，則其機定值為 1。

<NRG=VAL>　　　表示閘極的相對電阻性，NRG 乘以模型參數 RSH 值可求
　　　　　　　得閘極之寄生電阻，此敘述若不寫，則其機定值為 1。

<NRB=VAL>　　　表示基底的相對電阻性，NRB 乘以模型參數 RSH 值可求
　　　　　　　得基底之寄生電阻，此敘述若不寫，則其機定值為 1。

<OFF>　　　　　表示在直流分析時之初始條件。

<IC=VDS,VGS,VBS>　在暫態分析時以 MOSFET 之汲源極、閘源極、基底
　　　　　　　源極電壓做為初始電壓以代替其靜態直流工電壓，
　　　　　　　使用此初始條件敘述時，在暫態分析.TRAN 描述中
　　　　　　　要加上 UIC 描述方可。

6-4-2　金屬氧化物半導體之模型參數設定描述

.MODEL 模型

SPICE 之格式

.MODEL　MODELNAME　NMOS<(PNAME1=P1 PANAME2=P2…)
　　　　　>(N-channel MOSFET)

.MODEL　MODELNAME　PMOS<(PNAME1=P1 PANAME2=P2…)
　　　　　>(P-channel MOSFET)

OrCAD PSpice 之格式

.MODEL　MODELNAME　NMOS<(PNAME1=P1 PANAME2=P2…)
　　　　　>(N-channel MOSFET)

.MODEL　MODELNAME　PMOS<(PNAME1=P1 PANAME2=P2…)
　　　　　>(P-channel MOSFET)

.MODEL	表示設定半導體元件之模型參數。
MODELNAME	表示 MOSFET 元件之模型名稱，用來指明此模型參數是屬於那一個 MOSFET 的模型參數，此 MODELNAME 描述名稱必需與 MOSFET 元件描述 MODELNAME 描述名稱相同。
NMOS,PMOS	表示該 MOSFET 為 N 通道或 P 通道。
<(PNAME1=P1…)>	表示設定該 MOSFET 元件之模型參數名稱及其設定值，若此描述不寫，則其參數值由機定值決定。

表 6-7 為 MOSFET 之模型參數。

表 6-7　MOSFET 之模型參數

MOSFET 之模型參數	單位	機定值	例子
LEVEL　(model Index(1,2,or3))		1	
L　(channel length)	meter	DEFL	
W　(channel width)	meter	DEFW	
LD　(lateral diffusionV)	meter	0	
WD　(lateral　diffusionV)	meter	0	
VTO　(zero-bias thresholdV)	volt	0	2.5
KP　(transconductance)	$Amp/volt^2$	2E-5	5.0E-6
GAMMA　(bulk threshold parameter)	$volt^{1/2}$	0	0.58
PHI (surface potential)	Volt	.6	0.82
LAMBDA(channel-length Modulation(LEVEL=1 or 2))	$Volt^{-1/2}$	0	0.05
RD　(drain ohmic resistance)	Ohm	0	50
RS　(source ohmic resistance)	Ohm	0	25
◎RG (gate ohmic resistance)	Ohm	0	
◎RB (bulk ohmic resistance)	Ohm	0	
◎RDS (drain - source shunt Resistance)	Ohm	infinite	
RSH (drain,source diffusion Sheet resistance)	Ohm/square	0	
IS (bulk p-n saturation Current)	Amp	1E-14	2.5E-17
JS (bulk p-n saturation) Current / area	$Amp/meter^2$	0(1.0E-8)	
PB (bulk p-n potential)	Volt	.8	0.53
CBD (bulk - drain zero –bias p-n capacitance)	$Farad^{-12}$	0	0.05
CBS (bulk - source zero –bias p-n　capacitance)	Farad	0	55PF
CJ　(bulk p-n zero-bias Bottom capacitance/ area)	$Farad/metter^2$	0	3.2E-6
CJSW (bulk p-n zero-bias Perimeter　capacitance/ length)	Farad/meter	0	2.5E-12
MJ (bulk p-n bottom grading Coefficient)		.5	0.6
MJSW (bulk p-n sidewell grading Coefficient)		.33 (要指明)	0.54
FC (bulk p-n forward-bias Capacitance coefficient)		.5	
CGSO (gate-source overlap Capacitance / channel Width)	Farad/meter	0	5.3E-13
CGDO (gate-drain overlap Capacitance / channel Width)	Farad/meter	0	2.5E-14
CGBO (gate - bulk overlap Capacitance / channel Length)	Farad/meter	0	3.5E-12

表 6-7 MOSFET 之模型參數(續)

MOSFET 之模型參數	單位	機定值	例子
NSUB (substrate doping Density)	1/cm^2	0	5.6E18
NSS (surface state density)	1/cm^2	0	2.6E9
NFS (fast surface state Density)	1/cm^2	0	3.4E8
TOX (oxide thickness)	Meter	infinite	2.6E9
TPG (gate material type:+1=opposite of substrate-1=same as of substrate0=aluminum)		(1.0E-7)+1	
XJ (metallurgical junction Depth meter)		0	3μ
UO (surface mobility)	cm^2/volt.sec	600	450
UCRIT (mobility degradaion Critical volt/ cm Field .(LEVEL =2))		1E4	2.6E7
UEXP (mobility degradation Exponent (LEVEL =2))		0	0.3
UTRA ((not used)mobility Degradation transverse field coefficient)		(0.0)	0.4
VMAX (maximum drift velocity)	meter/sec	0	3.2E6
NEFF (channel charge Coefficient(LEVEL =2))		1	4
XOC (fraction of channel charge Attributed to drain)		1	3
DELTA (width effect on Threshold)		0	
THETA (mobility modulation(LEVEL =3))	volt^{-1}	0	0.3
ETA (static feedback(LEVEL =3))		0	2.1
KAPPA (saturation field factor(LEVEL =3))		.2	
KF (flicker noise coefficient)		0	2.3E-19
AF (flicker noise exponent)		1	2.3

註 九：「◎」表示 SPICE 中無此模型參數，「( )」表示 SPICE 之機定值。

LEVEL 為 MODEL Index,SPICE 對 MOSFET 之模型提供三種型式

LEVEL=1 為 Shichman-Hodges 模型，係採用 MOSFET 的元件公式。

LEVEL=2 MOS 2，為 Geometry-based 模型；（analytic 模型），目前甚少採用。

LEVEL=3 MOS 3，為 Semi-empirical 模型；short-channel 模型，它提供了一些經驗性的模型參數。

LEVEL=4 為 BSIM 模型，係使用一些粹取出來的模型參數，其參數值雖然小，但有不錯的效果。

LEVEL=28 為 BSIM2 模型。

LEVEL=47 為 BSIM3 模型。

其中 LEVEL28 及 LEVEL47 為最近採用於深次微米(Deep Submicron)的電晶體精確模型。而 VTO、KP、LAMBDA、PHI 及 GAMMA 決定 MOSFET 之直流特性。

VTO 正值表示為 N 通道加強型(enhancement mode) MOSFET 及 P 通道空乏型(DEPLETION MODE) MOSFET。而 VTO 負值表示為 P 通道加強型 MOSFET 及 N 道空乏型 MOSFET。

模型參數中 L 要減掉 2LD 才是實際的通道長度,W 要減掉二倍的 WD 才是實際的通道寬度。L 及 W 可以直接在元件描述上設定,也可以在模型參數描述上設定,也可以利用選用項描述(.OPTIONS)中設定。在元件描述上的設定會取代在模型參數描述上的設定,而在模型參數描述上的設定又會取代在.OPTIONS 中的設定,也就是.OPTIONS 的設定優先權及有效性最低。汲極與源極的接面容積飽和電流利用 JS 指定,其值要再乘以 AD 或 AS 值才是真正的汲極或源極的接面容積飽和電流,或者直接以 IS 標明亦可,其為絕對值。

零偏壓空乏區電容量可利用 CJ 及 CJSW 指定,CJ 乘上 AD 及 AS 值及 CJSW 乘上 PD 及 PS 值可分別獲得接面底部電容及接面週邊電容。此外也可利用 CBD 及 CBS 二個絕對值指定。

NRD、NRS、NRG 及 NRB 分別為汲極、源極、閘極及基底的相對電阻性,此外可利用 RD、RS、RG 及 RB 的絕對值指定。

PD 及 PS 的機定值為 0,NRD 及 NRS 的機定值為 1,NRG 及 NRB 的機定值為 0。其中 L、W、AD 及 AS 的機定值可利用選用項描述(.OPTIONS)設定,如果未利用此描述設定其機定值,則 AD 及 AS 之機定值為 100 um。

(以上資料取自[1][2][3][4][5][8][9]等資料,OrCAD PSpice 尚有其他參數詳情請參閱[8][9]資料)

範例 6-10　　M13240M0L=30uW=15u

　　　　　　　+　AD=320P　AS=550P　PD=140UPS=140U

　　　　　　　.MODEL　MOPMOS(KP=5.8E-4)　(圖 6-23)

註 十：其中『+』表連續行。

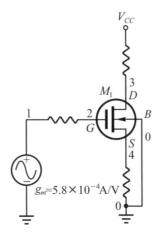

圖 6-23　　範例 6-23

範例 6-11　　MA5678CSL=65uW=35u

　　　　　　　MB11011120CSL=48uW=20u

　　　　　　　MC129303133CS

　　　　　　　.MODEL CS NMOS

如圖 6-24 所示爲 SPICE(OrCAD PSpice)之金屬氧化物場效半導體之等效模型。

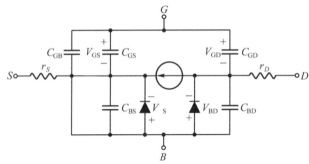

(a) SPICE 2 n 通道 MOSFET 的大信號模型(Level =1,2)

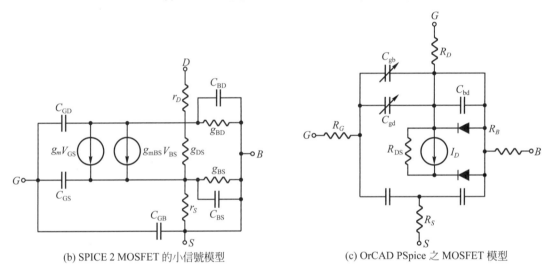

(b) SPICE 2 MOSFET 的小信號模型

(c) OrCAD PSpice 之 MOSFET 模型

圖 6-24 SPICE 與 OrCAD PSpice MOSFET 的等效模型

(取自參考資料[4][8][9])

6-4-3 OrCAD PSpice 金屬氧化物場效電晶體元件的取用

如表 6-8 所示爲 OrCAD PSpice 所提供之金屬氧化物場效電晶體半導體元件之編號及其元件資料庫所在位置。

取用該元件之方式如圖 6-17 所示(NMOS, PMOS, Power NMOS)或執行 Place→Part 命令如圖 6-18 至圖 6-20 所示及圖 5-40 所示之方法,以取出表 6-8 所示之元件(以 M 開頭名稱的元件,在 IRF 及 BREAKOUT 中)。

表 6-8　OrCAD PSpice 所提供之金屬氧化物場效電晶體半導體元件

元件名稱	說明	元件資料庫	元件符號
Mbreak N	N 通道增強型 MOSFET	BREAKOUT.OLB	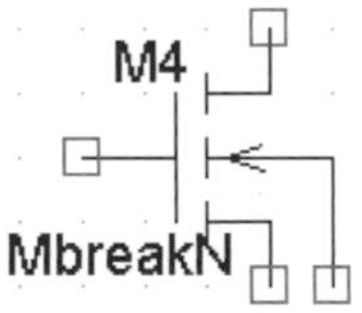
MbreakN3	N 通道增強型 MOSFET	BREAKOUT.OLB	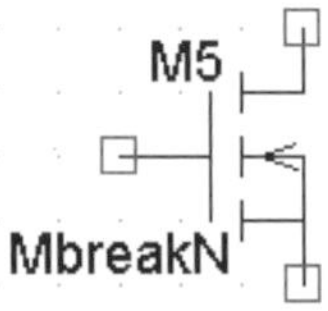
MbreakN3D	N 通道增強型 MOSFET	BREAKOUT.OLB	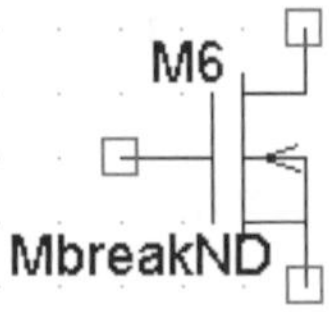
MbreakN4	N 通道增強型 MOSFET	BREAKOUT.OLB	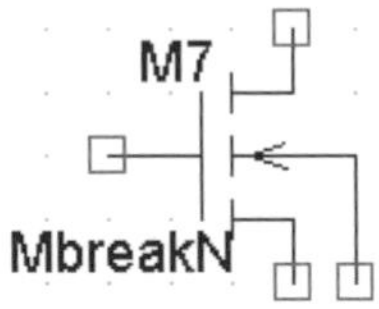
MbreakN4D	N 通道增強型 MOSFET	BREAKOUT.OLB	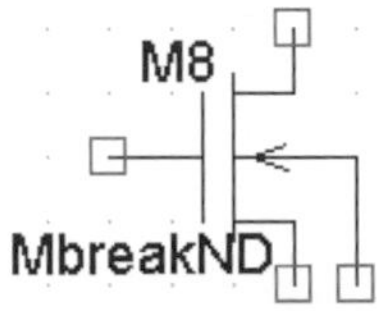
MbreakP	P 通道增強型 MOSFET	BREAKOUT.OLB	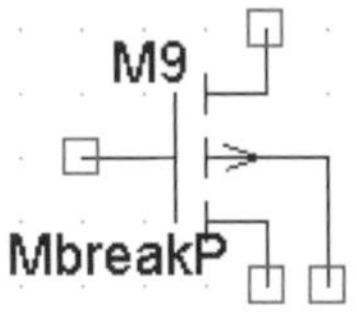

表 6-8　OrCAD PSpice 所提供之金屬氧化物場效電晶體半導體元件(續)

元件名稱	說明	元件資料庫	元件符號
MbreakP3	P 通道增強型 MOSFET	BREAKOUT.OLB	
MbreakP3D	P 通道增強型 MOSFET	BREAKOUT.OLB	
MbreakP4	P 通道增強型 MOSFET	BREAKOUT.OLB	
MbreakP4D	P 通道增強型 MOSFET	BREAKOUT.OLB	
Power-Mbreakn	N 通道增強型 功率 MOSFET	BREAKOUT.OLB	

6-4-4 OrCAD PSpice 金屬氧化物半導體元件模型參數的設定與修改

其設定與修改的方法同 6-1-4 小節二極體元件的方法。

6-5 砷化鎵場效電晶體元件描述及取用

6-5-1 砷化鎵場效電晶體元件描述

B　GaAsFET

一般格式

BXXXXXX　ND　NG　NS　MODELNAME　<AREA>

BXXXXXX 　　　表示 GaAsFET 元件的名稱，開頭第一個字母一定要用 B，長度不能超過八個文數字串。

ND,NG,NS 　　　表示 GaAsFET 的汲極、閘極、源極之連接節點。

MODELNAME 表示該 GaAsFET 元件的模型名稱，此模型名稱是配合在模型參數設定描述.MODEL 中使用，以指明係設定那一個 GaAsFET 元件的模型參數，此名稱必需以字母為開頭，最好與半導體元件描述的開頭字母相同，比較容易區別，例如 GaAsFET 之模型名稱用 B 為開頭。

<AREA> 　　　　面積因子(AREA factor)，決定有多少個 GaAsFET 模型 MODELNAME 並聯在一起形成一個 BXXXXXX GaAsFET，可使 GaAsFET 之某些參數值成比例放大，此 AREA 值若不寫其機定值為 1。

註 十一：SPICE 在 SPICE 3 版本才有 GaAsFET 元件描述。

6-5-2　砷化鎵場效電晶體之模型參數設定描述

.MODEL

一般格式

.MODEL　MODELNAME　GASFET< (PNAME1=P1 PNAME2=P2....) >

.MODEL	表示設定半導體元件之模型參數。
MODELNAME	表示 GaAsFET 元件之模型名稱,用來指明此模型參數是屬於那一個 GaAsFET 的模型參數,此 MODELNAME 描述名稱必需與 GaAsFET 元件描述之 MODELNAME 描述名稱相同。
GASFET	表示該 MOSFET 為 N 通道 GaAsFET。
<(PNAME1=P1....)>	表示設定該 GaAsFET 元件之模型參數名稱及其設定值,若此描述不寫,則其參數值由機定值決定。

表 6-9 為砷化鎵場效電晶體元件之模型參數。

表 6-9　砷化鎵場效電晶體之模型參數

GaAsFET 之模型參數	單位	機定值	例子
LEVEL　(modelIndex(1=Curtice,2=Raytheon3=Tyiquint))		1	
VTO　(threshold voltage)	volt	-2.5	-8
ALPHA　((saturation voltage) Parametr)	$volt^{-1}$	2	5
B　doping tail extending Parameter(level 2 only)		.3	0.8
BETA　(transconductance)	$amp/volt^2$	.1	
LAMBDA　(channel-length-modulation)	$volt^{-1}$	0	0.2
GAMMA　(static feedback parameter(level 3 only))			
RG　(gate ohmic resistance)	ohm	0	100
DELTA　(output feedback parameter (level 3 only))	$amp.volt^{-1}$		
RD　(drain ohmic resistance)	ohm	0	50
RS　(source ohmic resistance)	ohm	0	80
IS　(gate p-n saturation Current)	amp	1E-14	3E-12
M　(gate p-n grading Coefficient)		.5	
N　(gate p-n emission Coefficient Gate)		1	
VBI　(p-n potential)	volt	1	
CGD　(zero-bias gate-drain p-n Capacitance)	farad	0	25PF
CGS　(zero-bias gate-source p-n Capacitance)	farad	0	32PF
CDS　(drain-source capacitance)	farad	0	15PF
TAU　(conduction current transit Time)	sec	0	
FC　(forward-bias depletion Capacitance coefficient)		.5	

表 6-9 砷化鎵場效電晶體之模型參數(續)

GaAsFET 之模型參數	單位	機定值	例子
VTOTC (VTO temperature Coefficient)	volt/°C	0	
BETATCE (BETA exponential)	%/°C	0	
Q (power-law parameter(level 3 only))			
KF (flicker noise coefficient)		0	
AF (flicker noise exponent)		1	

以上資料取自[1][2][3][4][8][9]等資料，OrCAD PSpice 尚有其他參數，詳情請參閱[8][9]資料。

範例 6-12　B1560GA

　　　　　　.MODELGA　GASFET(IS=5E-12　BETA=0.3　AF=3)

範例 6-13　BA1780MT

　　　　　　BB2560MT

　　　　　　.MODELMT　GASFET(IS=1E-18　BETA=0.5)

範例 6-14　BAT123CS1

　　　　　　BBK456CS2

　　　　　　.MODELCS1GASFET

　　　　　　.MODELCS2 GASFET(IS=2E-8　AF=4)

6-5-3　OrCAD PSpice 砷化鎵場效電晶體元件的取用

　　表 6-10 所示為 OrCAD PSpice 砷化鎵場效電晶體元件之編號及其元件資料庫所在位置。取用元件方式如圖 6-17 所示方式(GAsFET)或執行 Place→Part 命令或執行圖 6-18 至圖 6-20 或圖 5-40 之方式，以取出表 6-10 之元件。

表 6-10　OrCAD PSpice 砷化鎵場效電晶體元件

元件名稱	說明	元件資料庫	元件符號
Break	GaAsFET (增強型)	BREAKOUT.OLB	B1 Bbreak

6-5-4　OrCAD PSpice 砷化鎵場效電晶體元件模型參數之設定與修改

方法同 6-1-4 小節二極體元件之方法。

★習題詳見目錄 QR Code

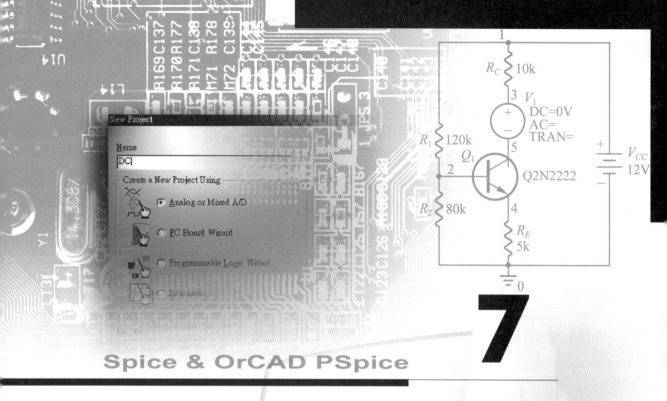

Spice & OrCAD PSpice

7

模擬電路分析的種類及輸出格式

學習目標

7-1 模擬電路分析輸出變數描述

7-2 直流分析

7-3 偏壓點分析

7-4 小信號直流轉移函數分析

7-5 電路檔案的管理

7-6 靈敏度分析

7-7 直流掃描分析

(DC Sweep Analysis)

7-8 交流分析

7-9 失真分析

7-10 雜訊分析

7-11 暫態分析

7-12 傅立葉分析

在第三、四、五、六章已經把模擬電路所使用的大部份元件描述介紹過了，現在的問題是如何執行模擬分析的指令(在電路描述中的控制行描述)，也就是模擬分析的描述。因此本章要針對 SPICE 及 OrCAD PSpice A/D 的(1)直流分析(2)偏壓點分析(3)轉移函數分析(4)靈敏度分析(5)交流分析(6)雜訊分析(7)失真分析(OrCAD PSpice A/D，無失真分析) (8)暫態分析(9)傅立葉分析等描述規則做一詳細的介紹，此外也對 OrCAD PSpice 繪圖模擬的方式對應於上述各種模擬分析的方法也做一詳細的介紹。

註 本章參考自[1]至[9]，[17]至[21]及其他相關參考資料。

7-1　模擬電路分析輸出變數描述

本節要針對 SPICE 及 OrCAD PSpice A/D 有關直流分析，暫態分析及交流分析的輸出變數描述規則(電壓及電流)做一詳細的介紹，至於其它分析的輸出變數描述規則，則於其輸出描述格式中介紹。

7-1-1　直流分析及暫態分析輸出變數描述

表 7-1 為 SPICE 直流分析及暫態分析輸出變數描述之格式，而表 7-2 則為 OrCAD PSpice A/D 直流分析及暫態分析輸出變數描述之格式。

表 7-1　SPICE 直流分析及暫態分析輸出變數描述格式

一般格式	意義	例子
V(N1)	表示 N1 節點之電壓(對地)。	V(1)
V(N1,N2)	表示跨在 N1 與 N2 兩節點間之電壓，習慣上以 N1 為正端節點，N2 為負端節點，若 N2 為 0(接地節點)，則「, N2」可省略，即變成 V(N1)表示式。	V(2,3)
◎I(VANME)	表示流過獨立直流電壓電源之電流，VANME 為獨立直流電壓電源之名稱，正電流係由電源的正端流入至電源的負端，如果此電流 I 沒有流過一 VANME 名稱的獨立直流電壓源，則要在該電流所流過之路徑中串聯一電壓為零之獨立直流電壓電源，以符合此項描述規則之要求。	I(VIN)

範 例 7-1　　V(1,2)表示節點 1 與節點 2 間之電壓。

範 例 7-2　　V(1)表示節點 1 對地之電壓。

範 例 7-3　　I(V1)如圖 7-1 所示，表示流過 R_1 之電流 IR_1。

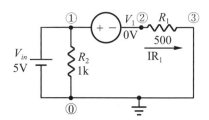

圖 7-1　範例 7-3

表 7-2　OrCAD PSpice A/D 直流分析及暫態分析之輸出變數描述格式

一般格式	意義	例子
V(N1)	表示節點 N1 之電壓(對地)。	V(2)
V(N1,N2)	表示跨在 N1 與 N2 兩節點間之電壓，習慣上以 N1 為正端節點，N2 為負端節點。若 N2 為 0(接地節點)，則「, N2」可省略，即變成 V(N1)表示式。	V(3,4)
◎V(NAME)	表示跨在雙端裝置元件上的電壓，NAME 為雙端裝置元件的名稱，例如 V(RL)表示電阻 RL 上的電壓降。	V(RL)
V(NAME:PIN NAME)	表示在某一雙端元件的某一端點的電壓，例如 V(RL：1)表示 RL 元件 1 端點的電壓值。	V(RL:1)
VX(NAME)	表示三端或四端裝置元件某一端點對地的電壓，NAME 為三端或四端裝置元件的名稱，X 表示元件端點名稱的第一個字母，例如 VB(Q1)表示電晶體 Q1 的基極對地電壓。	VB(Q1)
V(NAME:X)	表示某一三端或四端元件某一端的電壓，NAME 為三端或四端裝置元件的名稱，X 表示元件端點名稱的第一個字母，例如 V(Q1：B)表示電晶體 Q1 的基極對地電壓。	V(Q1:B)
VXY(NAME)	表示三端或四端裝置元件二端點的電壓，NAME 為三端或四端裝置元件的名稱，X 為元件的第一端點的英文字母，Y 為元件的第二端點的英文字母，例如 VBE(Q1)表示電晶體 Q1 基射極的電壓。	VBE(Q1)

表 7-2　OrCAD PSpice A/D 直流分析及暫態分析之輸出變數描述格式(續)

一般格式	意義	例子
VZ(NAME)	表示傳輸線某埠端的電壓，NAME 表示傳輸線的名稱，Z 表示傳輸埠端的名稱，例如 VA(T3)表示傳輸線 T3 在 A 埠的電壓。	VA(T3)
V(NAME:Z)	NAME 表示傳輸線的名稱，Z 表傳輸埠端的名稱，則 V(T3:A)表示傳輸線 T3 在 A 埠端的電壓。	V(T3:A)
◎I(VNAME)	表示流過獨立直流電壓電源之電流，VANME 為獨立直流電壓電源的名稱，正電流由電源的正端流入，經電源而至電源的負端。如果此電流沒有流過此獨立直流電壓電源，則應在此電流流過之路徑串聯一電壓為零的獨立直流電壓電源，以符合此項描述之規則(如同 SPICE 之例子)。	I(VIN)
◎I(NAME)	流過某一雙端裝置元件之電流，NAME 為該元件的名稱，例如 I(RL)表示流過 RL 之電流(此處與 SPICE 略有不同，它須串一 0V 之獨立直流電壓電源)。	I(RL)
IX(NAME)	表示流入三端或四端裝置元件的某一端點之電流，NAME 為三端或四端裝置元件之名稱，X 表示該元件端點名稱的第一個字母，例如 ID(J1)表示流流進 J1 FET 元件汲極的電流。	ID(J1)
I(NAME:X)	表示流入三端或四端裝置元件的某一端點之電流，NAME 為三端或四端裝置元件之名稱，X 表示該元件端點名稱的第一個字母，例如 I(J1:D)表示流流進 J1 FET 元件汲極的電流。	I(J1:D)
IZ(NAME)	表示傳輸線某埠端的電流，NAME 為傳輸線的名稱，Z 為傳輸線埠端的名稱，例如:IA(T3) 表示傳輸線 T3;在 A 埠端的電流	IA(T3)
I(NAME:Z)	表示傳輸線某埠端的電流，NAME 為傳輸線的名稱，Z 為傳輸線埠端的名稱，例如 : I(T3:A)表示傳輸線 T3 在 A 埠端的電流	I(T3:A)

註 一：SPICE 在描述某元件之電流時一定要以 I(VNAME)之格式描述，因此描述該元件電流時，若該電流沒有流過一獨立電壓電源時，就要串聯一電壓為零之獨立電壓電源於該電流所流過之路徑中，所以非常麻煩，而 OrCAD PSpice A/D 就改良此項缺點，除了可用 I(VNAME)描述外，還可以使用 I(NAME)描述，就可以不必敘述所求電流所流過獨立電壓電源之名稱。

有關於 OrCAD PSpice A/D 對於雙端裝置、三端、四端裝置及傳輸線之名稱的開頭字母敘述格式可參考表 7-3。

表 7-3 雙端、三端、四端裝置及傳輸線名稱開頭字母敘述格式

裝置數及描述	裝置元件名稱	NAME 開頭字母	X 及 XY 端點開頭字母
雙端裝置元件 V(NAME)及 I(NAME)	電容器	C	
	電阻器	R	
	電感器	L	
	二極體	D	
	獨立電壓電源	V	
	獨立電流電源	I	
	電壓控制電壓電源	E	
	電壓控制電流電源	G	
	電流控制電流電源	F	
	電流控制電壓電源	H	
三端或四端裝置元件 VX(NAME)，IX(NAME)，VXY(NAME) 或 V(NAME:X) I(NAME:X)	GaAs MOSFET 砷化鎵金屬氧化物場效電晶體	B	D(汲極) G(閘極) S(源極)
	Junction FET 接面電場效應電晶體	J	D(汲極) G(閘極) S(源極)
	MOS FET 金屬氧化物電場效應電晶體	M	D(汲極) G(閘極) S(源極) B(基底，bulk)
	Bipolar Transistor 雙極性電晶體	Q	C(集極) B(基極) E(射極) S(基底)
傳輸線裝置 VZ(NAME)，IZ(NAME) 或 V(NAME:Z)，I(NAME:Z)	Transmission Line 傳輸線	T	Z 端點字母 / 必須為 A 或 B，A 為 A 埠(前兩個節點)B 為 B 埠(後兩個節點)

7-1-2　交流分析輸出變數描述

表 7-4 為 SPICE 對於交流分析輸出變數描述之格式。表 7-5 則為 OrCAD PSpice A/D 對於交流分析輸出變數描述之格式。

表 7-4　SPICE 之交流分析輸出變數描述

一般格式	意義	例子
VK(N1)	表示 N1 節點對地之 VK(K 由下列敘述決定)	VK(1)
VK(N1,N2)	表示 N1 節點與 N2 節點之 VK，若 N2 為接地節點，則「,N2」省略，變成 VK(N1) 描述，表示 N1 節點(對地)之 VK， 其中 VK 若為： V：表示電壓之大小(magnitude) VM：表示電壓之大小 VP：表示電壓之相位 VR：表示電壓之實數部分 VI：表示電壓之虛數部分 VDB：表示電壓分貝大小($20\log_{10}VM$)	VK(1,2), VK(1) V(1,2), VM(1,2) VP(1,2), VR(1,2) VI(1,2), VDB(1,2)
IK(VNAME)	表示流過獨立電壓電源之 IK 電流，VNAME 為電流所流過獨立電壓電源之名稱，規則同直流分析之定義。其中若 IK 為： I：表示電流之大小(magnitude) IM：表示電流之大小 IP：表示電流之相位 IR：表示電流之實數部分 II：表示電流之虛數部分 IDB：表示電流分貝大小($20\log_{10}IM$)	I(V1), IM(V1) IP(V1), IR(V1) II(V1), IDB(V1)

表 7-5　OrCAD PSpice A/D 交流分析輸出變數描述之格式

一般格式	意義	例子
將 PSpice 所有直流分析及暫態分析輸出變數加上字尾 K 即： VK(N1), VK(N1,N2), VK(NAME), VXK(NAME),VK(NAME:X) VXYK(NAME), VZK(NAME),VK(NAME:K) IK(VNAME), IK(NAME), IXK(NAME),IK(NAME:X) IZK(NAME), IK(NAME:Z)	由於其係將 PSpice 直流分析及暫態分析之輸出變數加上字尾 K，故其與 PSpice 直流分析及暫態分析之定義完全相同只是若 K 為： (無)：表示電壓(電流)之大小 M：表示電壓(電流)之大小 R：表示電壓(電流)之實數部分 I：表示電壓(電流)之虛數部分 P：表示電壓(電流)之相位 DB：表示電壓(電流)分貝大小 $(20\log_{10}VM$,或 $20\log_{10}IM(R1))$ G：表示電壓(電流)之群延遲 (group delay)	VK(5),VK(5,6) V(I) VM(1) IR(R1) II(R1) VBEP(Q1) VDB(R1) IAG(R1)

註 二：OrCAD PSpsice A/D 在交流分析之電流輸出變數比直流分析及暫態分析少，尤其是電流控制電流電源 F 及電壓控制電流電源 G 之電流輸出變數均無法描述，因此如果想要知道以上元件的電流值，則必須在相關路徑上串聯一電壓為 0 之獨立電壓電源後，採用 I(VNAME)描述格式，以表示流過該電壓電源(VNAME)(電壓為零)之元件電流。

7-2　直流分析

直流分析的目的在瞭解電路中各直流偏壓值，因電源或元件的參數改變時所產生的變化。在 SPICE 及 OrCAD PSpice A/D 的直流分析中，其所包含之種類如表 7-6 所示，茲將各種分析，說明如下各節所述。

表 7-6　直流分析的種類

分析種類名稱	OrCAD PSpice A/D Analysis Type	分析屬性
偏壓點分析	Bias point	Bias point
小信號直流轉移函數	Small-singal DC Transfer Curve	Bais point
直流靈敏度分析	DC Sensitive	Bais point
直流掃描分析	Dc Sweep	DC sweep

7-3　偏壓點分析

偏壓點分析的主要功能在求解電路的直流工作偏壓點，並輸出其相關訊息。

7-3-1　偏壓點分析描述格式

.OP　Operting　point

.OP 描述使 SPICE(OrCAD PSpice A/D)列印出各項與偏壓點有關的訊息，如果沒有.OP 描述 SPICE(OrCAD PSpice A/D)也會計算電路的直流工作偏壓點，其輸出的信息就是電路所有節點的電壓值。

如果有.OP 描述，則其輸出將包含(1)各電壓源之電流及功率消耗；(2)各種非線性控制電源的小信號(線性化)參數(3)各種半導體元件的小信號(線性化)參數的列表輸出。

.OP 描述只輸出正常的偏壓點計算的結果，若是暫態分析所計算的偏壓點資料輸出，則由暫態分析描述所控制。偏壓點分析沒有輸出變數描述格式。

7-3-2　偏壓點分析實例介紹

範例 7-4　試求出如圖 7-2 所示之電晶體偏壓電路之(1)IC,IB,VCE,VBE (2)並說明該電晶體係工作於何種狀態(截止區，工作區或飽和區)？

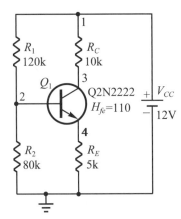

圖 7-2　電晶體偏壓電路 範例 7-4

解　本範例可用下列二種模擬方式來說明

7-3-2-1　偏壓點分析使用 SPICE 或 PSpice A/D 電路描述的模擬方式

1.　模擬方式如下所述：

(1) 使用 SPICE 的模擬方式

①　使用記事本將圖 7-2 所示之電路圖，以文字描述方式輸入，如圖 7-3 所示，存檔時其副檔名應為 .CIR，本範例則為 BIASPOINT.CIR(要記住其所存之路徑)。

②　然後依第 1-4-1-1 小節的方式模擬。

(2)　使用 OrCAD PSpice A/D 的模擬方式

①　如圖 7-3 所示，點選開始 → 程式集 → OrCAD irial 17.4-2019 → PSpice A/D 17.4，就會出現如圖 7-4 所示之 PSpice A/D 視窗。

②　如圖 7-5 所示。點選 File → NEW → TextFile 命令後如圖 7-6 所示，再輸入如圖 7-3 所示之電路文字描述後，存檔檔名:bias point(副檔名為.cir)，如圖 7-7 所示再進入步驟③繼續執行。

　　亦可點選左上角之 File → Open 命令，將剛剛(1)使用 PSpice 步驟所儲存的檔案打開，即 biaspoint.cir，該 biaspoint 檔案即被打開。

③　如圖 7-8 所示，然後點選 Simulation → Run biaspoint 命令或 ⊙ 圖示命令。PSpice 就會開始模擬，模擬完成後若無錯誤訊息就會在如圖 7-9 所示，下方的 Output Window 視窗出現一 Simulation complete 字體，若有錯誤也會在這個視窗顯示，模擬完成後點選 View → Output File 命令就可看到其輸出檔 biaspoint.out 之內容，可如圖 7-10 所示點選 Edit → Toggle Line Number Display 命令，以便在輸出檔之內容顯示其行號，如圖 7-11 所示。。若有錯誤之訊息，同樣的點選 View → Output File 命令，亦可由輸出檔(機定檔名為 biaspoint.out)之錯誤訊息看出錯誤之原因。

```
BIASPOINT - 記事本
檔案(F)  編輯(E)  搜尋(S)  說明(H)
Operating point Example 7-4
VCC 1 0 12V
R1  1 2 120K
R2  2 0 80K
RC  1 3 10K
RE  4 0 5K
Q1  3 2 4 Q2N2222
.MODEL Q2N2222 NPN(BF=110)
.OP
.OPTIONS NOPAGE
.END
```

圖 7-3　圖 7-2 之電路描述輸入檔(BIASPOIT.CIR)

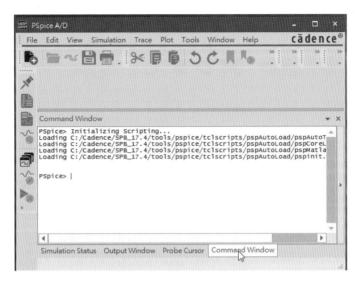

圖 7-4　PSpice A/D 視窗

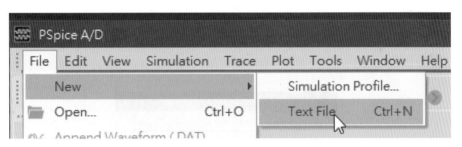

圖 7-5　電路文字模述檔之建立

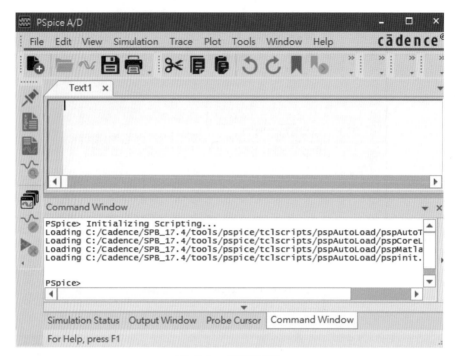

圖 7-6　編輯視窗

圖 7-7　電路文字模述檔之存檔

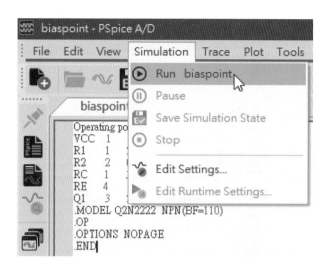

圖 7-8　圖 7-2 之執行模擬畫面

圖 7-9　模擬成功之畫面

註 三：在圖 7-8 中若不顯示 Run 命令，請將 PSpice A/D 關閉，再開啓後就會出現。

圖 7-10 使輸出檔內容顯示行號

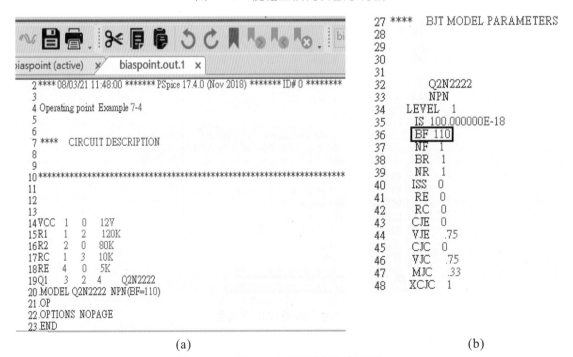

(a)   (b)

圖 7-11 圖 7-2 之模擬結果輸出檔(一)

2. 輸出檔內容之說明

(1) 在圖 7-11(a)中的輸出檔第 4 行中，其標題即是圖 7-3 電路描述檔的第一行敘述，也就是電路描述檔的第一行一定要是標題行，若不寫標題則要空出第一行，若不空出第一行，而直接將元件描述寫在第一行，則會將元件描述視爲標題敘述，因此就會產生錯誤訊息，標題列印出來後，會再將電路描述檔的內容再描述一遍(第 14～23 行)，因此若是電路描述格式有錯，就會在該描述格式的下一行，顯示一錯誤的訊息。

(2) 在圖 7-11(b)中，則是將電晶體的模型參數資料列印出來，因我們在電路描述輸入檔中(第 20 行)指明電晶體的模型名稱爲 Q2N2222，其 h_{fe} 爲 110(第 36 行)其餘不指定，則依機定值而定。(注意；BF 就是 h_{fe})

(3) 在圖 7-11(c)中，列出小信號偏壓解(Small Signal Bias Solution) 的標題(第 59 行)，表示執行分析的結果(第 66 行)，其節點 1 的電壓爲 12V，節點 2 的電壓爲 4.4789V，節點 3 的電壓爲 4.6146V，節點 4 的電壓爲 3.7126V，電壓電源 VCC 的電流爲$-7.985×10^{-4}$A(第 74 行)，其電流爲負的原因仍是 PSpice A/D 的電流的方向係由元件的正端流入，負端流出，而實際電流的方向係由 VCC 電源的正端流出與 PSpice 規定的方向相反，故爲負，其總功率消耗爲 $7.985×10^{-4}$A 與 VCC 12V 的乘積爲 $9.58×10^{-3}$W(第 76 行)。

```
59 ****   SMALL SIGNAL BIAS SOLUTION     TEMPERATURE =  27.000 DEG C
60
61
62
63 NODE  VOLTAGE    NODE  VOLTAGE    NODE  VOLTAGE    NODE  VOLTAGE
64
65
66 (  1)  12.0000 (  2)   4.4789 (  3)   4.6416 (  4)   3.7126
67
68
69
70
71  VOLTAGE SOURCE CURRENTS
72  NAME      CURRENT
73
74  VCC      -7.985E-04
75
76  TOTAL POWER DISSIPATION  9.58E-03  WATTS
--
```

(c)

```
87
88 ****BIPOLAR JUNCTION TRANSISTORS
89
90
91 NAME       Q1
92 MODEL      Q2N2222
93 IB        6.69E-06
94 IC        7.36E-04
95 VBE       7.66E-01
96 VBC      -1.63E-01
97 VCE       9.29E-01
98 BETADC    1.10E+02
99 GM        2.85E-02
100 RPI       3.87E+03
101 RX        0.00E+00
102 RO        1.00E+12
103 CBE       0.00E+00
104 CBC       0.00E+00
105 CJS       0.00E+00
106 BETAAC    1.10E+02
107 CBX/CBX2   0.00E+00
108 FT/FT2    4.53E+17
109
110
111
112      JOB CONCLUDED
113
```

(d)

圖 7-11　圖 7-2 之模擬結果輸出檔(二)

3. 在圖 7-11(d)中，則為真正偏壓點分析的結果，由該輸出檔可看出 IB=6.69μA(第 93 行)，IC=73.6mA(第 94 行)，VBE=0.766V(第 95 行)，VCE=0.929V(第 97 行)。由於 VBC=-0.163V(第 96 行)(集基極接面為逆向)且 VBE=0.766V，故該電路應工作於作用區(Active Region)。

7-3-2-2 使用 OrCAD PSpice 繪電路圖的方式來模擬

1. 建立新檔(*.opj 檔) (若電路圖以前已繪完成，則此一步驟跳過，直接執行下步驟 2)

   (1) 點選 開始→程式集→Cadence Trial 17.4-2019→OrCAD Capture CIS 17.4 進入 OrCAD Capture CIS 繪圖視窗。

   (2) 點選 File→New→Project 命令，開啟新的 Project，出現如圖 7-12 所示 New Project 視窗，在 Name 下方框內鍵入 Project 的名稱如 DC，Location 右欄選擇所要儲存的路徑然後點選下方的 Enable PSpice Simulation 模擬，最後如圖 7-12 所示，然後點選 OK 鈕，則會出現如圖 7-13 所示之 Create PSpice Project 視窗，點選 Creat a blank project 後再點選 OK 鈕後，即會進入 OrCAD Capture CIS PSpice 之繪圖及模擬視窗。開始繪電路圖。
   (跳至步驟 3)

2. 開啟舊檔(*.OPJ) (若是第一次繪電路圖此步驟不用執行)

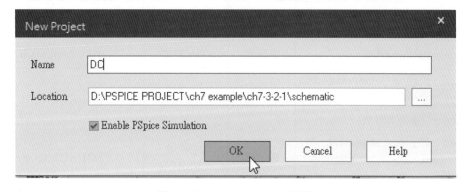

圖 7-12 New Project 視窗

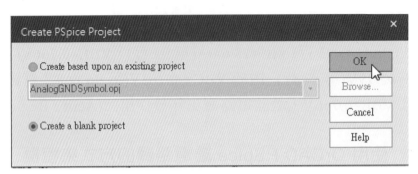

圖 7-13　Create PSpice Project 大視窗

　　若電路圖以前以經繪完成，也就是步驟 1 已經完成，且電路圖已畫完並存檔，則其所存的 Project 檔名為 DC.OPJ，所以在進入 OrCAD Capture CIS 繪圖視窗後，點選 File → Open → Project 命令後，就會出現一 Open Project 視窗，再點選 DC.opj　Project，再點選 開啓舊檔 鈕，即可將此舊檔打開。

3.　開始繪圖

　　如圖 7-2 所示之電路繪圖，該電路元件之名稱及資料庫如表 7-7 所示。元件取用方法、元件及電源名稱及數值之修改請參考第三章及第四章。標節點之方法請參考第 1-5 小節。然後存檔，如圖 7-14 所示。

表 7-7　圖 7-13 元件之名稱及資料庫

命　令	元件名稱	元件名稱	使用 Place→Part 命令元件資料庫
Place→PSpice Component →Resistor	電　阻	R	ANALOG.OLB
Place→Part 或 圖示	電晶體	Q2N2222	BIPOLAR.OLB
Place→PSpice Component →PSpice Ground 或 圖示或 Place→Ground 命令	地　線	0	SOURCE.OLB
Place→PSpice Component →Source→Voltage→Sources →DC	電　源	VDC 或 VSRC	SOURCE.OLB
Place→wire 或 圖示	畫　線		
Place→Net Alias 或 圖示	標節點		

註 四：若執行 Place→Part 命令後，出現 Place Part 之視窗，但沒有 Analog 及 Source 等 Library 出現在下方之 Libraries:下框內，則要點按在其右邊之 Add Library 鈕，進入 C:\Cadence\SPB_17.4\tools\Capture\library PSpice 資料夾內將其 Library 包含進來。

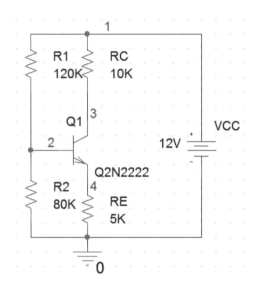

圖 7-14 電晶體偏壓電路電路圖

4. 將電路圖產生電路模述檔
   點選 PSpice→Create Netlist 命令後再點選 PSpice→View Netlist 命令即可顯示其將電路圖轉換成網路連接表之檔案(Netlist)，請參考圖 1-66 至圖 1-69。

5. 建立新的模擬輪廓(New Simulation Profile)
   每一個電路要執行每一種基本分析時，都要建立自己的每一個新的模擬輪廓(simulation profile)，此基本分析也包含一些進階的分析。其執行步驟如下：

(1) 回到電路圖頁面(點選上方的(SCHEMATIC1:PAGE1)標籤)，點選 PSpice→New Simulation profile 命令，會出現一如圖 7-15 所示 New simulation 視窗。其中

① Name :表示模擬輪廓的名稱，可鍵入 ex7-4。
② Inherit Form:表示繼承分析結果來源，由於偏壓點分析是最基本的分析，故選 none。
③ Root schematic：表示此模擬輪廓是屬於那一個電路，目前顯示 SCHEMATIC 1，表示主電路是 SCHEMATIC 1。

完成圖 7-15 所示視窗之輸入資料後，再點選右上角的 Create 鈕，就可以產生如圖 7-16 所示之 Simulation Settings 視窗(若沒有出現應出現在螢幕下方的工作列上，點選它)。

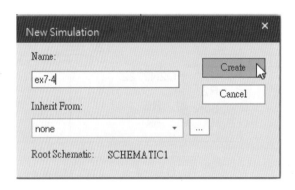

圖 7-15　New Simulation 視窗

6. 決定模擬分析的種類及參數設定

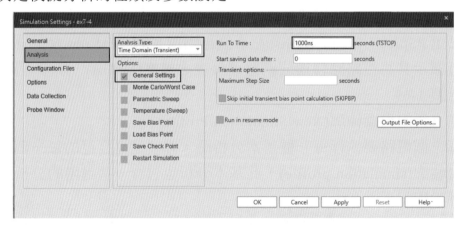

圖 7-16　Simulation Setting 視窗之設定

在圖 7-16 所示之 Simulation setting 視窗中，左邊上方中有一 Analysis type 方框內有四種模擬分析的種類，如表 7-8 所示。

表 7-8　Analysis type 的種數

Time Domain (Transient)	表示執行暫態分析
DC Sweep	表示執行直流掃描分析
AC Sweep/Noise	表示執行交流與雜訊分析
Bias point	表示執行偏壓點分析

在圖 7-16 視窗左中邊下方的 Options: 下欄其內容如表 7-9 所示。

表 7-9　Options 之內容

General setting	表示一般分析設定
Monte Carlo/Worst Case	表示要執行蒙地卡羅最壞情況分析
Parametric sweep	表示要執行參數調變分析
Temperature(Sweep)	表示要執行溫度掃描分析
Save Bias point	表示要儲存偏壓點資料
Load Bias point	表示要輸入偏壓點資料
Save Check point	表示要儲存檢查點
Restart Simulation	表示要重新啟動模擬

如圖 7-16 視窗所示在 Analysis Type:下方點選 Bias point 就會在右邊出現一 Output File Options 欄位(參考圖 7-22)，其敘述內容如表 7-10 所示。

表 7-10　Output File Options 敘述命令

Include detailed bias point information for nonlinear controlled sources and semiconductors(.OP)	表示輸出檔案內容包含:非線性控制電源和半導體元件的詳細偏壓點資料,此項命令是執行.OP 的完整偏壓點分析
Perform Sensitivity Analysis(.SENS)	表示要執行.SENS 靈敏度分析,選擇此項分析時要設定輸出的變數
Calculate Small-signal DC gain (.TF)	表示執行.TF 小信號直流轉移函數,選擇此分析時要輸入電源的名稱及輸出的變數

因此決定模擬分析的種類及參數設定的步驟如下：

(1) 在圖 7-16 視窗上的 Analysis type 框內，點選 Bias Point
(2) 在 Options：下框內點選 General Setting。

(3) 在 Output File Options 欄位下點選 Include detailed bias point information…

(4) 再點選 OK 鈕。

7. 開始模擬

執行 PSpice → Run 命令，就開始模擬，若無錯誤訊息就會出現如圖 7-17 所示之 PSpice A/D 視窗(在工作列)，且在下方的小視窗格上出現 Simulation complete 字體。因只執行偏壓點分析故無 Probe 的波形畫面出現。

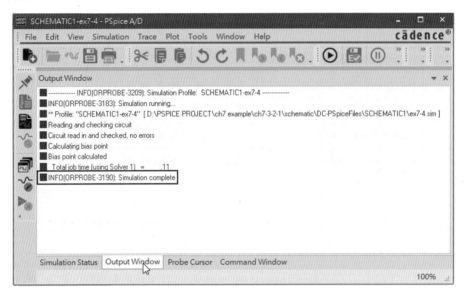

圖 7-17 PSpice A/D List 視窗

8. 觀察模擬分析的結果

(1) 在圖 7-17 所示之視窗中，點選 View→Output File 命令(亦可在 OrCAD Capture CIS 視窗上點選 PSPice→View Output File 命令)，就可由其圖 7-18 輸出檔中看出其模擬之結果(若看不見請在圖 7-17 中，將 Output window 視窗下拉就會出現)，其模擬之結果，與使用電路描述方式模擬稍有不同，其中 IB= 5.4μA(第 142 行)，IC = 77.5mA(第 143 行)，VBE = 0.639V(第 144 行)，VCE = 0.349V(第 146 行)，VBC = + 0.29V(第 145 行)(集基極接面爲順向)，故該電路不是工作在作用區。因爲在圖 7-11(b)之電路描述中電晶體的 BF(h_{fe})爲

110，但是在使用繪電路圖方式時，Q2N2222 的 BF(h_{fe})為 255.9，且其他模型參數值均不相同(因 Q2N2222 的參數係由該廠商所制定的)。(詳情見直流轉移函數分析之例子)

若要將其 h_{fe} 改為 100 可採用第 6-1-4 小節所述之方法變更之，其模擬結果應與使用電路描述的方式一樣。

(a)

圖 7-18 模擬輸出檔之內容

(2) 在圖 7-18(a)之輸出檔中其內容為將圖 7-14 電路圖及模擬分析的種類及參數的設定轉換成電路描述(即網路連接表，Netlist)，其內容與圖 7-11(a)之內容大同小異，圖 7-18(b)則為電晶體 Q2N2222 的模型參數，與圖 7-11(b)中的電路描述之電晶體模型參數不大相同，故圖 7-17(c)(d)與圖 7-11(c)(d)之模擬結果稍有差異。此乃繪圖方式所使用的 Q2N222 電晶體之模型參數係由廠商所提供(在圖 7-18(b)中)，而圖 7-11(b)中 Q2N222 的模型參數係自己所設定的。

```
48
49 ****      BJT MODEL PARAMETERS
50
51
52 ************************************************************
53
54
55
56
57        Q2N2222
58        NPN
59    LEVEL   1
60     IS   14.340000E-15
61     BF   255.9
62     NF   1
63     VAF  74.03
64     IKF  .2847
65     ISE  14.340000E-15
66     NE   1.307
67     BR   6.092
68     NR   1
69     ISS  0
70     RB   10
71     RE   0
72     RC   1
73     CJE  22.010000E-12
74     VJE  .75
75     MJE  .377
76     CJC  7.306000E-12
77     VJC  .75
```

(b)

```
93
94 **** 08/03/21 13:45:17 ******* PSpice 17.4.0 (Nov 2018) ******* ID# 0 ********
95
96 ** Profile: "SCHEMATIC1-ex7-4"  [ D:\PSPICE PROJECT\ch7 example\ch7-3-2-1\schematic\DC-PS
97
98
99 ****    SMALL SIGNAL BIAS SOLUTION      TEMPERATURE =  27.000 DEG C
100
101
102 ************************************************************
103
104
105
106 NODE  VOLTAGE    NODE  VOLTAGE    NODE  VOLTAGE    NODE  VOLTAGE
107
108
109 (  1)  12.0000  (  2)   4.5410  (  3)   4.2507  (  4)   3.9016
110
111
112
113
114  VOLTAGE SOURCE CURRENTS
115  NAME     CURRENT
116
117  V_VCC1    -8.371E-04
118
119  TOTAL POWER DISSIPATION  1.00E-02  WATTS
```

(c)

圖 7-18　模擬輸出檔之內容(續)

```
135
136
137 **** BIPOLAR JUNCTION TRANSISTORS
138
139
140 NAME      Q_Q2
141 MODEL     Q2N2222
142 IB      5.40E-06
143 IC      7.75E-04
144 VBE      6.39E-01
145 VBC      2.90E-01
146 VCE      3.49E-01
147 BETADC    1.44E+02
148 GM      2.99E-02
149 RPI      5.34E+03
150 RX      1.00E+01
151 RO      9.48E+04
152 CBE      4.85E-11
153 CBC      8.64E-12
154 CJS     0.00E+00
155 BETAAC    1.59E+02
156 CBX/CBX2  0.00E+00
157 FT/FT2   8.32E+07
158
159
160
161      JOB CONCLUDED
```

(d)

圖 7-18　模擬輸出檔之內容(續)

註 五：若要修改圖 7-16 所示之 Simulating Setting 視窗之設定資料則在 PSpice 繪圖視窗上點選 PSpice→Edit Simulation Profile 命令就可出現如圖 7-16 所示之視窗。

7-4　小信號直流轉移函數分析

　　小信號直流轉移函數(transfer function)分析為直流偏壓分析的一種，其主要功能在計算電路的：

1. 小信號直流輸入電阻，也就是 Rin=Vin/Iin，即在零頻率及直流偏壓點時之 Rin。
2. 小信號直流輸出電阻，也就是 Rout=Vo/Io，在零頻率及直流偏壓點時之 Rout。
3. 小信號直流轉移函數(Small-signal DC Transer function)，它包含四種：

(1) 電壓增益，也就是在直流偏壓點及零頻率下之電壓增益，即 A_V=Vout/Vin，可視為在頻率趨近於零的小信號交流電壓增益。

(2) 電流增益，也就是在直流偏壓點及零頻率下之電流增益，即 A_I=Iout/Iin。

(3) 互導(transconductance)，也就是在直流偏壓點及零頻率下的互導，即 Gm = Io/Vin。

(4) 互阻(transresistance)，也就是在直流偏壓點及零頻率下的互阻，即 Rm = Vo/Iin。

　　以上(1)(2)(3)(4)項均可視為頻率趨近於零之小信號交流電壓增益、電流增益、互導及互阻。

註 六：所謂小信號是指輸入信號很微弱之意，在做直流小信號轉移函數分析時電路若有電感器則視為短路，電容器則視為開路，也可以說它在計算電路之戴維寧等效電路(Thevein CKT)或諾頓 (Norton)等效電路的等效電阻，開路電壓或短路電流。

7-4-1　小信號直流轉移函數分析描述

.TF　Transfer function

一般格式
.TF OUTVARI　INSOURCE

.TF：　　表示要執行轉移函數分析。

OUTVARI：表示小信號輸出之變數，可能是電壓或電流。如果是電流，則其必須為流過一獨立電壓電源的電流，也就是要採用 I(VNAME) 的描述格式，如果該電流沒有流過一獨立電壓電源，則應串一電壓為零的獨立電壓電源以配合之。(注意：不能使用 I(NAME) 格式)

INSOURCE：表示小信號輸入電源的名稱，可能是電壓源或電流源。

在執行轉移函數分析後將會把 INSOURCE 至 OUTVARI 間的小信號增益、輸入電阻(在輸入電源端)及輸出電阻(在輸出變數端)自動輸出，故此敘述不需要 .PRINT，.PLOT， .PROBE 等輸出描述。

範例 7-5　　.TF　V(8)　　　VIN

範例 7-6　　.TF　I(V1)　　VGI

範例 7-7　　.TF　V(5,0)　　IS

7-4-2　小信號直流轉移函數分析之實例

7-4-2-1　小信號直流轉移函數分析使用電路描述模擬的方式

範例 7-8　　試利用 SPICE(OrCAD PSpice A/D)求出如圖 7-19 所示電路之(1)電壓增益 VO/VIN(2)輸入電阻(3)輸出電阻？

使用電路描述模擬的方式執行步驟如下：

1. 若是使用 SPICE 以記事本編輯圖 7-19 電路之電路描述檔，如圖 7-20 所示(注意副檔名為 *.CIR)如 EX7-8.CIR ，然後將之存檔。

2. 若是使用 OrCAD PSpice 則點選 開始→程式集→OrCAD Trial 17.4-2019→PSpice A/D 17.4 進入 PSpice A/D 視窗。

 (1) 點選 File→New→Text File 建立 EX7-8.cir 檔然後存檔。

 (2) 點選 ▶ 圖示或執行 Simulation→Run EX7-8 命令，執行模擬結果(若不出現此命令，請將 PSpice A/D 關閉再開啟就會出現，以後都一樣不再重複敘述)。

 (3) 點選 View→Output File 命令，觀察模擬之輸出結果。

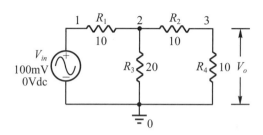

圖 7-19　範例 7-8

圖 7-21 則為其執行模擬結果輸出檔。

```
EX7-4-2-1 - 記事本
檔案(F)  編輯(E)  搜尋(S)  說明(H)
DC TRANSFER FUNCTION EXAMLE 7-8
VIN 1  0  AC 100mV
R1  1  2   10
R2  2  3   10
R3  2  0   20
R4  3  0   10
.TF V(3) VIN
.END
```

圖 7-20　圖 7-18 之電路描述輸入檔

```
22 ***08/04/21 11:37:11 ******* PSpice 17.4.0 (Nov 2018) ******* ID# 0 ********
23
24 DC TRANSFER FUNCTION EXAMPLE 7-8
25
26
27 ****    SMALL SIGNAL BIAS SOLUTION      TEMPERATURE =  27.000 DEG C
28
29
30 *******************************************************************************
31
32 NODE  VOLTAGE   NODE  VOLTAGE   NODE  VOLTAGE   NODE  VOLTAGE
33
34 (  1)  0.0000  (  2)  0.0000  (  3)  0.0000
35
36  VOLTAGE SOURCE CURRENTS
37  NAME      CURRENT
38
39  VIN      0.000E+00
40
41  TOTAL POWER DISSIPATION  0.00E+00  WATTS
42
43 ****    SMALL-SIGNAL CHARACTERISTICS
44
45   V(3)/VIN = 2.500E-01
46
47   INPUT RESISTANCE AT VIN = 2.000E+01
48
49   OUTPUT RESISTANCE AT V(3) = 6.250E+00
50
51     JOB CONCLUDED
52
```

圖 7-21　圖 7-19 之執行模擬結果輸出檔

3.　由輸出檔之結果可看出，轉移函數分析可求出其在 VIN 端之輸入電阻為 20Ω(第 47 行)，在 R4 二端之輸出電阻為 6.25Ω(第 49 行)，以及求出 VO/VIN 之電壓增益為 0.25(第 45 行)。

7-4-2-2　小信號直流轉移函數分析使用 OrCAD PSpice 繪電路圖的方式模擬

使用 OrCAD PSpice 繪電路圖模擬的方式模擬範例 7-8，其步驟同 7-3-2-2 偏壓點分析步驟一及步驟二開啓新檔或舊檔的方法，然後執行下列步驟：

1. 開始繪圖(EX7-8.opj)

   圖 7-19 所示電路之元件名稱及資料庫所在位置，如表 7-11 所示：

   表 7-11　圖 7-18 之元件名稱及資料庫所在位置

命令	元件	元件名稱	使用 Place→Part 命令 元件資料庫
Place→PSpice Component →Source→Voltages →Source→AC	輸入電源 VIN	VAC	SOURCE.OLB
Place→PSpice Component →Resistor	電阻	R	ANALOG.OLB
Place→PSpice Component →PSpice Ground 或 ⏚ 圖 示或 Place→Ground 命令	地線	0	SOURCE.OLB
Place → Wire 或 ⌐ 圖示	畫線		
Place → Net Alias 或 圖示	標節點		

2. 建立新的模擬輪廓

   點選 PSpice→New Simulation Profile 命令後建立新的模擬輪廓，會出現如圖 7-15 所示之 New Simulation 視窗，在 Name 下欄鍵入 TF 後按 Create 鈕會出現，如圖 7-22 所示之 Simulation Setting-TF 視窗。

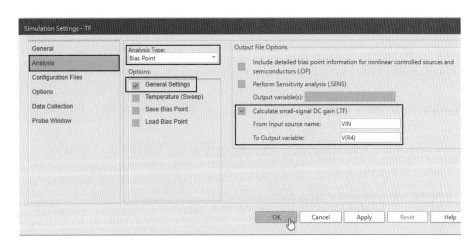

圖 7-22　Simulation Setting 視窗

3.　決定模擬分析的種類及參數設定

由於做直流轉移函數分析時，需要有偏壓點的資料，因此它與偏壓點分析共用相同的模擬視窗，故模擬分析的種類及參數設定的步驟如下：

(1)　在圖 7-22 視窗上的 Analysis Type 框內，點選 Bias Point。

(2)　在 Options:框內點選 General Setting。

(3)　在 Output File Options 下點選 Calculate Small-Signal DC gain (.TF) 表示要執行小信號直流轉移函數分析。

(4)　在 From Input Source Name:右框鍵入 VIN，表示輸入電源為 VIN。

(5)　在 To Ouput Variable:右框鍵入 V(R4)，表示要求 R4 電阻的輸出電壓。

(6)　再點選 OK 鈕。

4.　開始模擬及分析模擬結果

(1)　點選 ▶ 圖示或執行 PSpice→Run 命令後，會出現一 PSpice A/D 視窗(在工作列上)。

(2) 在 PSpice A/D 視窗上點選 View→Output File 命令，就可由圖 7-23 輸出檔中看出其模擬結果，其結果是與電路描述模擬法完全相同。

```
48 ****    SMALL SIGNAL BIAS SOLUTION      TEMPERATURE =  27.000 DEG C
49
50
51 *********************************************************************
52
53 NODE  VOLTAGE    NODE  VOLTAGE    NODE  VOLTAGE    NODE  VOLTAGE
54
55
56 (  1)  0.0000 (  2)  0.0000 (  3)  0.0000
57
58
59   VOLTAGE SOURCE CURRENTS
60   NAME       CURRENT
61
62   V_Vin      0.000E+00
63
64   TOTAL POWER DISSIPATION  0.00E+00  WATTS
65
66 ****    SMALL-SIGNAL CHARACTERISTICS
67
68
69   V(R_R4)/V_Vin = 2.500E-01
70
71   INPUT RESISTANCE AT V_Vin = 2.000E+01
72
73   OUTPUT RESISTANCE AT V(R_R4) = 6.250E+00
74
75 |
76    JOB CONCLUDED
```

圖 7-23　使用繪圖方式模擬之結果輸出檔

範例 7-9　試以 SPICE(OrCAD PSpice A/D)求出如圖 7-24 電路之直流小信號(1)電壓增益 VO/VIN(2)輸入電阻(3)輸出電阻 (EX7-9.opj)？

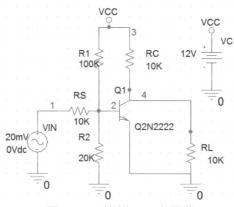

圖 7-24　範例 7-9 之電路

解

1. 使用電路描述的模擬方式

如前小節所述，在 PSpice A/D 中建入如圖 7-25 所示之電路描述輸入檔，然後點選 Simulation Run EX7-4 命令以執行模擬，然後點選 View →Output File 命令，以觀察其執行之結果。圖 7-26 則為其執行結果輸出檔。由輸出檔中可看出在輸入端 VIN 之輸入電阻為 16.77K(第 73 行)，在節點(4)之輸出電阻為 5K(第 75 行)，VO/VIN 之電壓增益為 −17.7(第 71 行)，此處負號係表示反相之意。輸出檔中還列印出電晶體之模型參數、小信號偏壓解的資料。

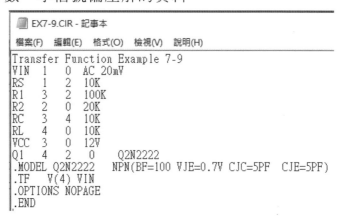

圖 7-25　圖 7-19 之電路描述輸入檔

```
28      ****        BJT MODEL PARAMETERS
29                      Q2N2222
30                      NPN
31          LEVEL    1
32             IS    100.000000E-18
33             BF    100
34             NF    1
35             BR    1
36             NR    1
37            ISS    0
38             RE    0
39             RC    0
40            CJE    5.000000E-12
41            VJE    .7
42            CJC    5.000000E-12
43            VJC    .75
44            MJC    .33
45           XCJC    1
46            CJS    0
47            VJS    .75
48             KF    0
49             AF    1
50             CN    2.42
51              D    .87
52
53      ****        SMALL SIGNAL BIAS SOLUTION      TEMPERATURE =   27.000 DEG C
54
55      NODE    VOLTAGE      NODE    VOLTAGE      NODE    VOLTAGE      NODE    VOLTAGE
56
57
58    (    1)    0.0000   (    2)    .7358   (    3)   12.0000   (    4)    4.8663
59
```

(a)

```
60          VOLTAGE SOURCE CURRENTS
61          NAME            CURRENT
62
63          VIN             7.358E-05
64          VCC            -8.260E-04
65
66      TOTAL POWER DISSIPATION    9.91E-03   WATTS
67
68      ****       SMALL-SIGNAL CHARACTERISTICS
69
70
71         V(4)/VIN = -1.770E+01
72
73         INPUT RESISTANCE AT VIN =  1.677E+04
74
75         OUTPUT RESISTANCE AT V(4) =  5.000E+03
76
77
78            JOB CONCLUDED
```

(b)

圖 7-26   圖 7-24 之執行結果輸出檔

2. 使用 OrCAD PSpice 繪圖模擬的方式

在 OrCAD Cature CIS 中，操作方法同上一個範例，如表 7-12 所示為其元件名稱及資料庫所在位置。只是在設定模擬參數時應如圖 7-27 New Simulation Settings 視窗之設定方式設定。圖 7-28 則為其模擬輸出檔，其答案與使用電路描述模擬的方式略有不同，此仍本例之電晶體係使用廠商所提供之 Q2N2222，該廠家之模型參數，可用 mouse 左鍵點選該元件後，再按 mouse 右鍵會出現一功能表，點選 Edit PSpice Model 命令後，就會出現如圖 7-29 所示之該 Q2N2222 電晶體之模型參數是與圖 7-25 Q2N2222 所設定之模型參數是完全不同的。如果使用第 6-1-4 小節的方法將圖 7-28 Q2N2222 的模型參數改成與圖 7-25 完全一樣(反之亦然)，則用電路描述方式與繪電路圖方式，兩者模擬的結果是一樣的。

表 7-12 圖 7-24 之元件名稱及資料庫所在位置

命令	元件	元件名稱	使用 Place→Part 命命元件資料庫
Place→PSpice Component→Source →Voltages Source→AC 或 Place→ Part 命令或 圖示	輸入交流電源 VIN	VAC	SOURCE.OLB
Place→PSpice Component→ Resistor 或 Place→Part 或 圖示	電阻	R	ANALOG.OLB
Place→PSpice Component→Source →Voltages Source→DC 或 Place→ Part 命令或 圖示	直流電源 VC	VDC	SOURCE.OLB
Place→Part 命令或 圖示	電晶體	Q2N2222	EVAL
Place→PSpice Component→PSpice →Ground 或 Place→Ground 或 圖示	地線	0	SOURCE.OLB
Place→Wire 或 圖示	畫線		
Place→Net Alias 或 圖示	標節點		
Place→Power 命令或 圖示	直流電源符號 VCC	VCC	CAPSYM

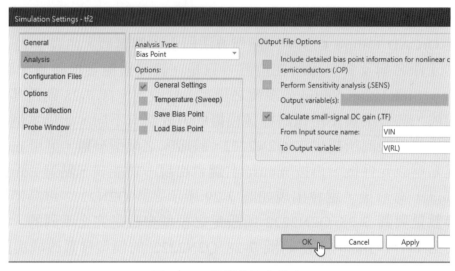

圖 7-27　模擬參數之設定

```
51 ****    BJT MODEL PARAMETERS
52 ***********************************
53        Q2N2222
54        NPN
55    LEVEL   1
56     IS  14.340000E-15
57     BF  255.9
58     NF  1
59     VAF 74.03
60     IKF .2847
61     ISE 14.340000E-15
62     NE  1.307
63     BR  6.092
64     NR  1
65     ISS 0
66     RB  10
67     RE  0
68     RC  1
69     CJE 22.010000E-12
70     VJE .75
71     MJE .377
72     CJC 7.306000E-12
73     VJC .75
74     MJC .3416
75     XCJC 1
76     CJS 0
77     VJS .75
78     TF  411.100000E-12
79     XTF 3
80     VTF 1.7
81     ITF .6
82     TR  46.910000E-09
83     XTB 1.5
84     KF  0
85     AF  1
86     CN  2.42
87     D   .87
```

(a)

圖 7-28　模擬輸出結果

```
102
103 NODE VOLTAGE    NODE VOLTAGE    NODE VOLTAGE    NODE VOLTAGE
104
105
106 (  1)  0.0000 (  2)   .6517 (  4)   .0869 ( VCC) 12.0000
107
108   VOLTAGE SOURCE CURRENTS
109   NAME      CURRENT
110
111   V_VC     -1.305E-03
112   V_VIN     6.517E-05
113
114   TOTAL POWER DISSIPATION  1.57E-02  WATTS
115
116 ****    SMALL-SIGNAL CHARACTERISTICS
117
118
119    V(R_RL)/V_VIN = -3.068E-01
120
121    INPUT RESISTANCE AT V_VIN = 1.016E+04
122
123    OUTPUT RESISTANCE AT V(R_RL) = 5.076E+01
124
125
126      JOB CONCLUDED
```

(b)

圖 7-28　模擬輸出結果(續)

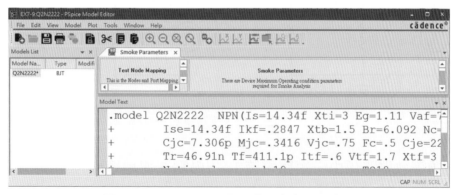

圖 7-29　Q2N2222 電晶體之實際模擬參數

註 七：在圖 7-29 中之 "+" 號係表示連續行，"*" 號係表示註解，該電晶體係 National
所製造。

範例 7-10　試使用轉移函數分析將圖 7-19 之輸出端左方之電路以戴維寧等效電路代替。

解　由圖 7-21 之輸出檔中可得其輸出電阻為 6.25Ω，其電壓增益 VO/VIN = 0.25，因輸入電壓為 100mV，故輸出開路電壓 VO = 100mV × 0.25 = 25mV，故其戴維寧等效電路如圖 7-30 所示。

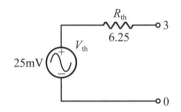

圖 7-30　圖 7-18 之戴維寧等效電路

範例 7-11　試使用轉移函數分析求出圖 7-31(a)電路之節點③與地間之諾頓等效電路？

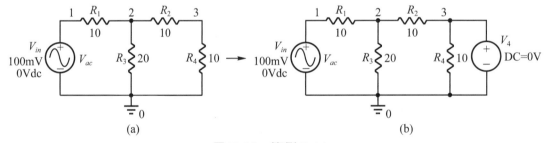

圖 7-31　範例 7-11

解　諾頓等效電路係由一短路電流 I_{SC} (節點 3 與地短路)與一等效電阻(節點 3 與地間)，並聯所組成，因此要使用轉移函數分析來完成，故將圖 7-31(a)轉換成圖 7-31(b)電路，然後求出節點 3 的等效輸出電阻及短路電流。圖 7-32 為其電路描述檔，在圖 7-31(b)中的 R4 的右邊並聯一電壓為零的獨立電壓電源 V4，其目的再配合求③節點與⓪節點間之短路電流描述 I(VNAME)之格式，圖 7-33 則為其執行結果輸出檔。

```
EX7-11.CIR (active)
0  DC TRANSFER FUNCTION EXAMPLE EX7-11
1  VIN  1  0  AC 100mV
2  R1   1  2  10
3  R2   2  3  10
4  R3   2  0  20
5  R4   3  0  10
6  V4   3  0  0V
7  .TF  I(V4) VIN
8  .END
```

圖 7-32　圖 7-31(b)之電路描述輸入檔

```
55  ****        SMALL-SIGNAL CHARACTERISTICS
56
57
58       I(V4)/VIN =   4.000E-02
59
60       INPUT RESISTANCE AT VIN =   1.667E+01
61
62       OUTPUT RESISTANCE AT I(V4) =   6.250E+00
63
64
65              JOB CONCLUDED
66
```

圖 7-33　圖 7-31(b)之執行模擬結果輸出檔

　　由圖 7-33 執行模擬結果輸出檔中可求出互導增益 I(V4)/VIN = 4.00E-02(第 58 行)，輸入電壓 VIN 為 100mV，故其短路電流 I(V4) = 100mV × 4.00E-02 = 4mA，而在節點③之輸出電阻為 6.25Ω(第 62 行)，故其諾頓等效電路如圖 7-34 所示。

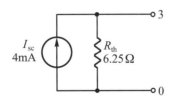

圖 7-34　圖 7-31(a)之諾頓等效電路

7-5　電路檔案的管理

至目前為止已經在 OrCAD Capture CIS 繪了許多的電路，並進行很多模擬，發現每要繪一個電路圖就要開啟一個新的 Project(*.opj)非常的不方便，因此如何在一個相同的 Project 內繪出不同的電路圖，並進行不同的模擬是很需要的，因此本節將針對 OrCAD PSpice CIS 的電路檔案管理系統做一介紹。

7-5-1　電路檔案基本管理系統

在進入 OrCAD CIS Lite 後，要開啟新的或舊的電路圖檔時，都要執行 File→New 或 File→Open 之命令，此時就會出現如圖 7-35 所示之檔案管理功能表。茲將這些功能表說明如表 7-13 所示。

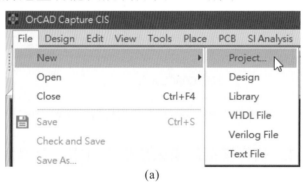

(a)

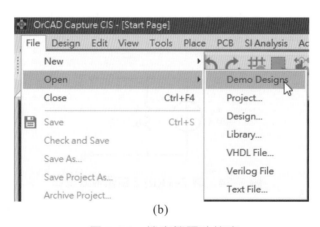

(b)

圖 7-35　檔案管理功能表

註 八：右圖 7-35(a)中，若 PSpice Library 命令不會出現請在執行一次，File → New 命
令即可出現。若點選 File → Open 命令，則會出現如圖 7-35(b)所示之功能表。

表 7-13　檔案管理功能表

名　稱	說　　　明
Demo Designs	點選此項功能會有很多現成設計好的範例程式供使用者模擬使用。
Project	開啓或建立專案（Project），以產生各種電路圖檔，以及執行 PSpice 模擬之相關資料，因此要選這一項。
Design	開啓或建立設計（Design），由於只能產生電路圖檔，故不能執行 PSpice 的模擬，若只將 OrCAD 當作繪圖之功能就選這一項。
Library	開啓或建立元件資料庫檔案。
VHDL File	產生或開啓(VHDL)硬體描述語言檔案。
Verilog File	產生或開啓(Verilog)硬體描述語言檔案。
Text File	產生或開啓文字檔案，如 *.CIR 電路描述檔或 *.out 模擬輸出檔案。
PSpice Library	開啓或建立 PSpice 元件資料庫，此項命令在開啓一個 Project 後，再執行 File→Open 或 File→New 命令才會出現。

7-5-2　如何使用電路檔案管理系統

1. 現以開啓一新的專案為例(專案名稱為 Manager)，點選 File→New→
   Project 命令後會產生一個 Manager 之 Project(方法請看以前之說明)後
   就會進入 OrCAD Capture 之視窗。

2. 開始將圖 7-31(b)之電路圖畫好，存檔，並依以前的範例方法模擬完畢
   回到電路圖頁。

3. 專案就會出現如圖 7-36 所示左方之 Project Manager(專案管理視窗)之
   視窗(要將 Design Resources、Output 及 PSpice Resources 資料夾打
   開)。

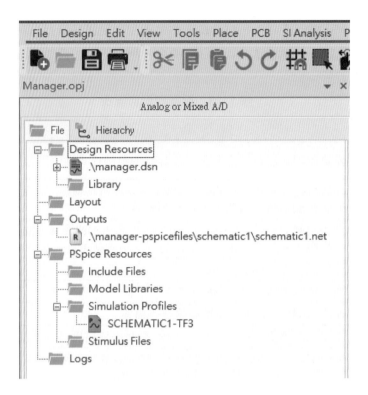

圖 7-36　專案管理視窗

　　現將專案管理視窗上面的各個控制鈕及資料夾之功能說明如表 7-14 所示：

表 7-14　專業管理視窗控制鈕之命令及功能

File	表示目前視窗以檔案階層方式表示	目前的視窗是以 File 方式表示
Hierarchy	表示目前視窗以電路階層方式表示	

7-5-2-1　檔案階層

　　目前的視窗是在 File 檔案階層，在此檔案階層內共有四層檔案階層，可由圖 7-37 表示。

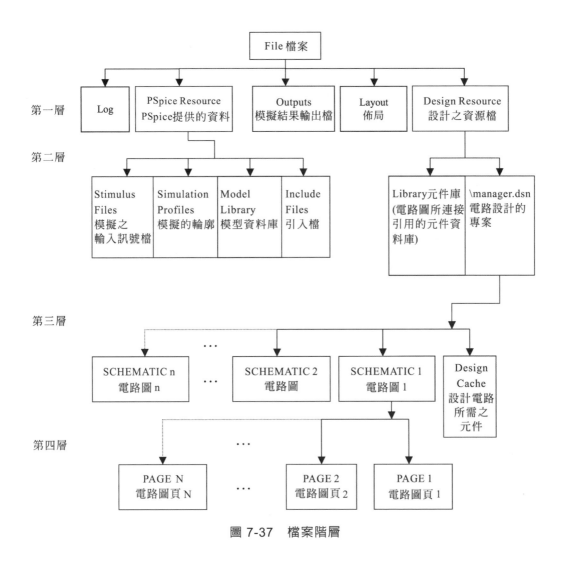

圖 7-37 檔案階層

茲將各檔案階層的操作方法說明如下：

1. 專案管理視窗說明

(1) Design Resource 設計資源檔，以 mouse 右鈕在該圖示點選就會出現一之功能表其中有四個命令，如圖 7-38 所示，其中 <u>ADD File</u> 表示增加資源檔，<u>Save As</u> 表示另存新檔，<u>Remove PSpice Resources</u> 表示移除 PSpice 的資源，<u>Part Manager</u> 表示至元件管理視窗。

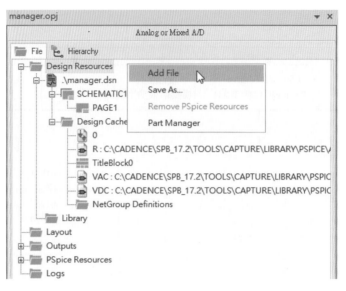

圖 7-38　Design Resource 設計資源檔

(2)　Layout 佈局檔案

(3)　Outputs 模擬輸出檔

同(1)操作步驟，如圖 7-39 所示，有三個功能命令，可操作電路圖
網路連接表之相關信息。

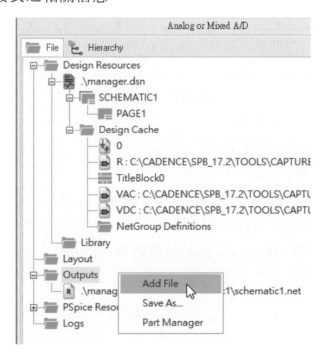

圖 7-39　Outputs 輸出檔

(4) PSpice Resource 資源檔

同(1)操作步驟，如圖 7-40 所示，有三個功能命令，可觀察操作 PSpice 所提供的相關資源。

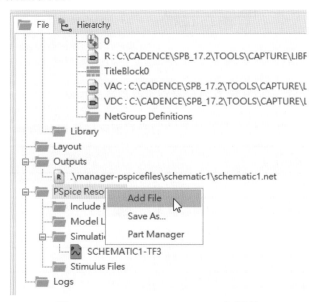

圖 7-40 PSpice Resource 資源檔

(5) Logs 檔

2. 設計第一層電路圖的操作

(1) 電路設計 manager.dsn 的操作

目前圖 7-31(b)已建立在 Manager Project 中(即 manager.opj)，故現在在 manager.dsn 下有一電路圖在 SCHEMATIC 1 的 PAGE 1 頁中(圖 7-31(b)的電路圖(*表示未存檔，請將電路圖存檔)。現在以要再模擬圖 7-24 之電晶體電路為例子說明其操作步驟，將 mouse 移至 manager.dsn 字體上，按 mouse 右鍵會出現如圖 7-41 所示之功能表，茲將其部份之各命令之功能說明如表 7-15 所示。

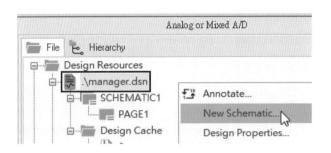

圖 7-41　電路設計功能表視窗

表 7-15　電路設計功能表視窗之部份命令功能

功能命令	說　明
New　Schematic	產生新的電路圖，以便繪圖。
Design　Properties	編輯設計電路的屬性。
Save	存檔功能。
Save　as	另存新檔功能。
Save Project AS…	另存專案功能
Part Manager	進入元件管理視窗，以執行元件管理之功能。
Edit Objects Propertiefs	更改物件屬性

　　因此要點選 New Schematic，然後會出現一 New Schematic 小視窗，可在 Name:下方輸入圖檔名，若不輸入檔名其機定值爲 SCHEMATIC2，然後點選 OK 鈕。

3.　設計第二層電路圖層的操作

(1)　然後如圖 7-42 所示，在新產生的電路圖檔 SCHEMATIC2 上，按 mouse 右鍵，會出現如圖 7-42 所示之功能表，茲將其部份主要命令之功能說明如表 7-16 所示。

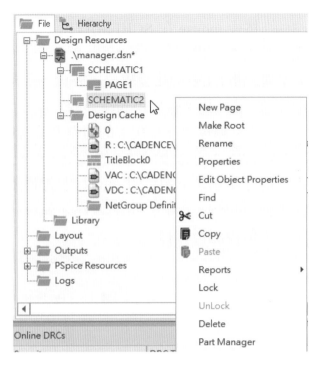

圖 7-42 電路圖功能表命令

表 7-16 電路設計之部份功能命令

功 能 命 令	說　　　　明
New Page	建立新的電路圖頁，以繪製新的電路圖。
Make Root	將下一層的電路圖頁提升爲最上一層電路圖頁(根)，以做爲模擬之用。
Rename	更改電路圖之名稱。
Properties	更改電路圖之屬性。
Edit Objects Propertiefs	更改物件屬性
Part Manager	進入元件管理視窗，以執行元件管理之功能。

因此要選 New Page，表示要在 SCHEMATIC 2 電路圖檔建立一個新的電路圖頁，此時會出現一 New Page Schematic 小視窗，若在 Name:下欄不輸入頁名，則其機定值頁名爲 PAGE1，然後點選 OK 鈕。產生 PAGE1 電路圖頁，存檔(*號會消失)。

(2) 如圖 7-43 所示，然後 mouse 在 SCHEMATIC 2 字上以 mouse 右鍵點
一下，出現一功能表，點選 Make Root 命令就會將 SCHEMATIC 2
移至最上一層電路圖(注意：此步驟一定要做，否則在 SCHEMATIC
2 下 PAGE1 的電路圖要做 PSpice 的模擬分析時，只會執行
SCHEMATIC 1 電路圖檔上 PAGE 1 的電路圖頁(圖 7-31(b))，永遠不
會執行 SCHEMATIC 2 電路(圖 7-24)的模擬，然後在如圖 7-44 所示
的 SCHEMATIC 2 上的 PAGE1 以 mouse 左鍵連續點兩下就會進入
一空白繪圖視窗，開始繪出圖 7-24 之電路並執行各項模擬步驟及觀
察模擬結果，模擬後記得存檔。

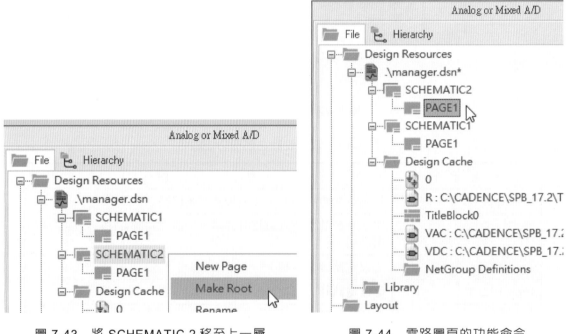

圖 7-43　將 SCHEMATIC 2 移至上一層　　　圖 7-44　電路圖頁的功能命令

7-5-2-2　電路圖階層檔(Hierarchy)

現在在圖 7-44 專案管理視窗上的 SCHEMATIC 1，以 mouse 右鍵點選
一下，出現一功能表再點選 Make Root 命令，就會使 SHEMATIC 1 回到
最上層(記得要存檔)，如圖 7-45 所示，然後點選左上方 File 右邊的 Hierarchy
鈕就會出現圖 7-46 之電路圖階層檔視窗。

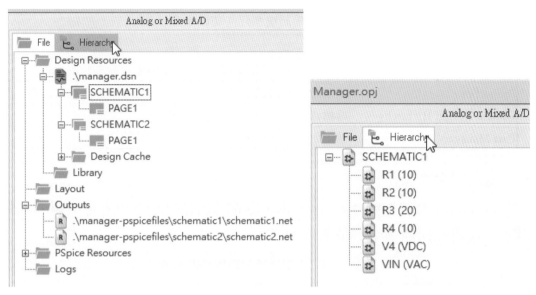

圖 7-45　SHEMATIC 1 回到最上層　　　　圖 7-46　電路圖階層檔視窗

　　由視窗上可看出電路圖檔案間之關係，由於目前 SCHEMATIC 1 只有一張圖，故它只有兩層，即電路層與元件層。

1.　元件命令之操作

　　在如圖 7-47 所示之 SCHEMATIC 1 下方的元件上(如 R1)，以 mouse 右鍵點選就會出現如圖 7-47 所示之功能表，茲將其功能命令列於表 7-17 中。

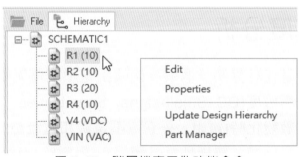

圖 7-47　階層檔案元件功能命令

表 7-17　階層檔案元件功能命令

功 能 說 明	說　明
Edit	編輯元件，點選此命令會回至電路圖視窗去修改元件
Properties	修改元件的屬性
Update Design Hierarchy	編輯修改(更新)元件的階層架構
Part Manager	進入元件管理視窗，以執行元件管理之功能

2.　電路圖命令操作

以 mouse 右鍵在圖 7-47 之視窗，點選 SCHEMATIC 1，會出現一功能命令，茲將此功能命令列於表 7-18 中。

表 7-18　階層檔案電路圖功能命令

功能命令	說　明
Properities	編輯修正及更改電路圖檔案的屬性
Update Design Hierarchy	編輯修改更新電路圖的階層結構
Part Manager	進入元件管理視窗，以執行元件管理之功能

結論：在 project 內若有很多不同的電路圖(Schematic #)，而要執行模擬的那一張電路圖一定要使用 Make Root 命令將之移至最上一層方可，否則會模擬到在最上一層的其他電路。

7-6　靈敏度分析

靈敏度分析是在計算某一個或多個輸出電壓或電流變數對每個裝置參數的直流小信號靈敏度(DC Small-signal Sensitivities)。也就是計算電路某一個元件的參數變化時(電阻、獨立電壓電源和電流源，電壓控制開關和電流控制開關、二極體、雙極性電晶體等)，對電路行為(某一輸出變數)所產生的影響程度，並顯示因元件的誤差值所造成的最壞狀況值(含最大及最小值)，所以可以用來評估產品良率與成本之協調，也就是那些元件影響良率較大。

　　靈敏度的計算是在偏壓點中心附近,將所有裝置元件線性化再加以計算出各元件值及模型參數的靈敏度的分析,在較大的模擬電路中將產生很龐大的輸出資料。

註 九: 本分析亦屬於直流分析的一種。

7-6-1　靈敏度分析描述

.SENS   Sensitivity analysis

一般格式
.SENS VA1<VA2>.....

.SENS　　　　表示要執行靈敏度分析。

VA1<VA2>...　表示節點電壓或流過獨立電壓電源之電流的輸出變數。

註 十: 輸出變數若是電流一定要採用 **I(VNAME)**之描述格式,表示係流過獨立電壓電源之電流,若該電流沒有流過獨立電壓電源,則應串聯一電壓為零的獨立電壓電源。使用 OrCAD PSpice 繪圖方式模擬也是一樣。

範 例 7-12　　.SENS V(1)　I(V1)　V(5,6)　I(VS)

　　靈敏度分析無需輸出描述格式,執行完後會自動輸出靈敏度分析的資料。

7-6-2　靈敏度分析實例介紹

7-6-2-1　靈敏度分析使用電路描述模擬的方式

範例 7-13　試使用 SPICE(OrCAD PSpice AD 求出如圖 7-48 電路之 VR3 及 VR2 之小信號直流靈敏度。

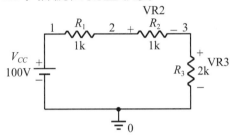

圖 7-48　範例 7-13

解　圖 7-49 為其電路描述輸入檔，圖 7-50 則為其執行模擬結果之輸出檔。在輸出檔中將列印電路各元件(R1、R2、R3 及 VCC)靈敏度對 VR3 及 VR2 輸出變化的影響，例如在第 58 行 R3 之靈敏度為 1.250E-02V/UNIT (12.5mv/Ω)，表示電阻 R3 每增加 1Ω，VR3 將增加 12.5mV。其中 R3 之靈敏度若以百分比表示；即 2.5E-01V/PERCENT，表示 R3(2K)增加 1%(20Ω)時，VR3 將增加 0.25V(2.5E-01/1.25E-02=20)。

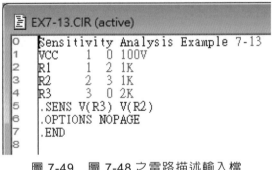

圖 7-49　圖 7-48 之電路描述輸入檔

```
45
46 ****    DC SENSITIVITY ANALYSIS      TEMPERATURE = 27.000 DEG C
47
48
49
50 DC SENSITIVITIES OF OUTPUT V(R3)
51
52      ELEMENT     ELEMENT     ELEMENT   NORMALIZED
53       NAME        VALUE     SENSITIVITY SENSITIVITY
54                             (VOLTS/UNIT)(VOLTS/PERCENT)
55
56      R1         1.000E+03   -1.250E-02  -1.250E-01
57      R2         1.000E+03   -1.250E-02  -1.250E-01
58      R3         2.000E+03    1.250E-02   2.500E-01
59      VCC        1.000E+02    5.000E-01   5.000E-01
60
61
62 DC SENSITIVITIES OF OUTPUT V(R2)
63
64      ELEMENT     ELEMENT     ELEMENT   NORMALIZED
65       NAME        VALUE     SENSITIVITY SENSITIVITY
66                             (VOLTS/UNIT)(VOLTS/PERCENT)
67
68      R1         1.000E+03   -6.250E-03  -6.250E-02
69      R2         1.000E+03    1.875E-02   1.875E-01
70      R3         2.000E+03   -6.250E-03  -1.250E-01
71      VCC        1.000E+02    2.500E-01   2.500E-01
72
73
74      JOB CONCLUDED
```

圖 7-50   圖 7-48 之執行結果輸出檔

範例 7-14 試使用 Spice(OrCAD PSpice A/D)求出如圖 7-51 電晶體偏壓電路之集極電流對各元件參數之靈敏度也是求出(1) $\partial I_C / \partial R_E$、$\partial I_C / \partial R_C$、$\partial I_C / \partial R_1$、$\partial I_C / \partial R_2$；(2) $\partial I_C / \partial \beta$、$\partial I_C / \partial V_{CC}$ 及電晶體各模型參數對 I_C 的靈敏度等。

解

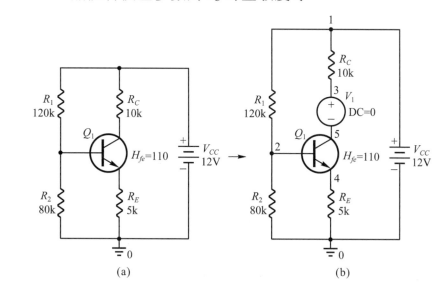

圖 7-51   電晶體電路

爲了配合靈敏度電流之描述須有一該電流所流過獨立電壓電源敘述，即 I(VNAME)格式，故如圖 7-50(b)所示在電晶體之集極電阻 RC 下端串聯一電壓爲零之電壓電源 V1。

依圖 7-51(b)完成如圖 7-52 所示電路之輸入描述檔，圖 7-53 爲其執行模擬結果之輸出檔。

EX7-14.CIR - 記事本

檔案(F) 編輯(E) 格式(O) 檢視(V) 說明(H)

```
Sensitivity Analysis Example 7-14
VCC     1  0   12V
R1      1  2   120K
R2      2  0   80K
RC      1  3   10K
RE      4  0    5K
V1      3  5   0V
Q1      5  2  4    QA
.MODEL QA NPN(BF=110)
.SENS I(V1)
.OPTIONS NOPAGE
.END
```

圖 7-52 圖 7-51 之電路描述輸入檔

```
****     DC SENSITIVITY ANALYSIS            TEMPERATURE =   27.000 DEG C

DC SENSITIVITIES OF OUTPUT I(V1)

         ELEMENT         ELEMENT         ELEMENT          NORMALIZED
          NAME            VALUE        SENSITIVITY       SENSITIVITY
                                       (AMPS/UNIT)     (AMPS/PERCENT)

          R1            1.200E+05       -4.544E-09        -5.453E-06
          R2            8.000E+04        6.089E-09         4.871E-06
          RC            1.000E+04       -7.207E-15        -7.207E-13
          RE            5.000E+03       -1.346E-07        -6.729E-06
          VCC           1.200E+01        7.250E-05         8.700E-06
          V1            0.000E+00       -9.794E-12         0.000E+00
Q1
          RB            0.000E+00        0.000E+00         0.000E+00
          RC            0.000E+00        0.000E+00         0.000E+00
          RE            0.000E+00        0.000E+00         0.000E+00
          BF            1.100E+02        5.842E-07         6.426E-07
          ISE           0.000E+00        0.000E+00         0.000E+00
          BR            1.000E+00       -9.700E-16        -9.700E-18
          ISC           0.000E+00        0.000E+00         0.000E+00
          IS            1.000E-16        4.688E+10         4.688E-08
          NE            1.500E+00        0.000E+00         0.000E+00
          NC            2.000E+00        0.000E+00         0.000E+00
          IKF           0.000E+00        0.000E+00         0.000E+00
          IKR           0.000E+00        0.000E+00         0.000E+00
          VAF           0.000E+00        0.000E+00         0.000E+00
          VAR           0.000E+00        0.000E+00         0.000E+00
```

圖 7-53 圖 7-52 之模擬結果輸出檔

在圖 7-53 執行結果之 DC SENSITIVITY ANALYSIS 列表下端之(第 86 行)DC SENSITIVITY OF OUTPUT I(V1)，表示列出集極電流 IC 之靈敏度。表列下端包含該電路各元件及直流電源對集極電流的靈敏度以及主動元件 Q1 各模型參數對 IC 之靈敏度。

在圖 7-53 中列表中第 88 行起的第一欄表示各元件及模型參數的名稱，第二欄表示各該元件及模型參數之正常值(指定值)，第三欄則表示各該元件或模型參數對 IC 的靈敏度，也就是相當於 $\partial I_C / \partial$(元件)。而第四欄表示各該靈敏度的正規化值。由圖中可得

$$\frac{\partial I_C}{\partial R_1} = -4.544E - 0.9, \ \frac{\partial I_C}{\partial R_2} = 6.089E - 0.9$$

$$\frac{\partial I_C}{\partial R_C} = -7.207E - 15, \ \frac{\partial I_C}{\partial R_E} = -1.346E - 0.7$$

$$\frac{\partial I_C}{\partial V_{CC}} = 7.250E - 0.5, \ \frac{\partial I_C}{\partial \beta} = 5.842E - 0.7$$

註 十一：β 在 PSpice 為 BF。

7-6-2-2 靈敏度分析使用 OrCAD Capture CIS 繪電路圖的方式模擬

範例 7-15　使用 OrCAD Capture CIS 繪圖方式模擬範例 7-13 之電路

使用 OrCAD Capture CIS 繪電路圖的方式模擬，其步驟同 7-3-2-2 偏壓點分析的方法，步驟一及步驟二開啟新檔或舊檔，然後執行下列步驟：

1. 開始繪圖

如圖 7-54 所示電路，其元件名稱及資料庫所在位置，如表 7-19 所示。

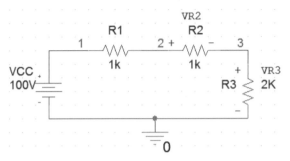

圖 7-54　範例 7-15

表 7-19　圖 7-44 之元件名稱及資料庫所在位置

命令	元件	元件名稱	使用 Place→Part 命令元件資料庫
Place→PSpice Component→Source →Voltages Source→DC 或 Place →Part 或 圖示	輸入電源 VCC	VDC	SOURCE.OLB
Place→PSpice Component→Resistor 或 Place→Part 或 圖示	電阻	R	ANALOG.OLB
Place→PSpice Component→PSpice Ground 或 Place→Ground 或 圖示	地線	0	SOURCE.OLB
Place→Wire 或 圖示	畫線		
Place→Net Alias 或 圖示	標節點		

2. 建立新的模擬輪廓

(1) 點選 PSpice→New Simulation Profile 命令後建立新的模擬輪廓，會出現如圖 7-55 所示之 Simulation Settings 視窗。

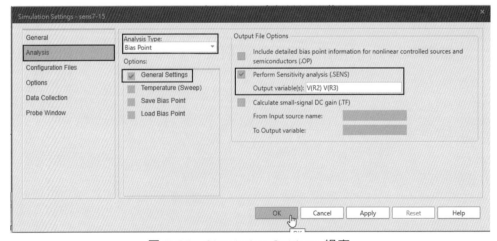

圖 7-55　Simulation Settings 視窗

3. 決定模擬分析的種類及參數設定

　　靈敏度分析與偏壓點分析共用相同的模擬視窗，故模擬分析的種類及參數設定的步驟如下：

(1) 在圖 7-55 視窗上的 Analysis Type 框內，點選 Bias Point

(2) 在 Options 框內點選 General Settings

(3) 在 Output File Options 下點選 Perform Sensitivity analysis (.SENS)表示要執行靈敏度分析

(4) 在 Output Variable(s)右框鍵入 V(R2) V(R3)，表示要求 VR2 及 VR3 的靈敏度分析。(注意：若輸出變數有兩個以上，則要用空格將之分開)

4. 開始模擬及分析模擬結果

(1) 執行 PSpice→Run 命令後，會出現一 PSpice A/D 視窗。

(2) 點選 View→Output File 命令，就可由輸出檔中看出其模擬結果，其結果是與使用電路描述模擬法的圖 7-50 完全相同。

範例 7-16　使用 OrCAD PSpice CIS 繪圖模擬的方式模擬範例 7-14 之電路

　　操作方法同上一個範例只是在設定模擬參數時略有不同。

1. 開始繪圖

　　如圖 7-56 示之電路，其元件名稱及元件資料庫所在位置，表 7-20 示。

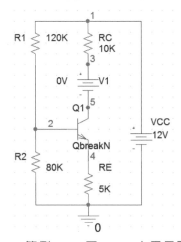

圖 7-56　範例 7-14 圖 7-41 之電晶體電路

表 7-20　圖 7-56 之元件名稱及資料庫所在位置

命令	元件	元件名稱	使用 Place → Part 命命元件資料庫
Place→PSpice Component→Resistor 或 Place → Part 或 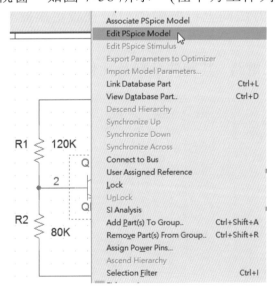圖示	電阻	R	ANALOG.PLB
Place→PSpice Component→Source→ Voltages Source→DC 或 Place→Part 命令或 圖示	直流電源 VCC	VDC	SOURCE.OLB
	直流電源 V1	VDC	
Place→Part 命令或 圖示	電晶體	QbreakN	BREAKOUT.OLB
Place→PSpice Component→PSpice Ground 或 Place →Ground 或 圖示	地線	0	SOURCE.OLB
Place→Wire 或 圖示	畫線		
Place→Net Alias 或 圖示	標節點		

2.　設定電晶體的模型名稱及模型參數

(1)　如圖 7-57 所示點選電路圖上的 QBreakN 電晶體按滑鼠右鍵出現一功能表，點選 Edit PSpice Model 命令就會出現－PSpice Model Editor 編輯視窗，如圖 7-58 所示。(在下方工作列上)

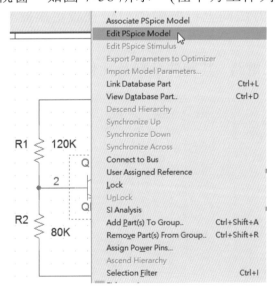

圖 7-57　功能命令

(2) 然後在圖 7-58 右方加入如圖 7-59 所示之模型參數，然後存檔如圖 7-59 所示(注意：電晶體模型名稱已改為 QA)，然後將之關閉。

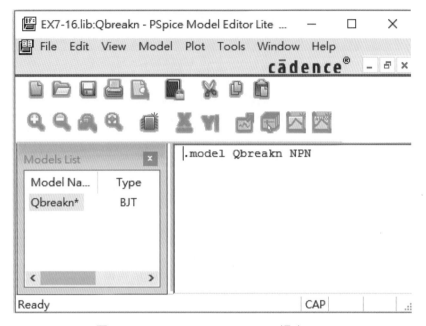

圖 7-58 PSpice Model Editor 視窗(一)

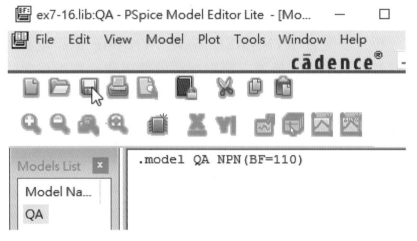

圖 7-59 PSpice Model Editor 視窗(二)

3. 建立新的模擬輪廓

    (1) 回到電路圖點選 PSpice→New Simulation Profile 命令後建立新的模
        擬輪廓名稱後，會出現如圖 7-60 所示之 Simulation Settings 視窗。

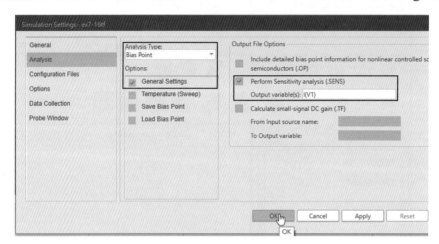

圖 7-60　Simulation Settings 視窗

4. 決定模擬分析的種類及參數設定

    靈敏度分析與偏壓點分析共用相同的模擬視窗，故模擬分析的種類及
    參數設定，如圖 7-60 所示。

    其中在 Output Variable(s) 右框鍵入 I(V1)，表示要求 IC(見圖 7-56)的靈
    敏度分析，要配合 I(VNAME)之格式，VNAME 為該電流所流過獨立
    電壓電源的名稱，若無獨立電壓電源就要串聯一電壓為零的獨立電壓
    電源，即 V1，此為圖 7-56 電晶體的集極要串接一電壓為零獨立電壓
    電源 V1 的原因。

5. 開始模擬及分析模擬結果

(1) 執行 PSpice→Run 命令後，會出現一 PSpice A/D 視窗(在下方工作列)。

(2) 點選 View→Output File 命令，就可由圖 7-61 輸出檔中看出其模擬結果，其結果是與電路描述模擬法大致相同。

```
125: DC SENSITIVITIES OF OUTPUT I(V_V1)
126:
127:          ELEMENT        ELEMENT        ELEMENT        NORMALIZED
128:          NAME           VALUE          SENSITIVITY    SENSITIVITY
129:                                        (AMPS/UNIT)    (AMPS/PERCENT)
130:
131:          R_R1           1.200E+05      -4.544E-09     -5.453E-06
132:          R_R2           8.000E+04       6.089E-09      4.871E-06
133:          R_RC           1.000E+04      -7.207E-15     -7.207E-13
134:          R_RE           5.000E+03      -1.346E-07     -6.729E-06
135:          V_VCC          1.200E+01       7.250E-05      8.700E-06
136:          V_V1           0.000E+00      -9.794E-12      0.000E+00
137: Q_Q1
138:          RB             0.000E+00       0.000E+00      0.000E+00
139:          RC             0.000E+00       0.000E+00      0.000E+00
140:          RE             0.000E+00       0.000E+00      0.000E+00
141:          BF             1.100E+02       5.842E-07      6.426E-07
142:          ISE            0.000E+00       0.000E+00      0.000E+00
143:          BR             1.000E+00      -9.700E-16     -9.700E-18
144:          ISC            0.000E+00       0.000E+00      0.000E+00
145:          IS             1.000E-16       4.688E+10      4.688E-08
146:          NE             1.500E+00       0.000E+00      0.000E+00
147:          NC             2.000E+00       0.000E+00      0.000E+00
148:          IKF            0.000E+00       0.000E+00      0.000E+00
149:          IKR            0.000E+00       0.000E+00      0.000E+00
150:          VAF            0.000E+00       0.000E+00      0.000E+00
151:          VAR            0.000E+00       0.000E+00      0.000E+00
```

圖 7-61 圖 7-56 之模擬結果輸出檔

7-6-3 OrCAD PSpice 所提供之觀測輸出之元件

OrCAD PSpice 所提供之觀測直流掃瞄分析、暫態分析及交流分析模擬結果之部份元件如表 7-21 所示，取用之方法如前小節所示，點選在 Place Part 小視窗的中間 Libraries:右邊的 ADD Library 圖示將 SPECIAL.OLB 開啓)，這些元件可將各觀測點之電壓或電流寫入輸出檔或相關視窗中，另外在工具列圖示上亦提供各種部份直流電壓、電流及功率測試棒，如表 7-22 所示(在工具列上點選 Tools→ Customize 命令會出現一 Customize 小視窗，

在左邊 Categorize：下方點選 PSpice 字體，就會在右邊的 Commands: 下框
出現，如表 7-22 所示之元件，取用時點選右上角之 即會出現。

表 7-21　觀測輸出結果之元件

命令	元件名稱	符號	元件資料庫	功能
Place→Part 或圖示	WATCH 1	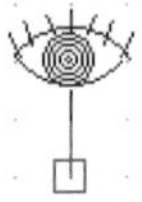	SPECIAL.OLB	在 PSpice 的 WATCH 視窗上顯示其節點電壓值。
Place→Part 或圖示	VPLOT 1	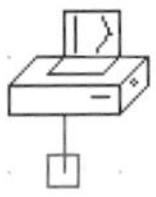	SPECIAL.OLB	將某一節點電壓波形之模擬波形結果存入輸出檔內。
Place→Part 或圖示	VPLOT2		SPECIAL.OLB	將二個節點電壓差之模擬波形結果存入輸出檔內。
Place→Part 或圖示	IPLOT	IPLOT 	SPECIAL.OLB	將經過某一路徑的電流波形之模擬結果存入輸出檔內，使用時要像電流表一樣，應串聯在該路徑上。
Place→Part 或圖示	VPRINT 1	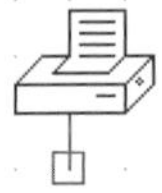	SPECIAL.OLB	將某一節點電壓之暫態分析模擬結果產生一列表於輸出檔上。
Place→Part 或圖示	VPRINT 2	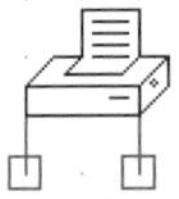	SPECIAL.OLB	將二節點之電壓差之暫態分析模擬結果產生一列表於輸出檔上。
Place→Part 或圖示	IPRINT	IPRINT 	SPECIAL.OLB	將某一路徑的電流之模擬結果產生一列表於輸出檔上。
Place→Part 或圖示	PRINT 1	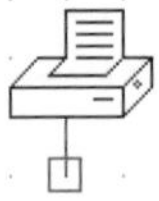	SPECIAL.OLB	將某一節點電壓之直流分析、暫態分析、交流分析之模擬結果產生一列表於輸出檔上。
Place→Part 或圖示	PRINTDG-TLCHG		SPECIAL.OLB	將某一節點之數位改變狀態之模擬結果產生一列表於輸出檔上。

表 7-22 工具列圖示上的部份各種電壓、電流及功率探棒

元件	元件名稱	
	Voltage Level	電壓探棒
	Voltage Differential	電壓差探棒
	Current Into Pin	電流探棒
	Power Dissipation	功率消耗探棒
	Enable Bias Voltage Display	致能偏壓顯示
	Enable Bias Current Display	致能偏流顯示
	Enable Bias Power Display	致能功率顯示

1. WATCH 1 的使用

(1) 將 WATCH 1 元件取出後，連接於欲模擬電路的某一節點上，如節點①、②及③。

(2) 在該 WATCH 1 元件上，以 mouse 左鍵連續點兩下，將會出現如圖 7-62 所示之 Property Editor 視窗，在 <u>ANALYSIS</u> 欄位下，鍵入所要執行分析的種類如 <u>DC</u> (表執行直流分析)、<u>AC</u> (交流分析)或 <u>TRAN</u> (暫態分析)，現在鍵入 <u>DC</u>。

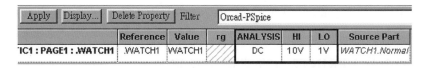

圖 7-62 WATCH1 的 Property Editor 視窗

(3) 在 HI 及 LO 欄位下鍵入，所欲觀測值的最大範圍及最小範圍，如最大為 <u>10V</u>、最小為 <u>1V</u>，然後按左上方的 Apply 鈕。

(4) 開始執行電路模擬之動作。

(5) 在模擬結果視窗的左下角或右下角點選 WATCH 鈕，即可顯示其電壓值，如圖 7-63 所示。

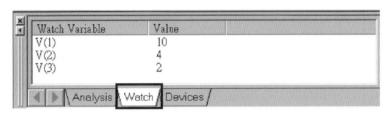

圖 7-63　Watch 的視窗

2. VPLOT1 及 VPRINT1 元件之使用方法

(1) 將該元件取出後與模擬電路欲觀測之節點連接。

(2) 以 mouse 左鍵在該元件上連續點二下會出現如圖 7-64 所示之 Property Editor 視窗，在 Analysis 欄位下鍵入所要執行分析的種類，以及在要求的輸出變數格式如 AC、DB、DC 及在 MAG、PHASE、IMAG 欄位下鍵入任何非空白字元表示要執行模擬分析的種類及輸出的變數格式。如 y, yes, 1；一般習慣以 ON 鍵入，例如要執行直流分析，則在 DC 下欄鍵入：ON 後再按左上角之 Apply 鈕。(1 表示只連接 1 個節點)

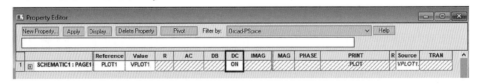

圖 7-64　VPLOT1 及 VPRINT1 之 Property Editor 視窗

(3) 開始執行該電路模擬之步驟。

(4) 可在輸出檔上顯示其模擬電壓波形(VPLOT 1)及輸出電壓列表 (VPRINT 1)。

3. VPLOT2 及 VPRINT2 元件之使用及說明

(1) 將該元件取出後，與模擬電路欲觀測之二節點相連接。(2 表示觀測時要連接 2 個節點)

(2) 以 mouse 左鍵在該元件上連續點二下會出現如圖 7-65 所示之 Property Editor 視窗。同 2 之(2)步驟設定其輸出變數之參數。

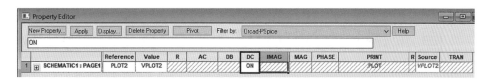

圖 7-65　VPLOT2 及 VPRINT2 之 Property Editor 視窗

(3) 開始執行該電路模擬之步驟。

(4) 就會在輸出檔上，顯示其模擬電路之 2 節點間之電壓波形及 2 節點間之輸出電壓列表。

4. IPLOT 及 IPRINT 元件之使用

(1) 將該元件取出後，與模擬電路欲觀測電流之路徑串聯。

(2) 以 mouse 左鍵在該元件上連續點二下會出現一 Property Editor 視窗。同 2 之(2)步驟設定其輸出變數之參數。

(3) 開始執行該電路模擬之步驟。

(4) 就可以在輸出檔上觀測顯示其模擬之電流波形及列表。

5. PRINT1 元件之使用

(1) 該元件取出後與模擬電路欲觀測節點連接。

(2) mouse 左鍵在該元件上連續點二下會出現如圖 7-66 所示之 Properity Editor 視窗。

(3) 在 ANALYSIS 欄位下鍵入所欲模擬分析之種類如 DC、TRAN 或 AC。

(4) 同 2 之步驟(2)至(4)步驟。

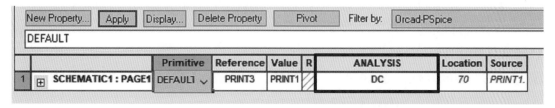

圖 7-66　PRINT1 之 Property Editor 視窗

實際應用請見下一小節範例。

7-7 直流掃描分析(DC Sweep Analysis)

直流掃描分析所做的工作如下：

1. 首先求出電路之直流工作點(DC operating point)，此時電路內之電感器將視為短路，電容器視為開路。

2. 直流掃描

直流掃描會求出電路的某一電源(或兩個以上)的全域參數(Global Parameter)、模型參數或溫度變數在某一範圍變化時，其電路的某一元件輸出(電流或電壓)之變化。

直流掃瞄分析可分為兩種：

(1) 一般直流掃瞄：只掃瞄一個變數。

(2) 巢狀掃瞄(Nested DC sweep)：同時掃瞄二個變數，第二個掃瞄變數每變化一次，第一個掃瞄變數要全部變化完畢。

我們可利用直流掃描分析的功能求出放大器或電路的轉換函數(Transfer function)或特性曲線，並可找出邏輯閘的高低電位切入點。

7-7-1 直流掃描分析描述格式

.DC   DC analysis

SPICE 之格式

    .DC SNAME START STOP INCRE<SNAME2 START2
        STOP2 INCRE2>

OrCAD PSpice 之格式

    .DC SNAME START STOP INCRE<SNAME2 START2
        STOP2 INCRE2>

    或

    .DC <LIN> SWN START STOP INCRE<SWN2 START2
        STOP2 INCRE2 >...

    .DC <OCT><DEC> SWN START STOP NO<SWN2
        START2 STOP2 NO2>...

    .DC SWN LIST VALUE...

.DC	表示要執行直流掃描分析
SNAME	表示要產生掃描變化的獨立電壓或電流電源的名稱
START	表示獨立電壓(電流)電源掃描變化的起始值,單位為伏特或安培
STOP	表示獨立電壓(電流)電源掃描變化的終值,單位為伏特或安培
INCRE	表示獨立電壓(電流)電源掃描變化的增量值
SNAME2	表示要產生掃描變化的第二個獨立電壓或電流電源的名稱
START2	表示第二個獨立電壓(電流)電源掃描變化的起始值,單位為伏特或安培
STOP2	表示第二個獨立電壓(電流)電源掃描變化的終值,單位為伏特或安培
INCRE2	表示第二個獨立電壓(電流)電源變化的增量值
LIN	線性掃描,掃描變數由初值至終值呈線性變化
OCT	八度掃描,掃描變數開始以八為自然對數變化(即二的次方變化)至終值止($\ln 8 \cong 2$)
DEC	十倍掃描,掃描變數由初值開始,以十為底對數變化(即十的次方變化)至終值止
SWN	掃描變數名稱,可分為下列幾種:

(1) 電　　源:獨立電壓電源或電流電源,其中電壓或電流即為其掃描值。

(2) 模型參數:模型參數必需在模型種類及模型名稱之後以括號描述,模型參數即為其掃描值。(見範例 7-22, 7-23)

(3) 溫　　度:使用 TEMP 為其掃描變數,即是以溫度為其掃描變化值。所有電路內元件裝置之模型參數將會隨著溫度掃描值而改變。(範例 7-24)

(4) 全域參數:使用 PARM 為其掃描變數,全域參數值為其設定的掃描變化值(範例 7-25)

LIST	使用 LIST 敘述時，其掃描變數名稱的掃描值由 LIST 後面的 VALUE 值決定(無起始值及終值)。
VALUE...	使用 LIST 敘述時，掃描變數名稱的掃描變化值。
NO	在 DEC 及 OCT 掃描變化過程中的點數。
SWN2,NO2	表示第二個掃描變數名稱及其掃描點數。

　　當有兩個掃描變數時(獨立電源)，在第二個掃描變數每變化一次值，第一個掃描變數將要變化整個範圍(從 STRAT~STOP)1 次，好像巢狀(NETSED)一樣，故稱為巢狀掃瞄。但第 2 個掃描變數為選用項，可有可無。

範例 7-17　.DC　VIN　−1　2　0.5
　　　　　　　.PRINT　DC　V(R1)

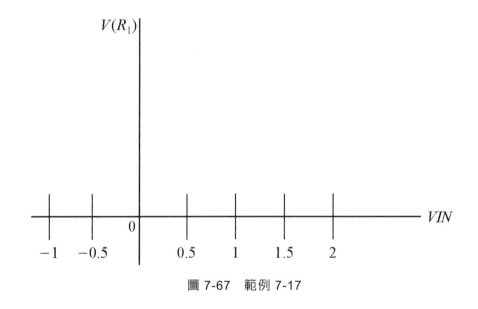

圖 7-67　範例 7-17

　　範例 7-17 中表示 VIN 獨立電壓電源由-1V 變化至 2V，每次增加 0.5V。此 VIN 在電路描述內必須有其描述格式。

範 例 7-18　　.DC　IB　0　12ma　2ma　VCE　0　6　2

表 7-23　範例 7-18

VCE	IB					
0V	0	2mA	4mA	6mA	8mA	10mA	12mA
2V	0	2mA	4mA	6mA	8mA	10mA	12mA
4V	0	2mA	4mA	6mA	8mA	10mA	12mA
6V	0	2mA	4mA	6mA	8mA	10mA	12mA

　　在範例 7-18 中表示當 VCE 在 0V 時，IB 將由 0mA，每次增加 2mA 直到 12mA；然後 VCE 在 2V 時，IB 又從 0mA 變化至 12mA，每次增加 2mA；然後 VCE 在 4V 時，IB 又從 0mA 變化至 12mA，如此重覆直至 VCE 至 6V 為止，因此整個直流掃描分析將作 7 × 4=28 次，此即為巢狀掃瞄。也就是第二個掃描變數每變化一次值，第一個掃描變數要變化整個範圍。

範 例 7-19　　.DC　I1　3mA　10mA　0.1mA

範 例 7-20　　.DC　VCE　0　12　1　IB　0　100mA　5mA

範 例 7-21　　.DC　LIN　IB　5mA　80mA　3mA

範 例 7-22　　.DC　RES　RMOD(R)　1.2　2.5　0.005

在範例 7-22 中，RES 表示為電阻器之模型(模型種類)，RMOD 為電阻器之模型名稱，R 為模型參數，其掃描變化值由 1.2Ω 變化至 2.5Ω，每次增加 0.005Ω。

範 例 7-23　　.DC　DEC　NPN　QA(IS)　0.5E-40　0.5E-20　2

在範例 7-23 中 表示 NPN 電晶體之模型名稱為 QA，其模型參數為 IS；IS 由 0.5E-40 變化至 0.5E-30，採 10 倍次方的變化，每 10 倍次方的變化間，再有兩點的變化，即 0.5E-40，0.5E-30 至 0.5E-20，但 0.5E-40 與 0.5E-30 及 0.5E-30 與 0.5E-20 間再有兩點的變化。

範例 7-24　.DC　TEMP　LIST　0　30　60　100　-10　-50

在範例 7-24 中表示溫度的變化值由 LIST 後面的數字表示。

範例 7-25　.DC　PARAM　VIN　　1　30　2

7-7-2　直流掃描分析輸出描述

7-7-2-1　電路描述法之直流掃瞄分析輸出描述

一般格式

.PRINT　DC　VA1<VA2...VA8>

.PLOT　DC　VA1<(LO1,HI1)><VA2(LO2,HI2)　...VA8(LO8,HI8)>

.PROBE（可選項）>

.PROBE　VA1<VA2...>（無法選項）

.PRINT　DC　　　　　將直流掃描分析的結果以列表的方式在掃描輸出檔中印出，其輸出格式為直流電源的變化(在.DC 描述中)與所對應產生的輸出變數(VA1...VA8)變化的列表。

VA1<VA2...VA8>　　表示要輸出的輸出變數(電流或電壓)，最多只能有八個輸出變數描述。

.PLOT　DC　　　　　表示直流掃描分析的結果以印表機式的圖形輸出於模擬輸出檔上，也就是以字元符號做點的方式將圖形繪出。其輸出的圖形為輸入直流電源的變化(在.DC 描述的)(X 軸)對輸出變數(VA1...VA8)(Y 軸)的變化。

VA1<(LO1,HI1)>...　將(LO...,HI...)安插在各組輸出變數 VA 之後，表示在繪圖輸出時設定輸出變數 Y 軸的範圍，LO 表 Y 軸的下限，HI 表 Y 軸的上限。

若在所有輸出變數之後只有一個(LO,HI)範圍標記，表示所有輸出變數的 Y 軸均依此範圍而變化，如果在輸出變數與輸出變數間有(LO,HI)範圍標記存在，則在此範圍標記的左邊到前一個範圍標記之間的輸出變數都是以這個範圍為上下限輸出。此設定描述不寫，則 Y 軸依輸出變數的範圍調整出一個最佳的範圍(至於 X 軸的範圍及增量已由該分析之.DC 描述所決定)。

.PROBE　　　　　　　.PROBE 描述會把直流分析、交流分析及暫態分析的結果寫入一檔名為 PROBE.DAT 的資料檔中，以供 PROBE 作圖形處理之用，然後以繪圖的方式將輸出變數的曲線圖形繪出。

.PROBE 描述後面不寫輸出變數時會把所有的節點電壓及裝置元件電流存入資料檔中，以供使用者輸出選擇之用。

.PROBE VA1...　　　.PROBE 描述後面帶有輸出變數 VA1...時，只會將該輸出變數存入資料檔中以供使用者選擇輸出之用。

.PROBE 描述和.PRINT 及 .PLOT 描述不同之處在於.PROBE 之輸出變數並不限於 8 個，且輸出變數之前也不要標出分析的種類，.PROBE 描述適合沒有硬碟的使用，因為這樣可以控制 PROBE.DAT 檔案的大小。.PROBE 所顯示的圖形檔係存在<u>電路圖名.DAT</u>檔中。

範例 7-26　.PRINT　DC　V(5)　V(3,4)　I(V1)　I(R1)

　　　　　　　.PLOT　DC　V(5)　V(3,4)(0,5)　I(R1)(1MA,3MA)

範例 7-27　.PROBE

範例 7-28　.PROBE　V(5)　V(3,4)　I(R1)

7-7-2-2　OrCAD PSpice 直流掃描分析輸出元件

　　直流掃描分析輸出元件可採用表 7-21 所列出之各元件(WATCH1 除外)，然後將之置於所求變數的節點上，並在其 Property Editor 視窗上的模擬分析種類及輸出變數格式欄位下鍵入 <u>ON</u> 即可，如圖 7-64 所示。

7-7-3　直流掃描分析實例介紹

7-7-3-1　直流掃描分析使用電路描述方法之模擬

範例 7-29　試利用 SPICE(PSpice)求出圖 7-68 之電路在 VIN 從 0V 至 12V 變化，每次增加 1V 時，VR4 及 IR2 的變化為何？

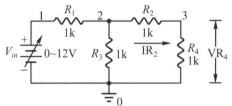

圖 7-68　範例 7-29

解　圖 7-69 為使用 SPICE(OrCAD PSpice)描述之電路輸入檔。圖 7-70 則為使用 PSpice A/D 模擬之執行輸出結果，如圖 7-70 則為其模擬結果顯示之 PROBE 視窗。

註　十二：在圖 7-69 電路描述輸入中的最後第二行"OPTIONS NOPAGE"描述之作用在節省報表紙或檔案空間，詳情請看第十三章選用項描述之說明。

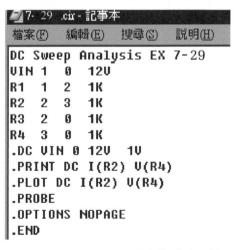

圖 7-69　圖 7-68 之電路描述輸入檔

在圖 7-70(a)的輸出檔中可看出當 VIN 由 0V 變化至 12V 時 IR2 及 VR4 變化之值(.PRINT　DC　I(R2)　V(R4)描述之作用)。圖 7-70(b)則為 IR2 及 VR4 在 VIN 為 0V 至 12V 時變化之曲線(.PLOT　DC　I(R2)　V(R4)描述之

作用)。在圖 7-70(b)中只有一條曲線,因 R2 以及 R4 = 1K,故 VR4 與 IR2 的波形是一樣的,只是其值差了 1000,可由其第 57 行及第 58 行顯示其值是以*及+號區別之,若想要看二個分開的波形,可將其 PLOT 模述分成二行書寫。

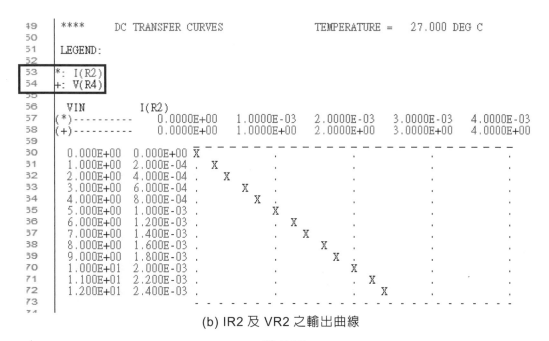

(a) 圖 7-69 之執行模擬結果輸出檔

(b) IR2 及 VR2 之輸出曲線

圖 7-70

　　在圖 7-70 中可發現使用.PLOT 敘述所繪出之圖形為文字檔之格式，非常不好觀測，因此在圖 7-69 之電路描述中有使用.PROBE 敘述，會使 PSpice A/D 在模擬完成後出現如圖 7-71 所示之波形探測器(PROBE)顯示之畫面(或在工作列上)。然後執行下列步驟：

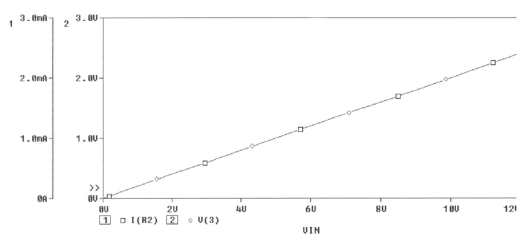

圖 7-71　IR2 及 VR3 同時顯示在一個座標軸上

1.　在圖 7-71 上方之功能命令點選 Trace → Delete All Trace 將顯示之波形全部刪除。

2.　點選 Plot → Delete Y Axis 將 Y 軸的刻度清除。

註十三：若原圖 7-71 之畫面背景顏色為黑色，可在 PSpice A/D 視窗上點選 Tools → Options 命令會出現 – Probe Settings 視窗，可點選上右方的 Color Settings 標籤後，在左中方的 Backgroud 選項選擇白色的背景即可。

3.　如圖 7-72 所示在功能表命令上，點選 Trace → Add Trace 命令，就會出現如圖 7-73 所示之 Add Trace 視窗，在左邊 Simulation Output Variables 欄框下點選 I(R2)，表示要求 IR2 之直流掃描分析，此時會在左下角之 Trace Expression 右框內出現 I(R2)字樣(也可直接在此框內鍵入 I(R2))，然後點選 OK 鈕即可出現圖 7-74 之波形，再點選 PLOT → Add Plot to Window 命令會增加一繪圖視窗，此時在原來 I(R2)曲線的上方會出現一新的座標軸，在 y 軸上有一 SEL>>字樣指著 y 軸上，表示目前的 mouse 及相關指令的控制是在這一座標圖上如圖 7-75 所示。若要控制下方 I(R2)的波形座標，只要將 mouse 在 I(R2)波形的座標 y 軸上點選一下，就會使 SEL>>字樣移至 I(R2)波形的 y 座標上。如此亦可使用相同步驟，將控制移至上面的座標軸曲線上，如圖 7-75 所示。

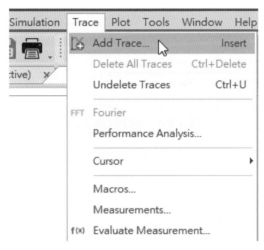

圖 7-72　PROBE 波形探測器之畫面

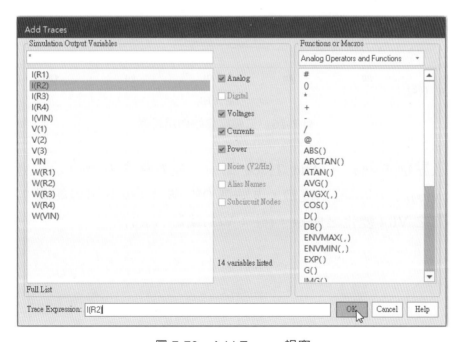

圖 7-73　Add Traces 視窗

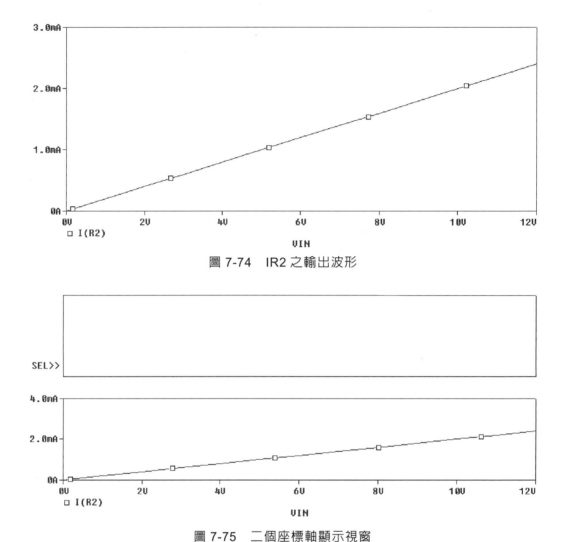

圖 7-74　IR2 之輸出波形

圖 7-75　二個座標軸顯示視窗

4.　然後點選 Trace → Add Trace 命令，在如圖 7-73 所示在左邊中間點
　　選 V(3)或 V(R4)輸出變數，再點選 OK 鈕後，就會出現如圖 7-76 所示
　　上方之 VR4 變化之曲線，(註：V(3)就是 VR4)。

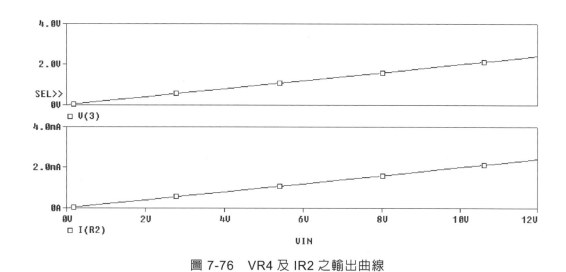

圖 7-76　VR4 及 IR2 之輸出曲線

5.　如何在 Probe 畫面上將某一波形刪除(把 V(3)波形刪除)有兩種方法：

(1)　點選 Trace → Delete All Trace 會把 SEL>>字樣所指 y 座標軸畫面上的曲線刪除。

(2)　在要刪除曲線的 x 座標軸下的輸出變數 (◊V(3))上，以 mouse 左鍵點選一次使之變紅色，然後再按 Delete 鍵，即可將之消除(練習之)。

6.　如何將數個座標軸的畫面刪除掉一個畫面

點選 Plot → Delete Plot 命令，就可刪除一個畫面(如 V(3))，每執行一次刪除一個(練習之)。

7.　如何增加數個以上的座標軸顯示畫面

重覆點選 PLOT → Add Plot to Window 命令，每執行一次就增加一個顯示畫面(練習之)

8.　如何將不同單位的輸出變數顯示在相同的畫面上，也就是其 y 軸可顯示不同的單位

本範例要求 IR2 及 VR4 的直流掃瞄分析，但由於兩個單位不一樣一為電流一為電壓，因此要如圖 7-76 所示之方式將之顯示於兩個畫面上，現在若要將 IR2 及 VR4 同時顯示在同一座標軸畫面上，且能顯示不同的單位則應執行下列步驟：

(1) 首先執行上列之 3、4 步驟，將圖 7-76 所示之圖形全部刪除。

(2) 點選 Trace → Add Trace 命令後，出現一如圖 7-73 所示之 Add Trace 視窗，在左邊點選 I(R2) 變數，再點選 OK 鈕，以顯示 IR2 之曲線，此時 x 座標為 VIN 由 0～12V 變化，y 座標軸為 IR2 的電流直變化，0A～3.0mA。

(3) 點選 PLOT → Add Y Axis 命令，(表示增加第二個不同的 y 座標軸)此時原來的電流 y 座標軸會移至左邊，且 x 座標軸下的 I(R2)變數左邊會多出一個 1 字表示第一個 y 座標屬於 IR2 的，如圖 7-77 所示。

(4) 點選 Trace → Add Trace 命令，出現一 Add Traces 視窗，在左邊點選 V(3) 輸出變數後，再點選 OK 鈕。

(5) 此時在 y 座標軸上會顯示電壓的刻度(0V～3.0V)，在 x 座標軸下出現 V(3)的變數，其左邊有一◇形符號且數字 2 在其左邊，(I(R2)在左邊亦有一口形符號)，其目的在分辦那一條曲線是屬於那一輸出變數的。如圖 7-78 所示。

在圖 7-78 中只顯示一條曲線，但是此曲線上有◇及□兩個符號在上面，表示這一條曲線代表 V(3)及 I(R2)二個變數的曲線。

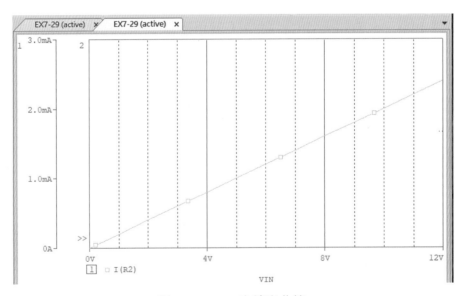

圖 7-77　IR2 之輸出曲線

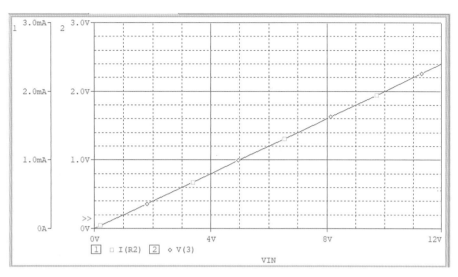

圖 7-78 IR2 及 V(3) 之輸出曲線

註 十四：Probe 執行結果檔，其副檔名為 *.dat。

範例 7-30 試寫出圖 7-79 所示直流電路之 SPICE(PSpice) 電路描述方式，並利用電腦執行以求出(a)各節點的電壓(b)R1，R2，R3，R4，電阻器產生的電壓降(c)IR1，IR2，IR3，IR4，IR4，之電流為多少？

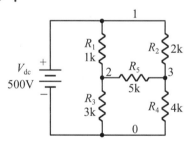

圖 7-79 範例 7-30 之電路

解 圖 7-80 為其電路描述格式，圖 7-81 為執行 PSpice A/D Lite 後之輸出結果。本範例在求直流電路的電流及電壓值，電池電壓 500V，故以直流掃描分析來執行時，其直流掃描變數為 VDC，但其電壓由 500V 增加至 500V，每次增加 1V，表示 VDC 為 500V 沒有變化之意。也就是在求直流電路的解時，要使用直流掃描分析來執行，但是其直流掃描變數為其電源，而掃描變數描述之格式為起值與終值相同。

由圖 7-81 所示之第 33 行、第 42 行及第 51 行分別為(a)、(b)及(c)之值。

註 十五：作者有調整輸出檔之行數，讀者模擬結果會與圖 7-81 所示行號有所不同

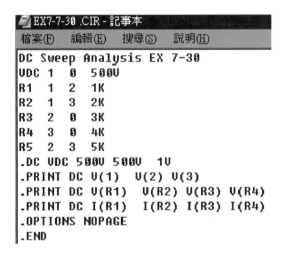

```
EX7-7-30 .CIR - 記事本
檔案(F)　編輯(E)　搜尋(S)　說明(H)
DC Sweep Analysis EX 7-30
VDC 1  0  500V
R1  1  2  1K
R2  1  3  2K
R3  2  0  3K
R4  3  0  4K
R5  2  3  5K
.DC VDC 500V 500V  1V
.PRINT DC V(1)  V(2) V(3)
.PRINT DC V(R1)  V(R2) V(R3) V(R4)
.PRINT DC I(R1)  I(R2) I(R3) I(R4)
.OPTIONS NOPAGE
.END
```

圖 7-80　範例 7-30 之電路描述輸入檔

```
26 **** 08/07/21 13:08:56 ******* PSpice 17.4.0 (Nov 2018) ******* ID# 0 ********
27 C Sweep Analysis EX7-30
28 ****    DC TRANSFER CURVES          TEMPERATURE = 27.000 DEG C
29 ********************************************************************************
30
31 VDC     V(1)     V(2)     V(3)
32
33  5.000E+02  5.000E+02  3.706E+02  3.412E+02
34
35 **** 08/07/21 13:08:56 ******* PSpice 17.4.0 (Nov 2018) ******* ID# 0 ********
36 C Sweep Analysis EX7-30
37 ****    DC TRANSFER CURVES          TEMPERATURE = 27.000 DEG C
38 ********************************************************************************
39
40 VDC     V(R1)    V(R2)    V(R3)    V(R4)
41
42  5.000E+02  1.294E+02  1.588E+02  3.706E+02  3.412E+02
43
44 **** 08/07/21 13:08:56 ******* PSpice 17.4.0 (Nov 2018) ******* ID# 0 ********
45 C Sweep Analysis EX7-30
46 ****    DC TRANSFER CURVES          TEMPERATURE = 27.000 DEG C
47 ********************************************************************************
48
49 VDC     I(R1)    I(R2)    I(R3)    I(R4)
50
51  5.000E+02  1.294E-01  7.941E-02  1.235E-01  8.529E-02
52     JOB CONCLUDED
```

圖 7-81　範例 7-30 之模擬執行結果輸出檔

7-7-3-2 直流掃描分析使用 OrCAD Capture CIS 繪圖方式的模擬

範例 7-31 試利用 OrCAD Capture CIS 求出如圖 7-82 所示之二極體電路之伏安特性曲線，並利用 PROBE 命令求出二極體之伏安特性曲線。

使用 OrCAD PSpice 繪電路圖的方式模擬，其步驟同 7-3-2-2 小節偏壓點分析之步驟 1 及步驟 2 開啟新檔或舊檔，然後執行下列步驟：

1. 開始繪圖

如圖 7-82 所示電路其元件名稱及資料庫所在位置，如表 7-24 所示。

New Property...	Apply	Display...	Delete Property	Pivot		Filter by:	Orcad-PSpice		
DEFAULT									
			Primitive	Reference	Value	R	ANALYSIS	Location	Source
1	⊞	SCHEMATIC1 : PAGE1	DEFAULT ∨	PRINT3	PRINT1		DC	70	PRINT1.

圖 7-82　二極體電路

表 7-24　圖 7-82 之元件名稱及資料庫所在位置

命令	元件	元件名稱	使用 Place→Part 命令元件資料庫
Place→PSpice Component→Source →Voltages Source→DC 或 Place →Part 或 圖示	輸入電源 VD	VDC	SOURCE.OLB
Place → Part 或 圖示	二極體	D1N4002	DIODE.OLB
Place→PSpice Component→PSpice Ground 或 Place→Ground 或 圖示	地線	0	SOURCE.OLB
Place→Wire 或 圖示	畫線		
Place→Net Alias 或 圖示	標節點		

2. 建立新的模擬輪廓

(1) 點選 PSpice → New Simulation Profile 命令後建立新的模擬輪廓，會出現如圖 7-83 所示之 New Simulation 視窗。

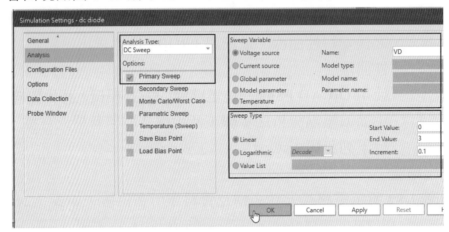

圖 7-83　New Simulation 視窗

3. 決定模擬分析的種類及參數設定

模擬分析的種類及參數設定的步驟如下：

(1) 在圖 7-83 視窗上的 Analysis Type 下框內，點選 DC Sweep 表示要執行直流掃描分析。

(2) 在右邊 Sweep Variable 下框內點選 Voltage Source，Name 右框鍵入 VD，表示電壓電源的名稱為 VD。

(3) 在 Sweep Type 下點選 Linear 表示電壓電源的變化是呈線性關係。

(4) 在右邊的 Start Value 右框內鍵入 0，END Value: 鍵入 3，Increment 右框內鍵入 0.1，表示電壓電源 VD 由 0V 開始掃描增加，從 0V 至 3V 每次增加 0.1V，然後在點選確定鈕。

4. 開始模擬及分析模擬結果

(1) 或執行 PSpice→Run 命令後，會出現一 PSpice A/D 之 PROBE 視窗(或在下方工作列上)。

(2) 點選 Trace→Add Trace 命令，就會出現如圖 7-84 所示之 Add Trace 視窗。

(3) 在左邊點選 I(D1)，或在左下方之 Trace Expression 右框內鍵入 I(D1)，表示要求二極體 D1 電流的直流掃描分析。然後再點選 OK 鈕，即可出現如圖 7-85 所示之二極體伏特安培特性曲線的畫面。由波形可看出其電壓(X 軸)由 0V 變化至 3V，而相對應之電流到由 0A 變化至 60A。

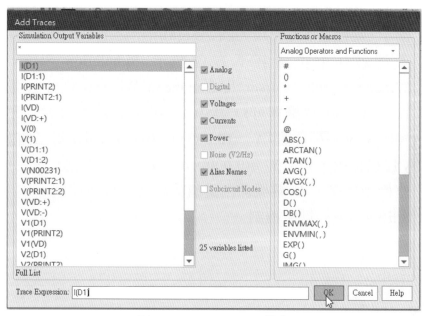

圖 7-84　Add Trace　視窗

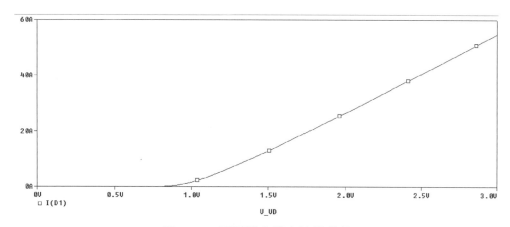

圖 7-85　二極體之伏安特性曲線

5. 如何將二極體之電壓變化對應於電流變化之值求出

(1) 使用游標法

① 在目前 Probe 的畫面點選 Trace → Cursor → Display 命令或(🖱)
圖示，就會在下方出現如圖 7-86(a)所示之 Probe Cursor 視窗(若看
不到就往下拉讓其下方會顯示 Simulation Ststus、Output
Window、Probe Cursor 及 Command Window 標籤出現，再點選
Probe Cursor 標籤即可)，其中 Y_1=(0.000，8.701E-18)為第一個游
標的 x、y 座標位置，Y_2 =(0.000，8.701E-18)則為第二個游標的 x、
y 座標位置，$Y_1 - Y_2$ =(0.000，0.000)，則為 Y_1 與 Y_2 游標的 x、y
座標軸之差。Y_1 游標係由鍵盤的→或←鍵所控制，Y_2 游標係由
Shift +→或←鍵所控制。

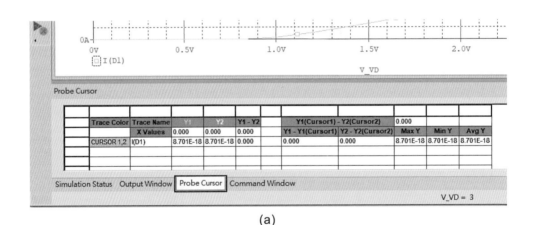

	Trace Color	Trace Name	Y1	Y2	Y1 - Y2	Y1(Cursor1) - Y2(Cursor2)		0.000		
		X Values	0.000	0.000	0.000	Y1 - Y1(Cursor1)	Y2 - Y2(Cursor2)	Max Y	Min Y	Avg Y
	CURSOR 1,2	I(D1)	8.701E-18	8.701E-18	0.000	0.000	0.000	8.701E-18	8.701E-18	8.701E-18

Simulation Status　Output Window　Probe Cursor　Command Window

V_VD = 3

(a)

	Trace Color	Trace Name	Y1	Y2	Y1 - Y2
		X Values	2.5000	0.000	2.5000
	CURSOR 1,2	I(D1)	40.489	8.701E-18	40.489

(b)

圖 7-86　Probe Cursor 視窗

② 現在移動第一個游標 Y1，按鍵盤的→鍵(滑鼠要移至圖 7-85 所示之波形視窗上點一下)，使游標移至 VD(XValues)為 2.5V 的地方，如圖 7-86(b)所示，則其 Probe Cursor 小視窗上的 Y1 座標 =(2.5000，40.489)表示此時 x 軸為 2.5V 時 y 座標軸(I(D1))為 <u>40.489</u> 故在 VD = 2.5V 時，其 ID 電流為 40.489A。

③ 點選 PLOT → Label → Mark 命令，就會將 xy 座標軸值顯示在波形上，如圖 7-87 右方所示圖示。

④ 現在移動第二個游標 A_2，按鍵盤的 Shift +→鍵，移動游標至 V_D 為 1.5V 處(Y_2 之 XValues = 1.5)，如圖 7-88 所示則其 Probe Cursor 小視窗上的 Y_2 = (1.5000，12.925)，表示此時 I_D(I(D1))為 12.925A。$Y_1 - Y_2$ = (1.000，27.565)，即 2.5 − 1.5 = 1.0，40.489 − 12.925 = 27.565 之意，如圖 7-88 所示。

⑤ 再點選 PLOT → Label → Mark 命令，同理就會將 xy 座標軸值顯示在波形上，如圖 7-87 左方所示。

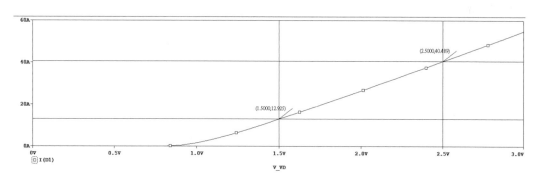

圖 7-87　Probe Cursor 的使用

	Trace Color	Trace Name	Y1	Y2	Y1 - Y2		Y1(Cursor1) - Y2(Cursor2)	
		X Values	2.5000	1.5000	1.0000		Y1 - Y1(Cursor1)	Y2 - Y2(Cursor2)
	CURSOR 1,2	I(D1)	40.489	12.925	27.565		0.000	0.000

圖 7-88　Probe Cursor 視窗

(2) 使用 PRINT1 及 IPRINT 列印電壓及電流之元件

此時若點選 View → Output file 命令，觀察其模擬結果輸出檔，只有電路模述檔資料及二極體之模型參數資料。因此要將圖 7-82 電路加入 PRINT1 及 IPRINT 元件，如圖 7-89 所示，PRINT 1(在 SPECIAL.OLB 資料庫)及 IPRINT(在 SPECIAL.OLB 資料庫)其功能係把某一節點電壓及某一路徑電流的各種模擬分析結果產生一列表於模擬輸出檔上，其操作步驟如下：

① 在 OrCAD Capture CIS 點選 🔲 圖示或執行 Place→Part 命令，取出 PRINT1 元件(在 SPECIAL.OLB 資料庫)將之置於二極體的陽極端。

② 設定 PRINT1 元件的分析屬性

在 PRINT1 元件上以 mouse 左鍵連續點兩下會出現一如圖 7-90 之 Property Editor 視窗，在 ANALYSIS 欄位下鍵入 DC，表示要執行直流掃描分析，再按 ENTER 鍵及 Apply 鈕後，關閉此視窗回到電路圖。

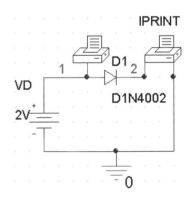

圖 7-89　圖 7-79 之二極體電路

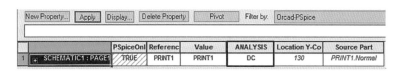

圖 7-90　PRINT 1 之 Properity Edit 視窗

③　使用同方法取出 IPRINT 元件(在 SPECIAL.OLB 資料庫)，並將串
　　聯於二極體的迴路上。

④　設定 IPRINT 元件的分析屬性
　　在 IPRINT 元件上以 mouse 左鍵連續點兩下，會出現如圖 7-91
　　之 Properity Editor 視窗，在 DC 欄位下鍵入 ON 表示要執行直流
　　掃描分析，然後再按 enter 鍵及 Apply 鈕後，關閉此視窗，再回
　　到原電路圖。

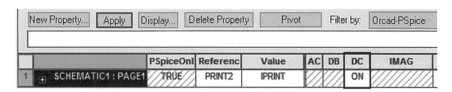

圖 7-91　IPRINT 元件之 Properity Editor 視窗

⑤　回到電路圖執行 PSpice→Run 命令，將進入 PROBE 的畫面。

⑥　點選 View→Output File 命令，就可在圖 7-92 所示之輸出檔內看
　　到當電源 VD 改變時，二極體陽極電流變化之情形。

註 十六：若是使用文字描述方式模擬圖 7-89 之二極體電路，則要在 D1 二極體上串聯
　　　　一 1Ω 的電阻器，否則模擬會有問題。

075	**** DC TRANSFER CURVES	
076		
077	***************************)	
078	V_VD	I(V_PRINT2)
079		
080	0.000E+00	-7.443E-25
081	1.000E-01	8.549E-08
082	2.000E-01	6.851E-07
083	3.000E-01	4.889E-06
084	4.000E-01	3.436E-05
085	5.000E-01	2.416E-04
086	6.000E-01	1.696E-03
087	7.000E-01	1.183E-02
088	8.000E-01	7.943E-02
089	9.000E-01	4.390E-01
090	1.000E+00	1.511E+00
091	1.100E+00	3.276E+00
092	1.200E+00	5.441E+00
093	1.300E+00	7.823E+00
094	1.400E+00	1.033E+01
095	1.500E+00	1.292E+01
096	1.600E+00	1.557E+01
097	1.700E+00	1.826E+01
098	1.800E+00	2.098E+01
099	1.900E+00	2.372E+01
100	2.000E+00	2.649E+01
101	2.100E+00	2.926E+01
102	2.200E+00	3.206E+01
103	2.300E+00	3.486E+01
104	2.400E+00	3.767E+01
105	2.500E+00	4.049E+01
106	2.600E+00	4.332E+01
107	2.700E+00	4.615E+01
108	2.800E+00	4.899E+01
109	2.900E+00	5.183E+01
110	3.000E+00	5.468E+01

119	**** DC TRANSFER CURVES	
120		
121	****************************	
122	V_VD	V(1)
123		
124	0.000E+00	0.000E+00
125	1.000E-01	1.000E-01
126	2.000E-01	2.000E-01
127	3.000E-01	3.000E-01
128	4.000E-01	4.000E-01
129	5.000E-01	5.000E-01
130	6.000E-01	6.000E-01
131	7.000E-01	7.000E-01
132	8.000E-01	8.000E-01
133	9.000E-01	9.000E-01
134	1.000E+00	1.000E+00
135	1.100E+00	1.100E+00
136	1.200E+00	1.200E+00
137	1.300E+00	1.300E+00
138	1.400E+00	1.400E+00
139	1.500E+00	1.500E+00
140	1.600E+00	1.600E+00
141	1.700E+00	1.700E+00
142	1.800E+00	1.800E+00
143	1.900E+00	1.900E+00
144	2.000E+00	2.000E+00
145	2.100E+00	2.100E+00
146	2.200E+00	2.200E+00
147	2.300E+00	2.300E+00
148	2.400E+00	2.400E+00
149	2.500E+00	2.500E+00
150	2.600E+00	2.600E+00
151	2.700E+00	2.700E+00
152	2.800E+00	2.800E+00
153	2.900E+00	2.900E+00
154	3.000E+00	3.000E+00

(a)　使用 IPRINT 元件之結果　　　　(b)　使用 PRINT1 元件之結果

圖 7-92　二極體電壓與電流之變化

其中 I(V_PRINT2)即為二極體之電流。

範例 7-32　試利用 OrCAD Capture CIS 求出 Q2N2222 電晶體的輸出特性曲線？若 VCC 為 10V，負載電阻為 5K，試繪出其負載線？

解　要求電晶體的輸出特性曲線，則應如圖 7-93 所示，在 Q2N2222 電晶體的基極加上一變化的直流電流(IB)，而在集極則應加上一變化的集極電壓 VCC，以求出集極電壓掃描變化時的集極電流 IC，爾後再改變基極電流，以求出集極電壓掃描變化時的集極電流，因此此種掃描分析有二個電源在改變，一為 IB，另一為 VCC，此種直流掃描分析又稱為巢狀的直流掃描分析，就好像 C 語言中的巢狀 FOR 迴圈功能一樣。

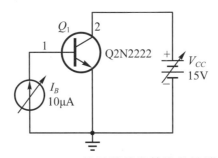

圖 7-93　Q2N2222 電晶體輸出特性曲線連接電路

1.　取元件畫電路

 (1) Place→PSpice Component→Source→Current Source→DC 取直流電流電源。

 (2) Place→PSpice Component→Source→Voltages Source→DC 取直流電壓電源。

 (注意電流電源極性)

2.　建立新的模擬輪廓

 執行模擬方法同上一範例，但是現在有兩個電源變數會變，故應在如圖 7-94 中的 Simulation Setting 視窗設定，先在 Analysis Type:下點選 DC Sweep，在 Options 欄下點選 Primary Sweep 設定，表示 VCC 集極電壓為主要掃描變數，VCC 由 0V 開始(Start Value)線性增加，每次增加 0.05V (Increment)至 15V (End Value)為止。再點選 OK 或 Apply 鈕若 Simulation Setting 視窗消失了，請點選 PSpice → Edit Simulation Profile 就可出現。然後如圖 7-95 所示再點選 Options 欄下的 Secondary Sweep 設定，再如圖 7-95 所示設定。

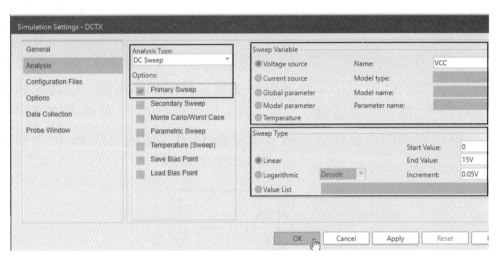

圖 7-94　主要掃描設定(VCC)

表示 IB 由 0A 開始變化至 10μA，每次增加 1μA 直至 10μA，也就是 IB=0A 時，VCC 由 0 變化至 15V，IB=1μA 時，VCC 由 0 變化至 15V 依此類推。

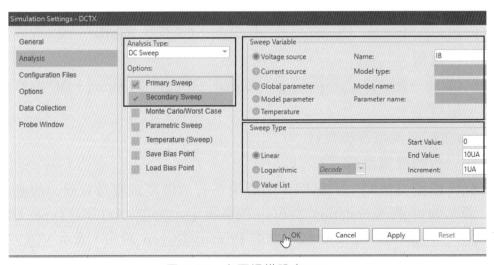

圖 7-95　次要掃描設定(IB)

3. 開始模擬及分析模擬結果

(1) 執行 **PSpice** → **Run** 執行模擬後，進入 Probe 的畫面，再點選 **Trace** → **Add** 命令後，在 Add Trace 視窗下點選 IC(Q1：C)，就會顯示如 圖 7-96 所示之電晶體 Q1 的輸出特性曲線

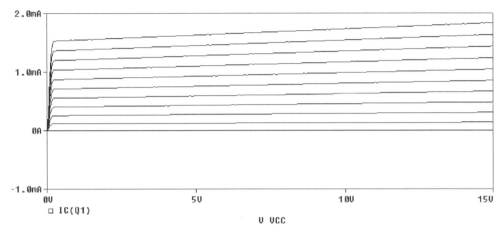

圖 7-96　電晶體之輸出特性曲線

(2) 點選 **Tools** → **Options** 命令會出現一 Probe Setting 小視窗如圖 7-97 所示，點選左邊的 **Use symbols** 下方的 **Never** 項在點選確定按鈕， 可使輸出特性曲線上的小正方形格子消失。

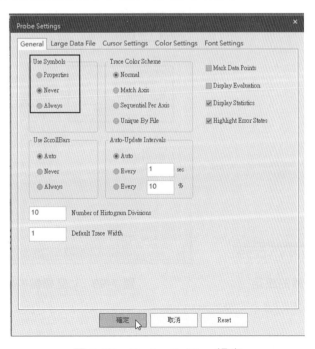

圖 7-97　Probe Setting 視窗

(3) 點選 Plot → Axis Setting 命令會出現一 Axis Settings 視窗，點選左上方的 X Grid 標籤，再點選左邊中間 Grids 下的 Lines，再點選 OK 鈕，會在 x 軸上出現垂直的格線。

(4) 同步驟(3)，但在 Axis Setting 視窗上點選 Y Grid 標籤，再點選 Grids 下的 Lines，再點選 OK 鈕會在 y 軸上出現水平的格線。
(可執行步驟(3)及(4)之相反動作就可將格線刪除)

(5) 畫負載線
　① 點選 Trace → Add Trace 命令後，出現一 Add Trace 視窗，如圖 7-98 所示在左下角之 Trace Expression：右框內鍵入 (10V-V_VCC)/5K，再點選 OK 鈕，表示求 10V 之 VCC 且負載電阻為 5K 之負載線。(其中 V_VCC 係與 Probe x 座標軸上的 V_VCC 電壓變數相同)就會顯示一條負載線於圖 7-96 所示之輸出曲線上，但是 y 座標軸有負值。
　② 調整 y 座標軸之高度，點選 Plot→Axis Setting 出現一如圖 7-99 所示之 Axis Settings 視窗，點選上方的 Y Axix 標籤，在 Data Range 下方點選 User Defined，然後再下方框內改鍵入 0 mA，在 to 右框鍵入 2mA，再點選 OK 鈕則會顯示如圖 7-100 所示 y 座標軸沒有負值的負載線。

Trace Expression: (10V-V_VCC)/5K

圖 7-98　負載線的設定　　　　　　圖 7-99　y 座標軸的調整

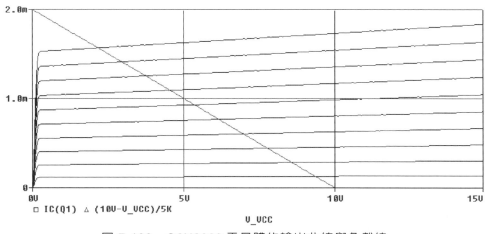

圖 7-100　Q2N2222 電晶體的輸出曲線與負載線

　　同理亦可用此法調整 x 座標軸的長度，只是在②步驟中的圖 7-99 中，點選 X Axis 標籤，亦會出現如圖 7-99 所示之視窗，在 Data Range 下點選 User Defined，然後在下方框內鍵入其 x 軸電壓之起始及(to)終止範圍值即可。

(6) 如何在曲線上獲得相關訊息

　　在負載線上或輸出曲線的任一條曲線上以 mouse 右鍵點選一次就會出現一功能表，其最下方有 Trace Information 及 Trace Properties 二個命令(在最下方)，其中

① Trace Informaty：顯示這條曲線的相關訊息，如何種分析、相關參數等。

② Trace Properties：顯示這條曲線的屬性，如曲線的顏色、線寬、符號等。

(7) 如何將顯示曲線刪除

　　在 Probe 畫面上的 X 軸左下方，會有顯示其曲線的變數及其符號，只要以 mouse 左鍵點選它使之變紅色(如 Δ(10V-V_VCC)/5K)然後再按 Delete 鍵，即可將之消除。

範例 7-33 同上題，但是使用 PSpice A/D 電路描述方式模擬，則其電路描述格式為何？

解 其電路描述格式如圖 7-101 所示。

```
7-7-3-52.cir - 記事本
檔案(F)  編輯(E)  搜尋(S)  說明(H)
Nested DC Sweep Ex7-7-3-52
IB   0   1  5UA
VCC  2   0   15V
Q1   2   1   0   Q2N2222
.model Q2N2222  NPN(Is=14.34f Xti=3 Eg=1.11 Vaf=74.03 Bf=255.9
+Ne=1.307 Ise=14.34f Ikf=.2847 Xtb=1.5 Br=6.092 Nc=2 Isc=0
+Ikr=0 Rc=1 Cjc=7.306p Mjc=.3416 Vjc=.75 Fc=.5 Cje=22.01p
+Mje=.377 Vje=.75 Tr=46.91n Tf=411.1p Itf=.6 Vtf=1.7 Xtf=3 Rb=10)
*National        pid=19            case=TO18
*88-09-07 bam    creation
.DC VCC 0 15V 0.05V IB  0 10UA 1UA
.OPTIONS NOPAGE
.PROBE
.END
```

圖 7-101　圖 7-93 之電路描述格式

7-8　交流分析

　　交流分析主要之作用在計算電路在某一頻率範圍的頻率響應，在執行交流分析前，SPICE(OrCAD　PSpice)會先計算出電路的直流工作點電壓，藉以求出非線性小信號模型的參數值。(如半導體元件，電容、電感及多項式控制電源。)

　　交流分析可分為頻率響應分析、雜訊分析與失真分析三種，其中 PSpice 無失真分析，但以傅立葉分析代替。

7-8-1 交流分析描述格式

.AC   AC   analysis

一般格式

    .AC   LIN   NP   FSTART   FSTOP
    .AC   DEC   NO   FSTART   FSTOP
    .AC   OCT   NO   FSTART   FSTOP

.AC   表示要做交流分析

FSTART   表示掃描的起始頻率，不可以為 0 或負值。

FSTOP   表示掃描的終止頻率，其值不得小於 FSTART

LIN   NP   線性掃描，掃描頻率由起始頻率線性變化到終止頻率，
            NP 為整個掃描過程的點數

DEC   ND   十倍掃描，掃描頻率由起始頻率起，以十為底的對數變化，
            至終止頻率為止。ND 為每個十倍掃描頻率中的掃描點數。

OCT   NO   八度掃描，掃描頻率是以起始頻率開始以八為自然對數變
            化，至終止頻率為止。NO 為每個二倍掃描頻率 ln8≈ 2 中的
            掃描點數。

　　整個掃描頻率也可以只做一個點(頻率)的分析，只要讓 FSTART 等於 FSTOP，且讓 NP，ND，NO 之值為 1 即可。

　　SPICE (OrCAD PSpice)在計算頻率響應時，將在電路偏壓點附近線性化以求得其小信號之模型，所以這就是在做電路分析時，SPICE(PSpice)會先求出電路之直流偏壓工作點之原因。在分析時電路中具有 AC 值的獨立電源均為該電路的輸入。

　　直流分析與交流分析的不同之處是交流分析不必在電源描述時指明電源的掃描頻率，而只要在交流分析描述中的 FSTART 及 FSTOP 敘述中指明。

範例 7-34   .AC   LIN   80   10Hz   20KHz

範例 7-35 .AC DEC 5 1HZ 100KHz

範例 7-36 .AC OCT 6 1KHZ 10MEGHz

在範例 7-34 中，表示其交流分析之輸入信號頻率由 10Hz 至 20KHz 成線性的變化，總共有 80 個頻率變化點。在範例 7-35 中表示輸入頻率由 1Hz 至 100KHz，成十倍頻率的變化，每十倍頻率變化間再有 5 個頻率變化點。也就是由 1Hz，10Hz，100Hz，1000Hz……變化，在 1Hz 至 10Hz 或 10Hz 至 100Hz 間等有 5 個頻率變化點。而範例 7-36 中則表示輸入信號的頻率由 1KHz 至 10MEGHz 以八為自然對數變化，即 1KHz、2KHz、4KHz、8KHz、16KHz 等等(ln8 ≈ 2)，而 1KHz 至 2KHz、2KHz 至 4KHz、4KHz 至 8KHz 間等，再有六個頻率變化點，依此類推。

7-8-1-1　OrCAD PSpice A/D Lite 之交流分析設定

在 OrCAD Pspic A/D 的設定中在建立新的模擬輪廓時，應如圖 7-102 所示之設定方式。圖 7-102(a)為範例 7-34 的設定。圖 7-102(b)為範例 7-35 之設定。圖 7-102(c)為範例 7-36 之設定，其中 Analyis type 點選 AC Sweep/Noise。

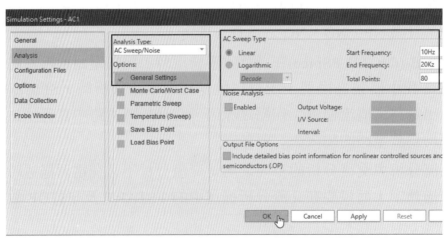

(a)範例 7-34 之設定

圖 7-102　OrCAD PSpice 交流分析之設定

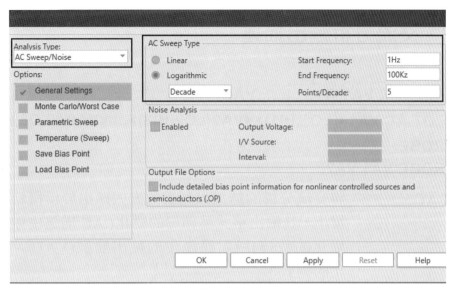

(b)範例 7-35 之設定

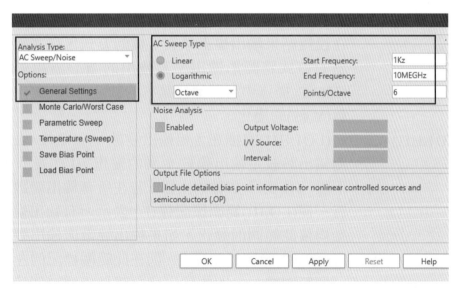

(c)範例 7-36 之設定

圖 7-102 OrCAD PSpice 交流分析之設定(續)

7-8-2 交流分析輸出描述

一般格式
.PRINT AC VA1<VA2.........VA8>
.PLOT AC VA1<(LO1,HI1)><VA2(LO2,HI2)>....<VA8<(LO8,HI8)>>
.PROBE
.PROBE VA1 VA2...

.PRINT AC　　　　將交流分析的結果以列表的方式印出於模擬結果輸出檔上，其輸出格式為頻率的變化(.AC 描述中頻率掃描變化的敘述)所對應產生的輸出變數(VA1...VA8) 變化的列表。

VA1<VA2...VA8>　表示要輸出的輸出變數，最多只能有八個輸出變數的敘述。

.PLOT AC　　　　表示交流分析的結果以印表機的圖形式輸出，也就是在模擬結果輸出檔上以文字檔的方式，以字元符號做點的方式將圖形繪出。其輸出的圖形為頻率的變化(在.AC 描述中有關掃描頻率的敘述)(X 軸)對輸出變數(Y 軸)的變化。

VA<(LO1,HI1)>....　將(LO1,HI1)安插在各組輸出變數 VA..之後，表示在繪圖輸出時設定輸出變數 Y 軸的變化，LO 表示 Y 軸的下限，HI 表示 Y 軸的上限。若在所有輸出變數之後只有一個(LO,HI)範圍標記存在，表示所有輸出變數的 Y 軸均依此範圍而變化。如果輸出變數與輸出變數之間有(LO,HI)範圍標記存在，則在此範圍標記的左邊到前一個範圍標記之間的輸出變數都是依據這個範圍為上下限制輸出。

此設定描述不寫，則 Y 軸依輸出變數的範圍調整出一個最佳範圍(至於 X 軸的範圍及增量已由該分析所決定)。

.PROBE　　　　　同直流分析之定義。

.PROBE　VA1....　同直流分析之定義。

範例 7-37 .PRINT AC VM(2) VM(1,2) VP(1,2) VI(1,2)
+VDB(1,2)

範例 7-38 .PRINT AC IM(V1) IP(V1) IDB(V1) (SPICE)

範例 7-39 .PLOT AC VM(4) VP(4) VR(2) VI(3)

範例 7-40 .PLOT AC IM(V1) (0,8mA) VDB(1,2) (0,15dB)

範例 7-41 .PLOT AC IM(R1) IP(R5) IDB(R2) IR(R3) II(R4)

(PSpice)

範例 7-42 .PROBE

範例 7-43 .PROBE VM(1,2) VP(1,2) IDB(V1)

7-8-2-1 OrCAD PSpice 交流分析輸出設定元件

一、OrCAD PSpice 對於列印及繪圖功能元件之設定及資料庫如表 7-25(a)
所示。

表 7-25(a) 電壓列印元件之功能設定及資料庫

元件名稱	Properity 之設定方式	功能	相對於文字 描述之敘述	元件 資料庫
PRINT1	如圖 7-103(a)所示	輸出某一節點交流電壓之大小	・PRINT AC V(2) ・PRINT AC VM(2)	SPECIAL ・OLB
VPRINT1	如圖 7-103(b)所示	輸出某一節點交流電壓之大小	・PRINT AC V (2) ・PRINT AC VM(2)	SPECIAL ・OLB
VPRINT1	如圖 7-103(c)所示	輸出某一節點交流電壓之大小以 dB 表示	・PRINT AC VDB(2)	SPECIAL ・OLB
VPRINT1	如圖 7-103(d)所示	輸出某一節點交流電壓之大小以相角表示	・PRINT AC VP(4)	SPECIAL ・OLB
VPRINT1	如圖 7-103(e)所示	輸出某一節點交流電壓之大小以實數部分表示	・PRINT AC VR(2)	SPECIAL ・OLB
VPRINT1	如圖 7-103(f)所示	輸出某一節點交流電壓之大小以虛數部分表示	・PRINT AC VI(3)	SPECIAL ・OLB

表 7-25(b)　電壓列印元件之功能設定及資料庫

元件名稱	Properity 之設定方式	功能	相對於文字描述之敘述	元件資料庫
VPRINT2	同圖 7-103(b)之設定方式	輸出二節點間交流電壓之大小	・PRINT　AC　VM(1,2) ・PRINT　AC　V(3,4)	SPECIAL ・OLB
VPRINT2	同圖 7-103(c)之設定方式	輸出二節點間交流電壓之大小以 dB 表示	・PRINT　AC　VDB(1,2)	SPECIAL ・OLB
VPRINT2	同圖 7-103(d)之設定方式	輸出二節點間交流電壓之大小以相角表示	・PRINT　AC　VP(1,2)	SPECIAL ・OLB
VPRINT2	同圖 7-103(e)之設定方式	輸出二節點間交流電壓之大小以實數部分表示	・PRINT　AC　VR(2,3)	SPECIAL ・OLB
VPRINT2	同圖 7-103(f)之設定方式	輸出二節點間交流電壓之大小以虛數部分表示	・PRINT　AC　VI(5,6)	SPECIAL ・OLB

表 7-25(c)電壓繪圖元件之功能設定及資料庫

元件名稱	Properity 之設定方式	功能	相對於文字描述之敘述	元件資料庫
VPLOT1	同圖 7-103(b)之設定方式	繪出一節點電壓大小之波形	・PLOT　AC　VM(2) ・PLOT　AC　V(2)	SPECIAL ・OLB
VPLOT1	同圖 7-103(c)之設定方式	繪出一節點電壓大小以 dB 表示之波形	・PLOT　AC　VDB(1)	SPECIAL ・OLB
VPLOT1	同圖 7-103(d)之設定方式	繪出一節點電壓大小以相角表示之波形	・PLOT　AC　VP(3)	SPECIAL ・OLB
VPLOT1	同圖 7-103(e)之設定方式	繪出一節點電壓大小以實數部分表示之波形	・PLOT　AC　VR(2)	SPECIAL ・OLB
VPLOT1	同圖 7-103(f)之設定方式	繪出一節點電壓大小以虛數部分表示之波形	・PLOT　AC　VI(3)	SPECIAL ・OLB
VPLOT2	同圖 7-103(b)之設定方式	繪出二節點電壓大小之波形	・PLOT　AC　VM(1,2) ・PLOT　AC　V(1,2)	SPECIAL ・OLB
VPLOT2	同圖 7-103(c)之設定方式	繪出二節點電壓大小以 dB 表示之波形	・PLOT　AC　VDB(1,2)	SPECIAL ・OLB
VPLOT2	同圖 7-103(d)之設定方式	繪出二節點電壓大小以相角表示之波形	・PLOT　AC　VP(1,2)	SPECIAL ・OLB

表 7-25(d)電壓繪圖元件之功能設定及資料庫(續)

元件名稱	Property 之設定方式	功能	相對於文字 描述之敘述	元件資料庫
VPLOT2	同圖 7-103(e)之設定方式	繪出二節點電壓大小以實數部分表示之波形	・PLOT　AC　VR(1,2)	SPECIAL ・OLB
VPLOT2	同圖 7-103(f)之設定方式	繪出二節點電壓大小以虛數部分表示之波形	・PLOT　AC　VI(1,2)	SPECIAL ・OLB

表 7-25(e)　電流繪圖元件之設定及功能

元件名稱	Property 之設定方式	功能	相對於文字 描述之敘述	元件資料庫
IPLOT	同圖 7-103(b)之設定方式	繪出某一路徑電流波形之大小	・PLOT　AC　IM(R1) ・PLOT　AC　I(V1)	SPECIAL ・OLB
IPLOT	同圖 7-103(c)之設定方式	繪出某一路徑電流波形之大小以 dB 表示	・PLOT　AC　IDB(R2)	SPECIAL ・OLB
IPLOT	同圖 7-103(d)之設定方式	繪出某一路徑電流波形之大小以相角表示	・PLOT　AC　IP(R5)	SPECIAL ・OLB
IPLOT	同圖 7-103(e)之設定方式	繪出某一路徑電流波形之大小以實數部分表示	・PLOT　AC　IR(R3)	SPECIAL ・OLB
IPLOT	同圖 7-103(f)之設定方式	繪出某一路徑電流波形之大小以虛數部分表示	・PLOT　AC　II(R4)	SPECIAL ・OLB

表 7-25(f)　電流列印元件之設定及功能

元件名稱	功能	Property 之設定方式	相對於文字 描述之敘述	元件資料庫
IPRINT	輸出某一路徑電流之大小於輸出檔上	同圖 7-103(b)之設定方式	・PRINT　AC　IM(V1) ・PRINT　AC　I(V2)	SPECIAL ・OLB
IPRINT	輸出某一路徑 dB 電流之大小於輸出檔上	同圖 7-103(c)之設定方式	・PRINT　AC　IDB(V3)	SPECIAL ・OLB
IPRINT	輸出某一路徑電流相角之大小於輸出檔上	同圖 7-103(d)之設定方式	・PRINT　AC　IP(V4)	SPECIAL ・OLB

表 7-25(g)　電流列印元件之設定及功能(續)

元件名稱	功能	Properity 之設定方式	相對於文字描述之敘述	元件資料庫
IPRINT	輸出某一路徑電流實數部分之大小於輸出檔上	同圖 7-103(e)之設定方式	· PRINT　AC　IR(V5)	SPECIAL · OLB
IPRINT	輸出某一路徑電流虛數部分之大小於輸出檔上	同圖 7-103(f)之設定方式	· PRINT　AC　II(V6)	SPECIAL · OLB

	Reference	Value	ANALYSIS	Source Part
1	ex7-8-3-1(2) : PAGE1 : PRINT5	PRINT1	PRINT1	ac	PRINT1.Normal

圖 7-103(a)　PRINT 1 元件交流分析求電壓大小之設定

Reference	Value	AC	DB	DC	IMAG	MAG	PHASE	PRINT	REAL	Source Part	TRAN
PRINT4	VPRINT1	ON				ON		PRINT		VPRINT1.Normal	

圖 7-103(b)　VPRINT 1，VPRINT2,VPLOT1,VPLOT2,IPRINT,
IPLOT 元件交流分析求電壓電流大小之設定

Reference	Value	AC	DB	DC	IMAG	MAG	PHASE	PRINT	REAL	Source Part	TRAN
PRINT4	VPRINT1	ON	ON					PRINT		VPRINT1.Normal	

圖 7-103(c)　VPRINT 1，VPRINT2,VPLOT1,VPLOT2,IPRINT,
IPLOT 元件交流分析求電壓電流 dB 分貝值之設定

Reference	Value	AC	DB	DC	IMAG	MAG	PHASE	PRINT	REAL	Source Part	TRAN
PRINT4	VPRINT1	ON					ON	PRINT		VPRINT1.Normal	

圖 7-103(d)　VPRINT 1，VPRINT2,VPLOT1,VPLOT2,IPRINT,
IPLOT 元件交流分析求電壓電流相角之設定

Reference	Value	AC	DB	DC	IMAG	MAG	PHASE	PRINT	REAL	Source Part	TRAN
PRINT4	VPRINT1	ON						PRINT	ON	VPRINT1.Normal	

圖 7-103(e)　VPRINT 1，VPRINT2,VPLOT1,VPLOT2,IPRINT,
IPLOT 元件交流分析求電壓電流實數部分之設定

Reference	Value	AC	DB	DC	IMAG	MAG	PHASE	PRINT	REAL	Source Part	TRAN
PRINT4	VPRINT1	ON			ON			PRINT		VPRINT1.Normal	

圖 7-103(f) VPRINT 1，VPRINT2,VPLOT1,VPLOT2,IPRINT,
IPLOT 元件交流分析求電壓電流虛數部分之設定

7-8-3 交流分析實例介紹

範例 7-44 使用繪圖方式試求出圖 7-104 之 RC 低通濾波器之輸出頻率
響應曲線，輸入信號為交流 100mV(此即為其輸出頻率響應
之波德圖(BODE PLOT))，電壓大小以 dB 表示，採用十倍頻
率掃描，由 1Hz 至 200K Hz，每十倍頻率變化間有五個頻率
變化點。

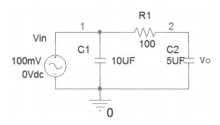

圖 7-104 RC 低通濾波器

解

1. 開始繪圖
   (1) 置放交流電源元件(VAC, 元件資料庫：SOURE.OLB)
       Place → PSpice Component → Source → Voltages Sources →AC
   (2) 置放電阻及電容元件
       Place → PSpice Component → Resistor(Capacitor)
   (3) 置放 PSpice 接地元件
       Place → PSpice Component → PSpice Ground
   (4) 連線
       Place → Wire 或 ⌐ 圖示
   (5) 置放節點符號
       Place → Net Alias 或 圖示
       (輸入交流電源設定方式請參閱第四章 4-1-1 小節)

2. 建立新的模擬輪廓

(1) 點選 PSpice → New Simulation Profile 命令後建立新的模擬輪廓後，會出現如圖 7-105 所示之 New Simulation 視窗。

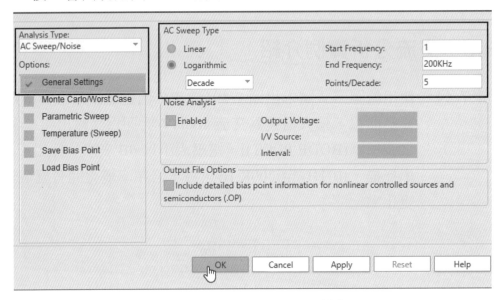

圖 7-105   New Simulation 視窗

3. 決定模擬分析的種類及參數設定

模擬分析的種類及參數設定的步驟如下：

(1) 在圖 7-105 視窗上的 Analysis Type 欄框下，點選 AC Sweep/Noise 表示要執行交流分析或雜訊分析。

(2) 在右邊 AC Sweep Type 下框內點選 Logarithmic，表示輸入信號頻率以對數變化為之，在 Logarithmic 下方，點選 Decade，表是十倍頻率變化。

(3) 在右邊的 Start Frequency 右框內鍵入 1，END Frequency 右框鍵入 200KHz，表示輸入信號起始頻率為 1Hz，終止頻率為 200KHz。Point/Decade 右框內鍵入 5，表示輸入交流電源 VIN 之 頻率由 1Hz 開始增加，從 1Hz 增加至 200KHz。每 10 倍頻率變化間有 5 個頻率變化點，然後再點選 OK 鈕。

4. 開始模擬及分析模擬結果

   (1) 執行 PSpice → Run 命令後，會出現 PSpice A/D 之 PROBE 視窗。

   (2) 點選 Trace→Add Trace 命令，就會出現如圖 7-106 所示之 Add Trace 視窗。

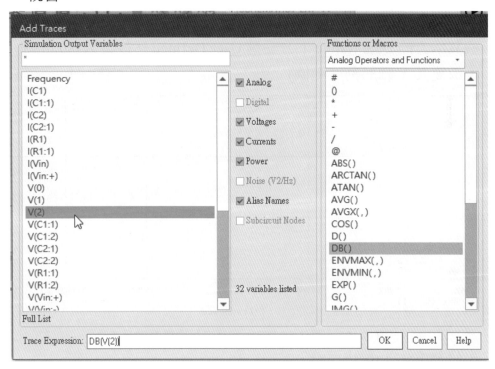

圖 7-106　Add Trace 視窗

5. 求輸出電壓大小以 dB 表示之頻率響應曲線

   (1) 點選右邊方框內之 DB[]，表示輸出以 dB 表示。

   (2) 點選左邊方框內之 V(2)，或 V[C2：1](註：C2：1 表 C2 的上端 1 即為正端，繪圖時要注意在取出電容器時，其為水平方向，左端為 1 端，右端為 2 端，故在轉動元件時，要轉動 3 次，使 1 端在上端)，表示求節點 2 之電壓 dB 值。

   (3) 此時就會在左下方之 Trace Expression：右框內出現 DB[V(C2：1)] 或 DB[V(2)] 字 (若不執行 (1)(2) 步驟則在圖 7-106 的 Trace Expression：右框鍵入此式子亦可)

(4) 再點選 OK 鈕，即可出現如圖 7-107 所示之以分貝 dB 表示之輸出電
壓之頻率響應曲線(若無輸出或輸出有一條直線，表示現在電路圖上
之 C2 的上端為 2 端，再改點選 DB[V(C2:2)]看看，最好點選 DB[V(2)]
比較沒有這種困擾)。(若你的 Y 軸是由 0 至-100，可點選 Plot → Axis
Setting 命令會出現-Axis Setting 視窗，點選左上方的 Y Axis 後，在
其下方的 Data Range 下方點選 User Defined 然後鍵入-80 to -20 就會
改變其 Y 軸的刻度範圍)

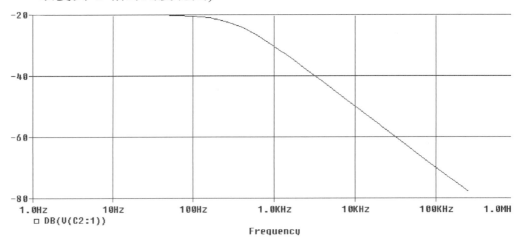

圖 7-107 圖 7-104 輸出電壓之頻率響應曲線(一)

6. 如何求出其-3dB 頻率點

(1) 先設定游標功能

點選 Trace → Cursor → Display 命令使之具有游標之功能(再執行
同一命令一次，就取消其功能)，此時將在 Probe 畫面下方出現一
Probe Cursor 小視窗，有 Y1，Y2 游標之位置及差值之顯示。

(2) 找出曲線之最大值位置

如圖 7-108 所示點選 Trace → Cursor → Max 命令，將使游標移至曲
線之最大值位置，如圖 7-109 Probe Cursor 所示，即 Y1= (1.0000,
-20.000 位置，表示其頻率在 1HZ 時，其輸出為-20dB。

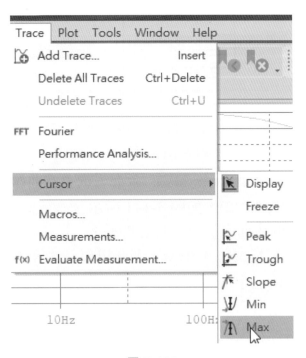

圖 7-108

Trace Color	Trace Name	Y1	Y2	Y1 - Y2		Y1(Cursor1) - Y2(Cursor2)	
	X Values	1.0000	1.0000	0.000		Y1 - Y1(Cursor1)	Y2 - Y2(Cursor2)
CURSOR 1,2	DB(V(C2:1))	-20.000	-20.000	901.270n		0.000	0.000

圖 7-109　Probe Cursor 視窗(一)

(3) 將游標移至-3dB 的位置

滑鼠點按波形一下再按鍵盤的→鍵，使游標移至輸出為-23dB 的位置，看圖 7-109 中的 Y1 值下框的變化值，即讓 Y1 的座標 y 值為-23，實際上 Y1= (311.535,-23.032)如圖 7-110 所示，即為輸出的-3dB 位置(游標移動不會剛好在-23dB 位置且電腦不同其值會稍有差異)。

(4) 求出其-3dB 頻率

此時觀察其 Y1 的 X 座標值為 311.535 表示其-3dB 頻率為 310.995Hz，如圖 7-110 所示。

Trace Color	Trace Name	Y1	Y2	Y1 - Y2		Y1(Cursor1) - Y2(Cursor2)	
	X Values	311.535	1.0000	310.535		Y1 - Y1(Cursor1)	Y2 - Y2(Cursor2)
CURSOR 1,2	DB(V(2))	-23.032	-20.000	-3.0315		0.000	0.000

圖 7-110　Probe Cursor 視窗(二)

(5) 在曲線上標出其-3dB 頻率值，即 xy 座標值

點選 Plot → Label → Mark 命令，則會在曲線上標出其 xy 座標值為(311.535,-23.32)，如圖 7-111 所示。

(6) 可在 Probe 的畫面上，寫上自己的姓名

點選 Plot → Label → Text，則會出現一 Text Label 小視窗，在上面鍵入自己的名字後，在點選 OK 鈕後，將文字移至 Probe 畫面上的適當位置後，再按 mouse 左鍵定位後即可，要將之刪除則用 mouse 左鍵點選目標物使之變成紅色，再按 Delete 鍵，即可將之刪除。

7. 如何將曲線上的 xy 格線消除

(1) 清除 x 軸上之垂直格線

點選 Plot→Axis Setting 命令，會出現一 Axis Setting 視窗點選 X Grid 標籤，再點選中間二個 Grids 下面的 None 小格，再點選 OK 鈕即可，若要在以後的所有 Probe 畫面都具有清除格線的功能，則點選下方的 Save As Default 鈕，再點選 OK 鈕即可。

(2) 消除 y 軸上之水平格線

同上(1)方法，只是在 Axis Setting 視窗上，點選 Y Grid 標籤，其餘方法均同，可將如圖 7-111 所示的格線全部都消除。

圖 7-111　圖 7-102 輸出電壓之頻率響應曲線(二)

8. 如何顯示其輸出相角之頻率響應曲線

有兩種方法：

使用同一 Probe 畫面顯示

現在 Probe 的畫面因已顯示輸出電壓的頻率響應曲線，若要將相角之頻率響應曲線，顯示在同一畫面上，因為二個曲線的單位不一樣，故要使用 7-7-3-1 小節中圖 7-71 直流掃描分析的方法，將不同單位的輸出變數同時顯示在同一畫面上，其方法如下

(1) 點選 Plot → Add Y Axis 命令(表示增加第二個不同的 y 座標)，此時原來的分貝"dB" y 座標會移至左邊，且 X 座標軸下的 DB(V(2)) 變數左邊會多出一個 1 字表示第一個 y 座標屬於 DB(V(2))，且現在圖形的 y 軸上有一>>符號指著它。

(2) 點選 Trace → Add Trace 命令，出現一如圖 7-112 所示之 Add Traces 視窗，然後在右邊框內點選 P[]，表示目前座標要顯示相角的曲線(P 表 Phase)。然後在左邊框內點選 V(C2:1)或 V(2)後，再點選 OK 鈕，就會出現圖 7-113 之相角頻率響應曲線與 dB 頻率響應曲線之視窗，此時 y 軸的刻度旁標有 2 字，

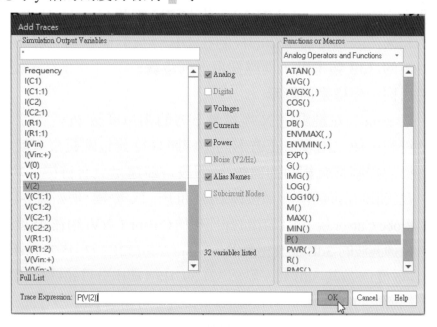

圖 7-112　相角頻率響應曲線之 ADD Trace 視窗

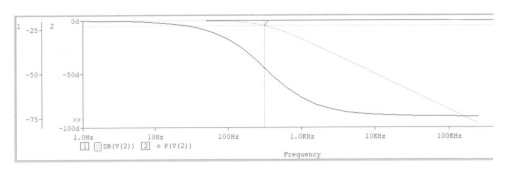

圖 7-113　頻率響應曲線(含分貝及相角)

其值由 0d 至-100d，為 0 度至-100 度(d 表 degree 度數之意)，此時在 x 座標軸下也會顯示 ⅰ □DB(V(C2:1))及 ② ◇P(V(2))表示曲線上有□符號者為 DB(V(2)) 的曲線，其 y 座標為第一個，而曲線上有◇符號者為相位角，P(V(2))，其 y 座標軸為第 2 個。

9.　如何找出相角曲線的-3dB 頻率點

現在由於同一畫面上有兩個不同輸出變數的曲線(一為分貝一為相角)，所要遇到的問題是如何選擇游標在那一個曲線上，現在看圖 7-113 的 X 座標軸上方的 DB(V(2))字的左邊□符號有一正方形的虛線將之包圍起來，表示目前游標的控制在 DB 分貝的曲線上，現在要找出相角曲線的-3dB 頻率點，則應採用下列步驟：

(1)　使用同一座標畫面顯示

①　以 mouse 左鍵點選 X 座標軸下方的相角度數 P(V(2))字左邊的◇符號，使之出現一正方形的虛線將◇符號包圍起來，就可以使游標的控制移至相角的曲線上(假設目前還是具有游標之功能)。

②　在波形的畫面點一下然後移動鍵盤的← 或 →鍵，使如圖 7-114 所示之 Probe Cursor 視窗 Y1 游標的 y 座標值 Cursor 1 P(V(2))在-45 度的位置(因低通濾波的-3dB 點其相角為-45 度)，Y1=(321.397,-45.277)(不會剛好在-45 度)，故其-3dB 頻率點為 321.397Hz，與由分貝 dB 輸出頻率響應曲線所求的-3dB 頻率 311.535Hz 很接近，可點選 Plot → Label → Mark 命令將曲線上標出其 xy 座標軸之值，如圖 7-115 所示。

	Trace Color	Trace Name	Y1	Y2	Y1 - Y2		Y1(Cursor1) - Y2(Cursor2)	
		X Values	321.397	1.0000	320.397		Y1 - Y1(Cursor1)	Y2 - Y2(Cursor2)
	CURSOR 2	DB(V(2))	-23.166	-20.000	-3.1659		22.111	0.000
	CURSOR 1	P(V(2))	-45.277	-179.999m	-45.097		0.000	19.820

圖 7-114　Probe Cursor 視窗(三)

(2) 使用另一 Probe 畫面顯示，而同時保留原來分貝 dB 之頻率響應曲線，先將原來相角的頻率響應曲線消除，則執行下列步驟：

① 把第 2 y 軸消除

點選 Plot → Delete Y Axis 命令後出現一 warning 小視窗，點選確定鈕就可將相位曲線消除之。

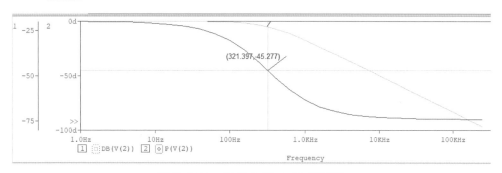

圖 7-115　相角曲線-3dB 頻率點

② 再點選 PLOT → Add Plot to Window 會增加一繪圖視窗，此時在原來 dB 分貝響應曲線的上方會出現一新的座標軸，在 y 軸上有一 SEL>>字樣指著 y 軸上，表示目前的 mouse 及相關指令的控制是在這一座標圖上。若要控制下面分貝響應曲線的波形座標，只要將 mouse 在 DB(V(2))波形的座標 y 軸上點選一下，就會使 SEL>>字樣移至 DB(V(2))波形的 y 座標上。如此亦可使用相同步驟，將游標控制移至上面的座標軸曲線上，讓它顯示相角的曲線出來。

註 十七：若要在增加顯示繪圖視窗可重覆執行②步驟)

③　然後在點選 TRACE → ADD Trace 命令，再點選 P[]及 V(2:1)輸出變數，再點選 OK 鈕後，就會出現如圖 7-116 所示之相角之頻率響應曲線。

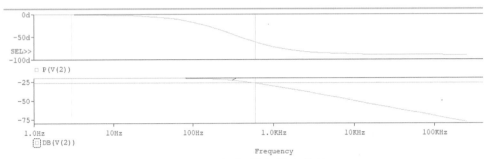

圖 7-116　相角頻率響應曲線

④　將游標控制移至相位角的頻率響應曲線上，同前方法以 mouse 左鍵點選 X 軸下方 P(V(2))左邊的□符號，使之有一虛線正方形包圍它，再移動游標至-45 度位置即可得-3dB 頻率點。

註 十八：如何在 Probe 畫面上將某一波形刪除(把 P(V(2))波形刪除)有下列兩種方法：
❶點選 Trace → Delete All Trace 命令會把 SEL>>字樣所指 y 座標軸畫面上的曲線刪除。
❷在要刪除曲線的 X 座標軸下的輸出變數 P(V(2))上，以 mouse 左鍵點選一次使之變紅色，然後再按 Delete 鍵，即可將之消除(練習之)。

10. 顯示單一相位頻率響應曲線之方法(不同時顯示分貝頻率響應曲線)
(1)　先將數個座標軸的畫面刪除掉一個畫面
①　點選 PLOT→Delete Plot 命令，就可刪除掉相位頻率響應曲線之畫面，(每執行一次就會刪除一個)。
②　在點選 Trace→Delete All Traces 就會將分貝之頻率響應曲線消除之，若畫面上留有一 3dB 頻率之 x y 座標位置值及線條，則以 mouse 左鍵點選之，使之變紅色後，在按 Delete 鍵，即可將之消除之。

(2) 然後再點選 Trace→Add Trace 命令，就會出現一 Add Trace 視窗，
再點選 P[ ] 及 V(2) 變數，再點選 OK 鈕後就可以把相位頻率響應
曲線單獨顯示在一個畫面上。

(3) 同前方法可將一 3dB 頻率點標出。

11. 使用電路描述模擬的方式

有如下兩種方法：

(1) 在目前的 Probe 的畫面時

① 點選 File→New→Text File 命令，就會進入 PSpice A/D 視窗。

② 鍵入如圖 7-117 所示之檔案內容，副檔名要為*.CIR，點選 File→
Save(注意所儲存之路徑)，例如為 EX7-44.CIR。

③ 再點選 File→Open 命令，至 EX7-44.CIR 檔案所存之路徑內將
EX7-44.CIR 檔開啟，(注意副檔名為.CIR)。

```
00  LOW PASS FILTER EX7-44
01  VIN  1   0    AC   100mV
02  R1   1   2    100
03  C1   1   0    10UF
04  C2   2   0    5UF
05  .AC DEC  5   1   200KHZ
06  .PRINT  AC  VDB(C2)  VP(C2)
07  .PLOT   AC  VDB(2)
08  .PLOT   AC  VP(2)
09  .OPTIONS NOPAGE
10  .PROBE
11  .END
```

圖 7-117　範例 7-44 之電路描述檔

④ 此時 EX7-44.CIR 電路描述檔就會出現在 PSpice A/D 視窗上

⑤ 在點選 Simulation → Run 命令，就可執行 PSpice A/D 之模擬而
進入 Probe 視窗。

⑥ 在 Probe 視窗上，可執行前項之各種波形顯示之功能。

⑦ 由於在圖 7-117 電路描述檔中有.PRINT AC VDB(C2) VP(C2) 、
PLOT AC VDB(2) 及 PLOT AC VP(2)之敘述，因此要進入模擬結
果輸出檔內方可看出其結果。

⑧ 點選 View →Output File 命令就可進入模擬結果輸出檔觀測出.PRINT 及.PLOT 相關命令所執行的結果，如圖 7-118 所示。

```
049    ****      AC ANALYSIS
050     FREQ        VDB(C2)        VP(C2)
051
052     1.000E+00   -2.000E+01    -1.800E-01
053     1.585E+00   -2.000E+01    -2.853E-01
054     2.512E+00   -2.000E+01    -4.521E-01
055     3.981E+00   -2.000E+01    -7.166E-01
056     6.310E+00   -2.000E+01    -1.136E+00
057     1.000E+01   -2.000E+01    -1.799E+00
058     1.585E+01   -2.001E+01    -2.850E+00
059     2.512E+01   -2.003E+01    -4.512E+00
060     3.981E+01   -2.007E+01    -7.129E+00
061     6.310E+01   -2.017E+01    -1.121E+01
062     1.000E+02   -2.041E+01    -1.744E+01
063     1.585E+02   -2.096E+01    -2.647E+01
064     2.512E+02   -2.210E+01    -3.828E+01
065     3.981E+02   -2.409E+01    -5.136E+01
066     6.310E+02   -2.693E+01    -6.323E+01
067     1.000E+03   -3.036E+01    -7.234E+01
068     1.585E+03   -3.411E+01    -7.864E+01
069     2.512E+03   -3.801E+01    -8.278E+01
070     3.981E+03   -4.197E+01    -8.543E+01
071     6.310E+03   -4.595E+01    -8.711E+01
072     1.000E+04   -4.995E+01    -8.818E+01
073     1.585E+04   -5.394E+01    -8.885E+01
074     2.512E+04   -5.794E+01    -8.927E+01
075     3.981E+04   -6.194E+01    -8.954E+01
076     6.310E+04   -6.594E+01    -8.971E+01
077     1.000E+05   -6.994E+01    -8.982E+01
078     1.585E+05   -7.394E+01    -8.988E+01
079     2.512E+05   -7.794E+01    -8.993E+01
```

(a)

圖 7-118　執行結果輸出檔

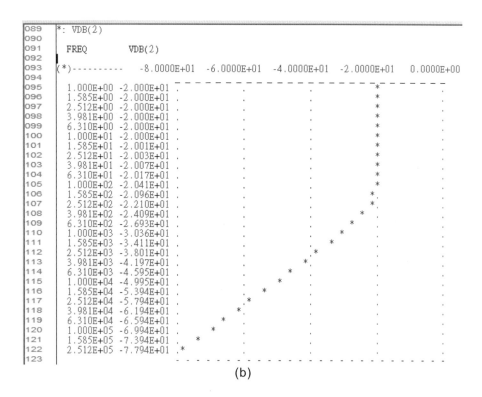

(b)

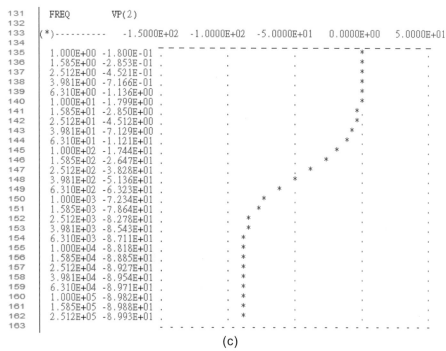

(c)

圖 7-118 執行結果輸出檔(續)

(2) 若不在目前的 Probe 畫面時

① 點選開始 →程式集 → OrCAD irial 17.4-2019 →PSpice AD 17.4 就會進入 PSpice A/D 視窗

② 同(1)項之①~⑧步驟執行之。

註 十九：亦可在記事本中建立圖 7-117 之電路描述檔，再執行(1)之③~⑧步驟，①② 步驟跳過

注意：若要在繪圖模擬時能求出各頻率點時輸出分貝及相位大小之不同值時(相當電路 描述之.PRINT AC VDB(2) VP(2)之功能)，則應使用表 7-26(a)之 VPRINT 1 元件 於節點 2 上，如圖 7-119(a)所示，而 VPRINT 1 元件之設定應如圖 7-119(b)所示 Property Editor 視窗設定後，再模擬之，則可在其輸出檔上獲得其輸出資料與如 圖 7-118 所示完全相同(練習之)。(在 Probe 畫面上執行 View →Output File 命令 以打開圖 7-119(a)之模擬結果輸出檔)

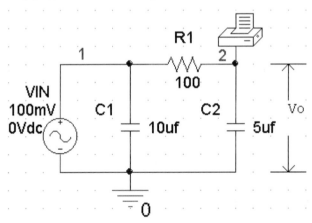

(a) 將 VPRINT 1 元件加入圖 7-104 電路中

			PSpiceOnl	Referenc	Value	V9	AC	DB	DC	IMAG	Location Y-Co	PHASE
1	⊞	SCHEMATIC1 : PAGE1	TRUE	PRINT1	VPRINT1		ON	ON			100	ON

New Property... | Apply | Display... | Delete Property | Pivot | Filter by: Orcad-PSpice ▽ | Help

(b) VPRINT 1 元件求分貝及相位之設定方式

圖 7-119

　　由於採用十倍掃描，故在輸出檔中可以看出，其頻率係由 1 至 200KH$_z$，以 10 為底的對數變化。當頻率每十倍變化時，其掃描頻率點數係五點，例如 1Hz 至 10H$_z$；10Hz 至 100Hz 等期間之掃描頻率為五點。(即 1Hz 至 10Hz 間有 1Hz、1.585Hz、2.512Hz、3.981Hz、6.310Hz 五個頻率點，依此類推)

範例 7-45　試以 OrCAD Capture CIS 求出圖 7-120 高通濾波器之輸出頻率響應曲線？輸入電源為交流，大小為 1V，相角為 0 度，其輸入信號由 1Hz 至 1kHz，做八度掃描變化，每八度掃描變化間再有五個頻率變化點，並以 PROBE 繪出其頻率響應曲線及求出其 – 3dB 頻率？並求出輸入在各頻率變化時，輸出電壓之大小、分貝、相位、實數部分、虛數部分。

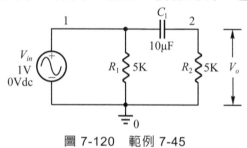

圖 7-120　範例 7-45

解

1.　開始繪圖：

　　將圖 7-120 之電路圖重繪成圖 7-121 所示，其執行步驟如下所述：

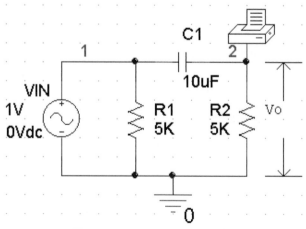

圖 7-121　圖 7-120 之電路

(1)　置放交流電源元件(VAC, 元件資料庫：SOURCE.OLB)

　　　Place → PSpice Component → Source → Voltages Sources →AC

(2)　置放電阻及電容元件(R、C，元件資料庫：ANALOG.OLB)。

　　　Place → PSpice Component → Resistor(Capacitor)

(3)　置放 PSpice 接地元件

　　　Place → PSpice Component → PSpice Ground 或執行 ⏚ 圖示。

　　　(元件資料庫：SOURCE.OLB)

(4)　畫線

　　　Place → Wire 或執行 ∫ 圖示。

(5)　置放節點符號

　　　Place → Net Alias 或 ⏚ 。

(6)　置放列印電壓輸出元件 VPRINT1 即相當文字描述之 PRINT AC 敘
　　　述執行 ▨ 圖式或執行 Place → Part (VPRINT 1)，元件資料庫：
　　　SPECIAL.OLB

　　　VPRINT1 元件的設定，其方法為以 mouse 左鍵在 VPRINT1 元件上連
續點二下，就會出現如圖 7-122 之 Property Editor 視窗，由於要求交流輸
出電壓之大小、分貝、相位、實數部分、虛數部分，故要在 AC、DB、IMAG、
MAG、PHASE 及 REAL 及等欄位下鍵入 ON 字。

			PSpiceOnl	Referenc	Value	AC	DB	DC	IMAG	MAG	PHASE	PRINT	REAL
1	⊞	SCHEMATIC1 : PAGE1	TRUE	PRINT1	VPRINT1	ON	ON		ON	ON	ON	PRINT	ON

圖 7-122　VPRINT1 元件的設定

2. 建立新的模擬輪廓：

點選 PSPise → New Simulation Profile 命令，建立新的模擬輪廓後，會出現如圖 7-123 所示之 Simulation Settings 視窗。

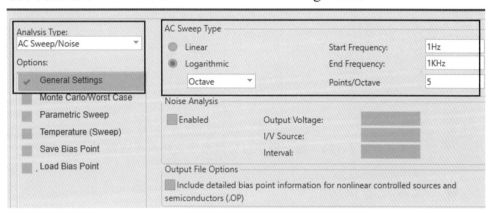

圖 7-123　Simulation Setting 設定視窗

3. 決定模擬分析的種類及參數設定

(1) 在圖 7-123 視窗上的 Analysis Type 框內點選 AC Sweep / Noise 表示要執行交流分析或雜訊分析。

(2) 在右邊 AC Sweep Type 下框內點選 Logarithmic，其下方框內點選 Octave，表示要執行八度掃描。

(3) 在右邊的 Start Frequency:右框內鍵入 1Hz，End Frequency:右框內鍵入 1kHz，Points/Octave:右框內鍵入 5，表示每八度掃描頻率變化間再有五個頻率變化點。然後再點選確定鈕。

4. 開始模擬及分析模擬結果

(1) 求輸出電壓大小以分貝表示之頻率響應曲線

① 執行 Pspice →Run 命令後會進入一 Pspice A/D 之 Probe 視窗。

② 點選 Trace →Add Trace 命令，就會出現一 Add Trace 視窗。

③ 在 Add Trace 視窗右邊點選 DB[]，左邊點選 V(2)變數後再點選 OK 鈕即可。

④　此時會出現如圖 7-124 所示之輸出電壓大小之頻率響應曲線。

⑤　求出其-3dB 頻率點。

圖 7-124　輸出電壓以分貝表示之頻率應曲線

❶　先設定游標功能

點選 Trace → Cursor → Display 命令使之具有游標之功能(再執行同一命令一次，就取消其功能)，此時將在 Probe 畫面下方出現一 Probe Cursor 小視窗，上有 Y1，Y2 游標之位置及差值之顯示。

❷　找出曲線之最大值位置

Trace → Cursor → Max 命令使點選游標，將使游標移至曲線之最大值位置，即 Y1=(1.024K,-41.965u)位置，表示其頻率在最大輸出值 0dB 時頻率為 1.024K(-41.906 u≅0)。

❸　將游標移至-3dB 的位置

按鍵盤的→鍵，使游標移至輸出為-3dB 的位置，即讓 Y1 的座標 y(DB(V2))值為-3(實際為-3.0062)，實際上 Y1=(3.1933,-3.0062)如圖 7-125 所示，即為輸出的-3dB 位置(游標移動可能不會剛好在-3dB 位置且電腦不同其值會稍有差異)。

❹　求出其-3dB 頻率

此時觀察其 Y1 的 X 座標值(XValues)為 3.1933 表示其-3dB 頻率為 3.0062Hz，如圖 7-125 所示。

	Trace Color	Trace Name	Y1	Y2	Y1 - Y2		Y1(Cursor1) - Y2(Cursor2)	
		X Values	3.1933	1.0000	2.1933		Y1 - Y1(Cursor1)	Y2 - Y2(Cursor2)
	CURSOR 1,2	DB(V(2))	-3.0062	-10.466	7.4596		0.000	0.000

圖 7-125　Probe Cursor 視窗

❺　在曲線上標出其-3dB 頻率值，即 xy 座標值

點選 Plot → Label → Mark 命令示，則會在曲線上標出其 xy
座標值爲(3.1933,3.0062)，如圖 7-124 所示。

(2) 求出輸出相位之頻率響應曲線

由於在目前 Probe 的畫面上已經有以電壓分貝表示的頻率響應曲線
在上面。故可採用前一範例 7-44 之各種方法，現在我們採用使用單
一畫面的顯示方法，其方法如下：

① 點選 Trace →Delete All Traces 命令將目前的電壓分貝輸出頻率
響應曲線消除之。

② 畫面上標出的 xy 座標值，以 mouse 左鍵點選，再按 Delete 鈕，
即可將之消除之。

③ 點選 Trace →Add Trace 命令，出現一 Add Trace 視窗，點選右
邊框內之 P[](表示求相位角)，左邊框內點選 V(2)或 V(R2:1)變數
後再點選 OK 鈕，即可出現圖 7-126(a)之輸出相位曲線。

④ 執行游標設定之功能，將游標移至-3dB 頻率爲 3.1933Hz 時(有時
不會剛好在 3.1933Hz，目前爲 3.1936Hz)，則其相角 P(V(2))爲
+44.907(≈ 45 度)，如圖 7-126(b) Probe Cursor 視窗所示。

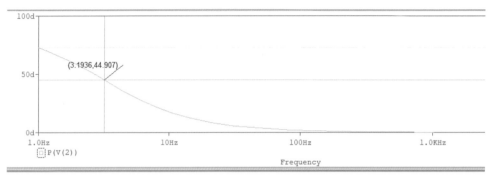

(a) 相位之輸出頻率響應曲線

	Trace Color	Trace Name	Y1	Y2	Y1 - Y2	
		X Values	3.1936	1.0000	2.1936	
	CURSOR 1,2	P(V(2))	44.907	72.559	-27.652	

(b) Probe Cursor 視窗

圖 7-126

(3) 求輸入頻率在不同頻率變化時，其輸出電壓之大小、分貝、相位、
實數部份、虛數部份之值。

在 Probe 畫面下，點選 View → Output File 命令後，就可在模擬結
果輸出檔中看到如圖 7-127 所示之輸出結果。可看出其頻率變化由
1Hz、2Hz、4Hz、8Hz、16Hz、32Hz、64Hz、128Hz…至 1.024KHz
止(八度即 2 的 n 次方)，每 1Hz 至 2Hz 間有 5 個頻率變化點，即 1Hz、
1.149Hz、1.320Hz、1.516Hz、1.741Hz 其餘類推。

FREQ	UM(2)	UP(2)	UR(2)	UI(2)	UDB(2)
1.000E+00	2.997E-01	7.256E+01	8.983E-02	2.859E-01	-1.047E+01
1.149E+00	3.394E-01	7.016E+01	1.152E-01	3.193E-01	-9.385E+00
1.320E+00	3.829E-01	6.748E+01	1.466E-01	3.537E-01	-8.337E+00
1.516E+00	4.299E-01	6.454E+01	1.848E-01	3.882E-01	-7.332E+00
1.741E+00	4.799E-01	6.132E+01	2.303E-01	4.210E-01	-6.377E+00
2.000E+00	5.320E-01	5.786E+01	2.830E-01	4.505E-01	-5.481E+00
2.297E+00	5.852E-01	5.418E+01	3.425E-01	4.745E-01	-4.653E+00
2.639E+00	6.382E-01	5.034E+01	4.074E-01	4.913E-01	-3.900E+00
3.031E+00	6.896E-01	4.640E+01	4.756E-01	4.994E-01	-3.228E+00
3.482E+00	7.381E-01	4.243E+01	5.448E-01	4.980E-01	-2.638E+00
4.000E+00	7.825E-01	3.851E+01	6.123E-01	4.872E-01	-2.131E+00
4.595E+00	8.220E-01	3.471E+01	6.757E-01	4.681E-01	-1.702E+00
5.278E+00	8.563E-01	3.109E+01	7.333E-01	4.422E-01	-1.347E+00
6.063E+00	8.854E-01	2.770E+01	7.839E-01	4.116E-01	-1.057E+00
6.964E+00	9.095E-01	2.456E+01	8.272E-01	3.781E-01	-8.239E-01
8.000E+00	9.292E-01	2.170E+01	8.633E-01	3.435E-01	-6.383E-01
9.190E+00	9.449E-01	1.911E+01	8.929E-01	3.093E-01	-4.921E-01
1.056E+01	9.574E-01	1.678E+01	9.167E-01	2.764E-01	-3.780E-01
1.213E+01	9.672E-01	1.471E+01	9.355E-01	2.456E-01	-2.894E-01
1.393E+01	9.749E-01	1.287E+01	9.504E-01	2.172E-01	-2.211E-01
1.600E+01	9.808E-01	1.125E+01	9.619E-01	1.914E-01	-1.686E-01
1.838E+01	9.853E-01	9.826E+00	9.709E-01	1.681E-01	-1.284E-01
2.111E+01	9.888E-01	8.574E+00	9.778E-01	1.474E-01	-9.762E-02
2.425E+01	9.915E-01	7.478E+00	9.831E-01	1.290E-01	-7.418E-02
2.786E+01	9.935E-01	6.519E+00	9.871E-01	1.128E-01	-5.633E-02
3.200E+01	9.951E-01	5.681E+00	9.902E-01	9.850E-02	-4.276E-02
3.676E+01	9.963E-01	4.949E+00	9.926E-01	8.595E-02	-3.245E-02
4.222E+01	9.972E-01	4.311E+00	9.943E-01	7.496E-02	-2.461E-02
4.850E+01	9.979E-01	3.755E+00	9.957E-01	6.535E-02	-1.866E-02
5.572E+01	9.984E-01	3.270E+00	9.967E-01	5.695E-02	-1.415E-02
6.400E+01	9.988E-01	2.847E+00	9.975E-01	4.961E-02	-1.073E-02

圖 7-127(a)　輸出電壓大小、相角、實數部份、虛數部份及分貝之值(一)

FREQ	VM(2)	VP(2)	VR(2)	VI(2)	VDB(2)
6.400E+01	9.988E-01	2.847E+00	9.975E-01	4.961E-02	-1.073E-02
7.352E+01	9.991E-01	2.479E+00	9.981E-01	4.322E-02	-8.134E-03
8.445E+01	9.993E-01	2.159E+00	9.986E-01	3.764E-02	-6.166E-03
9.701E+01	9.995E-01	1.879E+00	9.989E-01	3.278E-02	-4.674E-03
1.114E+02	9.996E-01	1.636E+00	9.992E-01	2.854E-02	-3.542E-03
1.280E+02	9.997E-01	1.425E+00	9.994E-01	2.485E-02	-2.685E-03
1.470E+02	9.998E-01	1.240E+00	9.995E-01	2.164E-02	-2.035E-03
1.689E+02	9.998E-01	1.080E+00	9.996E-01	1.884E-02	-1.542E-03
1.940E+02	9.999E-01	9.400E-01	9.997E-01	1.640E-02	-1.169E-03
2.229E+02	9.999E-01	8.183E-01	9.998E-01	1.428E-02	-8.859E-04
2.560E+02	9.999E-01	7.124E-01	9.998E-01	1.243E-02	-6.712E-04
2.941E+02	9.999E-01	6.202E-01	9.999E-01	1.082E-02	-5.091E-04
3.378E+02	1.000E+00	5.399E-01	9.999E-01	9.422E-03	-3.858E-04
3.880E+02	1.000E+00	4.700E-01	9.999E-01	8.203E-03	-2.923E-04
4.457E+02	1.000E+00	4.092E-01	9.999E-01	7.141E-03	-2.217E-04
5.120E+02	1.000E+00	3.562E-01	1.000E+00	6.217E-03	-1.676E-04
5.881E+02	1.000E+00	3.101E-01	1.000E+00	5.412E-03	-1.270E-04
6.756E+02	1.000E+00	2.700E-01	1.000E+00	4.711E-03	-9.619E-05
7.760E+02	1.000E+00	2.350E-01	1.000E+00	4.102E-03	-7.293E-05
8.914E+02	1.000E+00	2.046E-01	1.000E+00	3.571E-03	-5.542E-05
1.024E+03	1.000E+00	1.781E-01	1.000E+00	3.108E-03	-4.191E-05

圖 7-127(b)　輸出電壓大小、相角、實數部份、虛數部份及分貝之值(二)

5. 使用電路描述描擬的方式

如圖 7-128 為使用電路描述之輸入文字描述檔,其描擬方式請參考前一範例說明。

```
HIGH PASS FILTER EX 7-45
VIN  1  0 AC  1V
R1   1  0 5K
R2   2  0 5K
C1   1  2 10uF
.AC OCT 5 1Hz   1KHz
.PRINT AC VM(2) VP(2) VR(2) VI(R2) VDB(R2)
.PROBE
.OPTIONS NOPAGE
.END
```

圖 7-128　圖 7-120 使用電路描述模擬之文字輸入檔

範例 7-46 試求出圖 7-129 電路中小信號放大之(1)輸入阻抗(2)輸出阻抗(3)電壓增益(4)電流增益?

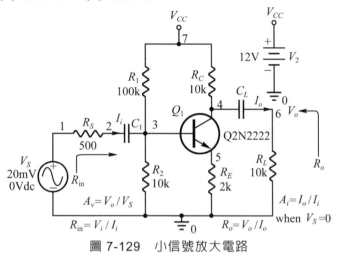

圖 7-129 小信號放大電路

解 1. 開始繪圖:

將圖 7-129 之電路圖重繪成如圖 7-130 所示,其電路元件名稱及資料庫所在位置如表 7-26 所示。(此處 VCC 直流電源符號只是代表 VCC 之連接點,並沒有直流電壓之作用,故要再加一 VDC 直流電源 12V 連接於其上,即 V2)

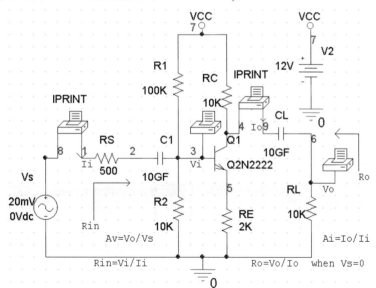

圖 7-130 圖 7-125 之電路

表 7-26 圖 7-130 之元件名稱及其資料庫所在位置

命令	元件	元件名稱	使用 Place → Part 命令元件資料庫
Place→PSpice Component→ Source→Voltages Source→AC Place → Part 或 圖示	輸入交流電源 VS	VAC	SOURCE.OLB
	電晶體	Q2N2222	BIPOLAR.OLB
Place→PSpice Component→ Resistor(Capacitor)	電阻	R	ANALOG.OLB
	電容	C	ANALOG.OLB
Place→PSpice Component→ Source→Voltages Source→DC	V2 (直流電源 12V)	VDC	SOURCE.OLB
Place→power 或 圖示	電源符號 VCC	VCC	CAPSYN.OLB
Place→PSpice Component→ Source→Pspice Ground Place→Ground 或 圖示	地線	0	SOURCE.OLB
Place → Wire 或 圖示	畫線		
Place → Net Alias 或 圖示	標節點		
Place → Part 或 圖示	列印電流及電壓輸出 元件，即相當文字描 述.PRINTAC 敘述	IPRINT 及 VPRINT1	SPECIAL.OLB

在電晶體基極及 RL 電阻器上端的 VPRINT1 元件的設定如圖 7-131 所示，其方法為以 mouse 在 VPRINT1 元件上，以左鍵連續點二下，就會出現如圖 7-131 之 Property Editor 視窗。因只求其電壓之大小時，故在 AC 及 MAG 下欄鍵入 ON。

Reference	Value	AC	DB	DC	IMAG	MAG	PHASE	PRINT	REAL	Source Part	TRAN
PRINT1	VPRINT1	ON				ON		PRINT		VPRINT1.Normal	

圖 7-131 VPRINT1 元件的設定

要求輸入電流 Ii 及輸出電流 Io 之二個 IPRINT 元件之設定如圖 7-132 Propert Editor 視窗所示(只求電流之大小)。

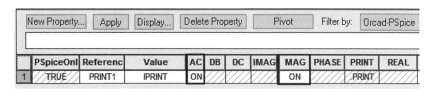

圖 7-132 IPRINT1 元件的設定

2. 建立新的模擬輪廓：

點選 PSpice → New Simulation Profile 命令，建立新的模擬輪廓後 (如 AC EX7-46)，就會出現如圖 7-133 所示之 Simulation Settings 視窗。

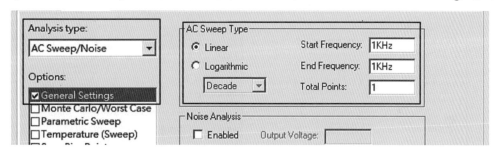

圖 7-133 Simulation Setting 設定視窗

3. 決定模擬分析的種類及參數設定：

(1) 在圖 7-133 視窗上的 Analysis Type 框內點選 AC Sweep / Noise 表示要執行交流分析或雜訊分析。

(2) 在右邊 AC Sweep Type 下框內點選 Linear，表示要執行線性掃描。

(3) 在右邊的 Start Frequency 右框內鍵入 1kHz，End Frequency 右框內鍵入 1kHz，Total Points 右框內鍵入 1，表示線性掃描頻率只有一個，即固定為 1kHz 之意，然後再點選確定鈕。

註 二十：此處放大器選擇於中頻的工作範圍，故對於大的交連電容及旁路電容而言，$1KH_z$ 相當於中頻頻率，故其輸入頻率將之定於 1KHz，且電容值 C1 選定為 10GF。

4. 開始模擬及分析模擬結果

(1) 執行 PSpice →Run 命令後進入 Pspice A/D 之 Probe 視窗。

(2) 點選 View →Output File 命令後，進入如圖 7-134 所示之模擬輸出
檔。

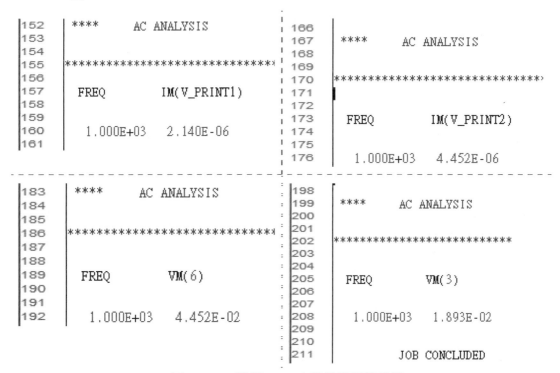

圖 7-134　範例 7-46 之模擬結果輸出檔

5. 分析

(1) 在結果輸出檔的 AC Analysis 列表中可求得其輸入阻抗為 R_i
$=VM(3)/IM(V\_PRINT1) = 1.893E - 02/2.14E - 06 = 8845.8\Omega$，電壓增
益 $A_v = VM(6)/VM(8) = 4.452E - 2/20E - 03 = 2.226$，其電流增益
$A_i = I_o/I_i= IM(V\_PRINT2)/IM(V\_PRINT1) = 4.52E - 0.6/2.14E - 06$
$= 2.11$。

註 二十一：IM(V_PRINT1)係指節點 8 與節點 1 之 IPRINT 元件所求得之電流，
IM(V_PRINT 2)係指節點 4 與節點 9 之 IPRINT 元件所求得之電流，此仍是
在設定其 IPRINT 元件時，由圖 7-132 中的 Reference 欄位下其顯示為
PRINT1，故表示該 IPRINT 元件所求之電流值為 IM(V_PRINT1)表示，而
V_PRINT2 也是同此原則。

(2) 由於求輸出阻抗時需將輸入電源短路,輸出端加一電壓電源 10mV,再求出輸出端電流與輸出端電源之比值,故應將圖 7-129 電路圖改爲圖 7-135 然後再執行模擬一次。

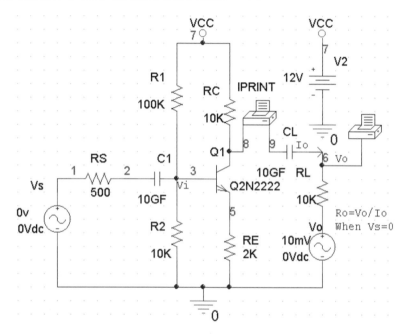

圖 7-135 求輸出阻抗之電路

其執行方法如下:

① 請參考第 7-5-2 小節電路檔案的管理。

② 在如圖 7-136 所示在專案管理視窗的 ex7-46.dsn 字體上用滑鼠右鍵點選將會出現,如圖 7-136 所示之功能表,點選 New Schematic 命令後會出現如圖 7-137 所示之 New Schematic 視窗,若不變更其機定圖名,則點選 OK 鈕,就會如圖 7-138 所示在 ex7-46.dsn 字體下方出現 SCHEMATIC2。

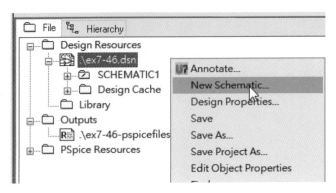

圖 7-136　專業管理視窗(二)

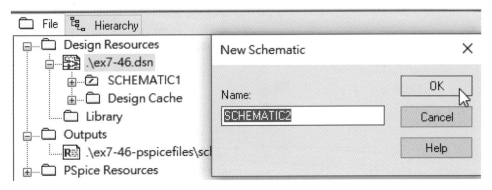

圖 7-137　New Schematic 視窗

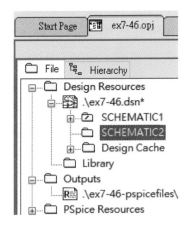

圖 7-138　SCHEMATIC2 的建立

③ 如圖 7-139 所示在 <u>SCHEMATIC2</u> 字體按滑鼠右鍵出現如圖所示
之功能表，點選 <u>New Page</u> 命令就會出現如圖 7-140 所示之 New
Page in Schematic 小視窗，點選 OK 鈕，就會在其 <u>SCHEMATIC2</u>
字體下方出現 <u>PAGE1</u> 的字體，如圖 7-141 所示字體上有*號係表
示尚未存檔之意。

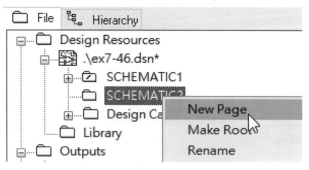

圖 7-139 專業管理視窗(三)

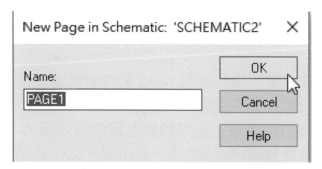

圖 7-140 New page in Schematic 視窗

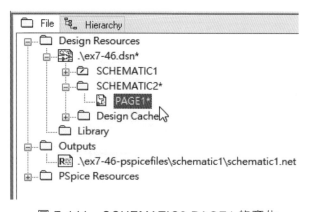

圖 7-141 SCHEMATIC2 PAGE1 的產生

④　請至 <u>SCHEMATIC1</u> 的 <u>PAGE1</u> 頁面將圖 7-130 複製至 <u>SCHEMATIC2</u> 的 <u>PAGE1</u> 頁面，其方法如下：

　a.　點選圖 7-141 SCHEMATICS1 字體內的 PAGE1 鈕會回到 <u>SCHEMATIC1</u> 的 PAGE1 電路圖頁面，如圖 7-142 所示。

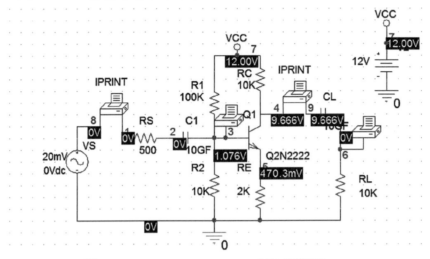

圖 7-142　SCHEMATIC1 PAGE1 電路圖

　b.　按滑鼠左鍵後將整個圖 7-142 的電路圖圍起來(會變紅色)，然後點選功能表上的 Edit → Copy 命令。

　c.　點選 SCHEMATIC2 字體按右鍵出現如圖 7-143 所示之功能表，點選 Make Root 命令，若出現－Save Design 信息，請點選 Save Design 鈕以將之存檔，此時就會使 SCHEMATIC2 移至最上層，如圖 7-144 所示。

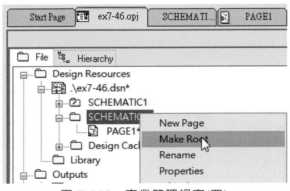

圖 7-143　專業管理視窗(四)

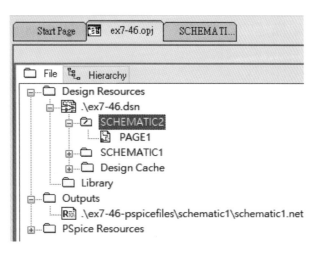

圖 7-144 專業管理視窗(五)

e. 連續點選圖 7-144 的 PAGE1 字體二下就會開啓 PAGE1 的空白
電路圖頁,然後點選 Edit → Paste 命令就可將電路複製至
SCHEMATIC2 的 PAGE1 電路圖頁上,然後將之修改成如圖
7-135 所示。

f. 然後再執行模擬之動作

(New Simulation Profile 取名 Ex7-46-2)。

此仍 PSpice A/D 只能在根電路圖(Root)做模擬分析動作之故,見 7-5
小節說明。

其模擬結果之輸出檔如圖 7-145 所示,因此在 AC Analysis 列表中可求
出其輸出阻抗 Ro = VM(6)/IM(V_PRINT2)=4.996E-03/5.004E-07=9.984K。

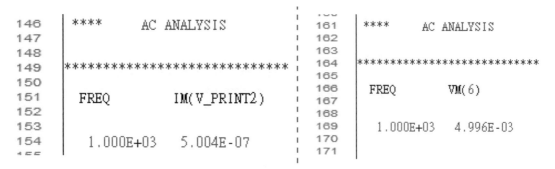

圖 7-145 輸出阻抗之模擬結果輸出檔

6. 若是使用文字描述的模擬方式，其電路描述格式如圖 7-146 所示。

```
SMALL SIGMALL EXAMPLE 7-46
VIN 1 0 AC 20MV
RS 1 2 500
CS 2 3 10GF
R1 4 3 100K
R2 3 0 10K
RC 4 5 10K
RE 6 0 2K
CL 5 7 10GF
VO 7 8 0V
RL 8 0 10K
VCC 4 0 12V
Q1 5 3 6 Q2N2222
.model Q2N2222  NPN(Is=14.34f Xti=3 Eg=1.11 Vaf=74.03 Bf=255.9 Ne=1.307
+         Ise=14.34f Ikf=.2847 Xtb=1.5 Br=6.092 Nc=2 Isc=0 Ikr=0 Rc=1
+         Cjc=7.306p Mjc=.3416 Vjc=.75 Fc=.5 Cje=22.01p Mje=.377 Vje=.75
+         Tr=46.91n Tf=411.1p Itf=.6 Vtf=1.7 Xtf=3 Rb=10)
.OP
.AC  LIN 1 1K 1K
.PRINT AC VM(3) IM(VIN) VP(3) IP(VIN)
.PRINT AC VM(1) VP(1) VM(8) VP(8)
.PRINT AC IM(VIN) IP(VIN) IM(VO) IP(VO)
.OPTIONS NOPAGE
.END
```

圖 7-146 使用文字描述模擬的電路描述方式

範例 7-47 試求出圖 7-147 串級電晶體放大器之頻率響應曲線及頻帶寬度？

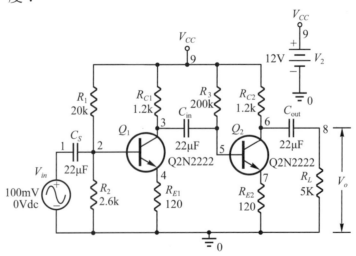

圖 7-147 電晶體串級放大器

解

1. 開始繪圖：

   如圖 7-147 所示，其電路元件名稱及資料庫所在位置，請參考如表 7-27 所示。

2. 建立新的模擬輪廓：

   點選 PSpice → New Simulation Profile 命令，建立新的模擬輪廓後，會出現如圖 7-148 所示之 Simulation Settings 視窗。

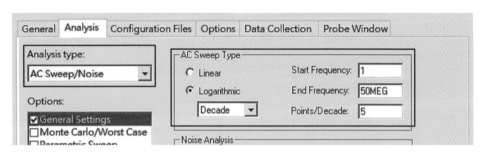

圖 7-148　Simulation Setting 設定視窗

3. 決定模擬分析的種類及參數設定：

   (1) 在圖 7-148 視窗上的 Analysis Type 框內點選 AC Sweep / Noise 表示要執行交流分析或雜訊分析。

   (2) 在右邊 AC Sweep Type 下框內點選 Logarithmic，其下方框內點選 Decade，表示要執行十倍頻率掃描。

   (3) 在右邊的 Start Frequency 右框內鍵入 1Hz，End Frequency 右框內鍵入 50MEG，Point/Decade 右框內鍵入 5，表示每十倍掃描頻率變化間有五個頻率變化點。然後再點選 確定 鈕。

4. 開始模擬及分析模擬結果

   (1) 求輸出以電壓大小表示之頻率響應曲線

   ① 點選 PSpice → Run 命令後出現一 PSpice A/D 之 Probe 視窗。

   ② 點選 Trace → Add Trace 命令，就會出現一 Add Trace 視窗。

③　在 Add Trace 視窗，左邊點選 V(8)(因輸出端的節點為 8)或 V(RL:1)
　　變數後再點選 OK 鈕即可。

註 二十一：若點選 V(RL:1)輸出為一直線，則改點選 V(RL:2)，原因同前
　　　　　面範例之敘述

④　此時會出現如圖 7-149 所示之輸出電壓大小之頻率響應曲線。

⑤　求出其-3dB 頻率點

❶　先設定游標功能
　　點選 Trace → Cursor → Display 命令使之具有游標之功能(再
　　執行同一命令一次，就取消其功能)，此時將在 Probe 畫面下方
　　出現一 Probe Cursor 小視窗，上有 Y1，Y2 游標之位置及差值
　　顯示。

❷　找出曲線之最大值位置
　　點選 Trace → Cursor → Max 命令，將使游標移至曲線之最大
　　值位置(即 Y1=2.5119K,6.9332)位置，表示其頻率在 2.5119KHz
　　時，其 V(8)輸出最大值為 6.9332V，見在下方之 Proko Curso
　　視窗。

❸　將游標移至下-3dB 頻率的位置
　　再波形上點一下再按鍵盤的←鍵，使游標左移至輸出為 4.902V
　　的位置(因-3dB 為 0.707，故 6.9332V*0.707=4.902V 但不會剛好
　　在 4.902V)，即讓 Y1 的 y 座標值(V(8))為 4.9067，實際上
　　Y1=(3.8640,4.9067)，即為輸出的-3dB 位置如圖 7-150 所示(游
　　標左移動不會剛好在 4.902 位置，且電腦不同其值會稍有差異)。

❹　求出其下– 3dB 頻率
　　此時觀察其 Y1 的 X 座標值(XValues)為 3.8640 表示其下-3dB
　　頻率為 3.8640Hz。

❺　在曲線上標出其下– 3dB 頻率值，即 xy 座標值
　　點選 Plot → Label → Mark 命令，則會在曲線上標出其 xy 座
　　標值為(3.8640,4.9067)，如圖 7-146 所示。

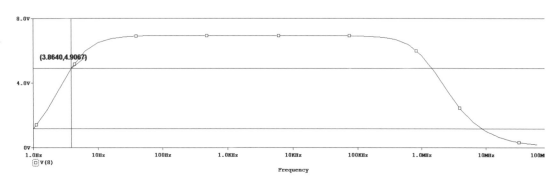

圖 7-149 以輸出電壓大小表示之頻率響應曲線

❻ 將游標移至上-3dB 頻率的位置
按鍵盤的 shift+→鍵，使另一游標往右移移至輸出為 4.902V 的
位置，即讓 Y2 的 y 座標值(V(8))為 4.902V，實際上 Y2=(1.4835M,
4.9067)即為輸出的上−3dB 頻率位置(游標移動不會剛好在
4.902 位置，且電腦不同其值會稍有差異)。

❼ 求出其上-3dB 頻率
此時觀察其 Y2 的 X 座標值為 1.4835M 表示其上−3dB 頻率為
<u>1.4385MEGHz</u>，如圖 7-150 所示。

	Trace Color	Trace Name	Y1	Y2	Y1 - Y2		Y1(Cursor1) - Y2(Cursor2)	
		X Values	3.8640	1.4385M	-1.4385M		Y1 - Y1(Cursor1)	Y2 - Y2(Cursor2)
	CURSOR 1,2	V(8)	4.9067	4.9067	0.000		0.000	0.000

圖 7-150 Probe Cusor 視窗

❽ 在曲線上標出其上-3dB 頻率值，即 xy 座標值
點選 Plot → Label → Mark 命令，則會在曲線上標出其 xy 座
標值為(1.4385M,4.9067)，如圖 7-151 所示。

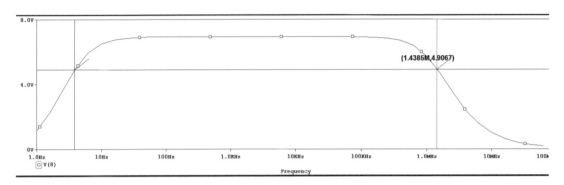

圖 7-151　頻帶寬度表示法

❾　求出其頻帶寬度

此時觀察 Probe 畫面下方的 Probe Cusor 小視窗，如圖 7-150 所示，其 Y1-Y2 =-1.4385M，0，表示下-3dB 頻率 3.8482 與上-3dB 頻率 1.4385M 的差值為-1.4385M 故其頻帶寬度為 1.4385M。

註 二十三：在此例子為了說明方便起見，將下–3dB 頻率設在第一 Y1 游標，上–3dB 頻率設在 Y2 游標故其差值為負，若將上–3dB 頻率設在 Y1 游標，下–3dB 頻率設在 Y2 游標，則其頻寬為正值表示。

(2)　求出輸出相位之頻率響應曲線

由於在目前 Probe 的畫面上已經有以電壓表示的頻率響應曲線在上面。故可採用前一範例 7-44 之各種方法，現在我們採用使用單一畫面的顯示方法，其方法如下：

①　點選 Trace →Delete All Traces 命令將目前的電壓輸出頻率響應曲線消除之。

②　畫面上的 xy 座標值及箭頭，以 mouse 左鍵點選，再按 Delete 鈕，即可將之消除之。

③　點選 Trace → Add Trace 命令，出現一 Add Trace 視窗，點選右邊框內之 P[](表示求相位角)，左邊框內點選 V(8)或 V(RL:1)變數後再點選 OK 鈕，即可出現圖 7-152 之輸出相位曲線。

④　執行游標設定之功能，將 Y1 游標移至下–3dB 頻率為 3.8640Hz
時(不會剛好在 3.8640Hz，目前為 3.8747Hz)，則其相角 P(V(8))
為+64.434 度，並標示出。然後再移動第二游標 Y2 至上–3dB 頻
率為 1.4385MHz 處，(目前為 1.4350M 處，其相角為–46.306 度。)
如圖 7-153 Probe Cursor 視窗 Y2 座標所示 Y1-Y2 也是
-1.4350MHZ。

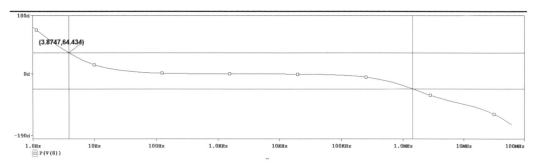

圖 7-152　相角之頻率響應曲線

Trace Color	Trace Name	Y1	Y2	Y1 - Y2
	X Values	3.8747	1.4350M	-1.4350M
CURSOR 1,2	P(V(8))	64.434	-46.306	110.739

圖 7-153　Probe Cusor 視窗

註 二十四：若 Y 軸不會由 180d 至–190d 可點選 Plot → Axis Settings 命令，在 Axis
Settings 視窗上點選 YAxis 標籤後，在 Data Range 下方點選 Auto Rang 即
可。

5. 使用文字描述模擬方式

　　圖 7-154 為使用文字描述模擬方式的電路描述輸入檔。其掃瞄頻率為 1Hz,1KHz, 1MEGHz,63.1MEGHz，每十倍頻率有 5 個測試點頻率。

```
CASCADE AMPLIFIER FREQUENCE RESPONSE EXAMPLE 7-47
VIN 1 0 AC 100MV
CS 1 2 22UF
R1 9 2 20K
R2 2 0 20K
RC1 9 3 1.2K
RE1 4 0 120
Q1 3 2 4  Q2N2222
CIN 3 5 22UF
R3 9 5 200K
RC2 9 6 1.2K
RE2 7 0 120
Q2 6 5 7 Q2N2222
COUT 6 8 22UF
RL 8 0 5K
VCC 9 0 12V
.model Q2N2222  NPN(Is=14.34f Xti=3 Eg=1.11 Vaf=74.03 Bf=255.9 Ne=1.307
+        Ise=14.34f Ikf=.2847 Xtb=1.5 Br=6.092 Nc=2 Isc=0 Ikr=0 Rc=1
+        Cjc=7.306p Mjc=.3416 Vjc=.75 Fc=.5 Cje=22.01p Mje=.377 Vje=.75
+        Tr=46.91n Tf=411.1p Itf=.6 Vtf=1.7 Xtf=3 Rb=10
.OP
.AC DEC 5 1 50MEG
.PRINT AC VM(8) VM(1) VP(8) VP(1)
.PROBE
.OPTION NOPAGE
.END
```

圖 7-154　圖 7-147 之電路描述輸入檔

7-9　失真分析

　　SPICE 在求失真分析時可將交流小信號正弦穩態分析同時求出，所以必需要有交流分析.AC 描述敘述存在時方可執行，在執行失真分析時係將一個(f1)頻率或二個頻率(f1 及 f2=SPW2*f2)信號輸入電路中,然後求出下列各小節中之各種失真成份。

OrCAD PSpice 則無失真分析,建議讀者可利用暫態分析(.TRAN)及傅立葉分析求出電路的諧波失真。

7-9-1 失真分析描述

.DISTO Distortion analysis

一般格式

.DISTO RLOAD INTER <SPW<REFPWR<SPW2>>>

.DISTO 表示要執行失真分析。

RLOAD 表示要計算產生失真功率的輸出負載電阻元件的名稱。

INTER 表示列印非線性元件所產生失真的輸出摘要頻率區間。INTER 敘述不寫,其機定值爲零,則無摘要輸出,詳情請看輸出描述。

SPW 表示失真分析的頻率比,在執行失真分析時有二種輸入頻率,f1 爲交流分析的頻率(這就是失真分析時要有交流分析描述.AC 的原因),第二個頻率即是 f2,f2=SPW*f1。若 SPW 敘述不寫,其機定值爲 0.9,則 f2=0.9*f1。

REFPWR 表示計算失真時之參考功率,此敘述若不寫,其機定值爲 1mW(0dBm)

SPW2 表示 f2 的幅度(amplitude),此敘述若不寫,其機定值爲 1.0。

失真分析的種類可分爲下列幾種:

1. HD2:f2 頻率不存在時,f1 的二次諧波頻率失真的大小。
2. HD3:f2 頻率不存在時,f1 的三次諧波頻率失真的大小。
3. SIM2(IM2S):(f1+f2)頻率失真的大小。
4. DIM2(IM2D):(f1-f2)頻率失真的大小。
5. DIM3(IM3D):(2f1-f2)頻率失真的大小。

範 例 7-48　.DISTO　RL1　2　0.8

　　　　表示失真分析將在交流分析的每第二次頻率產生，第二個頻
　　　　率 f2=0.8*f1，參考功率為 1mW，輸出負載電阻為 RL1。

範 例 7-49　.DISTO　RC　5

　　　　表示失真分析將在交流分析的每第五頻率產生，第二個頻率
　　　　f2=0.9*f1，參考功率為 1mW 輸出負載電阻為 RC。

7-9-2　失真分析輸出描述

一般格式

.PRINT　DISTO　　VA1　<VA2.....>
.PLOT　DISTO　　VA1<(POL1,PHI1)><VA2(PLO2,PHI2)>...
　　　　　　　　<VA8<(PLO8,PHI8)>

.PRINT　DISTO　　表示要將失真分析的結果列印於輸出檔上。

.PLOT　DISTO　　表示要將失真分析的結果以列表機的圖形輸出，也就是
　　　　　　　　以文字檔的方式，以字元符號做點的方式將圖形繪出於
　　　　　　　　輸出檔上。

VA1 <VA2.....>　表示要輸出失真分析的輸出變數及型態，共有 HD2、
　　　　　　　　HD3、SIM3、DIM2 及 DIM3 五種型態。
　　　　　　　　在上列輸出變數中均表示其失真的大小。輸出變數的型
　　　　　　　　態可在輸出變數後緊接著附加下列符號表示，其代表意
　　　　　　　　義為：
　　　　　　　　(R)　　：失真的實數部分
　　　　　　　　(I)　　：失真的虛數部分
　　　　　　　　(M)　　：失真的大小
　　　　　　　　(P)　　：失真的相位
　　　　　　　　(DB)　：失真以分貝表示(20log(失真大小))

VA1<(LO1,HI1)>..設定繪圖輸出變數 y 軸的範圍，與交流分析之定義完全
相同，詳情請看交流分析。

範例 7-50　.PRINT　DISTO　HD2　HD3(DB)　SIM2　DIM2

表示列印輸出二次諧波失真的大小及三次諧波失真的大小
(失真以分貝 dB 表示)，及(f1+f2)及(f1-f2)的失真大小。

範例 7-51　.PLOT　DISTO　HD3　SIM2　DIM2(0,0.6)　HD2(DB)

表示以圖形輸出三次諧波的失真大小、(f1+f2)失真的大小、
(f1-f2)失真的大小以及兩次諧波失真的大小以 dB 分貝表
示。DIM2 之 y 軸繪圖範圍為 0 至 0.6，其餘則由 SPICE 自動
設定。

7-9-3　失真分析實例介紹

範例 7-52　試以 SPICE 求出如圖 7-155 所示之電晶體放大器之失真度
(HD2,HD3,SIM2,DIM2,DIM3)？

解

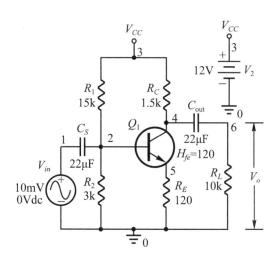

圖 7-155　電晶體放大電路

```
Distortion analysis example 7-52
Vin 1 0 ac 0.01mv
Cs 1 2 22uf
R1 3 2 15k
R2 2 0 3k
Rc 3 4 1.5k
Re 5 0 120
Q1 4 2 5 Q2N2222
cout 4 6 22uf
RL 6 0 10k
vcc 3 0 12v
.model Q2N2222  NPN(BF=120)
.disto r1 2
.PRINT DISTO HD2 HD3 SIM2
.PRINT DISTO DIM2 DIM3
.AC LIN 4 100 1000
.OPTIONS NOPAGE
.WIDTH OUT=80
END
```

圖 7-156   圖 7-155 之電路描述檔

　　圖 7-156 為其電路描述檔，在電路描述中之 .DISTO rl　2 描述表示 RL 為計算失真功率產生的元件；2 表示在交流分析頻率中的每第二個頻率輸出非線性元件對於失真的影響摘要(交流分析頻率為 100Hz,400Hz,700Hz,1000Hz),因此將有 100Hz,700Hz 兩個頻率之列印輸出。(若 f1=100Hz,則 f2=90Hz,若 f1=700Hz,則 f2=630Hz)，圖 7-157 為其部分模擬結果輸出檔。

　　在輸入描述.PRINT 中，HD2 為 2 次諧波(200Hz(1400Hz))失真，HD3 為 3 次諧波(300HZ(2100Hz))失真，SIM2 為 f1+f2(190Hz(1330 Hz)) 失真，IM2D 為 f1-f2(10HZ(70Hz))失真。機定參考功率為 1mW(odBm)。如果參考功率定的很大，則其失真度亦較大。

```
Bjt distortion components

NAME        GM        GPI         GO        GMU        GMO2        CB
 CBR   CJE      CJE       GM203    GM023      TOATL

Q1    MAG 3.047D+00  6.859D-01  4.116D+02  1.137D+04  1.052D+01
1.000D-20
  1.000D-20  1.000D-20  1.000D-20   2.137D-01   1.352D+01   1.178D+04
0.00     0.00       0.00      5.13       5.13        172.30



IM3    MAGNITUDE  1.178D+04   PHASE      172.03     =       81.42
DB

  APPROXIMATE  CROSS  MODULATION   COMPONENTS
   CMA      MAGNITUDE    4.613D+04
DB
   CMP      MAGNITUDE    9.564D+03
DB
****    AC ANALYSIS                      TEMPERATURE = 27.000 DEG

    FREQ      HD2        HD3        SIM2
  1.000E+02   6.875E+01  3.567E+03   1.347E+02
  4.000E+02   6.781E+01  3.398E+03   1.354E+02
  7.000E+02   6.777E+01  3.389E+03   1.355E+02
  1.000E+03   6.776E+01  3.387E+03   1.355E+02

****    AC ANALYSIS                      TEMPERATURE = 27.000 DEG

    FREQ      HD2        HD3
  1.000E+02   1.627E+02  1.484E+04
  4.000E+02   1.553E+02  1.299E+04
  7.000E+02   1.467E+02  1.178E+04

  1.000E+03   1.422E+02  1.114E+04
```

圖 7-157　失真分析執行模擬結果輸出檔

7-10　雜訊分析

雜訊分析在計算各裝置元件在某一輸出節點電壓上所產生的雜訊有效值的總和，並可求出在某一輸入點的等效輸入雜訊(INOISE)，及在某一輸出點的等效輸出雜訊(ONOISE)。

SPICE(OrCAD PSpice)在計算雜訊時的頻率是依交流分析.AC 描述內指定的頻率而定，所以在執行雜訊分析時一定要有交流分析.AC 之描述。

7-10-1　雜訊分析描述

.NOISE　　　　**Noise analysis**

一般格式
.NOISE　V(N1，<N2>)　INSOURCE　INTERNUM

.NOISE　　　　表示要執行雜訊分析。

V(N1，<N2>)　表示雜訊輸出的電壓節點名稱，若 N2 為接地節點，則可省略<N2>。

INSOURCE　　表示作為雜訊參考輸入的獨立電壓電源或獨立電流電源名稱，此獨立電源並不是雜訊產生器，而是計算等效輸入雜訊的地方。

INTERNUM　　表示列印輸出每一雜訊產生器在電路中所產生的雜訊(由電阻及半導體元件所產生)摘要的時間間隔，如 INTERNUM=N 表示在交流分析描述上每第 N 個頻率，就會有一張詳細的雜訊列表輸出(不必有.PRINT 及.PLOT 輸出描述)，以顯示出各個雜訊源在輸出節點電壓上所造成的雜訊情形，這些值是各雜訊源傳導至輸出節點的雜訊大小，而非發生在雜訊源本身的雜訊。如果 INTERNUM 不寫或設定為零，就不會有這些雜訊的詳細摘要表格輸出。

　　電路中雜訊的來源為電阻元件及半導體元件，在各頻率之下各雜訊是以有效值的總和表現在輸出節點上。另外 SPICE(OrCAD PSpice)也會計算出等效輸入電壓對輸入電源的增益，並且算出總雜訊的值，再由增益算出等效的輸入雜訊，如果輸入電源為一獨立電壓電源，則輸入雜訊的單位是 VOLT/ $\sqrt{HZ}$ ，若輸入電源為一獨立電流電源，則輸入雜訊的單位為 AMP/ $\sqrt{HZ}$ 。

範例 7-53　.NOISE　V(1)　VSS

範例 7-54　.NOISE　V(3，4)　　VIN

範例 7-55　.NOISE　V(8)　IS

註 二十五：電阻產生的雜訊稱為 Thermal noise 或稱 Johnson Noise ，以
$i^2 =4KT/R\triangle f$ 或 $e^2 =i^2 R^2 =4KTR\triangle f$，此處 K 為 Boltz mann's constant= +1.38E-23(w*sec/^{0}K)。此處 $\triangle f$ 為頻寬，T 為溫度，R 為電組。

7-10-2　雜訊分析輸出描述

　　雜訊分析的輸出有兩種輸出型式：(1)為一種雜訊輸出的詳細列表，不必使用 .PRINT 及 .PLOT 輸出描述，只要在雜訊分析描述.NOISE 之 INTERNUM 敘述中給予數值即可。(2)為輸入雜訊與輸出雜訊的摘要列表及繪圖輸出，要使用.PRINT 及 .PLOT 之輸出描述敘述。

一般格式

```
.PRINT  NOISE   VA1<VA2...>
.PLOT   NOISE   VA1<LO1，HI1)><VA2<LO2，HI2)>.... VA8 <(LO8，
        HI8)>
.PROBE
.PROBE   VA1<VA2...>
```

.PRINT NOISE　　　表示要將雜訊分析的結果以列表方式輸出於輸出檔上。

VA1<VA2......>　　表示雜訊分析輸出的變數及型態，可分為兩種輸出變數：

ONOISE:表示等效輸出雜訊

INOISE:表示等效輸入雜訊

輸出變數的型態在 SPICE 之格式中若在上列兩個變數後緊接著附加下列符號時，其代表意義為：

(R)　：雜訊的實數部份

(I)　：雜訊的虛數部份

(M)　：雜訊的大小

(P)　：雜訊的相位

(DB)：雜訊以分貝表示

在 OrCAD PSpice 之格式其輸入變數型態具有下列幾種：

INOISE	輸入節點的等效雜訊
ONOISE	輸出節點上雜訊的有效值總和
DB(INOISE)	INOISE 以分貝表示
DB(ONOISE)	ONOISE 以分貝表示

.POLT　NOISE　　要將雜訊分析的結果以列表機式的圖型繪出於輸出檔上。

VA1<(LO1，HI1)>.......　設定繪圖輸出變數 Y 軸的範圍，與交流分析之定義完全相同。

.PROBE　　　　　同交流分析之定義

.PROBE　VA1<VA2...>　同交流分析之定義

範例 7-56　.PRINT　NOISE　INOISE (SPICE & OrCAD PSpice)

範例 7-57　.PRINT　NOISE　INOISE　ONOISE (SPICE)

範例 7-58　.PRINT　NOISE　INOISE　ONOISE　DB(INOISE)　DB(ONOISE)　(OrCAD PSpice)

7-10-3 雜訊分析實例介紹

範例 7-59 如圖 7-158(a)所示電路，試求出在 R2 電阻兩端所產生的雜訊？其交流掃描率由 2Hz 到 20KHz 十倍掃描頻率，每十倍頻率掃描間有五個頻率變化點，雜訊摘要表每第四個頻率輸出一個。(b)使用列印輸出元件(VPRINT2)將模擬結果列印於輸出檔上。

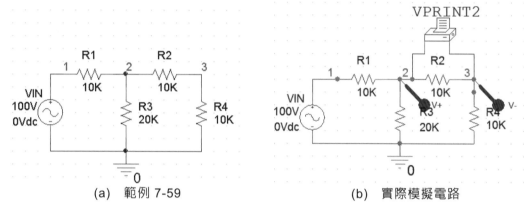

(a) 範例 7-59　　　　　(b) 實際模擬電路

圖 7-158

解

1. 開始繪圖
   (1) 如圖 7-158(b)所示之電路，其元件名稱及資料庫所在位置，請參考如表 7-27 所示。
   (2) 若要能列印出在各種不同頻率變化下之 R2 電阻兩端之雜訊電壓為多少時，應將節點 2 與節點 3 間插入一 <u>VPRINT2</u> 元件。
   (3) 點選工具列圖示上的 Voltage Differential 命令後在節點 2 及節點 3 上點一下就會先後產生二個電位差的採棒(一個 V+，一個 V-)，如圖 7-158(b)所示。
   (4) VPRINT2 元件其設定方式如圖 7-159 之 Property Editor 視窗所示。

Reference	Value	AC	DB	DC	IMAG	MAG	PHASE	PRINT	REAL	Source Part	TRAN
PRINT1	VPRINT2	ON	ON			ON		PRINT		VPRINT2.Normal	

圖 7-159 VPRINT 2 元件之設定方式

2. 建立新的模擬輪廓

(1) 點選 PSpice → New Simulation Profile 命令後建立新的模擬輪廓後，會出現如圖 7-160 所示之 Simulation Settings 視窗。

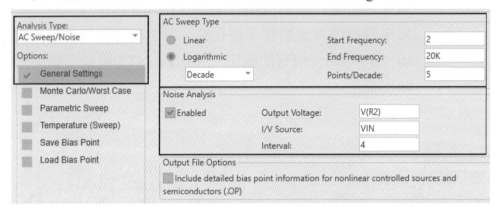

圖 7-160　Simulation Settings 視窗

3. 決定模擬分析的種類及參數設定

模擬分析的種類及參數設定的步驟如下：

(1) 在圖 7-160 視窗上的 Analysis Type 框內，點選 AC Sweep/Noise 表示要執行交流分析或雜訊分析。

(2) 在右邊 AC Sweep Type 下框內點選 Logarithmic，表示輸入信號頻率以對數變化為之，在 Logarithmic 下方，點選 Decade，表示是十倍頻率掃描變化。

(3) 在右邊的 Start Frequency 右框內鍵入 2，END Value Frequency 鍵入 20kHz，表示輸入信號起始頻率為 2Hz，終止頻率為 20kHz。Point/Decade 右框內鍵入 5，表示輸入交流電源 頻率 VIN 由 2Hz 開始增加，從 2Hz 增加至 20kHz。每 10 倍頻率變化間有 5 個頻率變化點，在 Noise Analysis 下方點選 Enabled，表示要執行雜訊分析，在右邊的 Output Voltage 右框鍵入 V(R2)或 V(2, 3)，表示要求 R2 電阻器兩端的雜訊，在 I/V SOURCE 右框鍵入 VIN，表示輸入電源為 VIN，在 Interval 右框鍵入 4，表示雜訊摘要表每第四個頻率，輸出一個，然後再點選 OK 鈕。

4. 開始模擬及分析模擬結果

(1) 執行 PSpice → Run 命令後，會出現一 PSpice A/D 之 PROBE 視窗。

(2) 由於有加入 Voltage Differential 元件，就會出現如圖 7-161 所示之 R2 輸出電壓波形。

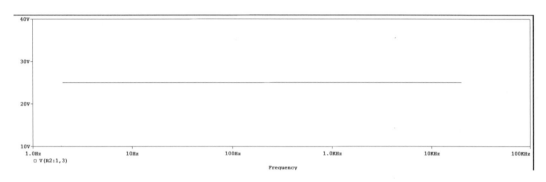

圖 7-161 雜訊輸出波形

(3) 點選 View→Output ，可進入如圖 7-162 所示之模擬結果於輸出檔中。

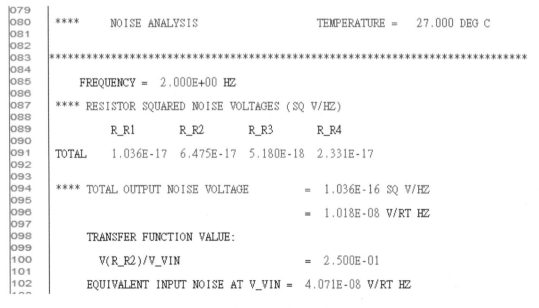

圖 7-162(a) 圖 7-155 之模擬結果輸出檔

```
109   ****      NOISE ANALYSIS                    TEMPERATURE =   27.000 DEG C
110
111   ***************************************************************************
112
113      FREQUENCY =   1.262E+01 HZ
114
115   **** RESISTOR SQUARED NOISE VOLTAGES (SQ V/HZ)
116
117            R_R1        R_R2        R_R3        R_R4
118
119   TOTAL   1.036E-17  6.475E-17  5.180E-18  2.331E-17
120
121   **** TOTAL OUTPUT NOISE VOLTAGE          =  1.036E-16 SQ V/HZ
122
123                                            =  1.018E-08 V/RT HZ
124
125      TRANSFER FUNCTION VALUE:
126
127        V(R_R2)/V_VIN                       =  2.500E-01
128
129      EQUIVALENT INPUT NOISE AT V_VIN =  4.071E-08 V/RT HZ
```

圖 7-162(b)　圖 7-155 之模擬結果輸出檔

```
134
135   ****      NOISE ANALYSIS                    TEMPERATURE =   27.000 DEG C
136
137   ***************************************************************************:
138
139      FREQUENCY =   7.962E+01 HZ
140
141   **** RESISTOR SQUARED NOISE VOLTAGES (SQ V/HZ)
142
143            R_R1        R_R2        R_R3        R_R4
144
145   TOTAL   1.036E-17  6.475E-17  5.180E-18  2.331E-17
146
147   **** TOTAL OUTPUT NOISE VOLTAGE          =  1.036E-16 SQ V/HZ
148
149                                            =  1.018E-08 V/RT HZ
150
151      TRANSFER FUNCTION VALUE:
152
153        V(R_R2)/V_VIN                       =  2.500E-01
154
155      EQUIVALENT INPUT NOISE AT V_VIN =  4.071E-08 V/RT HZ
156
```

圖 7-162(c)　圖 7-155 之模擬結果輸出檔

```
161
162   ****        NOISE ANALYSIS                    TEMPERATURE =    27.000 DEG C
163
164   **************************************************************************
165
166        FREQUENCY =   5.024E+02 HZ
167
168   **** RESISTOR SQUARED NOISE VOLTAGES (SQ V/HZ)
169
170             R_R1          R_R2          R_R3          R_R4
171
172   TOTAL    1.036E-17  6.475E-17  5.180E-18  2.331E-17
173
174   **** TOTAL OUTPUT NOISE VOLTAGE              =   1.036E-16 SQ V/HZ
175
176                                               =   1.018E-08 V/RT HZ
177
178        TRANSFER FUNCTION VALUE:
179
180          V(R_R2)/V_VIN                        =   2.500E-01
181
182        EQUIVALENT INPUT NOISE AT V_VIN =   4.071E-08 V/RT HZ
```

圖 7-162(d)　圖 7-155 之模擬結果輸出檔

```
188
189   ****        NOISE ANALYSIS                    TEMPERATURE =    27.000 DEG C
190
191   **************************************************************************
192
193        FREQUENCY =   3.170E+03 HZ
194
195   **** RESISTOR SQUARED NOISE VOLTAGES (SQ V/HZ)
196
197             R_R1          R_R2          R_R3          R_R4
198
199   TOTAL    1.036E-17  6.475E-17  5.180E-18  2.331E-17
200
201   **** TOTAL OUTPUT NOISE VOLTAGE              =   1.036E-16 SQ V/HZ
202
203                                               =   1.018E-08 V/RT HZ
204
205        TRANSFER FUNCTION VALUE:
206
207          V(R_R2)/V_VIN                        =   2.500E-01
208
209        EQUIVALENT INPUT NOISE AT V_VIN =   4.071E-08 V/RT HZ
210
```

圖 7-162(e)　圖 7-155 之模擬結果輸出檔

```
216   ****      NOISE ANALYSIS                  TEMPERATURE =   27.000 DEG C
217
218   ****************************************************************************
219
220       FREQUENCY =   2.000E+04 HZ
221
222   **** RESISTOR SQUARED NOISE VOLTAGES (SQ V/HZ)
223
224           R_R1        R_R2        R_R3        R_R4
225
226   TOTAL    1.036E-17  6.475E-17  5.180E-18  2.331E-17
227
228   **** TOTAL OUTPUT NOISE VOLTAGE           =   1.036E-16 SQ V/HZ
229
230                                             =   1.018E-08 V/RT HZ
231
232       TRANSFER FUNCTION VALUE:
233
234         V(R_R2)/V_VIN                        =   2.500E-01
235
236       EQUIVALENT INPUT NOISE AT V_VIN =   4.071E-08 V/RT HZ
```

圖 7-162(f)　圖 7-155 之模擬結果輸出檔

在圖 7-162 之模擬結果輸出檔中，其電阻元件所產生的雜訊，如將
在每第四個頻率(2Hz 至 20KHz 之頻率變化中)列印輸出，即 2Hz，
12.62Hz，79.62Hz，502.4Hz，3170Hz，20kHz。在輸出檔中若將輸
入雜訊乘以電壓增益(Transfer function)將等於輸出雜訊。

　　由於我們放置 VPRINT2 元件，於節點 2 與節點 3 之間，並如圖 7-159
所示設定，故該檔內容除含有如圖 7-162 之結果外，尚增加了如圖 7-163
所示之結果(在最後面)。

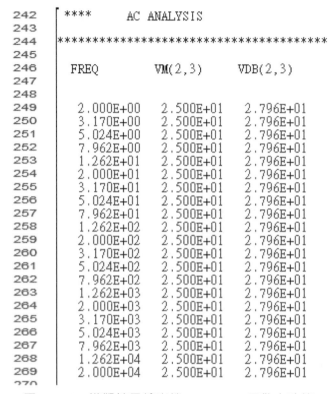

```
242  |  ****        AC ANALYSIS
243  |
244  |  *****************************************
245  |
246  |    FREQ          VM(2,3)      VDB(2,3)
247  |
248  |
249  |    2.000E+00     2.500E+01    2.796E+01
250  |    3.170E+00     2.500E+01    2.796E+01
251  |    5.024E+00     2.500E+01    2.796E+01
252  |    7.962E+00     2.500E+01    2.796E+01
253  |    1.262E+01     2.500E+01    2.796E+01
254  |    2.000E+01     2.500E+01    2.796E+01
255  |    3.170E+01     2.500E+01    2.796E+01
256  |    5.024E+01     2.500E+01    2.796E+01
257  |    7.962E+01     2.500E+01    2.796E+01
258  |    1.262E+02     2.500E+01    2.796E+01
259  |    2.000E+02     2.500E+01    2.796E+01
260  |    3.170E+02     2.500E+01    2.796E+01
261  |    5.024E+02     2.500E+01    2.796E+01
262  |    7.962E+02     2.500E+01    2.796E+01
263  |    1.262E+03     2.500E+01    2.796E+01
264  |    2.000E+03     2.500E+01    2.796E+01
265  |    3.170E+03     2.500E+01    2.796E+01
266  |    5.024E+03     2.500E+01    2.796E+01
267  |    7.962E+03     2.500E+01    2.796E+01
268  |    1.262E+04     2.500E+01    2.796E+01
269  |    2.000E+04     2.500E+01    2.796E+01
270
```

圖 7-163　模擬結果輸出檔(VPRINT2 元件之功能)

5.　使用電路描述模擬之方式

　　圖 7-164 為使用電路描述方式模擬之描述格式。

```
NOISE EXAMPLE 7-59
VIN 1 0 AC 100V
R1 1 2 10K
R2 2 3 10K
R3 2 0 20K
R4 3 0 10K
.AC DEC 5 2 20K
.NOISE V(2,3) VIN 4
.PRINT NOISE INOISE ONOISE
.OPTIONS NOPAGE
.END
```

圖 7-164　範例 7-59 使用電路描述方式之輸入檔

範例 7-60　試求出如圖 7-165 電路之輸出雜訊？其交流信號頻率由 20Hz 至 200kHz 十倍頻率變化？並求出其 INOISE 及 ONOISE 以分貝表示？

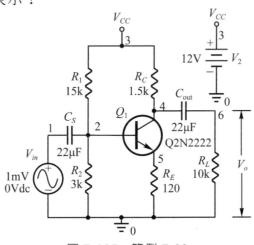

圖 7-165　範例 7-60

解

1. 開始繪圖：

   如圖 7-165 所示，其電路元件名稱及資料庫所在位置，請參考如表 7-27 所示。

2. 建立新的模擬輪廓及模擬參數設定

   點選 PSpice → New Simulation Profile 命令，建立新的模擬輪廓後 (如 NOISE2)，會出現如圖 7-166 所示之 Simulation Settings 視窗，如圖所示設定模擬參數。

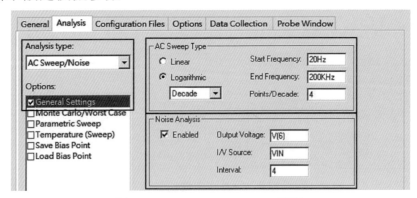

圖 7-166　New Simulation 視窗

在圖 7-166 視窗上的 Analysis Type 框內點選 AC Sweep / Noise，AC Sweep Type 如圖所示輸入表示輸入交流電源頻率 VIN 由 20Hz 開始增加，從 20Hz 增加至 200 kHZ。每十倍掃描頻率變化間再有 4 個頻率變化點。在 Noise Analysis 下方點選 Enabled，表示要執行雜訊分析，在右邊的 Output Voltage 右框鍵入 V(6)，表示要求節點 6 與地間的電壓雜訊。在 I/V SOURCE 右框鍵入 VIN，表示輸入電源為 VIN。在 Interval 右框鍵入 5，表示雜訊摘要表每五個頻率，輸出一個，然後再點選確定鈕。

3. 開始模擬及分析模擬結果

  (1) 求輸出以電壓大小表示之頻率響應曲線

    ① 點選 PSpice →Run 命令後會出現一 PSpice A/D 之 PROBE 視窗。

    ② 點選 Trace →Add Trace 命令，就會出現一 Add Trace 視窗。

    ③ 點選右邊 DB[]變數，點選左邊 V(INOISE)變數，再點選 OK 鈕會顯示 INOISE 之波形，如圖 7-167 所示 1 符號。

    ④ 再點選 PLOT →Add Y Axis 命令增加第二 y 座標軸。

    ⑤ 點選 Trace →Add Trace 命令，出現一 Add Trace 視窗，右邊點選 DB[]，左邊點選 V(ONOISE)，再點選 OK 鈕，顯示 ONOISE 之波形，如圖 7-167 所示 2 符號表示。

    ⑥ 再點選 PLOT →Add Y Axis 命令增加第 3 個座標軸。

    ⑦ 點選 Trace →Add Trace，在 Add Trace 視窗的右邊點選 M[]，左邊點選 V(6)，表示要顯示輸出雜訊電壓之大小，其結果如圖 7-167 所示 3 符號表示。

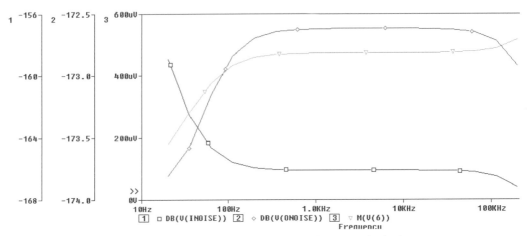

圖 7-167　INOISE ONOISE 及輸出雜訊之波形

⑧　點選 View →Output File 命令，就可由其模擬結果輸出檔中看出
其雜訊摘要表。

⑨　若要更詳細的輸出雜訊電壓列印，可在輸出節點 6 上，連接一
VPRINT1 元件後，再模擬一次就可在模擬結果輸出檔中列印輸出。

5.　使用文字描述模擬方式之文字描述輸入檔，如圖 7-168 所示。

```
NOISE ANALYSIS EXAMPLE 7-60
VIN 1 0 AC 1MV
CS 1 2 22UF
R1 3 2 15K
R2 2 0 3K
RC 3 4 1.5K
RE 5 0 120
COUT 4 6 22UF
RL 6 0 10K
VCC 3 0 12V
Q1 4 2 5 Q2N2222
. .model Q2N2222  NPN(Is=14.34f Xti=3 Eg=1.11 Vaf=74.03 Bf=255.9 Ne=1.307
+       Ise=14.34f Ikf=.2847 Xtb=1.5 Br=6.092 Nc=2 Isc=0 Ikr=0 Rc=1
+       Cjc=7.306p Mjc=.3416 Vjc=.75 Fc=.5 Cje=22.01p Mje=.377 Vje=.75
+       Tr=46.91n Tf=411.1p Itf=.6 Vtf=1.7 Xtf=3 Rb=10)
.AC DEC 4 20 200K
.NOISE V(6) VIN 5
.PRINT NOISE INOISE ONOISE
.PLOT NOISE DB(INOISE) DB(ONOISE)
.PROBE
.OPTION NOPAGE
.END
```

圖 7-168　範例 7-60 使用文字描述之輸入檔

在圖 7-168 中的 .NOISE　V(6)　VIN　5 描述中，表示 VIN 為輸入雜
訊參考電源；V(6)為雜訊輸出電壓節點；5 表示列印電阻元件及半導體元
件參數對雜訊影響的摘要輸出；每第五個頻率列印一次(由 20Hz 至 200KHz
十倍頻率變化中，有 20Hz，　355.7Hz，6325Hz，112.5KHz 四個頻率)。

註 二十六：在圖 7-167　PROBE 的輸出曲線中，若兩條以上的曲線要顯示在同一畫面
　　　　　上，則會將不同曲線上標示不同的符號以示區別。此乃在 PROBE 的主功
　　　　　能表中選擇 Tools → Options 命令的視窗中的 Use Symbols 功能中，再點
　　　　　選 Always 來達成的。

7-11　暫態分析

　　暫態分析又稱時域(Time Domain)響應分析，也就是計算電路在某一時
間範圍內對應某一輸出變數的響應，在積體電路中的電路模擬(Circuit
Simulation)即是對暫態分析的執行。

7-11-1　暫態分析描述

.TRAN　　**Transient Analysis**

一般格式

　.TRAN　TSTEP　TSTOP <TSTART<TMAX>><UIC>(SPICE)
　.TRAN　TSTEP　TSTOP　<NPSTEP<CESTEP>><UIC>(OrCAD
　　　　　　　　　　　　　　　　　　　　　　　　　　　　PSpice)

.TRAN　　表示暫態分析描述。

TSTEP　　表示暫態分析輸出中列印或繪圖輸出的時間增量值。

TSTOP　　表示暫態分析的終止時間。

TSTART　表示暫態分析的起始時間，在 SPICE 中，此敘述若不寫，則其機定
　　　　　值為 0。OrCAD PSpice 則無此敘述，因為其起始時間均由 0 開始。

TMAX　　表示暫態分析的最大計時步階，將小於 TSTEP 或
　　　　　(TSTOP-TSTART)/50。TMAX 之作用在確保計時步階小於列印
　　　　　或繪圖輸出之時階(TSTEP)。

UIC　　　　表示使用初始條件，此選用項與電容、電感及半導體元件的初始條件描述 "IC=" 配合使用。當選用此項 UIC 敘述時，SPICE(PSpice)會直接把直流偏壓工作點的計算跳過，表示在執行暫態分析之前不要解靜態直流工作點。

NPSTEP　　表示 PSpice 執行暫態分析的結果由 0 開始至 NPSTEP 間不會被輸出。

CESTEP　　表示 PSpice 執行暫態分析時，計時步階的指定值，與 SPICE 剛好相反，其計時步階小於或大於列印或繪圖輸出之間隔(時階)都沒有關係。此敘述不寫，其計時步階的機定值為 TSTOP/50 (PSpice 的暫態分析起始時間為 0)。

在使用 UIC 敘述時應注意下列二項：

1. 如果電路描述中沒有.IC 描述(暫態初始條件描述)存在，則將採電容、電感及半導體元件的初始條件(IC=)做為暫態分析的起始值。

2. 如果電路描述中有.IC 描述存在，則將以.IC 描述所敘述的節點電壓做為元件的初絡條件(詳情請看第十三章.IC 描敘)。

註 二十七：也就是若有指定 UIC 描述，則使用上列二種方式提供起始值。若有.IC 描述存在，則 UIC 描述可不用書寫。

　　在做暫態分析之前，SPICE(PSpice)會先做與正常的直流偏壓不同的偏壓計算，主要原因是暫態分析開始時，各獨立電源的值可能與其 DC 值不同。一般暫態偏壓點分析只列印出節點電壓。

　　如果在 PSpice 的.TRAN 之後加上「/OP」字尾，則 PSpice 將會列印出一份詳細的偏壓點分析結果，其格式與.OP 描述對正常偏壓點分析所產生的列表輸出完全相同。

註 二十八：SPICE 暫態分析之列印時間間隔不能超過 200 個點，否則停止執行。

範例 7-61　.TRAN　0.2us　40 us (SPICE)

範例 7-62　.TRAN　2ms　300ms　80ms　5ms　UIC (SPICE)

範例 7-63　.TRAN　1 ns　100ns (OrCAD PSpice)

範例 7-64　.TRAN　/OP　1ms　200ms　50ms　UIC (PSpice)

7-11-2　暫態分析輸出描述

> **一般格式**
>
> *.PRINT　TRAN　　VA1<VA2.....VA8>*
> *.PLOT　TRAN　　VA1<(LO1，HI1)><VA2<(LO2，HI2)>....<VA8<*
>
> *(LO8，HI8)>>*
>
> *.PROBE*
> *.PROBE　　　　　VA1 VA2.....VA8*

`.PRINT TRAN`　　表示將暫態分析的結果以表格列印的方式印出於輸出檔上，其輸出格式為時間(時階)變化(在.TRAN 描述中所敘述的計時步階變化)與對應的輸出變數(電壓或電流)的變化。

`VA1<VA2...VA8>`　輸出變數，與交流分析之定義完全相同

`.PLOT TRAN`　　表示暫態分析輸出的結果以繪圖機方式的圖形輸出於輸出檔上，其輸出圖形為時間(時階)變化(在.TRAN 描述中所敘述)(X 軸)對輸出變數(Y 軸)的變化。

`<VA1<(LO1，HI1)>`　設定圖形輸出變數對 y 軸的範圍，同交流分析。

`.PROBE`　　　　波形輸出，同交流分析之定義。

`.PROBE VA1 VA2`.波形輸出，同交流分析之定義。

範例 7-65 　.PRINT　TRAN　V(1)　I(R1)　V(3，4)

範例 7-66 　.PLOT　TRAN　V(1)　I(VS)　V(3，4)

範例 7-67 　.PROBE

範例 7-68 　.PROBE　V(1)　I(R3)　V(7，8)

7-11-3　暫態分析之實例介紹

範例 7-69 　如圖 7-169(a)所示之電路中，若電容器在 t=0 前已經有 10V 電壓，試求出當在 t=0 時 S 開關關閉時之零輸入響應 (zero-input response)，也就是求出 $i_{R1}(t)$，$i_{C1}(t)$ 及 $V_{c1}(t)$ 之值及其輸出波形以及初始值。

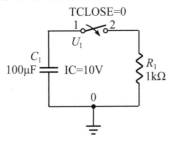

圖 7-169　範例 7-69

解

1. 開始繪圖：

   將圖 7-169 之電路圖重繪成圖 7-170 所示，其電路元件名稱及資料庫所在位置如表 7-27 所示，其餘請參考表 7-28 所示。

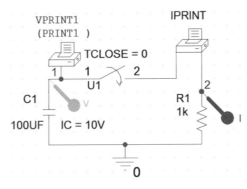

圖 7-170　圖 7-169 之電路

表 7-27 圖 7-170 之元件名稱及其資料庫所在位置

命令	元件	元件名稱	元件資料庫
點選 📋圖示或執行 Place → Part	開關(t=0 close)	SW_tclose	見圖 5-40 說明
🖊	電壓探針		在工具列圖示
🖊	電流探針		在工具列圖示

(1) 使用 PRINT1 或 VPRINT1 元件的設定如圖 7-171 所示，IPRINT 元件之設定方法如圖 7-172 所示。其方法為以 mouse 在 VPRINT1 或 IPRINT 元件上以左鍵連續點二下，就會出現如圖 7-171 及 7-172 之 Property Editor 視窗，然後在 <u>TRAN</u> 欄位下鍵入 <u>ON</u> 表示要執行暫態分析。

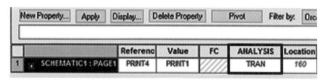

(a) VPRINT1 元件的設定

(b) PRINT1 元件的設定

圖 7-171

圖 7-172 IPRINT 元件的設定

註 二十九：電容器元件初值的設定請參閱 3-2-5 節，TCLOSE 開關的設定見 5-9 節。

(2) 設定電容器初始值的方法，見 3-2-5 小節之方法。

(3) 設定開關元件參數的方法，見 5-9 小節之方法。

(4) 將電壓探針置於節點①，電流探針置於節點②。

2.　建立新的模擬輪廓

　　點選 PSpice → New Simulation Profile 命令，建立新的模擬輪廓後，
會出現如圖 7-173 所示之 Simulation Settings 視窗。

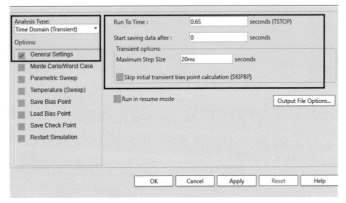

圖 7-173　Simulation Settings 設定視窗

3.　決定模擬分析的種類及參數設定：

(1)　在圖 7-173 視窗上的 Analysis Type 框內點選 Time Domain(Transient)
　　表示要執行暫態分析。

(2)　在右邊 Run to Time 右框鍵入 0.6s，表示暫態分析之終止時間為 0.6s。

(3)　在 Start Saving data after 右框內鍵入 0，表示在 0 秒後要開始儲存模
　　擬結果之資料。

(4)　在 Transient Options 下方有兩行敘述
　　Maximum Step Size 右框內鍵入 20ms，表示其最大時間間距為 20ms。
　　Skip the initial transient bias point calculation(SKIPBP)：表示要放棄
　　初始暫態偏壓點的計算，不點選。

(5)　最後再點選確定鈕。

4.　開始模擬及分析模擬結果

(1)　求電阻器電流之輸出波形

①　執行 PSpice → Run 命令後出現一 PSpice A/D 之 Probe 視窗，由
　　於有設定電壓探針於節點 1，電流探針於節點 2，讓它顯示如圖
　　7-174 所示之 V(1)及 I(R1)之波形。

② 在圖 7-174 由於電壓與電流單位不一樣，故電流波形為一水平
線，此時應點選 X 座標軸上字的 V(1)字體使之變紅色，然後按
Delete 鍵將之刪除後，就可顯示電阻器之電流波形 I(R1)，如圖
7-175 所示的下方，然後執行下列步驟。

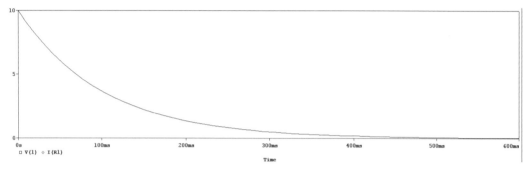

圖 7-174　V(1)及 I(R1)之輸出波形

(2) 求出電容器電流之波形

① 點選 PLOT →Add Piot to Windows 命令，會出現另一座標軸。

② 點選 Trace → Add Trace 命令示，出現一 Add Trace 視窗。

③ 在 Add Trace 視窗，左邊點選 I(C1)，在點選 OK 鈕就會出現 I(C1)
之電流波形，如圖 7-175 所示中間波形。

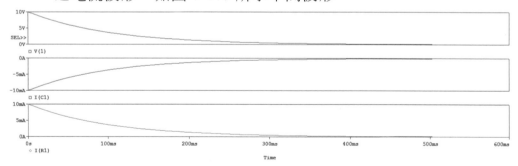

圖 7-175　$i_{R1}(t)$、$i_{c1}(t)$及 $V_{c1}(t)$之波形

註 三十：若點選 V(C1:1)輸出為一直線，則改點選 V(C1:2)，原因同前面範例之敘述

(3) 求電容器電壓之波形
同(2)步驟①及②只是在 Add Trace 視窗上，點選 V(1)或 V(C1:1)
即可，如圖 7-175 所示最上方之波形。

5. 求出 $i_{R1}(t)$、$i_{c1}(t)$ 及 $V_{c1}(t)$ 之值及初始值

(1) 點選 View → Output File 命令，即可進入模擬結果輸出檔，在輸出檔中可獲得，i_{R1}、i_{c1}、V_{c1} 之初值及在各時間點之值，如圖 7-176 所示。其中 V(1)即為 V_{c1}，I(V_PRINT3)=$i_{R1}(t)=-i_{C1}(t)$(請參閱範例 7-70 步驟 5 之說明)。

100	**** TRANSIENT ANALYSIS
101	*****************************
102	TIME V(1)
103	
104	0.000E+00 1.000E+01
105	2.000E-02 8.198E+00
106	4.000E-02 6.704E+00
107	6.000E-02 5.495E+00
108	8.000E-02 4.496E+00
109	1.000E-01 3.677E+00
110	1.200E-01 3.013E+00
111	1.400E-01 2.466E+00
112	1.600E-01 2.016E+00
113	1.800E-01 1.653E+00
114	2.000E-01 1.352E+00
115	2.200E-01 1.106E+00
116	2.400E-01 9.063E-01
117	2.600E-01 7.416E-01
118	2.800E-01 6.064E-01
119	3.000E-01 4.970E-01
120	3.200E-01 4.067E-01
121	3.400E-01 3.326E-01
122	3.600E-01 2.726E-01
123	3.800E-01 2.230E-01
124	4.000E-01 1.824E-01
125	4.200E-01 1.495E-01
126	4.400E-01 1.223E-01
127	4.600E-01 1.000E-01
128	4.800E-01 8.198E-02
129	5.000E-01 6.708E-02
130	5.200E-01 5.486E-02
131	5.400E-01 4.496E-02
132	5.600E-01 3.679E-02
133	5.800E-01 3.009E-02
134	6.000E-01 2.462E-02

142	**** TRANSIENT ANALYSIS
143	*****************************
144	
145	TIME I(V_PRINT3)
146	
147	0.000E+00 9.990E-06
148	2.000E-02 8.198E-03
149	4.000E-02 6.704E-03
150	6.000E-02 5.495E-03
151	8.000E-02 4.496E-03
152	1.000E-01 3.677E-03
153	1.200E-01 3.013E-03
154	1.400E-01 2.466E-03
155	1.600E-01 2.016E-03
156	1.800E-01 1.653E-03
157	2.000E-01 1.352E-03
158	2.200E-01 1.106E-03
159	2.400E-01 9.063E-04
160	2.600E-01 7.416E-04
161	2.800E-01 6.064E-04
162	3.000E-01 4.970E-04
163	3.200E-01 4.067E-04
164	3.400E-01 3.326E-04
165	3.600E-01 2.726E-04
166	3.800E-01 2.230E-04
167	4.000E-01 1.824E-04
168	4.200E-01 1.495E-04
169	4.400E-01 1.223E-04
170	4.600E-01 1.000E-04
171	4.800E-01 8.198E-05
172	5.000E-01 6.708E-05
173	5.200E-01 5.486E-05
174	5.400E-01 4.496E-05
175	5.600E-01 3.679E-05
176	5.800E-01 3.008E-05
177	6.000E-01 2.462E-05
178	

(a)模擬結果輸出檔(一)　　　　　(b)模擬結果輸出檔(二)

圖 7-176

6. 使用文字描述模擬之輸入檔格式如圖 7-177 所示

```
ZERO-INPUT RESPONSE EXAMPLE 7-69
C1 1 0 100UF IC=10V
R1 1 0 1K
.TRAN 20MS 0.6S UIC
.PROBE
.PRINT TRAN I(C1) I(R1) V(R1)
.OPTION NOPAGE
.END
```

圖 7-177 範例 7-69 使用文字描述模擬之輸入格式

在圖 7-177 中，我們使用暫態分析之起始時間由零開始，每次增加
20ms，直至 0.6s 止。在電容器描述中使用初始條件設定描述 IC=10V，
並且 .TRAN 描述中需配合使用 UIC 敘述。若是在電容器中不使用
IC=10V 描述，而是使用 .IC V(1)=10V 單獨描述，且 TRAN 描述中不
配合使用 UIC 敘述，則在執行暫態分析前，將使用 .IC 描述上設定的
電壓，計算偏壓工作點，則其輸出列表中將有 Initial Transient Solution
之部份資料即為其解。

註 三十一：若想要把 IC1 之曲線及座標去除，則將 mouse 移至 IC1 曲線之 y 座標軸上，
用 mouse 左鍵點選一下，使 SEL>>字樣出現在其 y 座標軸旁後，然後在主
功能表中選擇 Plot→Delete-Plot 命令，即可將 IC1 曲線及其座標去除，目前
只剩下 IR1 及 V(1)二條曲線及座標軸。(SEL>>字樣出現在該座標 y 軸旁表
示該座標及曲線在其控制之下，因此此時下任何指令，只對目前之曲線及
座標有控制作用。

範例 7-70 如圖 7-178(a)所示之電路，電容器的初始電壓為零，試求出
當 t=0 時，開關 S 關閉後之零態響應(Zero-state response)，
即求出 $i_{R1}(t)$，$i_{C1}(t)$，$V_{C1}(t)$之值以及波形及初值？(註：電容
器初值要設為零)

解

1.　開始繪圖：

將圖 7-178(a)之電路圖重繪成圖 7-178(b)所示，其電路元件名稱及資料庫所在位置，請參考表 7-26 及表 7-27 所示，輸入直流電源請參考範例 7-32。(注意：電容器之初始電壓應設爲零，設定方法同前範例，只是在電容器之 Property Editor 視窗的 IC 下欄鍵入 0V，否則模擬時輸出波形會有階梯之變化。)

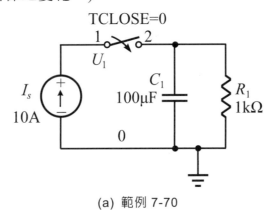

(a) 範例 7-70

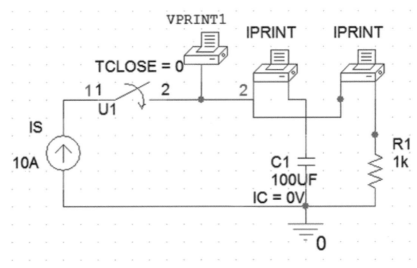

(b) 圖 7-178(a)之電路

圖 7-178

IPRINT 及 VPRINT1 元件的設定如圖 7-171 及 7-172 所示。

2. 建立新的模擬輪廓並設定模擬分析的種類及參數設定：
   點選 PSpice → New Simulation Profile 命令，建立新的模擬輪廓後，會出現如圖 7-173 所示之 Simulation Setting 視窗，如圖所示設定。

3. 開始模擬及分析模擬結果
   (1) 求電容器電壓之輸出波形
      ① 執行 PSpice → Run 命令後就會出現一 PSpice A/D 之 Probe 視窗。
      ② 點選 Trace →Add Trace 命令，就會出現一 Add Trace 視窗。
      ③ 在 Add Trace 視窗，左邊點選 V(2)或 V(C1:1)變數後再點選 OK 鈕即可。

   註 三十二：若點選 V(C1:1)輸出為一直線，則改點選 V(C1:2)，原因同前一範例之敘述

      ④ 此時會出現如圖 7-179 所示下方之電容器電壓之輸出響應曲線。
   (2) 求出電容器電流之波形
      ① 點選 PLOT →Add Plot to Windows 命令，出現另一座標軸。
      ② 點選 Trace → Add Trace 命令，出現一 Add Trace 視窗。
      ③ 在 Add Trace 視窗，左邊點選 I(C1)，在點選 OK 鈕就會出現 $i_{c1}(t)$ 之電流波形，如圖 7-179 中間波形所示。
   (3) 求電阻器電流之波形
      同(2)步驟只是在 Add Trace 視窗上，點選 I(R1)即可求出。

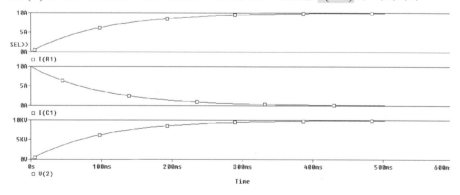

圖 7-179 $i_{c1}(t)$、$i_{R1}(t)$及 $V_{c1}(t)$之波形

5.　i_{R1}、i_{c1} 及 V_{c1} 之值及初始值

點選 View →Output File 命令，即可進入模擬結果輸出檔中，在輸出檔中可獲得，i_{R1}、i_{c1}、V_{c1} 之初值及在各時間點之值，如圖 7-180 所示。其中 V(2)即為 V_{c1}，I(V_PRINT1)=$i_{R1}(t)$，I(V_PRINT2)=$i_{c1}(t)$。

106	**** TRANSIENT ANALYSIS	149	**** TRANSIENT ANALYSIS
107	*****************************	150	******************************
108	TIME I(V_PRINT1)	151	TIME I(V_PRINT2)
109		152	
110	0.000E+00 1.000E+01	153	0.000E+00 2.000E-05
111	2.000E-02 8.198E+00	154	2.000E-02 1.802E+00
112	4.000E-02 6.704E+00	155	4.000E-02 3.296E+00
113	6.000E-02 5.495E+00	156	6.000E-02 4.505E+00
114	8.000E-02 4.496E+00	157	8.000E-02 5.504E+00
115	1.000E-01 3.677E+00	158	1.000E-01 6.323E+00
116	1.200E-01 3.013E+00	159	1.200E-01 6.987E+00
117	1.400E-01 2.466E+00	160	1.400E-01 7.534E+00
118	1.600E-01 2.016E+00	161	1.600E-01 7.984E+00
119	1.800E-01 1.653E+00	162	1.800E-01 8.347E+00
120	2.000E-01 1.352E+00	163	2.000E-01 8.648E+00
121	2.200E-01 1.106E+00	164	2.200E-01 8.894E+00
122	2.400E-01 9.063E-01	165	2.400E-01 9.094E+00
123	2.600E-01 7.416E-01	166	2.600E-01 9.258E+00
124	2.800E-01 6.064E-01	167	2.800E-01 9.394E+00
125	3.000E-01 4.970E-01	168	3.000E-01 9.503E+00
126	3.200E-01 4.067E-01	169	3.200E-01 9.593E+00
127	3.400E-01 3.326E-01	170	3.400E-01 9.667E+00
128	3.600E-01 2.726E-01	171	3.600E-01 9.727E+00
129	3.800E-01 2.230E-01	172	3.800E-01 9.777E+00
130	4.000E-01 1.824E-01	173	4.000E-01 9.818E+00
131	4.200E-01 1.495E-01	174	4.200E-01 9.851E+00
132	4.400E-01 1.223E-01	175	4.400E-01 9.878E+00
133	4.600E-01 1.000E-01	176	4.600E-01 9.900E+00
134	4.800E-01 8.198E-02	177	4.800E-01 9.918E+00
135	5.000E-01 6.708E-02	178	5.000E-01 9.933E+00
136	5.200E-01 5.485E-02	179	5.200E-01 9.945E+00
137	5.400E-01 4.496E-02	180	5.400E-01 9.955E+00
138	5.600E-01 3.679E-02	181	5.600E-01 9.963E+00
139	5.800E-01 3.008E-02	182	5.800E-01 9.970E+00
140	6.000E-01 2.461E-02	183	6.000E-01 9.975E+00
		184	

(a) $i_{C1}(t)$ 之模擬結果　　　　　　　　　　(b) $i_{R1}(t)$ 之模擬結果

圖 7-180

```
191    ****        TRANSIENT ANALYSIS
192    *****************************:
193     TIME          V(2)
194
195     0.000E+00     2.000E-02
196     2.000E-02     1.802E+03
197     4.000E-02     3.296E+03
198     6.000E-02     4.505E+03
199     8.000E-02     5.504E+03
200     1.000E-01     6.323E+03
201     1.200E-01     6.987E+03
202     1.400E-01     7.534E+03
203     1.600E-01     7.984E+03
204     1.800E-01     8.347E+03
205     2.000E-01     8.648E+03
206     2.200E-01     8.894E+03
207     2.400E-01     9.094E+03
208     2.600E-01     9.258E+03
209     2.800E-01     9.394E+03
210     3.000E-01     9.503E+03
211     3.200E-01     9.593E+03
212     3.400E-01     9.667E+03
213     3.600E-01     9.727E+03
214     3.800E-01     9.777E+03
215     4.000E-01     9.818E+03
216     4.200E-01     9.851E+03
217     4.400E-01     9.878E+03
218     4.600E-01     9.900E+03
219     4.800E-01     9.918E+03
220     5.000E-01     9.933E+03
221     5.200E-01     9.945E+03
222     5.400E-01     9.955E+03
223     5.600E-01     9.963E+03
224     5.800E-01     9.970E+03
225     6.000E-01     9.975E+03
```

(C) $V_{R1}(t)$ 之模擬結果輸出檔(三)

圖 7-180 (續)

其中 I(V_PRINT1)為 i_{C1} 之電流(此乃在此 IPRINT1 元件設定之 Property Editor 視窗的 Reference 欄位下(在最左邊)其自動顯示為 PRINT1，因此元間係串聯在 C1 上之故。同理 I(V_PRINT2)為 i_{R1} 之電流(因此元件串聯在 R1 上之 IPRINT 元件，亦可將在電路圖上將游置至該 IPRIN 元件上，就會浮現其…Ref: PRINT1 字體，或在該元件之 Property Editor 視窗上亦可判別之)同理其他 VPRINT1 及 IPRINT 元件是列印那一元件之電壓電流，相同可用此方法辨別之。

6. 使用文字描述方式模擬之格式如圖 7-181 所示

```
ZERO-STATE RESPONSE EXAMPLE 7-70
IS 0 1 10A
C 1 0 100UF
R 1 0 1K
.IC  V(1)=0V
.TRAN 20MS 0.6S UIC
.PROBE
.OPTIONS NOPAGE
.END
```

圖 7-181　範例 7-70 使用文字描述模擬之格式

在圖 7-181 電路描述中可看出，由於在 .TRAN 描述中有使用 UIC 敘述，則由 .IC 描述中所設定的電壓計算元件的初始值條件，由暫態分析結果在 t=0 時 V(2)=2.000E-02 就可看出。但是在執行暫態分析之前不執行直流工作點分析，也就是沒有 Initial Transient Solution 的解。

範例 7-71　試求出如圖 7-182 所示之 RC 電路之零態響應，輸入為正弦波電流，頻率為 1KHz，峰值 2 安培，即求出 i (t)，$i_{c1}(t)$，$V_{c1}(t)$ 及 $V_{R1}(t)$ 之輸出波形？

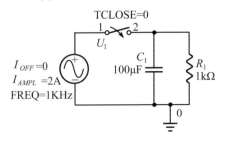

圖 7-182　範例 7-71

解

1. 開始繪圖：

   如圖 7-183 所示，其電路元件名稱及資料庫所在位置，請參考表 7-26 所示，正弦波電流電源請參考第 4-2-2-1 小節。

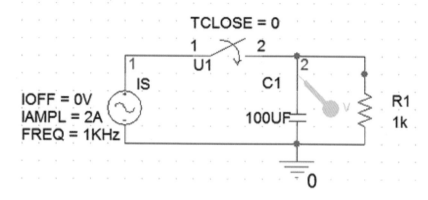

圖 7-183　圖 7-182 電路

2. 建立新的模擬輪廓及參數設定：

   點選 PSpice → New Simulation Profile 命令，建立新的模擬輪廓後，會出現如圖 7-184 所示之 Simulation Settings 視窗，如圖所示設定。

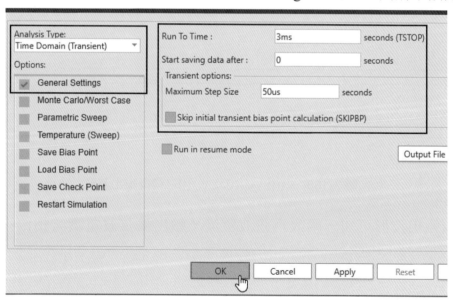

圖 7-184　Simulation Settings 設定視窗

3. 開始模擬及分析模擬結果

(1) 求電容器電壓之輸出波形

執行 PSpice → Run 命令後會出現一 PSpice A/D 之 Probe 視窗，由於在圖 7-183 中的節點 2 有加入一電壓探針，就會出現如圖 7-185 所示下方之電容器電壓 V(2)之波形。

(2) 求出電容器電流之波形

① 點選 PLOT →Add Plot to Windows 命令，出現另一座標軸。

② 點選 Trace → Add Trace 命令，出現一 Add Trace 視窗。

③ 在 Add Trace 視窗，左邊點選 I(C1)，在點選 OK 鈕就會出現 $i_{c1}(t)$ 之電流波形，如圖 7-185 所示中間波形。

(3) 求電阻器電流之波形

同(2)步驟只是在 Add Trace 視窗上，點選 I(R1)即可，波形顯示於圖 7-185 的最上方。

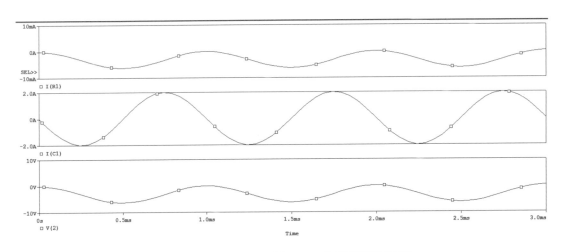

圖 7-185 $i_{c1}(t)$、$i_{R1}(t)$及 $V_{c1}(t)$之模擬輸出波形

由輸出波形可知，輸入為弦波電流，輸出為弦波電壓其相位移約 90 度。

範例 7-72　如圖 7-186 之 RC 電路，電容器在 t=0 前有 10V 之初值電壓，其輸入電流 IS=10A，試求出 t=0 時開關 S 關閉之完整響應 (complete response)，也就是求出 $i_{R1}(t)$，$i_{C1}(t)$，$V_{C1}(t)$之值及其輸出波形？

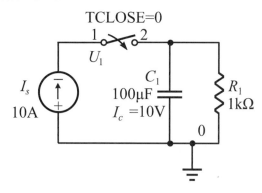

圖 7-186　範例 7-72

解

1. 開始繪圖：

將圖 7-186 之電路圖重繪成圖 7-187 所示，其電路元件名稱及資料庫所在位置請參考表 7-26 及表 7-27 所示，注意電容器初始電壓為 10V。

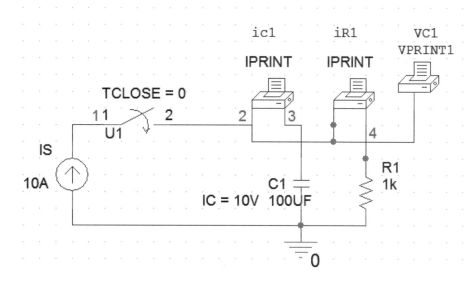

圖 7-187　圖 7-186 之電路

　　IPRINT 及 VPRINT1 元件的設定如圖 7-171 及圖 7-172 所示。

2.　建立新的模擬輪廓並決定模擬分析的種類及參數設定：

　　點選 PSpice → New Simulation Profile 命令，建立新的模擬輪廓後，
就會出現如圖 7-173 所示之 Simulation Settings 視窗，依圖所示設定。

3.　開始模擬及分析模擬結果

　(1)　求電容器電壓之輸出波形

　　①　執行 PSpice → Run 命令後會出現一 PSpice A/D 之 Probe 視窗，
　　　　同前範例之方法，輸出波形如圖 7-188 下方所示。

註 三十三：若點選 V(C1:1)輸出為一直線，則改點選 V(C1:2)，原因同前一範例之敘述

　(2)　求電容器電流之波形(同前範例之方法)，輸出波形如圖 7-188 中間
　　　所示。

　(3)　求電阻器電流之波形(同前範例之方法)，輸出波形如圖 7-188 上方
　　　所示。

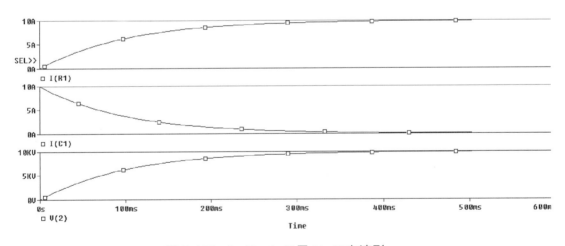

圖 7-188　$i_{R1}(t)$、$i_{c1}(t)$及 $V_{c1}(t)$之波形

5. 求出 i_{R1}、i_{c1} 及 V_{c1} 之值及初始值

(1) 點選 View →Output File 命令，即可進入模擬結果輸出檔中，在輸出檔中可獲得，$i_{R1}(t)$、$i_{c1}(t)$ 及 $V_{c1}(t)$ 之初值及在各時間點之值，如圖 7-189 所示。其中 V(2) 即為 $V_{c1}(t)$，I(V_PRINT1)= $i_{c1}(t)$，I(V_PRINT2)= $i_{R1}(t)$。

202	****	TRANSIENT ANALYSIS	106	****	TRANSIENT ANALYSIS
203	*****************************:		107	******************************	
204	TIME	I(V_PRINT1)	108	TIME	I(V_PRINT2)
205			109		
206	0.000E+00	9.990E+00	110	0.000E+00	1.002E-02
207	2.000E-02	8.190E+00	111	2.000E-02	1.810E+00
208	4.000E-02	6.697E+00	112	4.000E-02	3.303E+00
209	6.000E-02	5.489E+00	113	6.000E-02	4.511E+00
210	8.000E-02	4.491E+00	114	8.000E-02	5.509E+00
211	1.000E-01	3.673E+00	115	1.000E-01	6.327E+00
212	1.200E-01	3.010E+00	116	1.200E-01	6.990E+00
213	1.400E-01	2.463E+00	117	1.400E-01	7.537E+00
214	1.600E-01	2.014E+00	118	1.600E-01	7.986E+00
215	1.800E-01	1.651E+00	119	1.800E-01	8.349E+00
216	2.000E-01	1.351E+00	120	2.000E-01	8.649E+00
217	2.200E-01	1.105E+00	121	2.200E-01	8.895E+00
218	2.400E-01	9.054E-01	122	2.400E-01	9.095E+00
219	2.600E-01	7.408E-01	123	2.600E-01	9.259E+00
220	2.800E-01	6.058E-01	124	2.800E-01	9.394E+00
221	3.000E-01	4.965E-01	125	3.000E-01	9.503E+00
222	3.200E-01	4.063E-01	126	3.200E-01	9.594E+00
223	3.400E-01	3.322E-01	127	3.400E-01	9.668E+00
224	3.600E-01	2.723E-01	128	3.600E-01	9.728E+00
225	3.800E-01	2.228E-01	129	3.800E-01	9.777E+00
226	4.000E-01	1.822E-01	130	4.000E-01	9.818E+00
227	4.200E-01	1.493E-01	131	4.200E-01	9.851E+00
228	4.400E-01	1.222E-01	132	4.400E-01	9.878E+00
229	4.600E-01	9.992E-02	133	4.600E-01	9.900E+00
230	4.800E-01	8.190E-02	134	4.800E-01	9.918E+00
231	5.000E-01	6.701E-02	135	5.000E-01	9.933E+00
232	5.200E-01	5.480E-02	136	5.200E-01	9.945E+00
233	5.400E-01	4.491E-02	137	5.400E-01	9.955E+00
234	5.600E-01	3.675E-02	138	5.600E-01	9.963E+00
235	5.800E-01	3.005E-02	139	5.800E-01	9.970E+00
236	6.000E-01	2.459E-02	140	6.000E-01	9.975E+00

(a) $i_{c1}(t)$ 之模擬結果(一)   (b) $i_{R1}(t)$ 模擬結果(二)

圖 7-189

```
149  ****        TRANSIENT ANALYSIS
150  ********************************
151  TIME          V(2)
152
153  0.000E+00    1.002E+01
154  2.000E-02    1.810E+03
155  4.000E-02    3.303E+03
156  6.000E-02    4.511E+03
157  8.000E-02    5.509E+03
158  1.000E-01    6.327E+03
159  1.200E-01    6.990E+03
160  1.400E-01    7.537E+03
161  1.600E-01    7.986E+03
162  1.800E-01    8.349E+03
163  2.000E-01    8.649E+03
164  2.200E-01    8.895E+03
165  2.400E-01    9.095E+03
166  2.600E-01    9.259E+03
167  2.800E-01    9.394E+03
168  3.000E-01    9.503E+03
169  3.200E-01    9.594E+03
170  3.400E-01    9.668E+03
171  3.600E-01    9.728E+03
172  3.800E-01    9.777E+03
173  4.000E-01    9.818E+03
174  4.200E-01    9.851E+03
175  4.400E-01    9.878E+03
176  4.600E-01    9.900E+03
177  4.800E-01    9.918E+03
178  5.000E-01    9.933E+03
179  5.200E-01    9.945E+03
180  5.400E-01    9.955E+03
181  5.600E-01    9.963E+03
182  5.800E-01    9.970E+03
183  6.000E-01    9.975E+03
```

(c) $V_{c1}(t)$ 之模擬結果輸出檔(三)

圖 7-189　(續)

6. 使用文字描述方式模擬之電路描述格式如圖 7-190 所示

```
COMPLETE RESPONSE EXAMPLE 7-72
IS 0 1 10A
C 1 0 100UF IC=10V
R 1 0 1K
.TRAN 20MS 0.6S UIC
.PRINT TRAN V(1) I(C) I(R)
.OPTIONS NOPAGE
.PROBE
.END
```

圖 7-190 電路描述輸入檔

範例 7-73 試求出如圖 7-191 所示之串聯電晶體放大器之電壓增益、輸入及輸出波形？並以 PROBE 繪出 VIN 及 Vo 之波形？

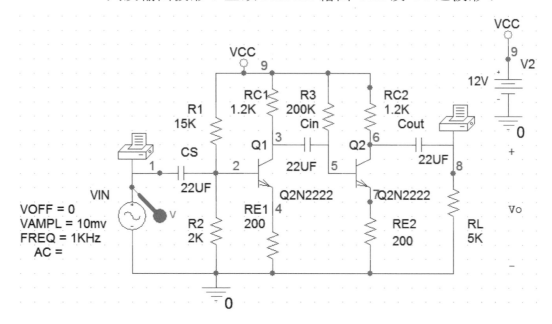

圖 7-191 範例 7-73

解

1.　開始繪圖：

如圖 7-191 所示之電路，其電路元件名稱及資料庫所在位置，請參考如表 7-26 及表 7-27 所示。(正弦波電源之放置及設定之方式請參閱第四章 4-2-2-1 小節)

IPRINT1 及 VPRINT1 元件的設定如圖 7-171 及 7-172 所示。

2.　建立新的模擬輪廓並決定模擬分析的種類及參數設定：

點選 PSpice → New Simulation Profile 命令，建立新的模擬輪廓後 (如 TRAN EX7-73)，會出現如圖 7-192 所示之 Simulation Settings 視窗，如圖所示設定。

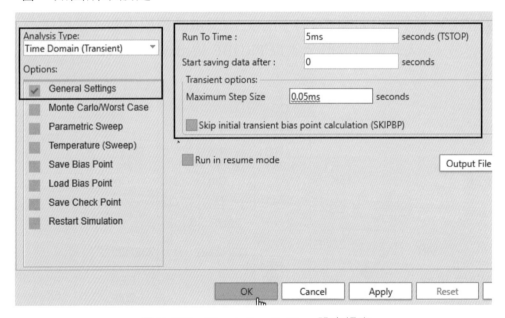

圖 7-192　Simulation Setting 設定視窗

3.　開始模擬及分析模擬結果

(1)　求輸入輸出電壓大小之波形

①　點選 PSpice → Run 命令後會出現一 PSpice A/D 之 Probe 視窗，由於在輸入節點 1 有放置一電壓探針就會顯示一 Vin 之輸入波形，如圖 7-193 下方所示(若沒出現，點選 Trace → Add Trace 命令)。

② 點選 PLOT →Add Plot to Windows 命令,再點選 Trace →Add Trace 命令出現一 Add Trace 視窗。

③ 在 Add Trace 視窗左邊點選 V(8)或 V(RL),再點選 OK 鈕,就會顯示其輸出之波形,且在其 Y 軸上會顯示 SEL 字體表示目前之控制在此畫面上。

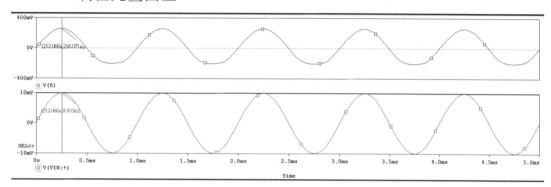

圖 7-193　輸入及輸出波形

④ 求輸出波形之正峰值之值。

❶ 先設定游標功能

點選 Trace → Cursor → Display 命令使之具有游標之功能,此時將在 Probe 畫面下方出現一如圖 7-194 所示之 Probe Cursor 小視窗,有 Y1,Y2 游標之位置及差值顯示。

❷ 找出輸出波形正峰值之位置

按鍵盤的 → 或 ← 鍵使游標移至輸出波形 x 座標軸(Y1 的 XValues)為 0.25ms 處(因頻率為 1KHz,週期為 1ms,正半週峰值處 0.25ms)現為 Y1=(252.066u,256.071m)表示在 252.066us 時輸出電壓 V(8)為 256.071mV,如圖 7-194 所示。

	Trace Color	Trace Name	Y1	Y2	Y1 - Y2
		X Values	252.066u	0.000	252.066u
		V(VIN:+)	9.910m	31.416u	9.878m
	CURSOR 1,2	V(8)	256.071m	0.000	256.071m

圖 7-194　Probe Cursor 視窗

❸ 在波形上標出其正峰值，即 xy 座標值

點選 Plot → Label → MARK 命令，則會在曲線上標出其 xy 座標值為(252.066u，256.071m)。

❹ 以 mouse 點選下方的 V(VIN:+)波形的 Y 軸使之有 SEL>>字體於其旁邊，再以 mouse 右鍵點選 x 座標軸下方 V(VIN:+)字體左邊的□小正方形方框，使之有一小虛線正方形包圍在其四周，表示現在游標已移至 V(1)波形上。

❺ 執行❸步驟標出其 xy 座標軸值。

❻ 此時 V(1)波形上的 xy 座標值為 Y1=(252.066u，9.991m)，亦可由圖 7-194 中看出其 V(VIN:+)值為 9.910m，故其電壓增益為

$$Av = \frac{V_{op}}{V_{ip}} = \frac{256.074\text{mV}}{9.991\text{mV}} = 25.84$$

(2) 另法求電壓增益

① 點選 View → Output File ，進入如圖 7-195 所示之模擬結果輸出檔。

② 其電壓增益亦可由在 0.25ms 時之輸出電壓(第 267 行)與輸入電壓(第 154 行)之比值而獲得，即 $Av = \frac{V_{op}}{V_i} = \frac{2.559E-01}{9.901E-03} = 25.85$，與由 PROBE 視窗之波形所獲得的結果略同差異不大。

```
145  ****        TRANSIENT ANALYSIS      258  ****        TRANSIENT ANALYSIS
146  *******************************      259  *******************************
147   TIME         V(1)                  260   TIME         V(8)
148                                       261
149   0.000E+00    0.000E+00             262   0.000E+00    0.000E+00
150   5.000E-05    3.075E-03             263   5.000E-05    7.971E-02
151   1.000E-04    5.823E-03             264   1.000E-04    1.509E-01
152   1.500E-04    8.013E-03             265   1.500E-04    2.076E-01
153   2.000E-04    9.418E-03             266   2.000E-04    2.437E-01
154   2.500E-04    9.901E-03             267   2.500E-04    2.559E-01
155   3.000E-04    9.415E-03             268   3.000E-04    2.428E-01
156   3.500E-04    8.007E-03             269   3.500E-04    2.059E-01
157   4.000E-04    5.816E-03             270   4.000E-04    1.486E-01
158   4.500E-04    3.055E-03             271   4.500E-04    7.669E-02
159   5.000E-04   -4.569E-06             272   5.000E-04   -2.864E-03
160   5.500E-04   -3.064E-03             273   5.500E-04   -8.193E-02
161   6.000E-04   -5.823E-03             274   6.000E-04   -1.474E-01
162   6.500E-04   -8.013E-03             275   6.500E-04   -1.844E-01
163   7.000E-04   -9.418E-03             276   7.000E-04   -1.991E-01
164   7.500E-04   -9.901E-03             277   7.500E-04   -2.028E-01
165   8.000E-04   -9.415E-03             278   8.000E-04   -1.989E-01
166   8.500E-04   -8.007E-03             279   8.500E-04   -1.841E-01
167   9.000E-04   -5.816E-03             280   9.000E-04   -1.450E-01
168   9.500E-04   -3.055E-03             281   9.500E-04   -7.876E-02
169   1.000E-03    4.570E-06             282   1.000E-03    2.704E-04
170   1.050E-03    3.064E-03             283   1.050E-03    7.970E-02
171   1.100E-03    5.823E-03             284   1.100E-03    1.512E-01
172   1.150E-03    8.013E-03             285   1.150E-03    2.078E-01
173   1.200E-03    9.418E-03             286   1.200E-03    2.440E-01
174   1.250E-03    9.901E-03             287   1.250E-03    2.561E-01
175   1.300E-03    9.415E-03             288   1.300E-03    2.431E-01
176   1.350E-03    8.007E-03             289   1.350E-03    2.061E-01
177   1.400E-03    5.816E-03             290   1.400E-03    1.489E-01
178   1.450E-03    3.055E-03             291   1.450E-03    7.696E-02
179   1.500E-03   -4.571E-06             292   1.500E-03   -2.596E-03
180   1.550E-03   -3.064E-03             293   1.550E-03   -8.167E-02
```

圖 7-195　模擬結果輸出檔

4.　使用文字描述模擬方式之文字描述格式如圖 7-196 所示

```
CASCADE AMPLIFIER TRANSIENT ANALYSIS EXAMPLE 7-73
VIN 1 0 SIN(0 0.01V 1K 0 0 0)
CS 1 2 22UF
R1 9 2 20K
R2 2 0 5.6K
RC1 9 3 1.2K
RE1 4 0 120
Q1 3 2 4 Q2N2222
CIN 3 5 22UF
R3 9 5 200K
RC2 9 6 1.2K
RE2 7 0 120
Q2 6 5 7 Q2N2222
.model Q2N2222  NPN(Is=14.34f Xti=3 Eg=1.11 Vaf=74.03 Bf=255.9 Ne=1.307
+        Ise=14.34f Ikf=.2847 Xtb=1.5 Br=6.092 Nc=2 Isc=0 Ikr=0 Rc=1
+        Cjc=7.306p Mjc=.3416 Vjc=.75 Fc=.5 Cje=22.01p Mje=.377 Vje=.75
+        Tr=46.91n Tf=411.1p Itf=.6 Vtf=1.7 Xtf=3 Rb=10)
COUT 6 8 22UF
RL 8 0 5K
VCC 9 0 12V
.OP
.TRAN 0.05MS 5MS
.PRINT TRAN V(1) V(8)
.PLOT TARN V(1) V(8)
.PROBE
.OPTION NOPAGE
.END
```

圖 7-196　範例 7-73 使用文字描述模擬之格式

7-12 傅立葉分析

傅立葉分析是計算直流和暫態分析結果的第一項到項到第 n 項的傅立葉成份，也是暫態分析結果的基本頻率以及基本頻率的第二到 n 諧波頻率的幅度大小(amplitude)及相位，所以在做傅立葉分析前一定要先做暫態分析，也就是傅立葉分析描述中一定要有暫態分析描述。

傅立葉分析之輸出可以包含諧波失真及傅立葉成份兩部份。

7-12-1 傅立葉分析描述格式

.FOUR　　　fourier　analysis

一般格式

　　.FOUR　FREQ　VA1　<VA2　VA3 ……>

.FOUR　　　　　表示要執行傅立葉分析

FREQ　　　　　傅立葉分析的基本頻率

VA1<VA2……>　傅立葉分析所要求的輸出變數

傅立葉分析用來將暫態分析所得的結果分解成傅立葉成份，因此一個.FOUR 描述必須與一個.TRAN 描述配合使用。

傅立葉分析由所標明的輸出變數的暫態分析所得的結果(在暫態分析中的(TSTART 週期至 TSTOP 時間區內))開始，計算這些輸出變數的直流成份，基本波及第二到 n 次的諧波成份，也就是它只利用到暫態分析結束之前的 1/FREQ 時間區內的結果，所以暫態分析至少要維持 1/ FREQ 秒之久才可以。

例如某一電路具有 60Hz 之正弦波輸入電源，則其暫態分析的時間最少要 16.7ms(1/60Hz)長，表示傅立葉分析只要到暫態分析最後 16.7 ms 的結果。

因此為了在傅立葉分析中獲得很精確的數據，在暫態分析.TRAN 的最大計時步階 TMAX 最好設定在週期/100 或更小。

傅立葉分析並不需要輸出描述，例如不要.PRINT 及.PLOT 等敘述，分析完後他會自動輸出分析的結果。

傅利葉分析具有頻譜分析之功能，也具有求總諧波失真之功能。

範例 7-74　.FOUR　1000　V(5)　I (VIN)

　　　　　　.TRAN　0.25ms　1ms

範例 7-75　.FOUR　5MEG　V(5)

　　　　　　.TRAN　0.01ns　5ns

7-12-2 傅利葉分析實例介紹

範例 7-76　試以 SPICE(OrCAD PSpice) 求出如圖 7-197 所示電路之總諧波失真及輸出頻譜？

註 三十四：總諧波失真為 $D = \sqrt{\dfrac{(V_{02}^2 + V_{03}^2 + \cdots + V_{0n}^2)}{V_{01}^2}} \times 100\%$，此處 V_{0n} 為 n 次諧波的電壓大小，V_{01} 為其本波電壓。

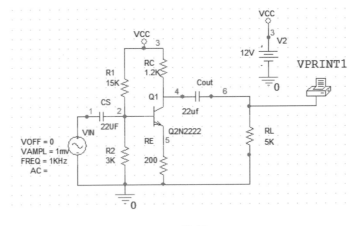

圖 7-197　範例 7-76

解

1. 開始繪圖

   如圖 7-197 所示之電路，其電路元件名稱及資料庫所在位置，請參考如表 7-26 及範例 7-73。

2. 建立新的模擬輪廓：

   點選 PSpice → New Simulation Profile 命令，建立新的模擬輪廓後 (如 EX7_76)，會出現如圖 7-198 所示之 Simulation Settings 視窗。

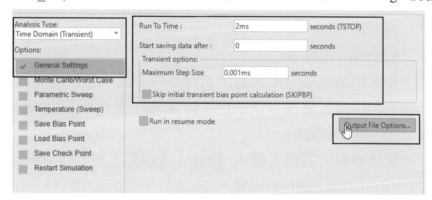

圖 7-198　Simulation Settings 設定視窗

3. 決定模擬分析的種類及參數設定：

   (1) 如圖 7-198 視窗上設定。

   (2) 然後點選圖 7-198 右下角之 Output File Options 鈕，會出現圖 7-199 所示之 Output File Options 小視窗，如圖所示設定。

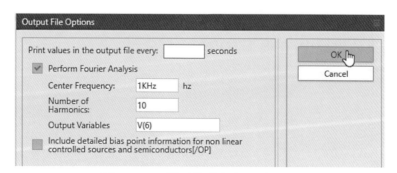

圖 7-199　傅利葉分析的設定視窗

茲將其中各參數之功能及設定方式說明如下：

❶　Print Values in the output File every：
設定在輸出檔中輸出資料時間的間隔，若要控制其時間間隔以
產生適量的資料，才設定此參數。目前暫時不設定。

❷　Perform Fourier Analysis：
是否要執行傅利葉分析，故點選它。

❸　Cenetr Frequency：
執行傅利葉分析的基本波頻率，因輸入信號為 1KHz，故鍵入
1KHz。

❹　Number of Harmonics：
要求出諧波成分的個數，預設值為 9 個，也就是不鍵入的話，
則其自動設定為 9 個，目前鍵入 10，表示要求出 10 個諧波。

❺　Output Variables：
輸出變數的名稱，鍵入 V(6)或 V(RL)，再點選 OK 鈕，即回
Simulation Setting 視窗。

❻　最後再點選 OK 鈕。

4.　開始模擬及分析模擬結果

(1)　求輸入輸出電壓大小之波形

①　執行 PSpice → Run 命令後出現一 PSpice A/D Probe 之視窗。由
於傅利葉分析結果是以文字檔方式顯示於輸出檔上，故執行下列
步驟。

②　點選 View → Output File 命令，就可進入如圖 7-200 所示之模擬
結果輸出檔中(在很下方)。

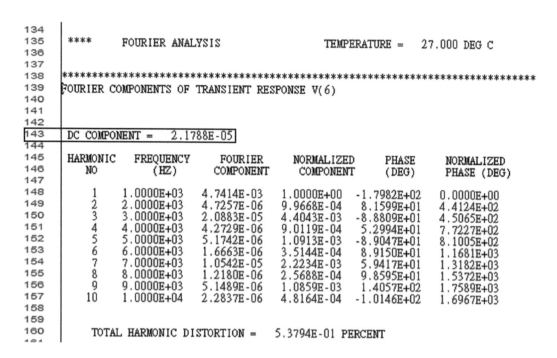

```
134
135    ****        FOURIER ANALYSIS                    TEMPERATURE =    27.000 DEG C
136
137
138    *******************************************************************
139    FOURIER COMPONENTS OF TRANSIENT RESPONSE V(6)
140
141
142
143    DC COMPONENT =    2.1788E-05
144
145    HARMONIC    FREQUENCY      FOURIER       NORMALIZED       PHASE        NORMALIZED
146      NO         (HZ)        COMPONENT      COMPONENT        (DEG)       PHASE (DEG)
147
148       1       1.0000E+03    4.7414E-03    1.0000E+00    -1.7982E+02    0.0000E+00
149       2       2.0000E+03    4.7257E-06    9.9668E-04     8.1599E+01    4.4124E+02
150       3       3.0000E+03    2.0883E-05    4.4043E-03    -8.8809E+01    4.5065E+02
151       4       4.0000E+03    4.2729E-06    9.0119E-04     5.2994E+01    7.7227E+02
152       5       5.0000E+03    5.1742E-06    1.0913E-03    -8.9047E+01    8.1005E+02
153       6       6.0000E+03    1.6663E-06    3.5144E-04     8.9150E+01    1.1681E+03
154       7       7.0000E+03    1.0542E-05    2.2234E-03     5.9417E+01    1.3182E+03
155       8       8.0000E+03    1.2180E-06    2.5688E-04     9.8595E+01    1.5372E+03
156       9       9.0000E+03    5.1489E-06    1.0859E-03     1.4057E+02    1.7589E+03
157      10       1.0000E+04    2.2837E-06    4.8164E-04    -1.0146E+02    1.6967E+03
158
159
160    TOTAL HARMONIC DISTORTION =    5.3794E-01 PERCENT
```

圖 7-200　模擬結果輸出檔

由模擬結果輸出檔中可獲得其直流成分(a_0)為 2.1788E-05(第 143 行)即
DC COMPONENT 部份，各諧波 a_1 至 a_{10} 之值(a_1 為基本波)(第 148 行
至第 157 行)為 Fourier Component 顯示之值，其總諧波失真為
0.53794%(第 160 行)。

(2) 求輸出頻譜

　　點選上方的 Ex-76(active)標籤回到 Probe 視窗。

①　點選 Trace → Add Trace 命令，就會出現一 Add Trace 視窗。

②　在 Add Trace 視窗左邊點選 V(6)或 V(RL)再點選 OK 鈕即可出現
如圖 7-201 所示之輸出電壓之波形。

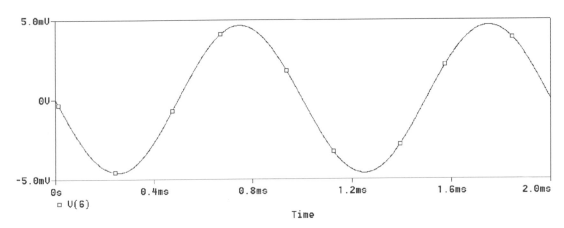

圖 7-201　輸出電壓之波形

③　點選 Trace → Fourier 命令，就會使輸出波形的時間軸(x 軸)變成頻率軸。

④　將頻譜展開，點選 Plot → Axising Setting 命令，會出現一如圖 7-202 所示之 Axis Settings 視窗。

⑤　點選左上角之 X Axis 標籤，表示要設定 x 軸的範圍。

⑥　再點選 Data Range 下方的 User Defined，然後在 User Defined 下方鍵入 0Hz to 10kHz 後，再點選 OK 鈕即可獲得其頻譜如圖 7-203(a)所示，同前法設定游標 Cursor 功能(找出波形之峰值，再標出 X, Y 座標值)可標出其頻率值及大小為(1K, 4.7330mV)，如圖 7-203(a)(b)所示。

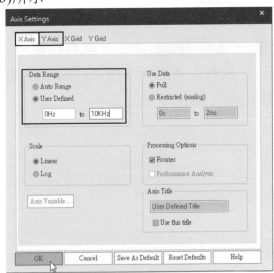

圖 7-202　X 軸的設定

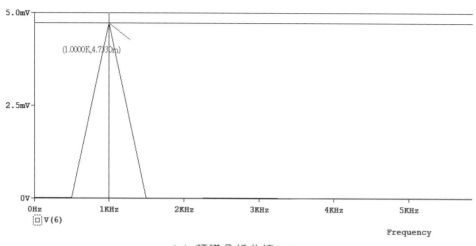

(a) 頻譜分析曲線(一)

	Trace Color	Trace Name	Y1	Y2	Y1 - Y2
		X Values	1.0000K	0.000	1.0000K
	CURSOR 1,2	V(6)	4.7330m	24.491u	4.7085m

(b) Probe Cursor 視窗

圖 7-203

⑦ 但是此時看不到其諧波之成分,故要將 y 軸的刻度變小,點選 Plot → Axising Setting 命令,出現如圖 7-202 所示的視窗,點選左上方之 Y Axis 標籤後,在 Data Range 下方點選 User Defined,然後再鍵入其電壓範圍為 0V to 100uV 後,再點選 OK 鍵後,就會顯示如圖 7-204 所示之頻譜分析曲線,基本波 1KHz 其成分很大,然後可看到 2kHz、3KHz、4KHz…… 10kHz 諧波成分之大小,如圖 7-204 所示,使用游標功能可得 3kHz 諧波之值為 18.138u。

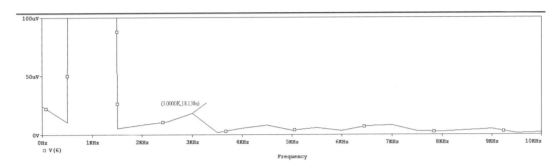

圖 7-204 頻譜分析曲線(二)

5. 使用文字描述模擬方式之格式

使用文字描述模擬之輸入格式如圖 7-205 所示。

```
FOUR ANALYSIS EXAMPLE7-76
VIN 1 0 SIN(0，1MV 1KHz)
CS 1 2 22UF
R1 3 2 15K
R2 2 0 3K
RC 3 4 1.5K
RE 5 0 120
COUT 4 6 22UF
RL 6 0 10K
VCC 3 0 12V
Q1 4 2 5 Q2N2222
.model Q2N2222  NPN(Is=14.34f Xti=3 Eg=1.11 Vaf=74.03 Bf=255.9 Ne=1.307
+        Ise=14.34f Ikf=.2847 Xtb=1.5 Br=6.092 Nc=2 Isc=0 Ikr=0 Rc=1
+        Cjc=7.306p Mjc=.3416 Vjc=.75 Fc=.5 Cje=22.01p Mje=.377 Vje=.75
+        Tr=46.91n Tf=411.1p Itf=.6 Vtf=1.7 Xtf=3 Rb=10)
.TRAN 0.001MS 2MS
.FOUR 1KHz V(6)
.PROBE
.OPTIONS NOPAGE
.END
```

圖 7-205 範例 7-76 使用文字描述模擬之格式

★習題詳見目錄 QR Code

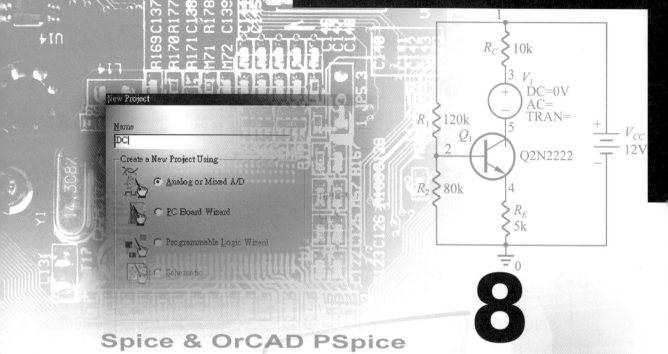

Spice & OrCAD PSpice

8

其他分析

學習目標

8-1 溫度分析

8-2 參數調變分析
(Parametric Analysis)

8-3 蒙地卡羅分析

8-4 最壞情況分析
(Worst Case Analysis)

本章在介紹 SPICE 及 OrCAD PSpice 所提供的各種其他分析，如(1)溫度分析，(2)參數分析，(3)性能分析，(4)目標函數分析，(5)蒙地卡羅分析，及(6)最壞情況分析等。

註 本章參考自[1] 至[9]，[17]至[21]之參考資料及其他相關資料。

8-1　溫度分析

SPICE (OrCAD PSpice) 可在不同溫度下來模擬分析電路，其機定的溫度值為攝氏 27 度，其模擬溫度可由溫度分析描述來改變。但是在不同的溫度下是否對模擬的結果改變，要看模擬電路內是否具有溫度特性的元件而定。例如電阻就不會受到溫度的影響(除非更換具有溫度模型參數的電阻元件)，而半導體元件則會受到溫度的影響。

8-1-1　溫度分析描述

.TEMP　　　　　Temperature

一般格式

.TEMP　T1<T2<T3.......>>

.TEMP　　　　表示設定電路的模擬溫度．

T1<T2<T3....>>　表示設定的溫度值，以攝氏表示，可為+ - 或零，如果所設定的溫度不只一個，則在各單一溫度之下把電路之全部分析做完才換下一個溫度執行模擬分析。

SPICE 規定此溫度不能小於-223.0 度，否則無效．

　　模型參數的設定是在標稱溫度(Nominal Temperature，TNOM)下導出或測得，除非在.OPTION 描述中以 TNOM 敘述指定標稱溫度，否則標稱溫度為 27 度。(標稱溫度之設定見第十三章)

範 例 8-1   .TEMP   120

範 例 8-2   .TEMP   -10   0   27   125

8-1-2　溫度分析實例介紹

範 例 8-3   試以 SPICE (OrCAD PSpice) 求出如圖 8-1 所示電路在攝氏 30 度，-100 度下的頻率響應曲線?以分貝表示之。

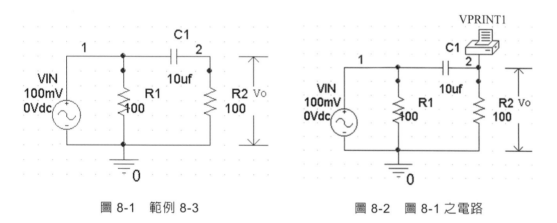

圖 8-1　範例 8-3　　　　　　　圖 8-2　圖 8-1 之電路

解

1. 開始繪圖：

   將圖 8-1 之電路圖重繪成圖 8-2 所示，其電路元件名稱及資料庫所在位置，請參考表 7-26 及表 7-27 及第四章交流電壓電源元件之設定。

   VPRINT1 元件的設定如圖 8-3 所示，其方法為以 mouse 在 VPRINT1 元件上以左鍵連續點二下，就會出現如圖 8-3 之 Property Editor 視窗，由於要求以分貝表示之交流輸出電壓、故要在 AC、DB 等欄位下鍵入 ON 字。

Reference	Value	AC	DB	DC	IMAG	MAG	PHASE	PRINT	REAL	Source P	TRAN
PRINT1	VPRINT1	ON	ON					PRINT		VPRINT1	

   圖 8-3   VPRINT1 元件的設定

2. 建立新的模擬輪廓：

   點選 PSpice → New Simulation Profile 命令，建立新的模擬輪廓後，會出現如圖 8-4 所示之 Simulation Settings 視窗。

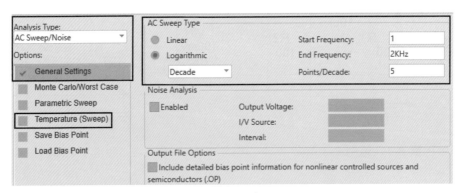

   圖 8-4   Simulation Settings 設定視窗

3. 決定模擬分析的種類及參數設定：

   (1) 如圖 8-4 所示視窗設定。

   (2) 然後再點選左邊 Options 下方欄位之 Temperature(Sweep)選項左邊正方形小框，就會出現如圖 8-5 所示之畫面，在右邊有二個溫度分析的參數設定即

① Run the simulation at temperature：只設定一個模擬的溫度，因此只會執行這個設定溫度的模擬分析。

② Repeat the simulation for each of the temperature：可設定一個以上的模擬溫度，PSpice 會重覆執行在不同溫度下的模擬分析，在各個不同溫度之間要以空格將之分開。

因此點選 Repeat the simulation for each of the temperature，並在下方欄位鍵入 30 -100 後，再點選確定鈕。(溫度之間以空格分開，即 30 與-100 以空格分開，表示要執行 30 及-100 度的溫度分析)

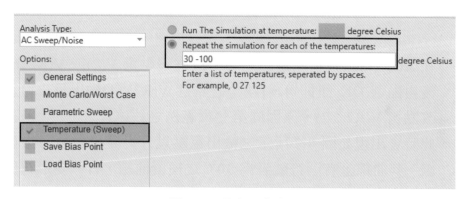

圖 8-5　溫度設定畫面

4. 開始模擬及分析模擬結果

(1) 求輸出電壓大小以分貝表示之頻率響應曲線

① 執行 PSpice → Run 命令後會進入一 Available Section 小視窗如圖 8-6 所示。若只要看某一個溫度的模擬結果，只要點選某一個不要看的溫度，再點選 OK 鍵即可，由於我們兩個結果都要看，故直接點選 OK 鍵即可。

② 點選 Trace → Add Trace 命令，就會出現一 Add Trace 視窗。

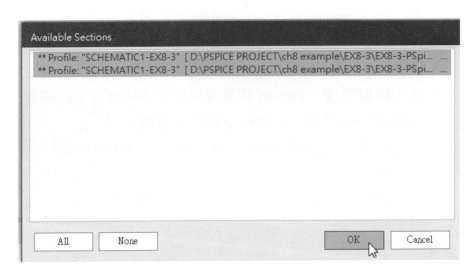

圖 8-6　Available Sections 視窗

③ 在 Add Trace 視窗右邊點選 DB[]，左邊點選 V(2)或 V(R2：1)變數後再點選 OK 鈕即可。[註：若點選 V(R2：1)輸出為一直線，則改點選 V(R2：2)，原因同第七章範例之敘述]

④ 此時會出現如圖 8-7 所示之輸出電壓以分貝表示之頻率響應曲線。其曲線上有□符號者為 30℃之模擬曲線，有◇菱形符號者為 – 100℃之模擬曲線(見註一)。

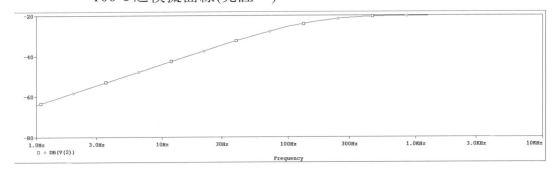

圖 8-7　輸出頻率響應曲線

註 一：若在波形上沒有顯示□及◇形符號，請點選 Tools → Options 後出現 – Probe Setting 視窗，點選左上角的 General 標籤，再點選 Use Symbds 下方的 Always 即可出現。

⑤　在輸出曲線上或模擬輸出檔上可看出不論是 30℃ 或–100℃的模擬
　　結果都是一樣的，此仍是電阻與電容元件目前是一理想的不受溫
　　度影響的元件，因此若要顯示出溫度分析的特性，則要將電阻與
　　電容改成會隨溫度而改變的非理想元件。現在以下列範例來說明。

範例　8-4　　試求出圖 8-8 所示之電路在攝氏 30 度、50 度–100 度下的輸
　　　　　　出頻率響應曲線？將電阻及電容改成具有隨溫度變化的非理
　　　　　　想元件，且電阻器的 TC1 = 0.001 TC2 = 0.0001，電容的 TC1
　　　　　　= 0.1，TC2 = 0.01？

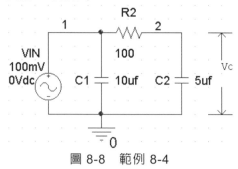

圖 8-8　範例 8-4

解

1.　開始繪圖
　　將圖 8-8 之電路圖重繪成如圖 8-9 所示電路，其電路元件名稱及資
　　料庫所在位置，請參考表 7-26 及表 7-27 及前範例 8-3，其中電阻
　　Rbreak 元件及 Cbreak 元件，使用 Place → Part 命令，在
　　BREAKOUT.OLB 資料庫。

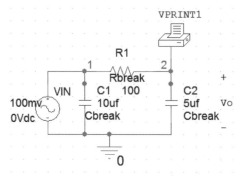

圖 8-9　圖 8-8 之電路

2.　元件溫度參數設定

(1)　Rbreak 元件溫度參數的設定，其方法為以 mouse 在 Rbreak 元件上以 mouse 左鍵點一下，然後再按 mouse 右鍵就會出現一功能表，再點選 Edit PSpice Mode 命令，就會出現一如圖 8-10 所示之模型參數的視窗(若看不見在下方工作列上)，將右邊之模型參數鍵入 TC1 及 TC2 之值，TC1 = 0.001，TC2 = 0.001(溫度係數與電阻之關係請參考(3-1)式)後存檔再關閉此視窗。

(2)　Cbreak 元件溫度參數的設定方法同 Rbreak 元件，如圖 8-11 所示，TC1 = 0.1，TC2 = 0.01。

(3)　VPRINT1 元件之 Property Editor 視窗之設定為 AC：ON、DB：ON。

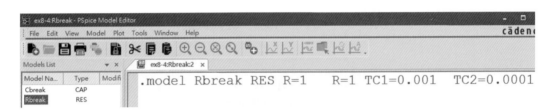

圖 8-10　PSpice Model Editor 視窗(一)

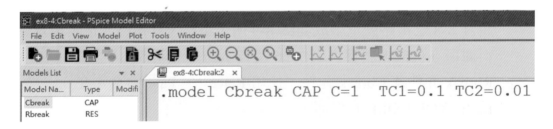

圖 8-11　PSpice Model Editor 視窗(二)

3.　建立新的模擬輪廓：

點選 PSpice → New Simulation Profile 命令，建立新的模擬輪廓後，會出現如圖 8-12 所示之 Simulation Settings 視窗。

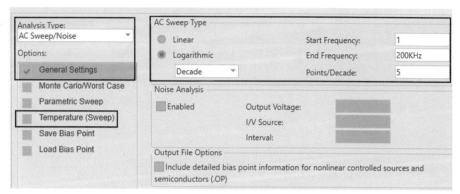

圖 8-12　Simulation Settings 設定視窗(一)

4.　決定模擬分析的種類及參數設定：

如圖 8-12 及圖 8-13 所示設定之。

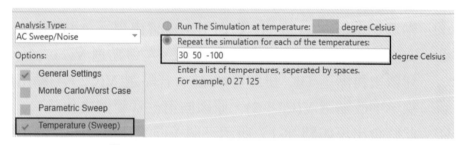

圖 8-13　Simulation Setting 設定視窗(二)

5.　開始模擬及分析模擬結果

　(1)　求輸出電壓大小以分貝表示之頻率響應曲線

　　①　執行 PSpice → Run 命令後會進入一如圖 8-14 所示，Available
　　　　Section 之 Probe 視窗，您可選擇某一溫度或全選，若全選則點
　　　　選 OK 鈕。

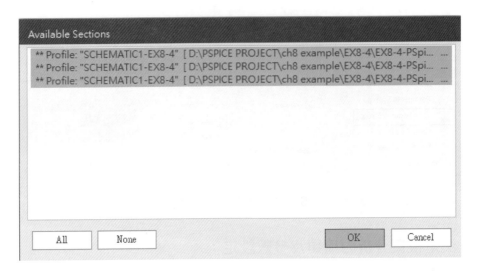

圖 8-14　Available Section 視窗

② 點選 Trace → Add Trace 命令，就會出現一 Add Trace 視窗。

③ 在 Add Trace 視窗右邊點選 DB[]，左邊點選 V(2)或 V(C2：1)
變數後再點選 OK 鈕即可。[註：若點選 V(C2：1)輸出為一直
線，則改點選 V(C2：2)，原因同第七章範例之敘述]

④ 此時會出現如圖 8-15 所示三個不同工作溫度下之輸出電壓以
分貝表示之頻率響應曲線，由曲線可以知道-3dB 頻率會隨溫度
變化而變化。

若要知道那一條曲線是屬於那一個溫度的曲線有二種方法判
斷：(1)原則在 X 軸下方節點名稱前的□◇▽符號小圖示代表之
曲線依序為圖 8-13 所示之溫度順序。(2)或可在 x 軸下方節點名
稱前的某一□◇▽符號小圖示上，按滑鼠左鍵二次，就會出現
如圖 8-16 所示的 Section Information 視窗，就知道其相關資訊。

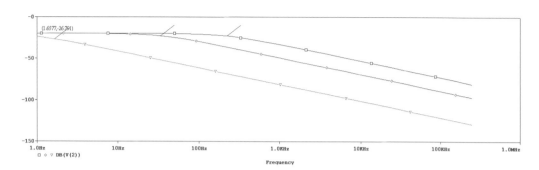

圖 8-15　輸出電壓以分貝表示之頻率響應曲線

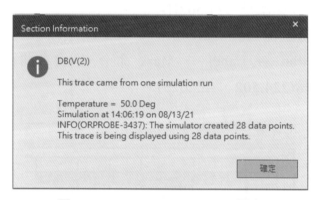

圖 8-16　Section Information 視窗

(2) 先求出 30℃時之–3dB 頻率點

① 先設定游標功能

點選 Trace → Cursor → Display 命令使之具有游標之功能，此時將在 Probe 畫面下方出現一 Probe Cursor 小視窗，有 Y1，Y2 游標之位置及差值之顯示。

② 找出曲線之最大值位置

點選 Trace → Carsor → Max 命令將，使游標移至曲線之最大值位置(即 Y1=1(XValues)，–20.000(DB(V2)))位置，如圖 8-17(a)所示在 Trace Color 下欄不同顏色即代表 30℃、50℃及–100℃之輸出曲線，表示頻率 1Hz 時，30℃、50℃及–100℃之輸出值最大分別為–20、–20.004 及–23.738dB，表示在溫度 30℃時(綠色背景)其頻率在最大輸出值-20dB 時為 1Hz，如圖 8-17(a)所示。

③ 將游標移至– 3dB 頻率的位置

按鍵盤的 → 鍵，使游標移至輸出為-3dB 頻率的位置，即讓 Y1 的座標 Y 值(DB(V(2))為–23，實際上 Y1=(224.502，–23.025) 即為輸出的–3dB 頻率位置(游標移動不會剛好在–23dB 位置，且電腦不同其值會稍有差異)，如圖 8-17(b)所示。

④ 求出其-3dB 頻率

此時觀察其 Y1 的 X 座標值(XValues)為 224.502 表示在 30℃時其–3dB 頻率為 224.502Hz。

⑤ 在曲線上標出其–3dB 頻率值，即 xy 座標值

點選 Plot → Label → Mark 命令，則會在曲線上標出其 xy 座標值為(224.502，–23.025)。

Trace Color	Trace Name	Y1	Y2	Y1 - Y2
	X Values	1.0000	1.0000	0.000
CURSOR 1,2	DB(V(2))	-20.000	-20.000	-461.030n
	DB(V(2))	-20.004	-20.004	0.000
	DB(V(2))	-23.738	-23.738	0.000

(a)

Trace Color	Trace Name	Y1	Y2	Y1 - Y2
	X Values	224.502	1.0000	223.502
CURSOR 1,2	DB(V(2))	-23.025	-20.000	-3.0249
	DB(V(2))	-36.393	-20.004	-16.389
	DB(V(2))	-68.375	-23.738	-44.637

(b)

圖 8-17　Probe Cursor 視窗

(3) 在求出–50℃時之–3dB 頻率點

① 以 mouse 右鍵點選顯示曲線 X 座標軸下的 DB(V(2))字左邊的◇符號使之有一小虛線正方形包圍在其四周,表示現在游標在–50℃的曲線上控制。

② 使用相同方法找出其最大值為 20.004dB,如圖 8-17(a)(粉紅色背景)所示,其中 CURSOR1 之背景顏色為紅色,也就是對等於50℃時之軸出紅色曲線。

③ 按鍵盤的 → 鍵使 Y1 游標移至 y 軸(DB(V(2))為–23.014dB 處(不會剛好在–23dB),此時 x 座標值為 33.638,表示其–3dB 頻率減小至 33.638Hz,如圖 8-17(c)所示(可依 Probe Cursor 視窗上由 Trace Color 之顏色區分是那一個 Cursor 的 y 座標值即 DB(V(2)),

④ 同法,在曲線上標出–3dB 頻率點。結果發現溫度由 30℃升降至–50℃,其–3dB 頻率由 224.502Hz 降至 33.638Hz。

Trace Color	Trace Name	Y1	Y2	Y1 - Y2
	X Values	33.638	1.0000	32.638
CURSOR 2	DB(V(2))	-20.102	-20.000	-101.700m
CURSOR 1	DB(V(2))	-23.014	-20.004	-3.0108
	DB(V(2))	-51.890	-23.738	-28.153

(c)

圖 8-17　PROBE CURSOR 視窗(續)

(4) 求出–100℃時之–3dB 頻率

① 以 mouse 右鍵點選顯示曲線 x 座標軸下的 DB(V(2))字左邊的▽符號使之有一小虛線正方形包圍在其四週,表示現在游標在–100℃的曲線上控制。

② 使用相同方法找出其最大值為–23.738dB,如圖 8-17(d)(藍色背景)所示。

③ 同法將 Y1 游標移至 y 軸 DB(V(2)為-26.791dB 處(不會剛好在-26.738dB)，此時 x 座標值為 1.6577，表示其-3dB 頻率反而降至 1.6577Hz，如圖 8-17(d)所示。

④ 同法可在曲線上標出其-3dB 頻率點。

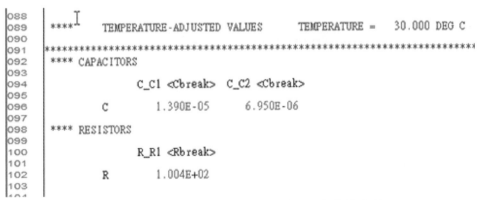

Trace Color	Trace Name	Y1	Y2	Y1 - Y2
	X Values	1.6577	1.0000	657.724m
CURSOR 2	DB(V(2))	-20.000	-20.000	-157.103u
	DB(V(2))	-20.011	-20.004	-6.8785m
CURSOR 1	DB(V(2))	-26.791	-23.738	-3.0527

(d)

圖 8-17　PROBE CURSOR 視窗(續)

由於在電路圖的節點 2 上加一 VPRINT1 列印元件(其在 AC 及 DB Property 欄位要設 <u>ON</u>)，則在模擬輸出檔中亦可看出其在 30℃、50℃及-100℃的模擬結果是完全不同的。

在圖 8-18 的模擬結果輸出檔中可看出其電阻 R2 及電容器在 30℃、50℃及-100℃時的值及輸出 dB 值。

```
088
089   ****      TEMPERATURE-ADJUSTED VALUES      TEMPERATURE =    30.000 DEG C
090
091   ***********************************************************************
092   **** CAPACITORS
093
094              C_C1 <Cbreak>   C_C2 <Cbreak>
095
096       C       1.390E-05       6.950E-06
097
098   **** RESISTORS
099
100              R_R1 <Rbreak>
101
102       R       1.004E+02
103
```

(a) 模擬結果輸出檔顯示電阻在不同溫度的變化值

圖 8-18

```
183  ****     TEMPERATURE-ADJUSTED VALUES     TEMPERATURE =    50.000 DEG C
184  ******************************************************************************
185
186  **** CAPACITORS
187
188              C_C1 <Cbreak>  C_C2 <Cbreak>
189
190       C       8.590E-05       4.295E-05
191
192  **** RESISTORS
193
194              R_R1 <Rbreak>
195
196       R       1.076E+02
197
```

(b) 模擬結果輸出檔顯示電阻在不同溫度的變化值

```
277  ****     TEMPERATURE-ADJUSTED VALUES     TEMPERATURE =  -100.000 DEG C
278  ******************************************************************************
279  **** CAPACITORS
280
281              C_C1 <Cbreak>  C_C2 <Cbreak>
282
283       C       1.496E-03       7.480E-04
284
285  **** RESISTORS
286
287              R_R1 <Rbreak>
288
289       R       2.486E+02
```

(c) 模擬結果輸出檔顯示電阻在不同溫度的變化值

```
139  TEMPERATURE =    30.000 DEG C
140  ******************************
141   FREQ        VDB(2)
142   1.000E+00   -2.000E+01
143   1.585E+00   -2.000E+01
144   2.512E+00   -2.000E+01
145   3.981E+00   -2.000E+01
146   6.310E+00   -2.000E+01
147   1.000E+01   -2.001E+01
148   1.585E+01   -2.002E+01
149   2.512E+01   -2.005E+01
150   3.981E+01   -2.013E+01
151   6.310E+01   -2.032E+01
152   1.000E+02   -2.076E+01
153   1.585E+02   -2.171E+01
154   2.512E+02   -2.345E+01
155   3.981E+02   -2.607E+01
156   6.310E+02   -2.937E+01
157   1.000E+03   -3.306E+01
158   1.585E+03   -3.693E+01
159   2.512E+03   -4.087E+01
160   3.981E+03   -4.485E+01
161   6.310E+03   -4.884E+01
162   1.000E+04   -5.284E+01
163   1.585E+04   -5.684E+01
164   2.512E+04   -6.084E+01
165   3.981E+04   -6.484E+01
166   6.310E+04   -6.884E+01
167   1.000E+05   -7.284E+01
168   1.585E+05   -7.684E+01
169   2.512E+05   -8.084E+01
```

(d) 模擬結果輸出檔顯示在不同溫度變化下輸出之值

圖 8-18　(續)

```
226   TEMPERATURE =    50.000 DEG C
227   ****************************
228    FREQ          VDB(2)
229    1.000E+00    -2.000E+01
230    1.585E+00    -2.001E+01
231    2.512E+00    -2.002E+01
232    3.981E+00    -2.006E+01
233    6.310E+00    -2.014E+01
234    1.000E+01    -2.035E+01
235    1.585E+01    -2.083E+01
236    2.512E+01    -2.185E+01
237    3.981E+01    -2.368E+01
238    6.310E+01    -2.639E+01
239    1.000E+02    -2.975E+01
240    1.585E+02    -3.346E+01
241    2.512E+02    -3.734E+01
242    3.981E+02    -4.129E+01
243    6.310E+02    -4.527E+01
244    1.000E+03    -4.926E+01
245    1.585E+03    -5.326E+01
246    2.512E+03    -5.726E+01
247    3.981E+03    -6.126E+01
248    6.310E+03    -6.526E+01
249    1.000E+04    -6.926E+01
250    1.585E+04    -7.326E+01
251    2.512E+04    -7.726E+01
252    3.981E+04    -8.126E+01
253    6.310E+04    -8.526E+01
254    1.000E+05    -8.926E+01
255    1.585E+05    -9.326E+01
256    2.512E+05    -9.726E+01
```

(e) 模擬結果輸出檔顯示電阻在不同溫度的變化值

```
312   TEMPERATURE =  -100.000 DEG C
313   ****************************
314    FREQ          VDB(2)
315    1.000E+00    -2.374E+01
316    1.585E+00    -2.646E+01
317    2.512E+00    -2.983E+01
318    3.981E+00    -3.355E+01
319    6.310E+00    -3.743E+01
320    1.000E+01    -4.138E+01
321    1.585E+01    -4.536E+01
322    2.512E+01    -4.936E+01
323    3.981E+01    -5.335E+01
324    6.310E+01    -5.735E+01
325    1.000E+02    -6.135E+01
326    1.585E+02    -6.535E+01
327    2.512E+02    -6.935E+01
328    3.981E+02    -7.335E+01
329    6.310E+02    -7.735E+01
330    1.000E+03    -8.135E+01
331    1.585E+03    -8.535E+01
332    2.512E+03    -8.935E+01
333    3.981E+03    -9.335E+01
334    6.310E+03    -9.735E+01
335    1.000E+04    -1.014E+02
336    1.585E+04    -1.054E+02
337    2.512E+04    -1.094E+02
338    3.981E+04    -1.134E+02
339    6.310E+04    -1.174E+02
340    1.000E+05    -1.214E+02
341    1.585E+05    -1.254E+02
342    2.512E+05    -1.294E+02
```

(f) 模擬結果輸出檔顯示電阻在不同溫度的變化值

圖 8-18　(續)

8-2　參數調變分析(Parametric Analysis)

　　在積體電路的設計過程中，時常需要調整電路某一元件的值，以達到所要求的規格，因此在設計時可應用電路設計的理論求出該元件的值，然後再調整該元件的值以求出其輸出結果是否合乎所要求的規格，此種步驟非常繁雜，因此 OrCAD PSpice 提供了參數調變分析(Parameter Analysis)並配合性能分析(Performance Analysis)及目標函數(Goal Function)的功能，以在 Probe 上顯示元件參數不同變化時輸出曲線的變化。

　　參數分析是指在使用 SPICE 及 OrCAD PSpice 模擬電路時，可設定其電路中的某一參數(如電阻、電容、電感，獨立電源，溫度及半導體元件參數等)在某一參數範圍變化時，顯示其電路各元件電流及電壓各種不同變化的情形。

8-2-1　參數調變分析描述

.STEP　　Parametric Analysis

一般格式
```
.STEP   LIN   SWNAM   STARV   EVAL   INC
.STEP   OCT   SWNAM   STARV   EVAL   NO
.STEP   DEC   SWNAM   STRAV   EVAL   ND
.STEP   SWNAM    LIST    VAL1 VAL2 ...
```

.STEP　　　表示要執行參數調變分析。

LIN　　　　表示要執行線性掃描。

SWNAM　　表示執行參數調變分析的掃描變數名稱，可以為獨立電流電源，獨立電壓電源，模型參數，溫度，全域變數。

STARV　　　表示參數調變分析變數變化量的起始值。

EVAL　　　　表示參數分析變數變化量的終值。

INC　　　　　表示參數分析變數的增量。

OCT　　　　　表示執行八度掃描。

DEC　　　　　表示執行十倍掃描。

NO　　　　　表示每八度掃描變化中的掃描點數。

ND　　　　　表示每十倍掃描變化中的掃描點數。

LIST　　　　要列出掃描變數的值，這些值不是遞增就是遞減。

VAL　　　　　所列印出掃描變數的值。

　　任何的模擬分析都可以使用參數分析，但是直流掃描分析的掃描變數不能同時做為參數分析的變數。

範例 8-5　.STEP　LIN　IS　1mA　10mA　2mA

範例 8-6　.STEP　VSS　1V　30V　2V (線性掃描)

範例 8-7　.STEP　TEMP　LIST　-10　5　16　30　100

範例 8-8　.STEP　DEC　IS　5ma　200ma　2

範例 8-9　　RA　5　6　RK　1K

　　　　　　.MODEL　RK　RES(R＝1)

　　　　　　　.STEP　RES　RK(R)　5　150　10

　　在範例 8-7 中，表示電阻器，由 5Ω 增加至 150Ω，每次 10Ω 變化增加。

8-2-2 參數分析實例介紹

範例 8-10　試以參數分析求出圖 8-19 所示之帶通濾波器，當輸出中心頻率為 130Hz 時 R1 電阻器的值為何？

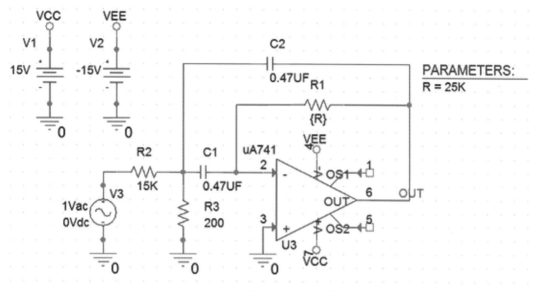

圖 8-19　帶通濾波器電路

解

1. 開始繪圖

　　其電路元件名稱及資料庫所在位置可參考表 7-26 及表 7-27 參數分析，並執行下列設定步驟：

(1) μA741 元件的放置

　① 執行 Place → PSpice Component → Search 命令在右邊出現一 PSpice Part Search 小視窗，如圖 8-20 所示在中間 All Categories: 右方空欄鍵入 μA741 體後按 enter 鍵即會在其下方 PART NAME 欄位顯示不同型式之μA741 運算放大器，在第三個μA741 字體上連續點選二下將該元件取出。

　② 然後點選該元件按右鍵出現一功能表，點選 Minor Vertically 命令(最上面)將該元件轉成，如圖 8-19 所示之方向。

(2) PARAMETERS 元件的置放及設定

①　同步驟(1)之方法，但鍵入 PARAM 字體將該元件取出。

②　點選 PARAMETERS 元件按右鍵出現一功能表，點選 Edit Properties 命令出現一 Property Editor 視窗，點選左上角的 New Property 鈕會出現，如圖 8-21 所示之 Add New Property 視窗。

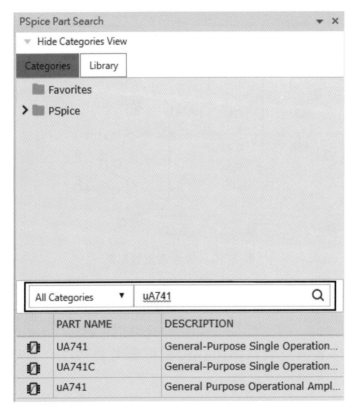

圖 8-20　µA741 元件的取出

圖 8-21　Add New Property 視窗

③　在 Name：下欄鍵入 R，Value:下欄鍵入 25K 後按左下角的 Apply
鈕後，按 OK 鈕再將之關閉，會再出現-如圖 8-21 所示視窗將之
關閉回到如圖 8-22 所示視窗。點選 R 下欄的 25K 欄位(若沒出現
25K 請鍵入 25K)後再點選左上角的 Display 鈕，會出現如圖 8-23
所示之 Display Properties 小視窗，如圖所示點選 Display Format
下框內的 Name and Vallue 就會在如圖 8-19 所示的電路圖上出現
R = 25K 字體於 PARAMETERS 元件下方。

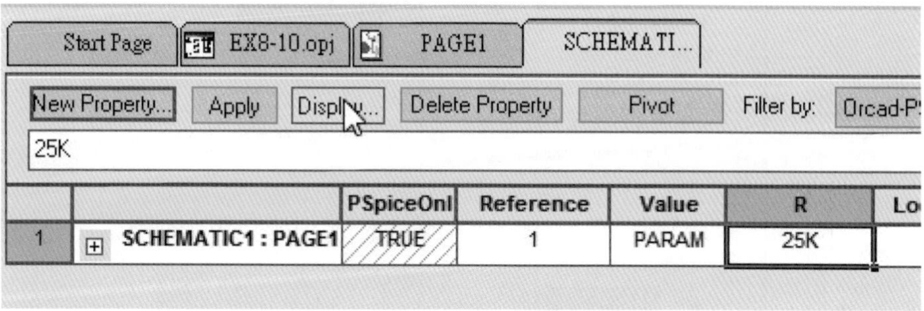

		PSpiceOnl	Reference	Value	R	Lo
1	⊞ SCHEMATIC1 : PAGE1	TRUE	1	PARAM	25K	

圖 8-22　Edito Property 視窗

(3) R1 電阻器電阻值的設定在電阻器的電阻值 1K 的字體上以 mouse 左鍵點選兩次，會出現如圖 8-24 所示之 Display Properties 視窗，在 Value:右欄將 1K 改成 {R}，再點選 OK 鈕。

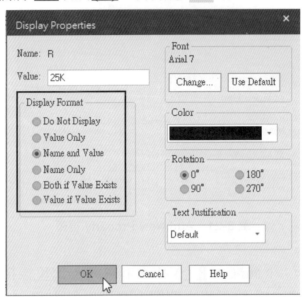

圖 8-23　Display Properties 視窗

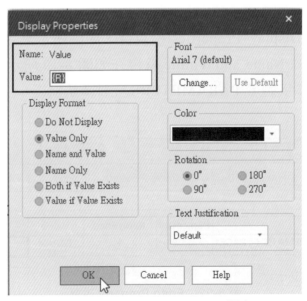

圖 8-24　Display Properties 視窗

2. 建立新的模擬輪廓：

點選 PSpise → New Simulation Profile 命令，建立新的模擬輪廓後，就會出現如圖 8-25 所示之 Simulation Settings 視窗，如圖 8-25 所示設定模擬分析種類及其掃描頻率。

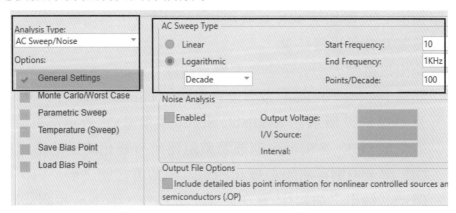

圖 8-25 Simulation Settings 視窗(一)

3. 決定模擬分析的種類及參數設定：

(1) 在圖 8-25 視窗上的 Analysis type:下框點選 AC Sweep/Noise，在 Options 下框內點選 Parametric Sweep 表示要執行參數分析，如圖 8-26 所示。

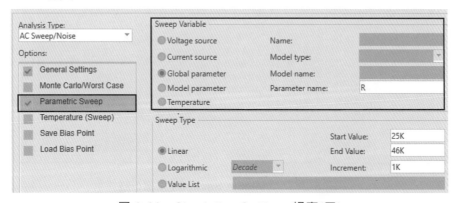

圖 8-26 Simulation Settings 視窗(二)

(2) 在右邊 Sweep Variable 下框內點選 Global Parameter，在其右下方的 Parameter name:右框內建入 R，表示電阻器 R 要執行參數分析。(此 R 要與{R}內之 R 一樣)

(3) 在右下方的 Sweep Type 下框內點選 Linear，表示電容器的電容量呈線性變化增加。

(4) 在右邊 Star Value 右框內鍵入 25K (表示電阻器的起始值為 25K)，在 End Value 右框內建入 46K，Increment：右框內鍵入 1K，表示電阻值由 25K 增加至 46K 每次增加 1K，然後再點選確定鈕。

4. 開始模擬及分析模擬結果

(1) 求輸出以電壓大小表示之頻率響應曲線

① 點選 PSpice → Run 命令後會出現一 PSpice A/D 之 Probe 視窗，及如圖 8-27 所示之 Available Sections 視窗，它表示電阻值由 25K 變化至 46K 之情形，若要將電阻器所有變化的值的輸出就點選 OK 鍵，否則可將不要變化的電阻值點選它使之變反白，表示不顯示其輸出之曲線(注意在此先不要操作，看下一步驟②)，然後再點選 OK 鍵即可(none 表示全部不要)。

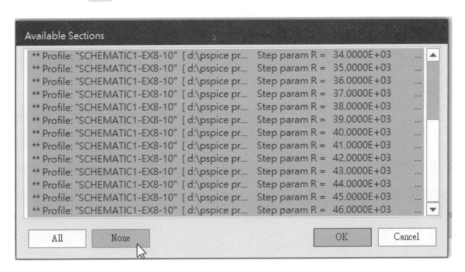

圖 8-27　Available Sections 視窗(一)

② 由於我們現在要點選電阻值 25K、33K 及 40K 值，以瞭解電阻增加時其中心頻率的變化，所以在如圖 8-27 所示中先點選 none 後如圖 8-28 所示再點選此三個電阻值(按 Ctrl 鍵點選)，再點選 OK 鈕。

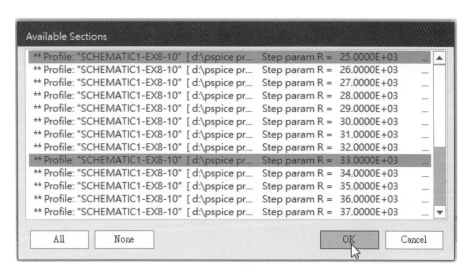

圖 8-28 Available Sections 視窗(二)

③ 點選 Trace → Add Trace 命令,就會出現一 Add Trace 視窗。

④ 在 Add Trace 視窗中,右邊點選 DB[ ],左邊點選 V(OUT)(因輸出端的節點為 OUT)變數後再點選 OK 鈕即可。可標出其中心頻率之座標,由輸出曲線可看出當電阻值增加時,其中心頻率就減少,但在中心頻率的輸出反而增加,如圖 8-29 所示。

⑤ 點選 PROBE 畫面左上角的 Simulation → Run 命令就會出現,如圖 8-27 之畫面點選 OK 鈕,就會出現一 Trace 視窗,相同執行步驟③④之動作。

⑥ 此時會出現如圖 8-30 所示之輸出電壓大小之頻率響應曲線,由曲線可得知電阻器的電阻值增加時其頻寬會增加,在 x 軸下方的□◇▽△○+×人 Y*…的符號表示電阻值由初值變化至終值之順序,因此由顯示曲線上之符號,就可以知道那一條曲線是屬於那一電阻值時的曲線。

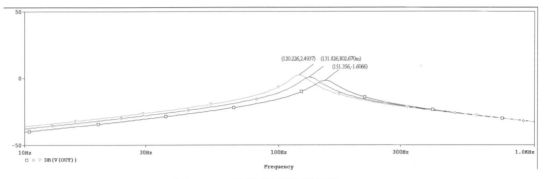

圖 8-29　輸出頻率響應曲線(一)

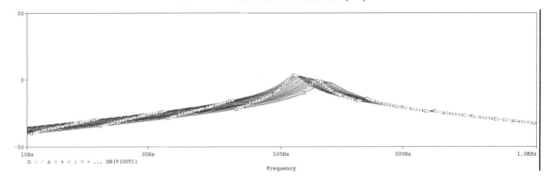

圖 8-30　輸出頻率響應曲線(二)

註 二：若在曲線上沒有□◇△▽○…等符號，則點選 Tools → Options 命令，會進入
　　　一 Probe Options 小視窗，點選左方 Use Symbols 下方的 Always 再點選 OK 鈕
　　　即可。

　　　在 PROBE 的輸出頻率響應曲線可看出有二十二條頻率響應曲線，其中以不同的符號代表其電阻值依序由 25K 變化至 46K，既 25K，26K，27K，28K，每次增加 1K 至 46K，變化之頻率響應曲線，將可發現電阻器電阻值越大中心頻率越小(要取得某一曲線的資訊，可用 mouse 點選該曲線，按右鍵出現一功能表，點選 Trace Infomatiom 命令就會出現一 Section Information 視窗)。此時若要將某些電阻值變化值的曲線刪除，則可點選 Plot → AC 命令後，會出現如圖 8-27 所示之 Available Section 視窗，可用 mouse 點選不欲顯示的電阻變化值後再點選 OK 鈕即可。

5.　使用 Performance Analysis 執行 Measurement 分析

　(1)　點選 Trace → Performance Analysis 命令，就會出現－Performance Analysis 視窗，點選 OK 鈕就會出現，如圖 8-31 所示之畫面。

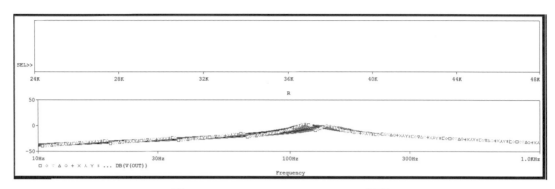

圖 8-31　Performance Analysis 視窗

(2) 點選 Trace → Add Trace 命令，出現如圖 8-32 所示之畫面，在右邊的 Function or Macros 下欄應為 Measurments，在其下欄點選 "Center Frequency (1, db_level)"，左邊的 Simulation Output Varibles:下欄點選 V(OUT)後，在 Trace Expression；右欄的 V(OUT)，右邊輸入 3 後再按 OK 鈕，就會顯示中心頻率在不同電阻變化的曲線，如圖 8-33 上方所示。(3 是表示 3dB 之意)

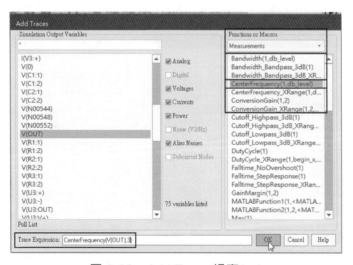

圖 8-32　Add Trace 視窗(一)

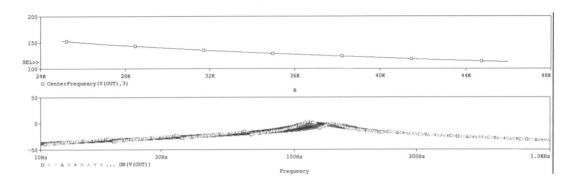

圖 8-33　Center Frequency 曲線

(4) 新增一 Y 座標軸

① 點選 Plot → Add Y Axis 命令。

② 同步驟(2)，如圖 8-34 所示，且在 Measurememts 下欄點選 Bandwidth (1, db_level)，左邊的 Simulation Output Varibles:下欄點選 V(OUT)後，在 Trace Expression；右欄的 V(OUT),右邊輸入 3 後再按 OK 鈕，就會在圖 8-33 所示上方出現 3dB 頻寬與電阻變化的輸出曲線，如圖 8-35 所示紅色曲線(其上有◇符唬)。

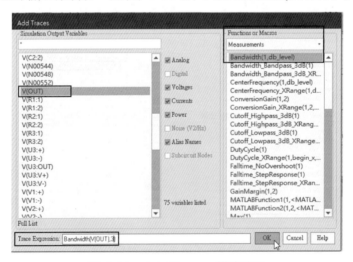

圖 8-34　Add Traces 視窗(三)

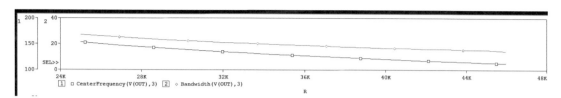

圖 8-35　頻帶寬度(Bandwidth)曲線

(5)　再新增－Y 座標軸

　　①　同步驟(4)，如圖 8-36 所示，但在 Measurememts 下方點選 Max[1]，
　　　　Simulation Output Varibles:下欄點選 V(OUT) 後，會顯示如圖 8-37
　　　　所示之輸出曲線(藍色其上有▽符號)。

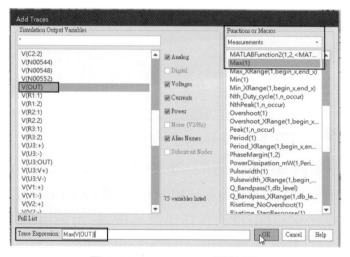

圖 8-36　Add Trace 視窗(四)

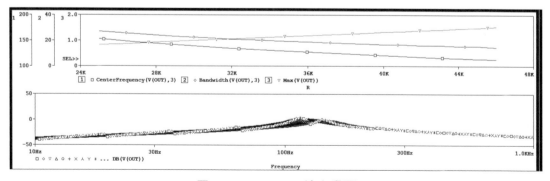

圖 8-37　PROBE 輸出畫面

(6) 找出中心頻率為 130Hz 時之 R1 電阻值

① 點選執行 Trace → Cursor → Display 命令後，出現游標 1(Cursor1)，於 ① Center Frequency (V(out), 3)曲線上(綠色上有□符號)。

② 點選執行 Trace → Cursor → Search Commands 命令，會出現如圖 8-38 所示之 Search Command 小視窗，在其下欄鍵入 sf le(130)，表示要找 Center Frequency (V(out), 3)在 130Hz 時之 R1 電阻值為多少？然後點選 OK 鈕，sf le(130)為 Search Forward Level 130 的簡稱，就是向前找出輸出為 130 的座標值。

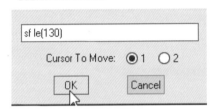

圖 8-38　Search Commands 小視窗

③ 此時在如圖 8-37 下方的 Probe Cursor 視窗就會顯示其 Center frequency (V(out), 3)，在 130 Hz 時，R1 (XValues) = 34.525K，如圖 8-39 所示，且游標也會移至該座標軸，可使用 Plot → Label → Mark 命令將其座標標出，如圖 8-40 所示。

	Trace Color	Trace Name	Y1	Y2	Y1 - Y2		Y1(Cursor1) - Y2(Cursor2)	
		X Values	34.525K	25.000K	9.525K		Y1 - Y1(Cursor1)	Y2 - Y2(Cursor
	CURSOR 1,2	CenterFrequency(V(OUT),3)	130.000	152.926	-22.926		0.000	0.000
		Bandwidth(V(OUT),3)	19.695	27.116	-7.4201		-110.305	-125.811
		Max(V(OUT))	1.1460	831.132m	314.825m		-128.854	-152.095

圖 8-39　PROBE Cursor 視窗

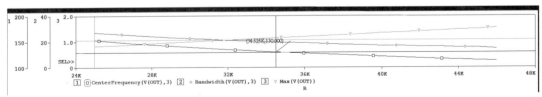

圖 8-40　標出中心頻率 130Hz 時 R1 之值

亦可由圖 8-39 中的 Y1 下欄求出中心頻率 130Hz 時，其頻寬為 19.695Hz，最大輸出為 1.1460V。

6. 使用文字描述模擬格式

使用文字描述模擬格式如圖 8-41 所示。在第 5 行至第 7 行間電阻器之模型名稱為 RMOD，其模型參數中之電阻倍率因子為 1。電路描述中之描述表示要執行參數分析，其中具有模型名稱為 ROMD 且模型參數為 R 的電阻器，其值由 25K 變化至 46K 每次增加 1K。

```
00   PARAMETRIC  ANALYSIS   8-10
01   VIN   1    0    AC  1V
02   V1    6    0  15V
03   V2    5    0  -15V
04   X1    0    3    6    5 4 uA741
05   R1    3    4   RMOD 25K
06   .MODEL   RMOD RES(R=1)
07   .STEP RES RMOD(R)  25K   46K 1K
08   C1    2    3   0.47UF
09   C2    2    4   0.47UF
10   R2    1    2   15K
11   R3    2    0   200
12   .LIB C:\Cadence\SPB_17.2\tools\pspice\library\eval.lib
13   .AC DEC 100 10 1K
14   .OPTION NOPAGE
15   .PROBE
16   .END
```

圖 8-41　範例 8-10 使用文字描述模擬之格式

範例 8-11　如圖 8-42 所示之濾波器，試求出其中心頻率為 15Hz 時，R1 電阻值？(R1 之電阻值由 200Ω 增加至 2K，每次增 100Ω)並求出在此 R1 電阻值的輸出為多少？

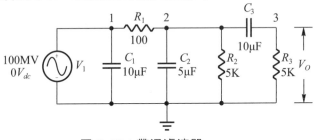

圖 8-42　帶通濾波器

解

1. 開始繪圖

　　將圖 8-42 電路重繪成圖 8-43 所示，其電路元件名稱及資料庫所在位置參考範例 8-10。

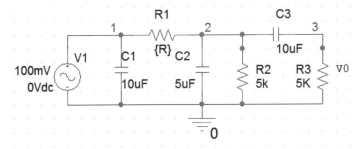

圖 8-43　圖 8-41 之電路圖

(1) 其中在取出 PARAM 元件後，以 mouse 左鍵在 PARAM 元件上連續點二下就會出現一 Property Editor 視窗，在左上方點選 New Property 鈕會出現一 Undo Warming!小視窗，點選 Yes 鈕後會出現一如圖 8-21 所示之 Add New property 小視窗，在 Name 右框內鍵入 R，在 Value 下框內鍵入 1 (可任意值)，以作為參數分析的初值，然後再點選 OK 鈕。

(2) 此時會回到 Property Editor 視窗，然後將 mouse 置於 R 欄位下的 1 位置。

(3) 再點選左上方的 Display 鈕，就會出現一 Display Properties 視窗，點選 Display Format 下框的 Name and Values ，再點選 OK 鈕，再回電路圖就會在 PARAM 元件上顯示 R =1 字樣。

2. 建立新的模擬輪廓

(1) 點選 PSpise → New Simulation Profile 命令，建立新的模擬輪廓後，就會出現如圖 8-44 所示之 Simulation Settings 視窗，如圖 8-44 所示設定模擬分析種類及其掃描頻率(還不要離開此視窗)。

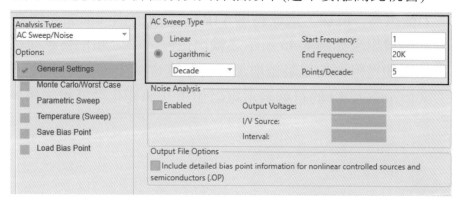

圖 8-44　Simulation Setting 視窗(一)

3. 參數分析各參數之設定

(1) 在圖 8-44 視窗上的 Options 下框內點選 Parametric Sweep 表示要執行參數分析，並且依圖 8-45 所示設定完畢，再點選 OK 鈕。

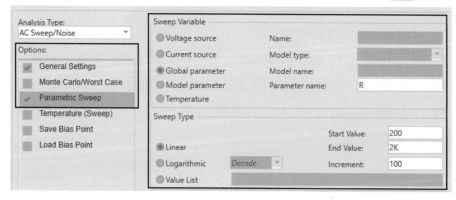

圖 8-45　Simulation Setting 視窗(二)

4. 開始模擬及分析模擬結果

   (1) 求輸出以電壓大小表示之頻率響應曲線

   ① 點選 PSpice → Run 命令後會出現一 PSpice A/D 之 Probe 視窗，及 Available Sections 視窗，然後再點選 OK 鈕即可。

   ② 點選 Trace → Add Trace 命令，就會出現一 Add Trace 視窗。

   ③ 在 Add Trace 視窗右邊點選「#」，左邊點選 V(3)(因輸出端的節點為 3)或 V(R3：1)變數後再點選 OK 鈕即可。[註：若點選 V(R3：1)輸出為一直線，則改點選 V(R3：2)，原因同前面範例之敘述]

   ④ 此時會出現如圖 8-46 所示之輸出電壓大小之頻率響應曲線，由曲線可知電阻器的電阻值增加時其頻寬會減少，在 x 軸下方的□◇▽△○＋×人 Y * 的符號表示電阻值由初值變化至終值之順序。

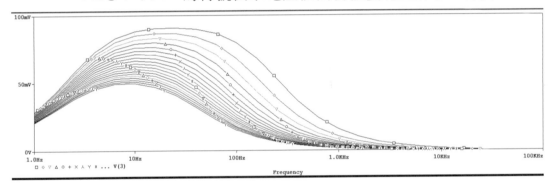

圖 8-46　輸出頻率響應曲線

5. 設定 Measurement Function

   (1) 點選 Trace → Measurement 命令就會出現如圖 8-47 所示之之小視窗，點選右上方之 New 鈕，會出現如圖 8-48 所示之 New Measurement 小視窗。

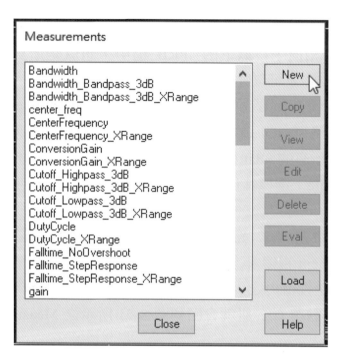

圖 8-47　Measurements 視窗

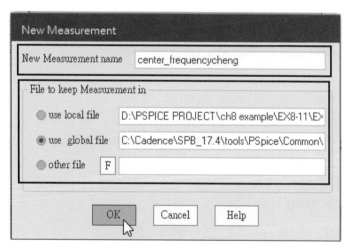

圖 8-48　New Measurement 視窗

(2) 在圖 8-48 之 NEW Measurement name 右框內建入 center_fre
quencycheng 以做為以後呼叫此 Measurement 的名稱，在 File to keep
Measurement 下方有下列命令：

① use local file：表示要將目前所編輯的 Measurement function 存入與圖檔相同子目錄下的*.PRB 檔中，也就是所對應的*.DAT 檔 (Probe 檔)才可以呼叫該 Measurement functions。

② use global file：表示要將目前所編輯的 Measurement function 存入該指定路徑內的 COMMON 目錄下的 PSpice.prb 檔中，因此可以同時給所有的*.dat 檔(Probe 檔)呼叫使用，故選這一項。

③ other file：選擇其他路徑檔案以將 Measurement functions 存入其中。

(3) 然後在點選 OK 鈕，就會出現如圖 8-49 所示之 Edit new Measurement 視窗。

(4) 將圖 8-49 視窗內之內容改成如圖 8-50 所示，表示要找出中心頻率的值，再點選 OK 鈕就會回到圖 8-51 所示之 Measurements 視窗。

Edit New Measurement

```
center_frequencycheng(1) = put_marked_point_expression_here
  {
    1| search forward put_search_commands_here !1;
  }
```

圖 8-49　Edit New Measurement 視窗(一)

```
center_frequencycheng(1) =x1
  {
    1| search forward max !1;
  }
```

圖 8-50　Edit New Measurement 視窗(二)

其中 Search Forward max 是向前找最大值座標點之位置。

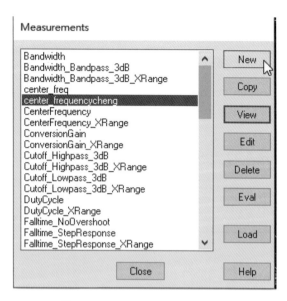

圖 8-51　Measurement 視窗

在此視窗就會出現剛剛所建立的 center_frequencycheng 字體。

(5)　再點選如圖 8-51 右上方的 NEW 鈕會出現如圖 8-52 所示之 New Measurement 視窗，在 New Measurement name 右框內建入 gain cheng(自取表示增益)及點選 use global file 後按 OK 鈕，就會出現如圖 8-53 所示之視窗，將其內容改寫成圖 8-54 所示，表示要找出增益之最大值，在點選 OK 鍵就會回到 Measurement 視窗。

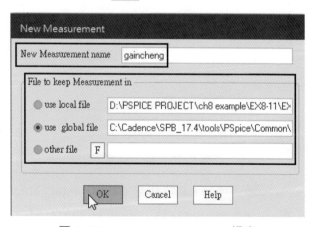

圖 8-52　New Measurement 視窗

```
Edit New Measurement

gaincheng(1) = put_marked_point_expression_here
  {
    1| search forward put_search_commands_here !1;
  }
```

圖 8-53　Edit New Measurement 視窗(三)

```
Edit New Measurement

gaincheng(1) = y1
  {
    1| search forward max !1;
  }
```

圖 8-54　Edit New Measurement 視窗(四)

(6) 將 Measurement 視窗關閉，點選 Close 鈕進入 Probe 畫面。

(7) 點選 Trace → Performance Analysis 命令會出現一 Performance Analysis 視窗，點選左下角之 OK 鈕就會出現如圖 8-55 所示之畫面

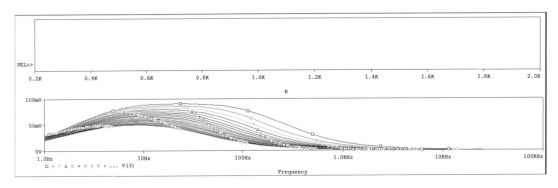

圖 8-55　輸出曲線

(8) 點選 Trace → Add Trace 命令後會出現一 Add Trace 視窗，此時所設定的 center_frequencycheng(1)及 gaincheng(1)之 Measurement Function 就會出現在右邊的 Function or Macro 欄位下的 Measurements 下方，如圖 8-56 所示。

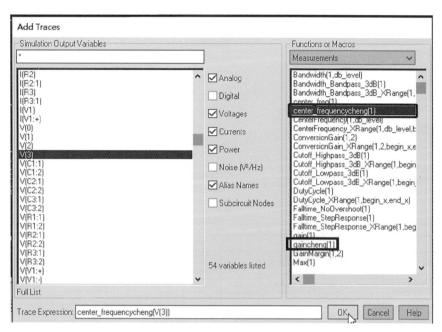

圖 8-56　Add Trace 視窗

(9) 如圖 8-56 所示,在右邊欄位下點選 center_requencycheng(1),左邊
欄位再點選 V(3)再點選 OK 鈕就會出現如圖 8-57 及圖 8-58(a)上方
所示之電阻變化與中心頻率變化之關係曲線,再執行 Trace →
Cursor Display 命令,然後移動游標至中心頻率為 15Hz 時(不會剛好
在 15Hz 約在 15.001Hz)時,如圖 8-58(b)之 Probe Cursor 視窗所示,
其電阻值為 714.493Ω(X Values)即 Y1= (714.493,15.001)(點選 Plot
→ Label → Mark 命令以標出 x,y 座標值)。

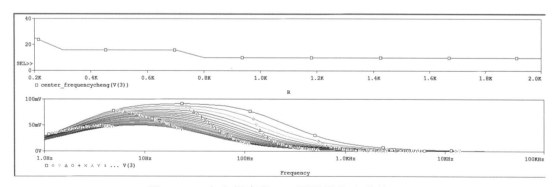

圖 8-57　中心頻率與 R1 電阻變化之曲線(一)

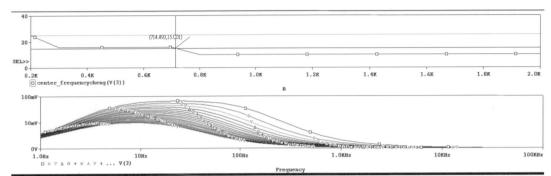

(a) 中心頻率與 R1 電阻變化之曲線(二)

	Trace Color	Trace Name	Y1	Y2	Y1 - Y2		Y1(Cursor1) - Y2(Cursor2)	
		X Values	714.493	200.000	514.493		Y1 - Y1(Cursor1)	Y2 - Y2(Cursor2)
	CURSOR 1,2	center_frequencycheng(V(3))	15.001	25.119	-10.118		0.000	0.000

(b) Probe Cursor 視窗

圖 8-58

(10) 將 mouse 點選圖 8-57 下方頻率響應曲線(V(3))的 y 軸上,使 SEL>>
字出現在 y 軸上,表示目前游標在此曲線上控制,然後點選 Plot →
Delete plot 命令將下方之頻率響應曲線消除後,就剩下中心頻率與
R1 電阻變化之曲線如圖 8-59 所示。

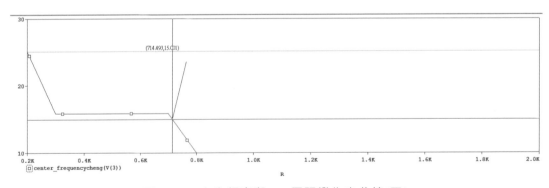

圖 8-59 中心頻率與 R1 電阻變化之曲線(三)

(11) 點選 Plot → Add Y Axis 命令增加一 Y 軸座標。

(12) 再點選 Trace → Add Trace 命令出現 Add Traces 視窗，如圖 8-60 所示，右邊 Measurements 下方點選 gaincheng[1]，左欄點選 V(3)，如圖 8-60 所示，則會出現如圖 8-61 所示之輸出增益與電阻 R1 之變化曲線(紅色曲線)。

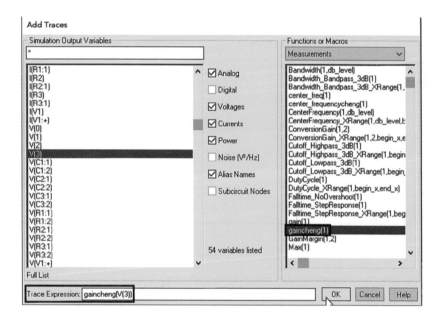

圖 8-60　Add Traces 視窗

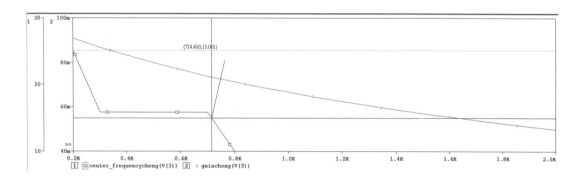

圖 8-61　增益與 R1 電阻變化之曲線(一)

(13) 如圖 8-61 所示,將 mouse 右鍵點選,x 軸下方之 gaincheng(V(3))左邊之 ◇ 符號,使之有一小虛線正方形包圍於其四周,表示游標要在其曲線上移動。

(14) 按 →　鍵,使 Y1 之 x 座標移至 x 值為 714.493Ω 位置,但只能移至 714.504 位置,如圖 8-62(b)所示之 X Values(Y1)值,則其 y 座標 (gaincheng(V3))為 73.407mV 表示在中心頻率 15Hz、R1=714.504Ω 時其輸出電壓為 73.407mV。

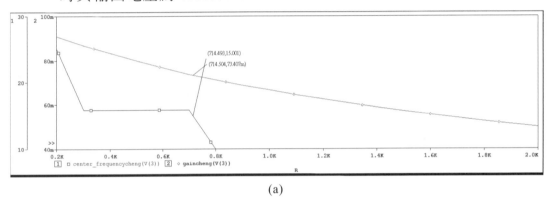

(a)

Trace Color	Trace Name	Y1	Y2	Y1 - Y2		Y1(
	X Values	714.504	200.000	514.504		Y1 - Y1
CURSOR 2	center_frequencycheng(V(3))	14.984	25.119	-10.135		14.911
CURSOR 1	gaincheng(V(3))	73.407m	90.884m	-17.477m		0.000

(b)

圖 8-62　增益與 R1 電阻變化之曲線(二)

6.　使用命令公式找出中心頻率為 15Hz 時之 R1 值,在上列步驟 5 之(8) 中要找出中心頻率為 15Hz 之 R1 值,其操作游標的方式非常不方便且不準確,因此我們可使用 Measurement 所提供的命令公式來尋找,其操作步驟如下:

(1)　在圖 8-62(a)的畫面中,將 xy 座標軸顯示值刪除(將游標功能取消後,點選 xy 座標值後按 delete 鍵)後,再點再點選 Trace → Cursor → Search Commands 命令,就會出現如圖 8-63 所示之 Search Command

視窗，然後在空白框內鍵入 sf le(15)，再按 OK 鈕後就會使游標移至頻率為 15Hz 的中心頻率曲線上，點選 Plot → Label → Mark 命令就會在頻率曲線上標出，中心頻率為 15Hz 時之電阻值為 714.514Ω。(Y1=714.514，15.000)，如圖 8-64 所示。有關 Measurements Function 之詳細操作公式命令請參閱 OrCAD PSpice 之使用手冊。(sf le(15)為 search forward level(15)的簡寫，也就是向前找 x 座標值為 15 的座標點)

(2) 相同方法亦可求出 15Hz 時之輸出電壓大小(V(3))。

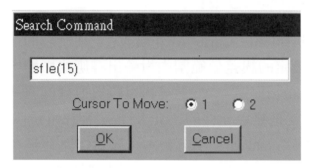

圖 8-63　Search Command 視窗

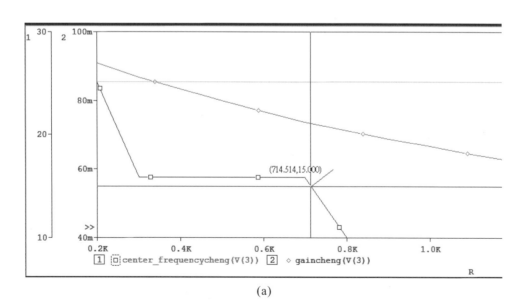

(a)

圖 8-64　中心頻率 15Hz 與電阻 R1 之變化曲線

Trace Color	Trace Name	Y1	Y2	Y1 - Y2
	X Values	714.514	200.000	514.514
CURSOR 1,2	center_frequencycheng(V(3))	15.000	25.119	-10.119
	gaincheng(V(3))	73.447m	90.884m	-17.437m

(b)

圖 8-64　中心頻率 15Hz 與電阻 R1 之變化曲線(續)

8-3　蒙地卡羅分析

　　蒙地卡羅分析(Monte Carlo Analysis)是一種統計的分析，主要作用在瞭解電路元件在設定的誤差值範圍內對輸出響應的影響，在模擬時元件以正常值(nominal value)模擬一次，然後再以隨機取樣的方式在誤差範圍值內選取元件之值(也就是變更元件的 Lot 及 dev 容許值)加以模擬，因此它是一種評估電路良率(Yield)的一種分析，以預估電路在量產的良率。

　　因此在執行模擬分析時，要設定元件的模型參數(因為 Lot 及 Dev 在模型參數中設定)及隨機參數(1 至 32767)，蒙地卡羅分析使用在直流分析，交流分析及暫態分析中。

8-3-1　蒙地卡羅分析實例介紹

範例 8-12　　試求出圖 8-65 所示之非反相運算放大器電路中電阻器之容許誤差對輸出電壓之影響為何？(LOT = 5%，DEV = 10%)

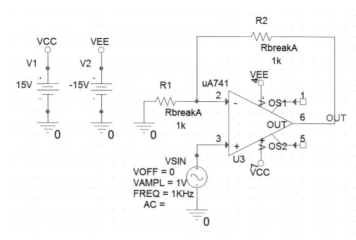

圖 8-65　非反相運算放大器電路

解

1. 開始繪圖

   圖 8-65 之電路，其輸入正弦波電源 VSIN 及其他元件之資料庫所在位置，請參考前範例。

註 三：OP uA741 元件取出後，按 Ctrl+R 鍵二次後使 OP 置於 180 度水平方向後，再按 H 鍵後，就可完成圖 8-65 所示之位置(H 表水平鏡射)。

註 四：在圖 8-65 中的電阻器亦可使用一般的電阻，但只要在其電阻元件上以滑鼠左鍵連續點二下就會出現一 Property Editor 小視窗，只要在其 TOLERANCE 欄位下鍵入其誤差值如 15%即可。

註 五：VEE 直流電源符號係取出 VCC 直流電源符號後，將 VCC 字體改成 VEE 即可。

2. 電阻元件容許誤差設定步驟如下：

   (1) 以 mouse 點選 R1 電阻元件後，再按右鈕會出現一功能表，再點選 Edit PSpice Model 命令後就會出現一如圖 8-66 所示之模型參數視窗 (在下方工作列上)。

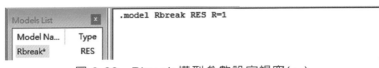

圖 8-66   Rbreak 模型參數設定視窗(一)

(2) 將圖 8-66 右邊框內將 Rbreak 字改成 RbreakA，並在 R=1 右邊鍵入
     LOT=5%(LOT 表示元件在不同的時間生產的整批元件與標準正常
     值(Nominal)之間的平均誤差，也就是兩次模擬間元件正常值與新元
     件值的誤差，也就是 5%的誤差之意)。DEV=10%(DEV 表示同一批
     元件中，各元件之間匹配(Match)程度的誤差值，此種誤差常用在 IC
     設計上)然後點選 File → Save 命令存檔。就會如圖 8-67 視窗所
     示，在左邊 Model Name 下方自動將 Rbreak 改成 RbreakA，然後將
     之關閉。

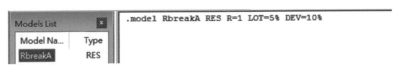

圖 8-67   Rbreak 模型參數設定視窗(二)

(3) 在 R2 電阻元件上的 Rbreak 字體上以 mouse 左鍵連續點兩下會出現
     一 Display Properties 視窗，將 Value 右框內之 Rbreak 字改成 RbreakA
     後按 OK 鈕，表示 R2 與 R1 電阻具有相同 LOT 與 DEV 之設定。

3. 建立新的模擬輪廓：
    點選 PSpise → New Simulation Profile 命令，建立新的模擬輪廓後，
    會出現如圖 8-68 所示之 Simulation Settings 視窗，如圖 8-68 設定其模
    擬分析的種類及參數。

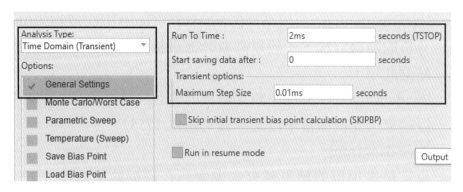

圖 8-68 Simulation Settings 設定視窗(一)

4. 決定模擬分析的種類及參數設定

(1) 再點選圖 8-68 左邊 Options:下方欄位之 Monte Carlo/Worst Case 左邊正方形小框,就會出現如圖 8-69 所示右邊之 Simulation Settings 畫面依圖所示設定,茲將其命令功能說明如下:

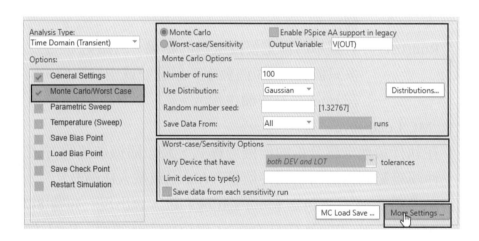

圖 8–69 Simulation Setting 視窗(二)

① Monte Carlo:啟動蒙地卡羅分析。

② Worst case/sensitivity:啟動最壞情況靈敏度分析。

③ Output Variable:所要求輸出變數的名稱。

④ Number of run:表示總共要執行幾次分析,每一次分析結果都不一樣,最多 10000 次。

⑤ Use distribution：使用高斯(Gaussian)、GaussUser 或均勻(uniform) 分析的隨機取樣，一般以高斯分佈最接近最常用的實際狀況，故點選此項。

⑥ Random number seed：設定隨機的數目，除非希望看到不同的模擬結果，此值通常不設定，機定值為 17533。

⑦ Save data from：
設定最後模擬的結果要有多少資料在模擬輸出檔及 Probe 中顯示，可包含：

<none> 　　除正常值外其餘均不顯示。

All 　　　　全部資料都顯示。

First 　　　只顯示前 n 次的模擬結果，n 次鍵入 runs 左邊的空欄中。

Every 　　　每模擬 n 次才顯示一次結果，n 鍵入在 runs 左邊的空欄中。

Run(list) 　只顯示所指定模擬次數的結果，例如第 1，3 次等，最多只能鍵入 25 個數字，以逗號或空格隔開，同樣地，在 runs 左方空欄中鍵入。

⑧ 　MC Load/save…鈕
在執行蒙地卡羅分析的模擬過程式，將以隨機取樣的方式，在元件誤差範圍內的所有元件值儲存(Save)或載入(Load)。

(2) 再點選圖 8-69 右下角之 More settings 鈕，會出現一如圖 8-70 所示之 Monte Carlo/Worst Case Output file Options 視窗，Find 右欄應點選如圖所示之選項，並勾選左下角的 List mode1 parameter…，再點選 OK 鈕，以啟動每次將模擬結果之模型參數值列印於輸出檔中，茲將圖 8-70 之命令功能介紹如下：

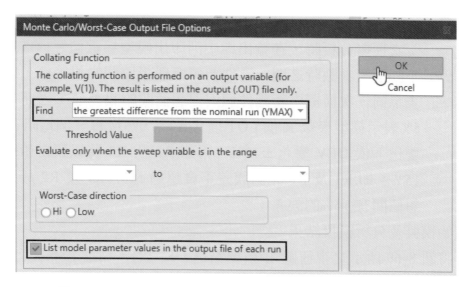

圖 8-70　Monte Carlo/Worst Case Output File Options 視窗

① Find：其中在 Find 右欄內，有下列敘述，其主要功能如下：

❶ The greatest difference from the nominal run(YMAX)：找出每一個波形和正常波形之間最大的不同之處。

❷ The Maximum value(MAX)：找出每一個波形的最大值。

❸ The Minimum value(MIN)：找出每一個波形的最小值。

❹ The first rising threshold crossing(RISE_EDGE)：找出第一個和 threshold 值之上相交的位置。

❺ The first falling threshold crossing(FALL_EDGE)：找出第一個和 threshold 值之下相交的位置。

❻ Threshold value：定義 Threshold 之值。

❼ Evaluate only when the sweep variable is in the range：設定掃描變數的起始值和結束值，表示掃描變數在此範圍內變化才會進行計算。

❽ Worst-Case direction 執行最壞情況分析的方向，有 Hi 方向及 Low 方向兩種。

❾ List model parameter values in the output file for each run：在每一次模擬分析時，在輸出檔中列印出模型參數值。LOT：表示不同模擬次數時之間，元件新值與理想值間的誤差值，DEV：表示同一次模擬中新元件值與理想值間的誤差值，因此 LOT：5%表示模型參數 R 依 LOT 變化±5%，然後每一個電阻在 LOT 變化下依 DEV 變化±10%，因此 R1 及 R2 將以正常值變化±15%。即 R1 及 RF 相對誤差不會超過 5%。R1 及 R2 最大與理想值間有 15%的誤差。

5. 開始模擬及分析模擬結果

(1) 將圖 8-69 所示之視窗關閉後(要點選 OK 鈕)，點選 PSpice → Run 命令後會進入一 Available Section 小視窗(要等幾秒鐘)，如圖 8-71 所示。若只要看某一個模擬分析的模擬結果，只要把不要模擬分析的點選掉，再點選 OK 鈕即可，由於我們 100 次的分析結果都要看，故直接點選 OK 鈕即可。

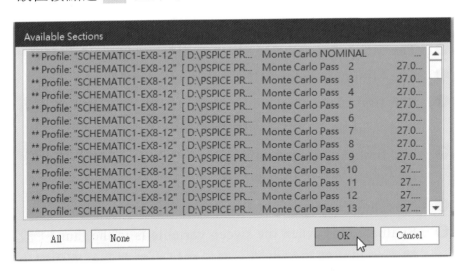

圖 8-71　Available Sections 視窗

(2) 點選 Trace → Add Trace 命令，就會出現一 Add Trace 視窗。

(3) 在 Add Trace 視窗，左邊點選 V(OUT)變數後再點選 OK 鈕即可。

(4) 此時會出現如圖 8-72 所示之輸出電壓之蒙地卡羅分析曲線。由 X 軸下方之□◇▽△○符號表示其在正常值及第二次第三次至第 100 次分析之輸出曲線。

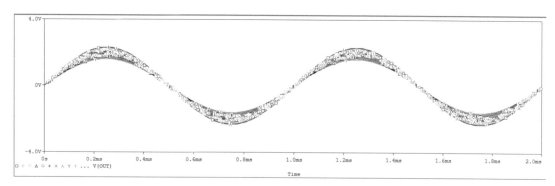

圖 8-72　輸出曲線

在這 100 次分析中，第一次為 R1 及 R2 正常值(即標稱值，NOMINAL)之分析，第二次至第 100 次為 R1 及 R2 電阻改變時(在容許誤差內)之分析。有關 R1 及 R2 變化之值可由輸出檔中看出(只摘錄 1 至 5 次)，如圖 8-73 之輸出檔所示。由於有設定 YMAX 函數(在圖 8-70 中)，故可看出每一個輸出與正常之間不同處，如圖 8-74 所示。

```
                    MONTE CARLO NOMINAL

**** CURRENT MODEL PARAMETERS FOR DEVICES REFERENCING RbreakA

                         R_R1         R_RF

        R              1.0000E+00   1.0000E+00


                    MONTE CARLO PASS 2

**** CURRENT MODEL PARAMETERS FOR DEVICES REFERENCING RbreakA

                         R_R1         R_RF

        R              1.2177E+00   1.0943E+00


                    MONTE CARLO PASS 3

**** CURRENT MODEL PARAMETERS FOR DEVICES REFERENCING RbreakA

                         R_R1         R_RF

        R              8.5073E-01   9.9657E-01


                    MONTE CARLO PASS 4

**** CURRENT MODEL PARAMETERS FOR DEVICES REFERENCING RbreakA

                         R_R1         R_RF

        R              9.6030E-01   8.5848E-01


                    MONTE CARLO PASS 5

**** CURRENT MODEL PARAMETERS FOR DEVICES REFERENCING RbreakA

                         R_R1         R_RF

        R              9.3841E-01   1.0494E+00
```

圖 8-73　模擬輸出檔(部份)(元件變化值)

```
7131                          MONTE CARLO SUMMARY
7132
7133   ********************************************************************
7134   Mean Deviation =      -.0107
7135   Sigma          =       .1492
7136
7137    RUN                    MAX DEVIATION FROM NOMINAL
7138
7139   Pass   79               .3949  (2.65 sigma)  lower  at T =    1.2567E-03
7140                         (  80.25 % of Nominal)
7141
7142   Pass   64               .3334  (2.24 sigma)  lower  at T =    1.2567E-03
7143                         (  83.327% of Nominal)
7144
7145   Pass    6               .3169  (2.12 sigma)  higher  at T =   1.2567E-03
7146                         ( 115.85% of Nominal)
7147
7148   Pass   18               .3165  (2.12 sigma)  higher  at T =   1.2567E-03
7149                         ( 115.83% of Nominal)
7150
7151   Pass   45               .2932  (1.97 sigma)  lower  at T =    1.2567E-03
7152                         (  85.334% of Nominal)
7153
7154   Pass   91               .2928  (1.96 sigma)  higher  at T =   1.2567E-03
7155                         ( 114.64% of Nominal)
7156
7157   Pass   59               .275   (1.84 sigma)  higher  at T =   1.2567E-03
7158                         ( 113.75% of Nominal)
```

圖 8-74　模擬輸出檔(部份)(第一次正常輸出及其他 100 次輸出之差異)

在圖 8-74 中的 MAX DEVIATION FROM MONINAL 的第 7139 行(在最下方)表示第 79 次分析產生結果和正常值相差最大的偏差值。

6. 執行直條圖分析

使用波形輸出的顯示方式無法將電路的良率評估出來，故應使用統計的直條圖(Histogram)來分析評估良率。其執行方式如下：

(1) 點選 8-74 輸出檔左方上的 EX8-12(active)標籤會回到波形圖，然後執行 Trace → Delete All Trace 命令將圖 8-72 之輸出曲線刪除。

(2) 執行 Trace → Performance Analysis 命令，就會出現一 Performance Analysis 小視窗，點選 OK 鈕，會出現如圖 8-75 之畫面。

(3) 點選 Trace → Add Trace 命令就會出現如圖 8-76 所示之畫面，右邊 Measurements 下欄點選 Max[1]，左邊下欄點選 V[OUT]，按 OK 鈕，就會出現如圖 8-77 所示之直綫圖。

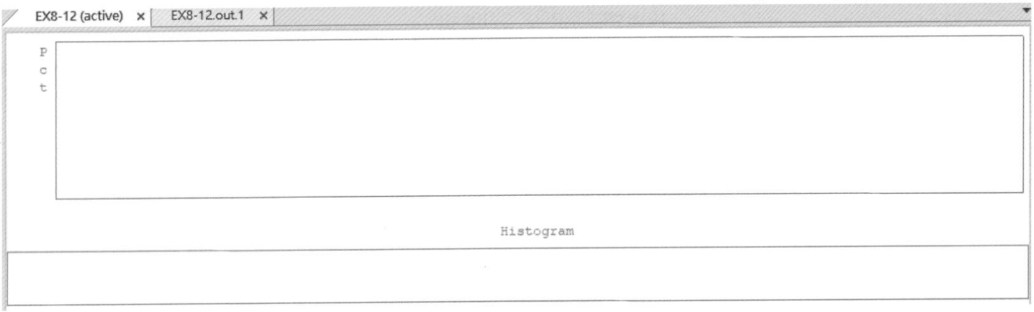

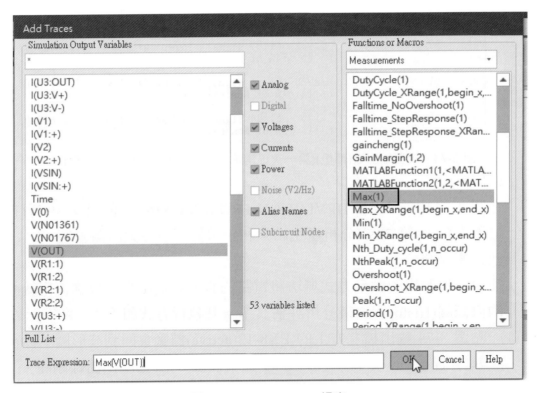

圖 8-75　直條圖(一)

圖 8-76　Add Traces 視窗

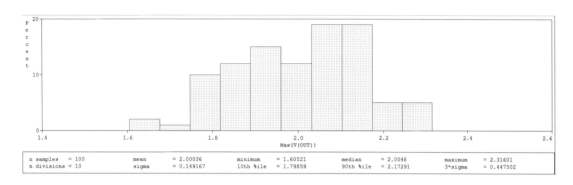

圖 8-77　直條圖(一)

(4)　在圖 8-77 直條圖下方有如下之說明：

　①　n Sample = 100

　　　表示執行蒙地卡羅分析的次數為 100 次。

　②　n division = 10(取等份數量)

　　　表示直條圖中顯示的直條圖個數有 10 個，此個數可由執行

　　　Tools/Options 命令後，在 Probe Settings 視窗下的 General 標籤下

　　　的左下方的 Number of Historgram 左方欄位中鍵入適當的值變更

　　　之。

　③　mean = 2.00036

　　　表示蒙地卡羅分析統計結果的所有樣本(Sample)的平均值為

　　　2.00036。

　④　Sigma = 0.149167

　　　表示蒙地卡羅分析統計結果的所有樣本的標準差值為 0.149167。

　⑤　minimum = 1.60521

　　　表示蒙地卡羅分析統計結果的所有樣本的最小值為 1.60521。

　⑥　10th % ile = 1.79859

　　　表示蒙地卡羅分析統計結果中有 10%的樣本低於此值。

　⑦　median = 2.0048

　　　表示蒙地卡羅分析統計結果的所有樣本的中間值為 2.0048。

⑧　90 th % ile = 2.17291

表示蒙地卡羅分析統計結果中有 10%的樣本高於此值。

⑨　maximum = 2.31601

表示蒙地卡羅分析統計結果的所有樣本的最大值爲 2.31601。

⑩　3*sigma = 0.447502

表示蒙地卡羅分析統計結果中有三倍標準差的大小爲 0.447502。

8-4　最壞情況分析(Worst Case Analysis)

最壞情況分析主要的目的在瞭解元件在設定容許誤差範圍後，模擬分析其在最壞情況下的輸出響應，以讓設計者瞭解其最壞情況下的特性，其目的在做爲電路設計的參考依據。

8-4-1　最壞情況分析實例介紹

範例 8-13　如圖 8-78 所示之帶通濾波器，試以最壞情況分析求出輸出偏離正常值最大之輸出頻率響應曲線(電阻器的容許誤差 Dev=10%，電容器爲 5%)？

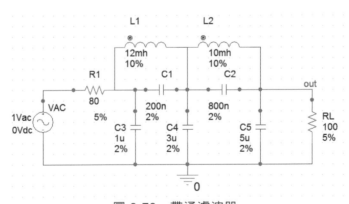

圖 8-78　帶通濾波器

解

1. 開始繪圖(電阻及電容元件誤差的設定方式見下列步驟)其電路元件名稱及資料庫所在位置參考前面範例,其中電感器係執行 Place → PSpice Compoment → Inductor → L 命令取得,由於要先執行最壞情況分析,其元件各自對應的誤差值,除了可用 Rbreak、Lbreak 或 Cbreak 元件設定外,由於 R、C 元件的屬性(property)中,已經包含了誤差(TOLERANCE)這項屬性,也就是蒙地卡羅分析中的 DEV 設定(一般 LOT 均指分離元件的容許誤差,而 DEV 則指 IC 的容許誤差),若不是元件要同時設定 DEV 及 LOT 誤差,則利用本範例之方法即可。其執行容許誤差設定步驟如下所示:

2. 元件容許誤差的設定方式

   (1) 按 Ctrl 鍵後同時點選 R1 及 RL 電阻器後按右鍵出現一功能表,點選 Edit Properties 命令就會出現如圖 8-79(a)所示之 Edit or Property 視窗,點選上方的 Pivot 鈕,使之成垂直排列如圖 8-79(b) 所示,然後如圖 8-79(c)所示點選 R1 及 RL 下的 TOLERANCE 空欄,然後按右鍵點選 Edit 命令後出現一如圖 8-79(d)之 Edit Property Values 小視窗,在 TOLERANCE 欄位下方鍵入 5% 再按 OK 鍵,就會在圖 8-79(e)中的 TOLERANCE 欄位顯示出來,並點按左上角的 Apply 鈕。表示設定電阻 R1 及 RL 的容許誤差為 5%,即 DEV = ± 5%。

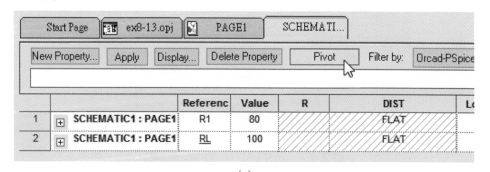

(a)

圖 8-79 元件容許誤差的設定

		Start Page	ex8-13.opj	PAGE1	SCHEMATI...	

New Property...　Apply　Display...　Delete Property　Pivot　Filter b

	A	B
	⊞ SCHEMATIC1 : PAGE1	⊞ SCHEMATIC1 : PAGE1
PSpiceOnly		
Reference	R1	RL
Value	80	100
R		
DIST	FLAT	FLAT
Location X-Coordinate	230	440
Location Y-Coordinate	190	220
MAX_TEMP	RTMAX	RTMAX
POWER	RMAX	RMAX
SLOPE	RSMAX	RSMAX
Source Part	R.Normal	R.Normal
TC1	0	0
TC2	0	0
TOLERANCE		
VOLTAGE	RVMAX	RVMAX

(b)

	A	B
	⊞ SCHEMATIC1 : PAGE1	⊞ SCHEMATIC1 : PAGE1
PSpiceOnly		
Reference	R1	RL
Value	80	100
R		
DIST	FLAT	FLAT
Location X-Coordinate	230	440
Location Y-Coordinate	190	220
MAX_TEMP	RTMAX	RTMAX
POWER	RMAX	RMAX
SLOPE	RSMAX	RSMAX
Source Part	R.Normal	R.Normal
TC1	0	0
TC2	0	0
TOLERANCE		
VOLTAGE	R	AX

Pivot
Edit...
Delete Property
Display...

(c)

圖 8-79　元件容許誤差的設定(續)

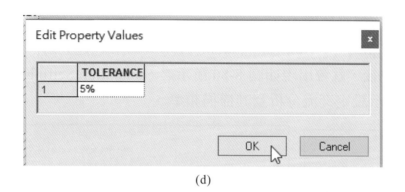

(e)

圖 8-79 元件容許誤差的設定(續)

(2) 然後將 mouse 點選 TOLERANCE 欄位內的 5%字體。

(3) 再點選左上方的 Display 鈕並會出現一 Display Properties 視窗，點選 Display Format 下的 Value Only，再點選 OK 鈕，再關閉此視窗回電路圖就會在電阻器 R1 及 R2 元件上顯示 5%字樣。

(4) 同方法設定 C1、C2、C3、C4 及 C5 電容器之容許誤差為 2%，電感器 L1 及 L2 之容許誤差為 10%。

3. 建立新的模擬輪廓：

   點選 PSpice → New Simulation Profile 命令，建立新的模擬輪廓(如 EX8-13)後，就會出現如圖 8-80 所示之 Simulation Settings 視窗，如圖 8-80 所示設定交流分析及其掃描頻率。

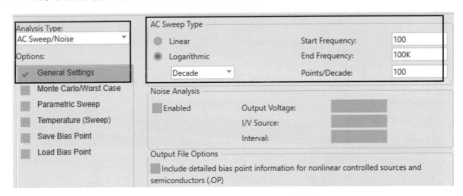

圖 8-80 Simulation Settings 視窗(一)

4. 最壞情況分析各種參數之設定：

   (1) 在圖 8-80 視窗左方的 Options 框內點選 Monte Carlo/Worst Case，然後右邊點選 Worst Case/Sensitivity 表示要執行最壞情況分析，在 Output Variable 右框內鍵入 V(OUT)，表示輸出變數為 V(OUT)。如圖 8-81 所示設定。

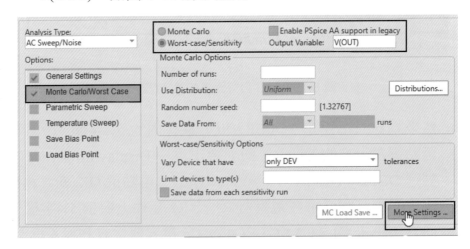

圖 8-81 Simulation Setting 視窗(二)

在圖 8-81 右下方的 Worst-case/Sensitivity options 欄內有下列命令參數，茲將其功能說明如下；

Vary devices that have： 依何種元件誤差型式取元件值，可包含下列幾種：

①Only DEV： 模擬時有設定 DEV 誤差值的元件模型參數才會被計算，因此點選此項。

②Only LOT： 模擬時有設定 LOT 誤差值的元件模型參數才會被計算。

③Both DEV and LOT： 只要包含有設定 DEV 或 LOT 誤差值的其中任何一個的元件都會被列入計算。故點選這一項。

註 六： 在圖 8-79 所設定的 TOLERANCE 屬性值就是屬於 DEV 設定，如前所說明的若要同時設定 DEV 及 LOT 則要使用 Rbreak、Lbreat 及 Cbreak 元件(在 Breakout.olb 資料庫)，方法請參考蒙地卡羅分析。

④Limit devices
to type(s)： 限定模擬零件的種類，電阻以 R 表示，電容以 C 表示，以元件的名稱鍵入，有不同的元件時，不需要以空格或逗點來分開，不寫的話表示電路上所有包含誤差模擬參數的零件都做模擬分析，故不輸入。

⑤Save data each
sensitivity run： 與蒙地卡羅分析的 Save data from All 相同，但是 worst cast 分析是先模擬有設定誤差元件的靈敏度分析，以分析出輸出變數是隨此模型參數變大或變小，然後再一起變動所有有設定誤差的全部模型參數以使輸出變數為最大偏移時之最壞情況，因此 Worst Cast 分析沒有設定模擬次數，此敘述若不點選，

則只有正常值與最壞情況值在 Probe 的視窗
上顯示，故不點選。

(2) 再點選圖 8-81 右下角之 More Settings..鈕，則會出現如圖 8-82 所示
之視窗，其參數命令功能同蒙地卡羅分析，模擬後會在輸出結果檔
顯示每次靈敏度分析時所使用的新元件值。

其中圖左下方的 Worst-Case direction

Hi：表示對正常值而言，其係朝正方向偏移

Lo：表示對正常值而言，其係朝負方向偏移

故現點選 Hi。

並點選 List model parameter values in the output file for each run。

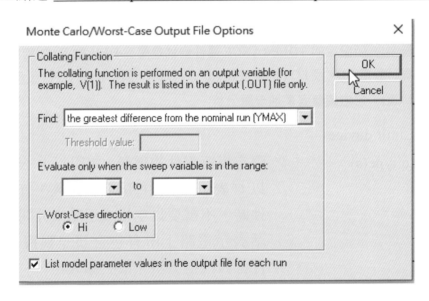

圖 8-82　視窗 Worcast-case output file option

(3) 再點選 OK 鈕及 OK 鈕回到電路圖。

5. 開始模擬及分析模擬結果

(1) 求輸出以電壓大小表示之頻率響應曲線

① 點選 PSpice → Run 命令後會出現一 PSpice A/D 之 Probe 視窗，
及如圖 8-83 所示 Available Sections 視窗，其上面顯示元件正常值
與最壞情況值之模擬輸出曲線，然後再點選 OK 鈕即可。

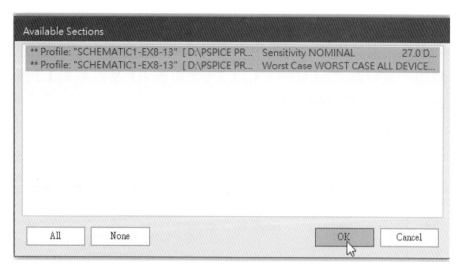

圖 8-83　Available Section 視窗

② 點選 Trace → Add Trace 命令，就會出現一 Add Trace 視窗。

③ 在 Add Trace 視窗右邊點選 DB[ ]，左邊點選 V(out)(因輸出端的節點為 out)或 V(RL：1)變數後再點選 OK 鈕即可。[註：若點選 V(RL：1)輸出為一直線，則改點選 V(RL：2)，原因同第七章範例之敘述]。

④ 此時會出現如圖 8-84 所示之輸出電壓 DB 大小之頻率響應曲線，在 x 軸下方的□◇的符號表示電阻值由正常值及最壞情況之模擬之順序，由曲線中可看出其截止頻率最壞情況(紅色曲線)下係比理想值(綠色曲線)還高。

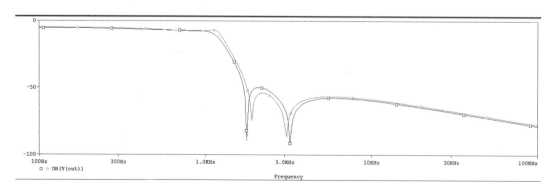

圖 8-84　輸出響應曲線(一)

(2) 點選 View → Output File 命令，就會顯示其模擬輸出檔，由圖 8-85 所示之模擬輸出檔中可看出當電容器 C1 電感器 L1 及電阻 RL 的值增加、電容器 C2、C3、C4、C5、電阻器 R1 及電感器 L2 減少時，會使輸出電壓及截止頻率增加。

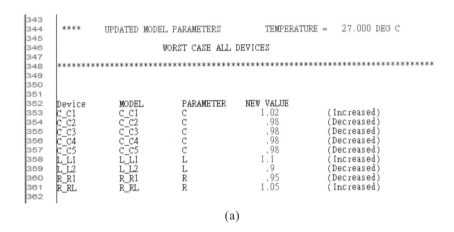

(a)

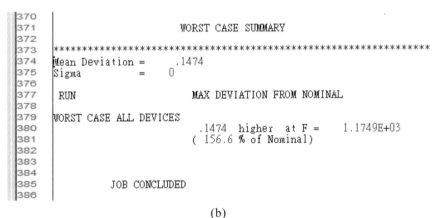

(b)

圖 8-85　模擬輸出檔

(3) 回電路圖再增加一個模擬輪廓的模擬設定檔(如 Ex8-13-2)

① 其設定同圖 8-80 及圖 8-81 所示，然後在圖 8-81 中點選右下方的 More Setting... 鈕後在圖 8-86 所示之 Worst-Case direction 中點選 Low，再執行模擬會出現如圖 8-87 所示之 Available Sections 視窗，點選 OK 鈕。

② 點選 Trace → ADD Trace 命令出現一 Add Trace 視窗，右邊點選 DB[ ]，左邊點選 V(out)後，點按 OK 鈕，會出現如圖 8-88 所示 之輸出曲線。

③ 由圖 8-88 中可看出其截止頻率往低頻偏移。

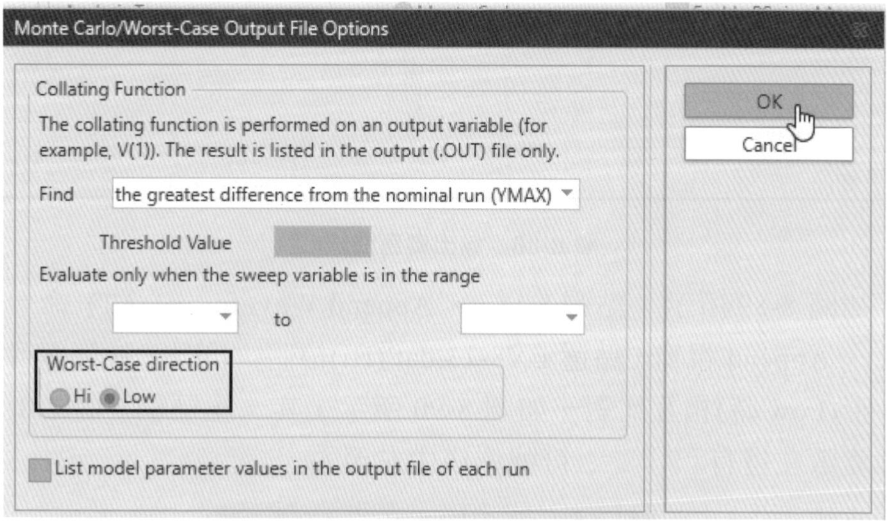

圖 8-86 新增 Simulation Settings 視窗

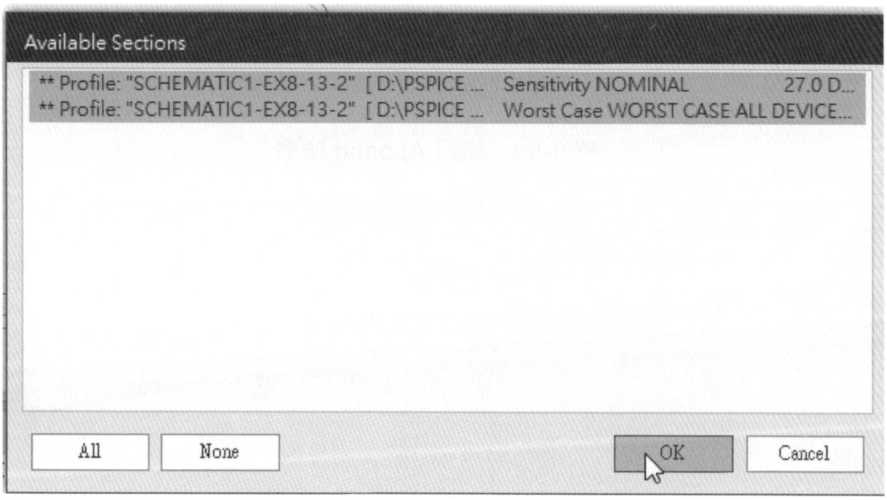

圖 8-87 Available Sections 視窗

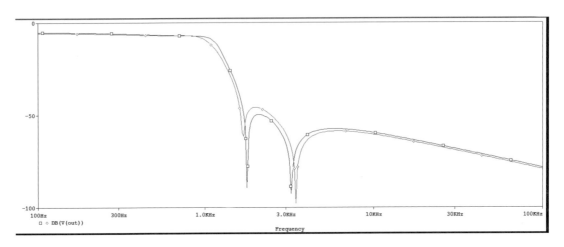

圖 8-88　輸出響應曲線(二)

(4) 如圖 8-89 所示，點選 File → Append Waveform(DAT) 命令，出現一 Append 視窗，點選 EX8-13.dat (Hi)檔將之開啓，就可與目前之波形(Low 時)相互比對，如圖 8-90 所示，其 x 座標軸下的 DB(V(out))變數左邊有□◇▽△符號依序由左至右。

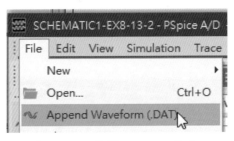

圖 8-89　執行 Append 命令

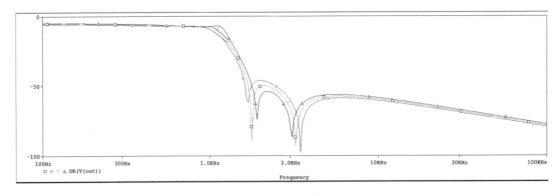

圖 8-90　輸出響應曲線(三)

(5) 在圖 8-90 中,中間曲線爲正常值(在 X 軸下方的□及▽符號),右邊爲 Worst Case Hi 的曲線(▲符號者),左邊爲 Worst Case Low 的曲線(◇符號者)。可點選該曲線,然後按右鍵出現一功能表,點選 Trace Information 命令,就會顯示一 Section Information 視窗。

(6) 由該視窗內容就可瞭解該曲線之相關資訊,如圖 8-91 所示。

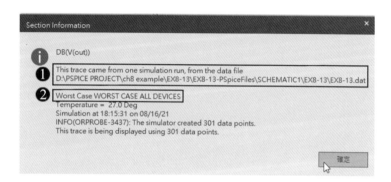

圖 8-91　Section Information(worst case)視窗

註 七：由圖 8-91 之①*.dat 的名稱就可知道其係 Hi 還是 Low 的曲線,由圖 8-91 之②Worst Case…表示 Worst Case,若爲 Sensitivity NOMINAL 字體則爲正常值。

★習題詳見目錄 QR Code

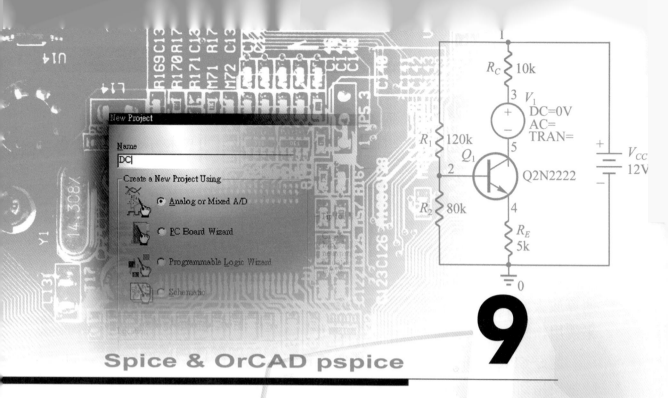

Spice & OrCAD pspice

9

副電路

學習目標

9-1 副電路的定義描述

9-2 副電路的呼叫描述

9-3 副電路應用的實例

9-4 使用繪圖方式建副電路

9-5 副電路符號元件應用實例介紹

　　在實際的電子電路中，事實上係由幾個電子電路的基本方塊所組成，如運算放大器、功率放大器、電源供應器等。

　　例如有一電路，內部包含有十個相同的運算放大器，如果要寫出此電路的電路描述輸入檔，則將要描述此運算放大器的電路十次，如果每一個運算放大器使用到的電路元件有十個，則將有十條元件描述行，因此此電路之電路描述行至少就有一百條(因有十個相同的運算放大器)，尚不包含運算放大器所外接的元件，因此它將是一個很累人的描述工作，相同的如果使用繪圖的方式模擬，也就是要繪出好幾個相同的電路。

　　還好 SPICE(OrCAD PSpice)能夠讓我們在電路輸入描述檔中定義一個時常使用到的電路，然後在電路輸入描述檔中可以使用呼叫此電路的方式使用好幾次，就好像計算機程式中，副程式(函數)的使用呼叫。像這種電路在 SPICE(OrCAD PSpice)中就稱之為副電路。

　　本章將針對副電路的定義描述及使用做一詳細的介紹，另外亦針對以繪圖的方式建副電路也一併做介紹，它也是建立自己使用的符號元件資料庫的一種應用。

註 本章參考自[1]至[9]及[17]至[21]項參考資料及相關參考資料。

9-1　副電路的定義描述

.SUBCKT　Subcircuit definition

一般格式
.SUBCKT　SNAME　N1<N2 N3.....>
副電路定義的描述內容
.END　<SNAME>

.SUBCKT　　　副電路定義的開頭，也就是副電路的宣告。

SNAME　　　　副電路定義的名稱，以做為呼叫副電路名稱之用。

N1 <N2...>　副電路本身所指定的對外連接節點，也就是與外部電路的連接節點，「0」節點不能使用在對外的連接節點。

　　副電路定義的描述內容表示副電路的電路描述，與一般電路描述之格式相同。

.ENDS <SNAME>　表示副電路的電路描述結束行描述，<SNAME>為副電路定義的名稱，此敘述可寫可不寫。

　　副電路的定義可以是巢狀的，也就是在.SUBCKT 及.ENDS 描述之間也可以還有.SUBCKT 描述。

　　副電路.ENDS 結束行描述之使用不可與.END 描述混淆，如果在電路內有三個副電路，將有三個.ENDS 描述，而只有一個.END 描述。

　　N1 <N2....>為副電路對外的連接節點，與副電路本身內部連接節點不同，內部節點可以使用「0」節點，但是外部節點不能使用「0」節點。

　　副電路內可以有很多內部節點，其數目並不一定等於外部節點數，即使內部節點的數目與外部連接節點數目相同，並不表示內部節點是連接到外部的電路。

　　副電路定義描述中除了只能包含有元件描述，模型參數設定描述 .MODEL、副電路呼叫描述及其他副電路定義描述外，不能包含有前面有"."的控制行描述(如.AC，.DC，.TF，.TRAN，.SENS，.FOURIER 等描述)。

範例 9-1　.SUBCKT　CE　5　6　7
　　　　　　　副電路定義描述
　　　　　　　ENDS CE

9-2 副電路的呼叫描述

X　Subcircuit　call

一般格式

XAAAAAAA　N1　<N2 N3.....>SNAME

XAAAAAAA　　　　表示呼叫副電路，一定要 X 為開頭字母，長度不能超過八個文數字串。

N1 <N2 N3.....>　　表示呼叫副電路的實際節點，此節點之位置與副電路定義中的對外連接節點位置相對應，且要與副電路定義之對外連接點數目相同。

SNAME　　　　表示被呼叫副電路定義的名稱。

　　當副電路被呼叫時，實際的節點(叫用描述中所指定的節點)會取代引數節點(副電路中所定義的節點)。

　　副電路的呼叫也可以是巢狀的，也就是副電路的定義中還可以呼叫到另外一個副電路。這種巢狀呼叫可以有任意多層，但不可以循環式呼叫，例如副電路一定義中呼叫到副電路二，副電路二的定義中只能呼叫副電路三，但是不能呼叫副電路一。

範 例 9-2　X1　1　2　3　Amplifier

範 例 9-3　XA　10　11　12　13　Intergrated

註 一：若 OrCAD PSpice 之副電路元件已在其資料庫中建立了副電路時，則只要在描述檔中描述副電路的呼叫描述並加上".LIB 副電路所存檔的資料庫路徑"，描述即可，詳情請見第十二章及範例 9-5。

9-3　副電路應用的實例

　　範例 9-4 試以圖 9-1 所示之低通濾波器電路為例，使用副電路與不使用副電路描述求其頻率響應，其頻率由 1Hz 至 5KHz，十倍掃描頻率變化，每十倍掃瞄頻率變化間有五點？

1. 低通濾波器電路－不使用副電路之描述

　　如圖 9-1 所示之低通濾波器電路，若要求其頻率響應，則其電路描述如圖 9-2 所示，其執行結果如圖 9-3 所示。

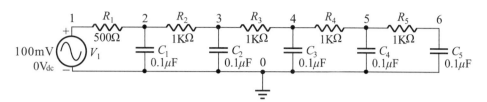

圖 9-1 低通濾波器

```
SUBCIRCUIT EXAMPLE    9-1

V1   1   0   AC   100mV

R1   1   2   500

C1   2   0   0.1 μ F

C2   3   0   0.1 μ F

C3   4   0   0.1 μ F

C4   5   2   0.1 μ F

C5   6   0   0.1 μ F

R2   2   3   1K

R3   3   4   1K

R4   4   5   1K

R5   5   6   1K

.AC   DEC   5   1   5k

.OPTIONS   NOPAGE

.PRINT   AC   VM(6)   VP(6)

.OPTIONS   NOPAGE

.PROBE

.END
```

圖 9-2 圖 9-1 之電路描述輸入檔

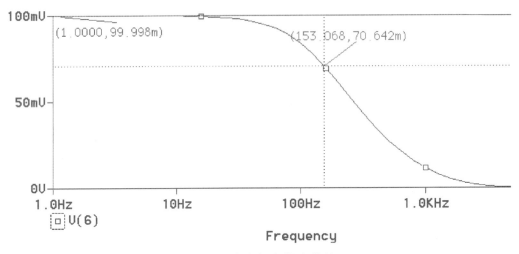

圖 9-3　輸出頻率響應曲線

2. 低通濾波器電路─使用副電路定義描述

我們發現在圖 9-1 中之低通濾波器電路，係由如圖 9-4 所示之一個電阻及一電容器串接而組成，所以在圖 9-2 之電路描述中將此一個電阻及電容器之描述重覆四次，因此我們將此二個元件做成副電路定義，如圖 9-4 所示。

圖 9-4　副電路之組成成分

則如圖 9-1 所示之低通濾波電路(主電路)改成如圖 9-5 之電路，其電路描述輸入檔如圖 9-6 所示，其分析結果與圖 9-3 完全相同。

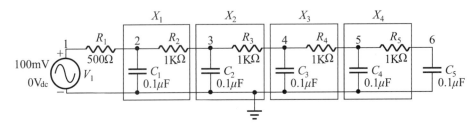

圖 9-5　圖 9-1 使用副電路之連接圖

```
SUBCIRCUIT   EXAMPLE 9-1
V1   1   0   ac   100mV
.SUBCKT   FILTER   1   2
R1   1   2   1K
C1   1   0   0.1 μF
.ENDS   FILTER
R1   1   2   500
X1   2   3   FILTER
X2   3   4   FILTER
X3   4   5   FILTER
X4   5   6   FILTER
C5   6   0   0.1 μF
.AC   DEC   5   1   5K
.PRINT   AC   VM(6)   VP(6)
.OPTIONS   NOPAGE
.PROBE
.END
```

圖 9-6   圖 9-5 使用副電路之描述

範例 9-5   將圖 9-7 所示之共射極電晶體電路以副電路定義描述，以求出其輸出波形？

解   將圖 9-7 共射極電晶體電路以副電路定義描述如圖 9-8 所示。圖 9-9 為其電路描述輸入檔，圖 9-10 為其執行模擬結果之輸出波形。

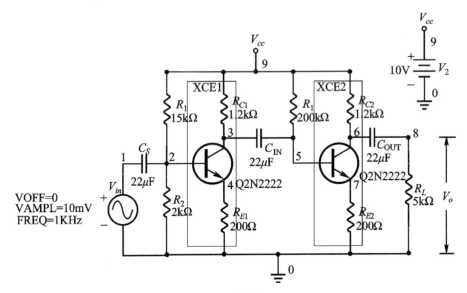

圖 9-7 範例 9-5

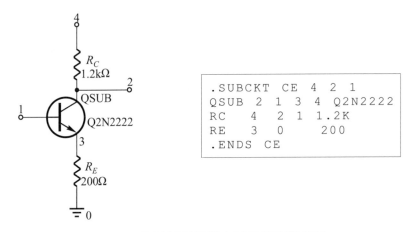

圖 9-8 共射極電晶體之副電路定義描述

```
SUBCIRCUIT    EXAMPLE 9-5

VIN    1    0    SIN(0 10Mv 1KHZ)

.SUBCKT    CE    4    2    1

QSUB    2    1    3    Q2N2222

RC    4    2    1.2K

RE    3    0    200

.ENDS    CE

CS    1    2    22UF

R1    9    2    15K

R2    2    0    2K

XCE1    9    3    2    CE

CIN    3    5    22UF

R3    9    5    200K

XCE2    9    6    5    CE

COUT    6    8    22UF

RL    8    0    5K

VCC    9    0    10V

.LIB "C:\program Files\OrCADLite \capture\Library\pspice\NOM.LIB"

.LIB "C:\program Files\OrCADLite\Capture\Library\pspice\EVAL.LIB"

.TRAN    0.01ms    1ms

.PROBE

.OPTIONS    NOPAGE

.END
```

圖 9-9　電路描述輸入檔

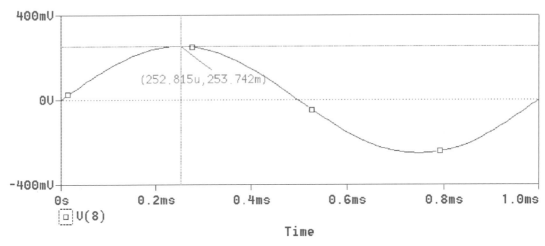

圖 9-10　模擬結果之輸出波形

在圖 9-9 電路描述檔中有兩行.LIB 描述，主要是 Q2N2222 電晶體之模型參數已儲存於 EVAL.LIB 中，故在電路描述中就不要有.MODEL Q2N2222…描述來描述 Q2N2222 之模型參數，只要有.LIB 描述後面加上NOM.LIB 及 EVAL.LIB 所儲存的路徑，就可以將其模型參數呼叫引進來。(詳情請參閱第十二章 12-2 節)

9-4　使用繪圖方式建副電路

副電路若是使用繪圖的方式來建立，相當於將副電路建成一符號元件(Symbol)來使用，但乃需要在該符號元件內有副電路之文字描述(Netlist)方可，因此其基本步驟是先繪出副電路內部的電路，然後再將之轉換成文字描述(Netlist)後，再繪出一個代表該副電路之符號元件來使用。現以圖9-5 電路為例子，將圖 9-4 之副電路建立一副電路符號元件，其操作步驟如下列各小節所述。

9-4-1　副電路符號元件文字描述檔的產生

先創建一個 Project，如 EX9-4-1，並選擇適當的路徑，(或已在目前的Project 中)，然後先要至左邊的 Project Manager 視窗上操作。

1. 開啓副電路名稱之電路圖

   (1) 在圖 9-11 視窗左邊有一*.dsn(現為 EX9-4-1.dsn)字,以 mouse 左鍵
   在其字體上點一下,會出現下一層,如圖 9-12 所示,故在
   SCHEMATIC1 點一下會在進入下一層為 <u>PAG1</u>。

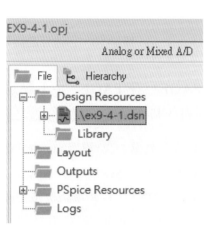

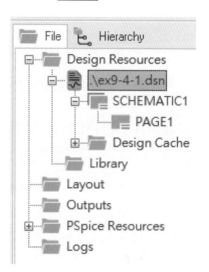

圖 9-11　Project Manager 視窗　　　　圖 9-12　建立副電路視窗

   (2) 如圖 9-13 所示然後在 <u>SCHEMATIC1</u> 字上點選,再以 mouse 右鍵點
   選一次會出現一功能表,再點選 Rename 命令,就會出現一 Rename
   Schematic 的名稱視窗如圖 9-14 所示,在 Name:框下鍵入 <u>FILTER</u>
   後,再點選右上角之 OK 鈕後,就會將 SCHEMATIC1 改成 FILTER(副
   電路的名稱),如圖 9-15 所示。

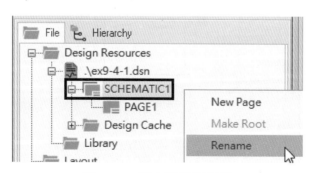

圖 9-13　建立副電路名稱

圖 9-14　Rename Schematic 視窗

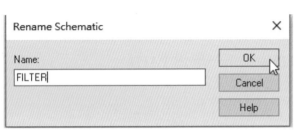

圖 9-15　已建立之副電路

(3)　在圖 9-15 之 FILTER 字體下方的 PAGE1，在 PAGE1 字上點選二下，就會回到副電路 FILTER 的電路圖頁，開始繪副電路內部之電路。

註 二：若不是在新的 Project 中，則要在 FILTER 字上點選一次，再按 mouse 右鍵一次，出現一功能表，點選 New Page 命令，會產生 PAGE1 圖頁，然後，在點選 FILTER 字，再按 mouse 右鍵，在執行 Make Root 命令將 FILTER 電路圖移至最上層。

2.　開始畫副電路

(1)　點選 Place → Hierachical Port 命令就會出現，如圖 9-16 所示之 Place Hierarchical Port 視窗。

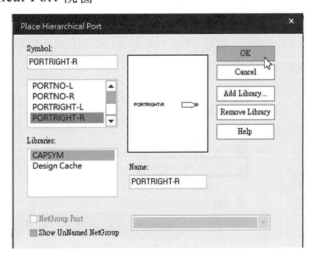

圖 9-16　Place Hierarchical Port 視窗

(2) 在左下角 Libraries:下方點選 CAPSYM，然後在左上方的 Symbol:下
欄點選或鍵入 PORTRIGHT-R，再點選 OK 鈕將之取出置於電路圖
左邊適當位置，按 ESC 鍵結束。同方法再取出 PORTLEFT-L 元件，
置於右邊位置如圖 9-17 所示(可調整其字體與接腳接近)。

圖 9-17　PORTRIGHT-R 及 PORTLEFT-L 元件

(3) 在 PORTRIGHT-R 字體上以 mouse 左鍵連續點二下會出現如圖 9-18
所示之 Display Properties 視窗，在 Value:右框內將 PORTRIGHT-R
字改成 1，如圖 9-18 所示，然後再點選 OK 鈕就可完成。同方法將
PORTLEFT-L 字改成 2，完成如圖 9-19 所示。

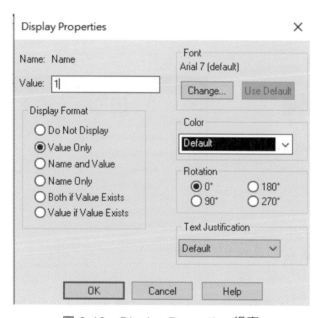

圖 9-18　Display Properties 視窗

圖 9-19　更改接點編號

註 三： 可調整 1(2)字與接腳靠近

(4) 開始取出 RC 元件繪出如圖 9-4 之電路並標示內部節點而完成圖 9-20 所示之電路，並存檔。

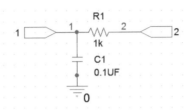

圖 9-20　圖 9-4 副電路之內部電路

(5) mouse 點選如圖 9-21 所示之 Project Manager 視窗的 Design Resource 下方的 __EX9-4-1.dsn__ 字後再點選最上面功能表之 Tools → Creat Netlist 命令，會出現一如圖 9-22 所示之 Create Netlist 視窗，點選上面中間之 Pspice 鈕，就會出現如圖 9-22 所示之畫面。

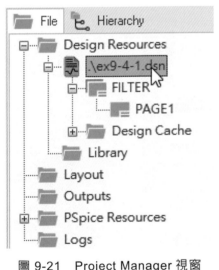

圖 9-21　Project Manager 視窗

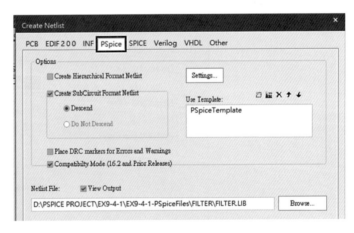

圖 9-22　Create Netlist 視窗

(6) 如圖 9-22 所示點選各命令，Create SubCircuit Format Netlist:就是要將副電路內部轉換成 Netlist, View Output:就是可看到其 Netlist 的內容，注意其所存路徑，然後再點選 OK 鈕，就會出現如圖 9-23 所示將副電路轉換成文字描述內容。

```
1: * source EX9-4-1
2: .SUBCKT FILTER 1 2
3: R_R1          1 2  1k TC=0,0
4: C_C1          1 0  0.1UF  TC=0,0
5: .ENDS
6:
```

圖 9-23 副電路之文字描述內容

表示已將圖 9-20 之副電路轉換成文字描述檔(Netlist)，注意該副電路的檔名為 FILTER，也就是電路圖名 FILTER(剛剛已將 SCHEMATIC1 改成 FILTER)。將圖 9-23 與圖 9-4 相對照是否一樣。

(7) 暫時將此視窗關閉或縮小，並返回至 Project Manager 視窗，然後存檔。

9-4-2 將副電路建一符號元件

現在已將副電路轉換成文字描述格式(Netlist)，下一步驟就是要建立對應此副電路描述之副電路符號元件，其操作步驟如下：

1. 如圖 9-24 所示，點選 FILE → NEW → Library 命令後就會出現一如圖 9-25 所示之 Add to Project 小視窗，點選 OK 鈕，會在 Library 資料夾下，增加一個 Library1.olb*檔，如圖 9-26 所示(*號表示未存檔更新之意)。

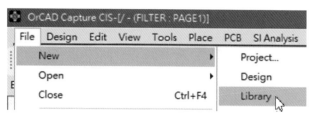

圖 9-24 增加一個 Library

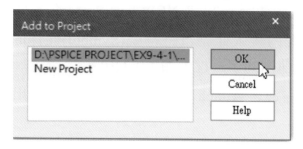

圖 9-25 Add to Project 視窗

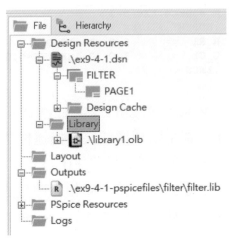

圖 9-26　增加一個 Library1.olb

2. 點選 Project Manager 視窗左下角的 Library1.olb(執行上列 1 步驟才會產生)，再點選 mouse 右鍵出現一功能命令，如圖 9-27 所示點選 NEW Part 命令，表示要增加一個符號元件。

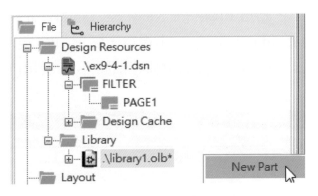

圖 9-27　New Part 命令視窗

此時就會出現一如圖 9-28 之 NEW Part Properties 視窗。

3. 在 Name:右框內鍵入此副電路符號(Symbol)元件的名字，最好與圖 9-22 之*.LIB 前面的字一樣，如 FILTER。

4. 點選圖 9-28 右邊之 Attach Implementation 鈕，會出現如圖 9-29 所示之視窗。

5. 在圖 9-29 之 Implementation type 下框點選 PSpice Model(表示此符號元件對應於 PSpice 的模型文字描述檔，即 Netlist 檔)。

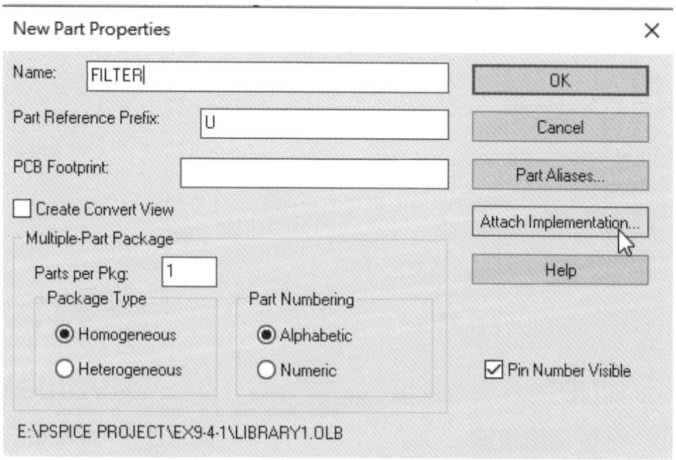

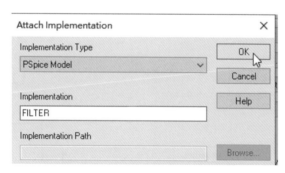

圖 9-28 New Part Properties 視窗

圖 9-29 Attach Implemention 視窗

6. 在圖 9-29 之 Implementation 下框鍵入副電路的名稱，故鍵入 FILTER。再點選 OK 鈕，回到圖 9-28 視窗，再點選 OK 鈕就會到編輯符號元件視窗，如圖 9-30 所示。(此處 FILTER 就是電路圖名，也就是圖 9-23 中；.SUBCKT 右邊的副電路名稱)

7. 開始繪副電路的符號元件
    (1) 開始繪長方形外框，點選 Place → Rectangle 命令，然後以 mouse 點在圖 9-30 的虛線左邊，按住 mouse 左鍵開始拖拉 mouse 以形成正方形或矩形的框，然後按 ESC 鍵停止執行命令，如圖 9-31 所示。

(2) 點選 Place → Pin 命令，會出現一之如圖 9-32 所示之 Place Pin 視窗，在 Name:右框內鍵入 IN，Number:右框鍵入 1，再點選 OK 鈕後，將輸入接腳置於，方塊符號的左邊，如圖 9-33 所示。

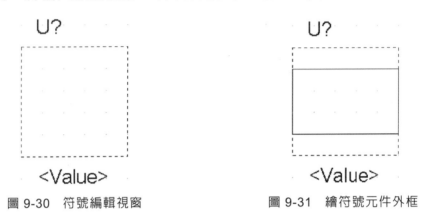

圖 9-30　符號編輯視窗　　　　　　　　　　圖 9-31　繪符號元件外框

圖 9-32　Place Pin 視窗(一)

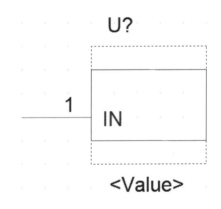

圖 9-33　輸入 IN 接腳的加入

(3) 同方法再點選 Place → Pin 命令，會出現如圖 9-34 所示之 Place Pin 視窗，鍵入輸出接腳 Name:OUT 及 Number:2，如圖上所示設定，再將輸出接腳置於方塊符號的右邊，而形成如圖 9-35 所示之符號元件。(其中 Name:代表符號元件接腳名稱，Number:代表符號元件接腳號碼，並不是指副電路的節點號碼)

圖 9-34 Place Pin 視窗(二)

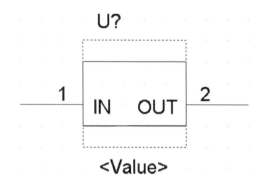

圖 9-35 完成之符號元件

9-4-3 副電路符號元件的取出

副電路符號元件建立完畢後,再來就是取出元件的動作,其操作步驟如下:

1. 再回到 Project Manager 視窗,開啓另一個空白的電路圖(此電路圖一定要移至最上層),因此在圖 9-26 之 Project Manager 視窗中,點選左上方的 ex9-4-1.dsn 字體,再按 mouse 右鍵後出現一功能表,點選 New Schematic 命令,產生另一張空白電路圖 Schematic(1),在 Schematic(1) 上點選如圖 9-36 所示,再按 mouse 右鍵,出現一功能表,點選 New Page 命令,產生 PAGE1 電路圖頁後,存檔,再點選 Schematic(1)字體,再按 mouse 右鍵,點選 Make Root 命令,將此電路圖移至最上層完成如圖 9-37 所示後,在 PAGE1 以 mouse 左鍵連續點兩下進入 PAGE1 空白圖頁,就執行下列步驟將副電路元件取出。

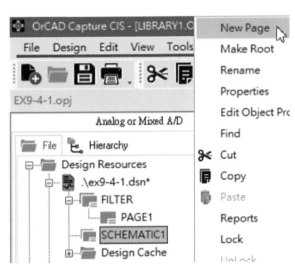

圖 9-36　New Schematic 命令

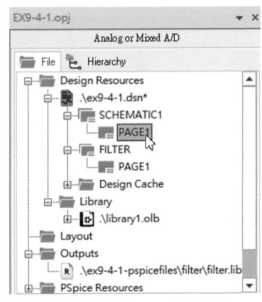

圖 9-37　Make Root 命令執行後

2.　點選 Place-Part 命令，會在右邊出現
一 Place Part 視窗如圖 9-38 所示，在
Libraries:下框點選 LIBRARY1，就會
在上面 Part List 下方出現 FILTER 的
副電路符號元件名稱如圖 9-38 所
示，點選它並將之取出，置於電路圖
上如圖 9-39 所示。以 mouse 左鍵點選
它二次出現如圖 9-40 所示之 New
Property 視窗。

圖 9-38　Place Part 視窗

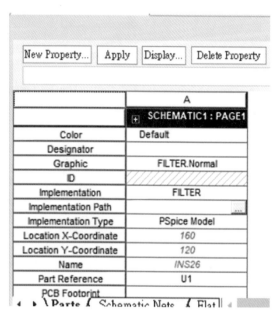

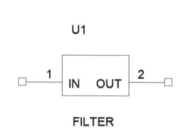

圖 9-39　FILTER 元件　　　　　圖 9-40　New Property 視窗

3. 點選左上角的 New Property 鈕，出現一 Undo Warming 視窗點選 Yes 鈕，會出現一圖 9-41 所示之 Add New Project 視窗。在 Name:下框內鍵入 PSpiceTemplate 這個字串。

注意：PSpice 與 Template 間沒有空格

在 Value:下框內鍵入 X^@REFDES %IN %OUT @MODEL(注意：REFDES 與後面的%間要空一格，IN 與後面的%間要空一格，OUT 與後面的@間要空一格)

上列 PSpiceTemplate 及 Value 的設定要與圖 9-23 副電路文字描述的接腳數目及其對應順序要一樣，即 IN 對應於副電路描述的節點 1，OUT 對應於副電路描述的節點 2，其中 X 為副電路的代號。

圖 9-41　Add New Project 視窗

4. 然後點選左下角的 Apply 鈕，出現一 Undo Warming 視窗，將之關閉。
   就會回到圖 9-42 所示之視窗，已在左邊的出現一 PSpiceTemplate 欄
   位，其右欄亦會顯示在圖 9-41 所鍵入之 Value 值。

5. 然後存檔。

	A
	⊞ SCHEMATIC1 : PAGE1
Name	*INS26*
Part Reference	U1
PCB Footprint	
Power Pins Visible	⌐
Primitive	DEFAULT
PSpiceTemplate	X^@REFDES %IN %OUT @
Reference	U1
Source Library	*D:\PSPICE PROJECT\E* ...
Source Package	*FILTER*
Source Part	*FILTER.Normal*
Value	FILTER

9-42　PSpice Template 欄位已增加

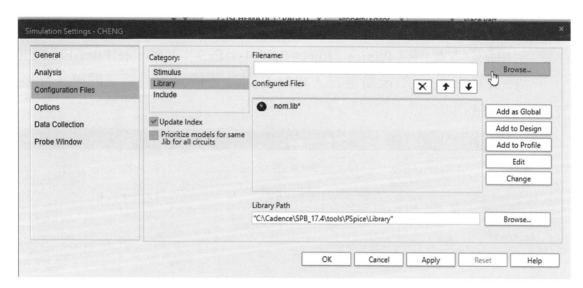

9-42 PSpice Template 欄位已增加(續)

6. 回到圖 9-39 電路圖，點選它，再按 mouse 右鍵出現之功能表內含有 Edit PSpice Model 命令(但不要執行)，表示建立成功。

9-4-4 副電路符號元件的引進與驗證

副電路符號元件建立後要採用引進(include)的步驟將副電路的電路描述(網路連接表 Netlist)連接進副電路符號元件的內部，方可將此符號元件在本 Project 內繪圖模擬使用，且副電路的電路功能也需驗證，因此本節將針對副電路符號元件的引進及驗證做一詳細的介紹。

1. 把副電路對元件引進本 Project 中，其操作步驟如下：

(1) 點選 PSpice → New Simulation profile 命令，開啟一新的 profile後，名稱自取如 CHENG，出現一 Simulation Settings 視窗，點選最左邊中間的 Configuration Files 鈕，會出現如圖 9-43 所示之設定畫面，中間 Category:下方要點選 Library。(圖 9-43 上之 nom.lib 檔案之功能見 12-1 小節)

(2) 點選右上角之 Browse 鈕，開啓剛剛 Library1 所儲存的 FILTER.LIB
檔案(本範例在 PSpice project EX9-4-1\Ex9-4-1 PSpice Files\FILTER
資料夾下)，然後點選它，再點選開啓舊檔鈕，以將之開啓，如圖
9-44 所示。

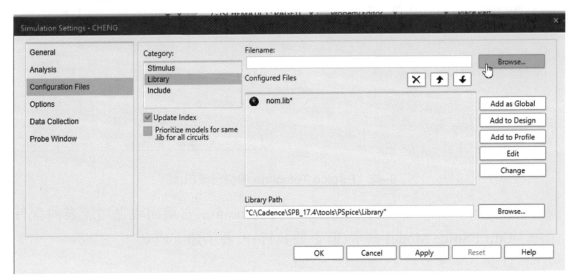

圖 9-43　Simulation Settings 視窗(一)

圖 9-44　開啓副電路元件庫

(3) 然後該 FILTER.LIB(包含儲存路徑)會回到如圖 9-45 所示視窗的 Filename:下欄,然後點選 Browse 鈕下方的 Add to Design 鈕(在 *.lib 右上角會有一*符號表示在不同的 Project 都可以包含此 Library 進來使用,而若點按 Add to Design 鈕,則只有在目前的 Project 才會包含此一 Library 進來使用),如圖 9-46 所示,則 Filter.lib*就會進入 Configured 下框內,再點選 OK 鈕。

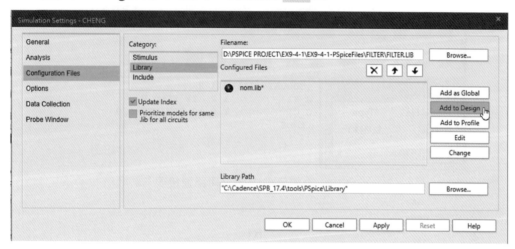

圖 9-45 Simulation Settings 視窗(二)

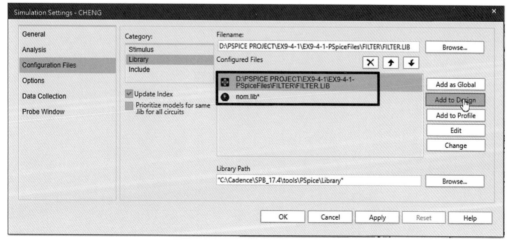

圖 9-46 Simulation Settings 視窗(三)

(4) 此時會回到電路圖，再點選圖9-39之 Filter 符號元件後，再按 mouse 右鍵就會出現一功能表，此時點選 Edit PSpice Model 命令後，就會出現如圖 9-47(a)所示之 Filter 符號元件內部所連接的副電路網路連接表(文字描述格式)，表示已經將如圖 9-47(b)所示副電路的電路描述引進副電路之符號元件了。

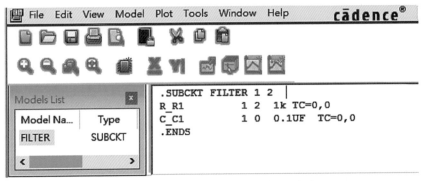

(a) Filter 符號元件內部之網路連接表

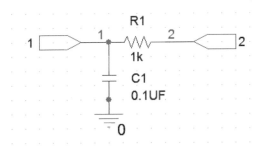

(b) 副電路之內部電路

圖 9-47

2.　副電路符號元件的驗證

　　現將此副電路符號元件連接成如圖 9-48 所示之電路來使用交流分析模擬驗
　　證(1Hz~5kHz，Points/Decade = 5)，其輸出頻率響應曲線應如圖 9-49 所示。

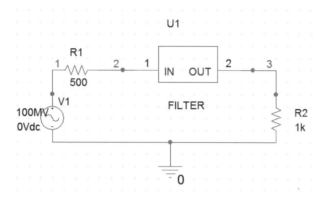

圖 9-48　驗證電路

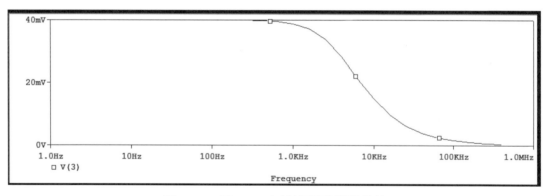

圖 9-49　圖 9-48 之輸出頻率響應曲線

註　四：若在模擬出現問題，請檢查此電路圖頁有沒有在最上層(root)。

9-5 副電路符號元件應用實例介紹

範例 9-6　試以圖 9-5 電路為例，以上一節所建立之 Filter 副電路符號
元件，重新模擬，以求出輸出頻率響應曲線(註：有些教學版
只能取出一個副電路元件使用)。

解　其操作步驟如下：

1. 在同一 Project 內開啓一個新的電路圖，進入 Project Manager 視窗
內(如圖 9-11)，點選*.dsn，再點選 mouse 右鍵，出現一功能表，點
選 New Schematic 命令，產生一新的 SCHEMATIC(2)*點選 OK 後，
然後點選此 SCHEMATIC(2)*字體後，再點選 mouse 右鍵，再點選
New Page 命令出現一 PAGE1 電路圖頁，再存檔。

2. 將此電路圖移至最上層，點選 SCHEMATIC(2)後，按 mouse 右鍵，
點選 Make Root 命令將 SCHEMATIC(2)*移至最上層。

3. 進入 SCHEMATIC(2)的 PAGE1 圖頁，故在 PAGE1 上以 mouse 左鍵
連續點兩下，進入空白圖頁。

4. 將副電路符號元件取出，點選 Place → Part 命令後，會出現一如圖
9-50 所示之畫面，元件資料庫在 LIBRARY1，元件名稱為 FILTER，
將之取出(若取出時出現要 update cache 的錯誤信息，請至 Project
Manager 視窗點選 Design Cache 資料夾下的 FILTER 字體，按右鍵
出現一功能表，點選 Update Cache 命令即可，如圖 9-51 所示)。

5. 取出一個 FILTER 副電路符號元件後再執行圖 9-39 至圖 9-42 之步
驟設定 PSpice Template 值。

6. 再使用複製的方式複製二個 FILTER 副電路以連接成圖 9-52 之電
路，然後存檔。(若不使用複製的方式，每取一個 FILTER 副電路，
就要再執行步驟 5 一次)

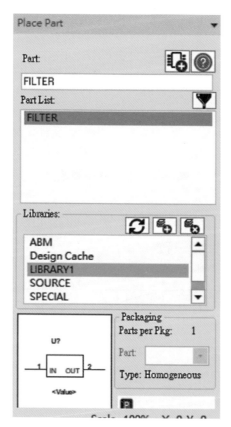

圖 9-50　Place Part 畫面

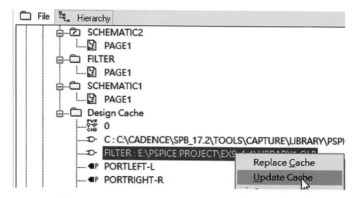

圖 9-51　Update Cache 更新命令之執行

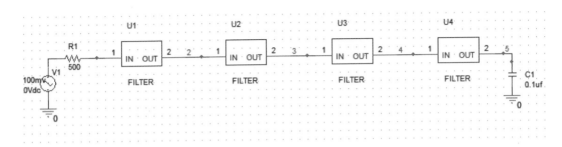

圖 9-52　RC 低通濾波器

7. 經過交流分析模擬其輸出頻率響應曲線如圖 9-53 所示,與原來圖 9-3 之輸出頻率曲線一致。

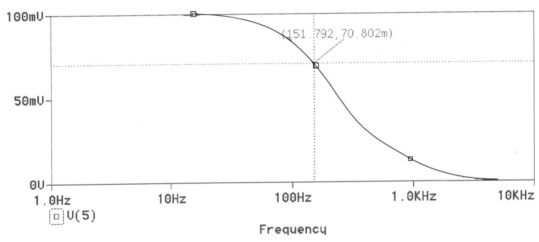

圖 9-53　圖 9-51 之輸出頻率響應曲線

範例 9-7　試將圖 9-8 之電晶體副電路建立一副電路符號元件,並將之應用於圖 9-7 中,以求出其輸出之波形。

解 本題可分三個步驟來執行,首先要將圖 9-8 電路建立一副電路符號元件,然後再以此副電路符號元件來完成圖 9-7 之電路,並加以模擬分析。

1. 首先建立一副電路符號元件

   在 Project Manager 視窗內,建立一新的 Schematic 及 PAGE,然後在此 PAGE 內建副電路符號元件如 9-4 小節方法所述,其步驟如下:開啓一個新 Project,如 EX9-7,並選擇適當的路徑,(或已在目前的 project 中,進入 Project Manger 視窗),其餘操作步驟如下:

   (1) 開啓副電路名稱之電路圖

   ① 在視窗左邊有一*.dsn(現爲 ex9-7.dsn)字,以 mouse 左鍵在其字體上連續點二下,會出現下一層(若它不是新的 Project,則以 mouse 右鍵點選一次,出現一功能表,再點選 New Schematic 命令,會產生新的 SCHEMATIC*,其中*代表第幾張電路圖之意)。

   ② 然後如圖 9-54 所示在 SCHEMATIC1 字體上點選,再以 mouse 右鍵點選一次,會出現一功能表,再點選 Rename 命令,會出現一 Rename Schematic 視窗的名稱,在 name 框下鍵入 CE 後,再點選右上角之 OK 鈕,會將 SCHEMATIC1 改成 CE(副電路的名稱),若不是在最上層,請將之移至最上層(點選它,執行 Make Root 命令)。

   ③ 點選 CE 字體下方的 PAGE1 就會回到電路圖頁,開始繪副電路。

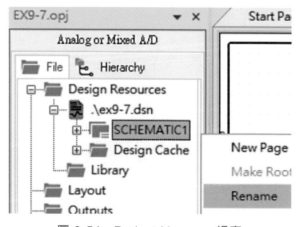

圖 9-54 Project Manager 視窗

(2) 開始畫副電路

① 點選 Place → Hierachical Port 命令會出現一如圖 9-16 之 Place Hierarchical Port 視窗，在 Libraries:下方點選 CAPSYM，然後在 Symbol 下方點選 PORTRIGHT-R，再點選 OK 鈕將取出置於電路圖左邊適當位置。同法取出 PORTRIGHT-R，按 Ctrl+R 鍵三次，並將置於中間上面位置，按 ESC 鍵結束，同方法再取出 PORTLEFT-L 元件，置於右邊位置，如圖 9-55 所示。

② 在左邊的 PORTRIGHT-R 字體上以 mouse 左鍵連續點二下會出現一如圖 9-18 之 Display Properties 視窗，在 Value:右框內將 PORTRIGHT-R 字改成 1，然後再點選 OK 鈕。同方法將其餘 PORTRIGT-R 及 PORTLEFT-L 改成 4 及 2，完成如圖 9-56 所示之接點編號。

圖 9-55　PORTRIGHT-R 及 PORTLEFT-L 元件　　　　圖 9-56　更改接點標號

③ 開始取出電晶體(在 BIPOLAR.olb 資料庫)及電阻元件並標內部節點繪成如圖 9-57 所示之電路，並存檔。

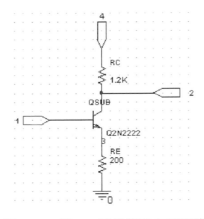

圖 9-57　圖 9-8 副電路之內部電路

④ 回到左上角之 Project Manager 視窗,若此頁電路不在根電路,則應點選這張 CE 電路圖後再點選右鍵會出現一功能表後,再點選 Make Root 命令,使這張電路圖移至最上層。

⑤ 以 mouse 點選 Project Manager 視窗之 Design Resource 下方的 ex9-7.dsn 字後,再點選最上面功能表之 Tools → Creat Netlist 命令,會出現一 Create Netlist 視窗,點選上面之 PSpice 鈕,會出現如圖 9-58 所示之視窗,在最下方之 Netlist File:下方會顯示 Library 所儲存之路徑及名稱,若名稱還是 FILTER.LIB 則應將之改成 CE.LIB,以避免將與範例 9-6 的 RC 濾波器副電路符號元件 (FILTER.LIB)覆蓋掉。

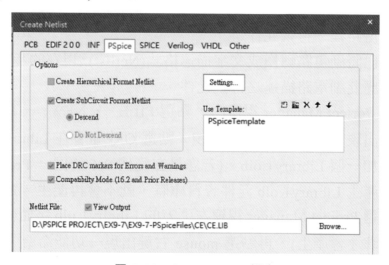

圖 9-58 Creat Netlist 視窗

⑥ 如圖 9-58 所示點選各命令(Creat SubcircuitFormat Netlist:就是要將副電路內部轉換成 Netlist,View Output:就是可看到其 Netlist 的內容),注意其所存路徑,然後再點選 OK 鈕,就會出現如圖 9-59 所示之轉換成副電路文字描述內容(網路連接表)(在下方之工作列上)。(注意其所存路徑最後的一個檔名為 CE.LIB),其文字描述的副電路呼叫順序與圖 9-8 不一樣沒關係,只是在圖 9-56 中設定 PIN 接腳號碼順序不同所致,但在建符號元件時要注意其對應圖 9-59 副電路接腳節點順序為 1、2、4。

圖 9-59 表示已將圖 9-57 之副電路轉換成文字描述檔(Netlist)，注意該副電路的檔名為 CE，也就定電路圖名為 CE(剛剛已將 SCHEMATIC1 改成 CE)。將圖 9-59 與圖 9-8 相對照是否一樣。

```
1: * source EX9-7
2: .SUBCKT CE 1 2 4
3: Q_QSUB          2 1 3 Q2N2222
4: R_RC            4 2  1.2K TC=0,0
5: R_RE            3 0  200 TC=0,0
6: .ENDS
7:
```

圖 9-59 副電路之文字描述格式

⑦ 暫時將此視窗關閉或縮小，並回至 Project Manager 視窗。

(3) 將副電路建一符號元件

現在已將副電路轉換成文字描述格式(Netlist)，現在的步驟就是要建立對應此副電路描述之符號元件。

① 在 Porject Manager 視窗內，點選 FILE → NEW → Library 命令後出現一 Add to projetc 視窗，點選 OK 鈕會在 Library 資料夾內增加一個 Library1.olb。(若您是在範例 9-6 的同一 Project 內做時有產生 Library1.olb 元件資料庫時，就不會再產生。)

② 點選 Project Manager 視窗左下方的 Library1.olb 字體(執行上列① 步驟才會產生)，再點選 mouse 右鍵出現一功能命令，點選 NEW Part 命令，就會出現一 NEW Part Properties 視窗，如圖 9-60 所示。

③ 在 Name:右框內鍵入此符號(Symbol)元件的名字，如 COM_EMITER。

④ 點選在圖 9-60 右邊之 Attach Implementation 鈕，會出現如圖 9-61 所示之 Attach Implementation 視窗。

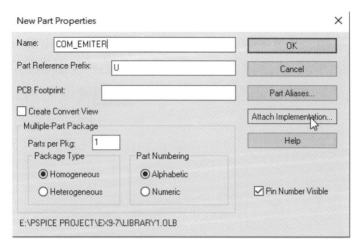

圖 9-60　New Part Properties 視窗

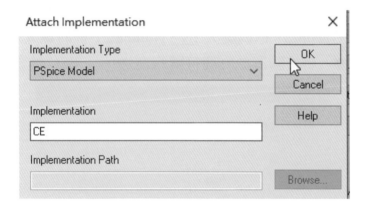

圖 9-61　Attach Implemention 視窗

⑤ 在圖 9-61 之 Implementation type 下框點選 PSpice Model(表示此符號對應於 PSpice 的文字描述檔，即 Netlist 檔)。

⑥ 在圖 9-61 之 Implementation 下框鍵入副電路的名稱，故鍵入 CE。再點選 OK 鈕，會回到圖 9-60 視窗，再點選 OK 鈕回到編輯符號視窗，如圖 9-62 所示。(CE 就是電路圖名，也就是圖 9-59 中，.SUBCKT 字體右邊的副電路名稱)

⑦ 開始繪出副電路的符號元件

❶ 開始繪長方形框，點選 Place → Rectangle 命令，然後以 mouse 至圖 9-62 的虛線左上角，按住 mouse 左鍵開始拖拉 mouse 以形成正方形或矩形的框，然後按 Esc 鍵停止，如圖 9-63 所示。

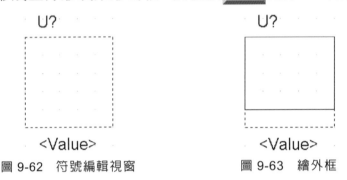

圖 9-62 符號編輯視窗   圖 9-63 繪外框

❷ 點選 Place → Pin 命令，會出現一如圖 9-64 所示 Place Pin 視窗在 Name 下框內鍵入 IN，Number 下框的鍵入 1，再點選 OK 鈕後，將接腳置於方塊符號的左邊，按 ESC 鍵結束。

圖 9-64 Place Pin 視窗(一)

❸ 同方法再點選 Place → Pin 命令如圖 9-65 所示鍵入輸出接腳 OUT 及相關設定(Number = 2)，再將接腳置於方塊符號的右

邊。(其中 Name 代表符號元件接腳名稱，Number 代表符號元件接腳號碼，並不是副電路的節點號碼)

❹ 同方法再點選 Place → Pin 命令，如圖 9-66 所示設定後將 VCC Pin 置於方塊的正上方位置，如圖 9-67 所示，以表示電晶體的 VCC 接腳。

圖 9-65　Place Pin 視窗(二)　　　　圖 9-66　Pin Properties 視窗(三)

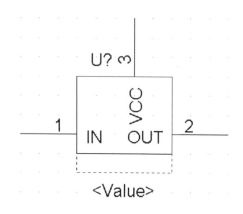

圖 9-67　完成之符號元件

注意：IN 對應於圖 9-59 的 1，OUT 對應於 2，VCC 對應於 4。

❺ 再回到 Project Manager 視窗，開啓另一個空白的電路圖(此電路圖一定要在最上層)，故在圖 9-54 上方的 ex9-7.dsn 字上點

選，再按 mouse 右鍵後點選 New Schematic 命令，產生另一張
空白電路圖 SCHEMATIC1，在 SCHEMATIC1 上點選，再按
mouse 右鍵，出現一功能表，右鍵點選 New Page 命令，產生
PAGE1 電路圖頁後存檔，再點選 SCHEMATIC1，再按 mouse
右鍵，點選 Make root 命令，將此電路圖移至最上層後，進入
PAGE1 空白圖頁(在 PAGE1 以 mouse 左鍵連續點兩下)，再將
副電路元件取出，其操作步驟如下：

1. 副電路符號元件的取出：點選 Place → Part 命令，出現一
   Place Part 視窗，在 Libraries 下框點選 LIBRARY1，就會在
   上面 Part list:下方出現 COM_EMITER 的副電路元件如圖
   9-68 所示，點選它並將之取出，置於電路圖上，如圖 9-69
   所示。

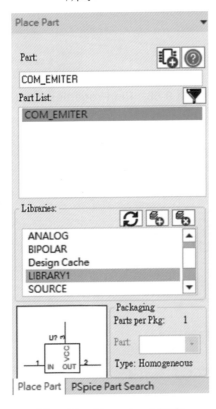

圖 9-68　Place Part 視窗

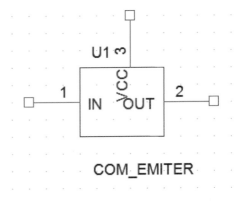

圖 9-69　副電路符號元件之取出

2. 以 mouse 左鍵點選該元件二次會出現一 New Property 視窗，點選左上角的 New Property 鈕會出現一 Undo Warming 小視窗，點選 Yes 鈕，會出現如圖 9-40 所示之 Add New property 視，如圖 9-40 至圖 9-42 所示方法操作，只是在圖 9-40 中在 Name:右框內鍵入 PSpiceTemplate 這個字串(注意：PSpice 與 Template 沒有空格)。

在 Value 右框內鍵入 X^@REFDES %IN %OUT %VCC @MODEL，其中 IN OUT VCC 之順序對應於圖 9-59 的順序 1、2、4。

(注意 REFDES 與後面的％間要空一格，IN 與後面的％間要空一格，OUT 與後面的@間要空一格)

上列 PSpiceTemplate 及 Value 的設定要與圖 9-59 副電路的接腳數目及其對應順序要一樣，即 IN 對應於副電路的 1，OUT 對應於副電路的 2，VCC 對應於副電路的 4，其中 X 爲副電路的代號。

3. 副電路符號元件的引進與驗證

副電路符號元件建立後要採用引進(include)的步驟，方可將此符號元件在本 Project 內繪圖模擬使用，且副電路的電路功能也需驗證，因此將針對副電路符號元件的引進及驗證做一詳細介紹。

(1) 把副電路符號元件引進本 Project 中，其操作步驟如下：

① 點選 PSpice-New Simulation profile 命令，開啓一新的 New Simulation Profile 後名稱自取如 LKK，會出現一如圖 9-70 所示之 Simulation Settings 視窗，點選最左邊的 Configuration Files 標籤，中間 Category:下欄點選 Library。

② 點選右上角之 Browse 鈕，會開啓剛剛 Library1 所儲存的 CE.LIB，(目前在作者的 D:\PSPICE PROJECT\EX9-7\EX9-7PSpice Files\CE\CE.LIB)將之開啓如圖 9-71 所示。

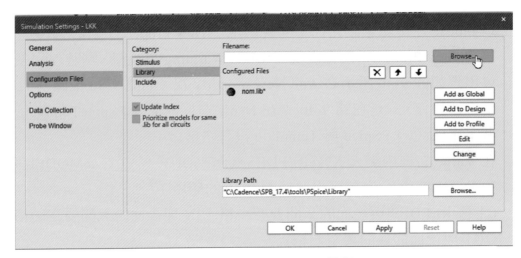

圖 9-70　Simulation Settings 視窗(一)

圖 9-71　開啓副電路元件庫

③ 然後會回到圖 9-72 視窗，然後點選 Browse 鈕下方的 Add to Design 鈕，則只有在目前的 Project 才會包含此一 Library 進來使用。如 圖 9-72 所示，則 CHENG-ce.lib*就會進入 Configured Files 下框 內，再點選 OK 鈕。

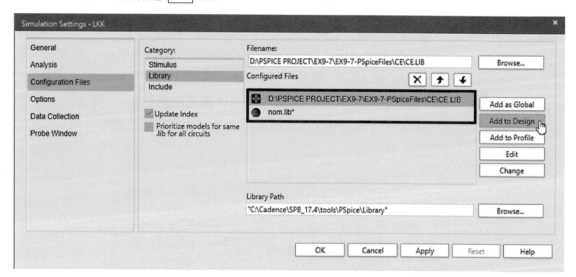

圖 9-72 simulation setting 視窗(二)

④ 此時會回到圖 9-69 電路圖，再點選 COM_EMITER 符號元件後， 再按 mouse 右鍵就會出現一功能表，此時點選 Edit PSpice Model 命令後，就會出現如圖 9-73 所示之 COM_EMITER 符號元件內部 所連接的副電路網路連接表(文字描述格式)(在下方之工作列上)。

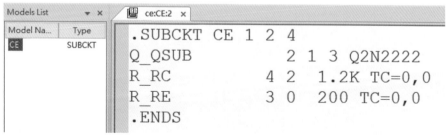

圖 9-73 COM_EMITER 符號元件之內部文字描述檔

3. 將此副電路元件連接來完成圖 9-7 之電路，並加以模擬分析

　　使用圖 9-69 之電晶體符號元件依圖 9-7 之電路繪出如圖 9-74 所示之電路，經過模擬後其輸出波形應與圖 9-10 之波形完全相同，其輸出電壓峰值為 253.742mV。

注意：若達副電路元件在取出時，出現一 ＊＊＊ ... is out of data with respect to the design cache use update cache to synchronize the part in the cache with library 訊息時，將 mouse 在 Project Manager 視窗下的 Design-cache 資料夾上點二下，在 Design-cache 資料夾下面會出現 COM_EMITER 副電路符號元件的名稱，點選它按右鍵出現－功能表，再點選 Update cache 命令，再點選確定鈕即可。

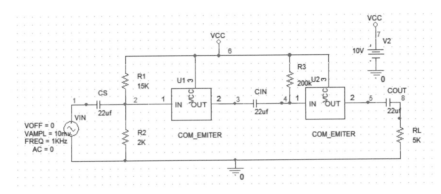

圖 9-74　使用電晶體副電路符號元件的電路

★習題詳見目錄 QR Code

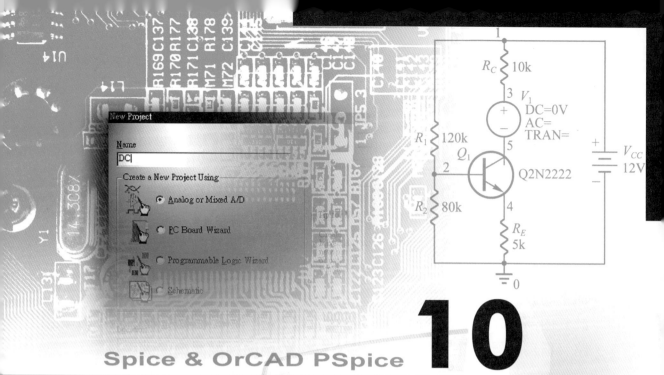

Spice & OrCAD PSpice

10

階層式電路圖

學習目標

10-1 階層式電路的設計方法

10-2 階層式電路的模擬

10-3 如何將階層圖編輯成符號元件
使用

10-4 方塊圖符號元件的應用實例

10-5 如何在其他的專案中引用其他
專案所建立之階層式方塊圖

在積體電路設計中,由於電路越來越複雜,元件的數目也越來越增加,因此就不再適合將所有電路的元件都放置在同一電路圖中,來設計及模擬。所以就要使用由上而下(Top-down)的設計方式,所謂由上而下的設計方式就是把複雜電路分成幾個模組(module)來設計。在這種模組化的設計過程中,只要將複雜、重要、關鍵的電路分成幾個模組來分別設計及模擬就可以將複雜的電路設計簡單化,因此就可容易除錯及分析,而這種由上而下的設計方法是首先設計上層的電路方塊,然後再進入此電路方塊內設計其內部的詳細電路,而方塊圖內還可以有方塊圖,所以這種模組化的電路又稱為階層式電路圖。

在第九章所介紹的建立副電路符號元件係為由下而上(Bottom-up)的設計,因為它是將所有的副電路組合起來以組成複雜的電路。

因此本章將針對此種由上而下的階層式電路圖之設計方式做一詳細的介紹。

10-1   階層式電路的設計方法

現在假設我們要將圖 10-1 所示電路的運算放大器及帶通濾波器電路建立一方塊圖,如圖 10-2 所示,則其設計方式如下小節所示:

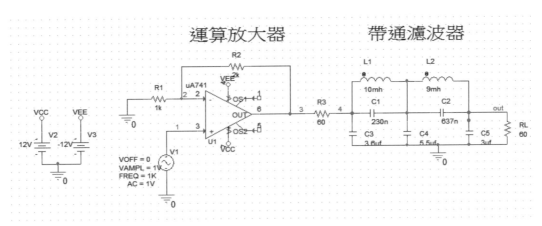

圖 10-1   將電路建方塊圖

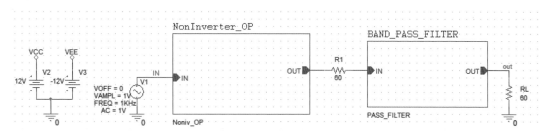

圖 10-2　階層式電路圖

10-1-1　運算放大器方塊圖的設計

首先先繪製運算放大器的方塊圖，此放大器的方塊圖有二個對外端點，其中一個輸入(輸入信號)，及一個輸出。首先開啟一個 Project (EX10-1-1)及空白電路圖後，其操作步驟如下：

1. 點選 Place → Hierarchical Block 命令，以繪出方塊圖外框，會出現如圖 10-3 所示之 Place Hierarchial Block 視窗，茲將視窗上各個命令之功能說明如下：

(1) Reference：階層電路圖(方塊圖)的名稱，鍵入 NonInverter_OP

　　　注意：英文字內不能有空格

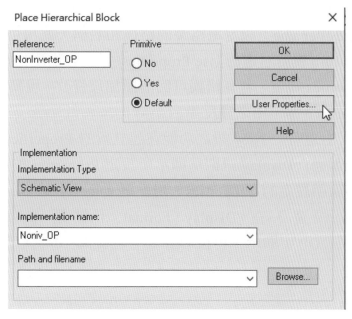

圖 10-3　Place Hierarchical Block 視窗

(2) Primitive：設定此階層方塊圖的屬性，共有三種屬性，其中

No：表示將之設定為非基本元件。

Yes：表示將之設定為基本元件；設定後就無法建立下層電路圖，最好不要設，以便可在方塊圖內再建立下層方塊圖。

Default：表示將之設定為程式預設狀態，故設定此項屬性。

(3) Implementation Type：定義本方塊圖所連結的電路種類，共有七種，如下所述：

① <none>：表示本方塊圖不連結任何電路圖。

② Schematic View：表示本方塊圖要連結電路圖，故點選這一項。

③ VHDL：表示本方塊圖要連結一個 VHDL 檔案。

④ EDIF：表示本方塊圖要連結一個 EDIF 檔案。

⑤ Project：表示本方塊圖要連結一專案檔案。

⑥ PSpice Model：表示本方塊圖要連結一個 PSpice 模型檔案。

⑦ PSpice Stimulus：表示本方塊圖要連結一個 PSpice 訊號檔案。

⑧ Verilog：表示本方塊圖要連結一個 Verilog 檔案。

(4) Implementation name：設定方塊圖下層電路圖的檔名，鍵入 Noniv_OP。

(5) Path and filename：設定電路圖的路徑和名稱，此項可不設定。

2. 再點選圖 10-3 視窗右邊的 Use Properties 鈕就會出現如圖 10-4 所示之 User Properties 視窗，若有錯誤可回前面加以修改，現點選 Name 最下方的 Reference 欄，使之變反黑。

3. 在圖 10-4 右邊有一 New 鈕之功能在建立新的 Properties 值(在第九章中已經練習過)，Display 鈕則為顯示所設定 Properties 的內容，Remove 鈕則是移除所設定的 Properties。現點選 Display 鈕，出現一 Display Properties 視窗，在 Display Format 下點選 Value Only，使 NonInverter_OP 字顯示，再按 OK 鈕會回到圖 10-4 所示之畫面。

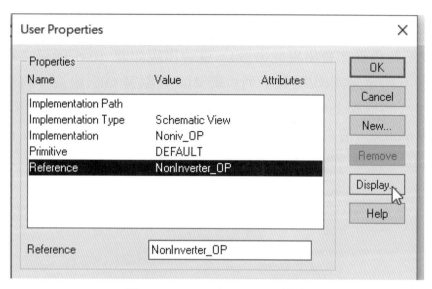

圖 10-4 User Properties 視窗

4. 然後點選圖 10-4 右邊的 OK 鈕會回到圖 10-3 視窗，再點選 OK 鈕後，就會在圖面上出現一十字游標，將之置於圖面適當位置後，按 mouse 左鍵，拖拉一適當方塊大小後，就會出現如圖 10-5 所示之 NonInverter_OP 之方塊圖外框。

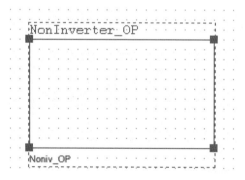

圖 10-5 NonInverter_OP 之方塊圖外框

10-1-2 運算放大器方塊圖接腳的連接

在上節中已經繪出方塊圖了，現在的步驟，就是要開始完成其對外之連接接腳，同建立副電路之方法，其操作步驟如下：

1. 點選 Place → Hierarchical → Pin 命令(此時 mouse 要點選圖 10-5 使之變粉紅色框才會出現此命令)，就會出現如圖 10-6 所示之視窗，如圖 10-6 所示設定(說明見下列步驟 2)，再點選 OK 鈕後，將滑鼠置於圖 10-5 的框線上，就會有一小黑正方形在圖 10-5 方塊圖的框上移動，移動 mouse，使之置於方塊圖框的左邊大約中間位置，再按 mouse 左鍵定位，再按 Esc 鍵以取消此命令功能。

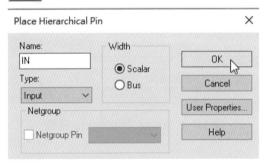

圖 10-6　Place Hierarchical Pin 視窗(一)

2. 在圖 10-6 中，Name 為接腳名稱，Type 為接腳的種類，點選 Input，Width 命令有 Scalar 及 Bus 二項，其中 Bus 為匯流排接腳，Scalar 為單線接腳。

   然後再點選圖 10-5 方塊圖的框，使之變粉紅色，再執行上列 1 步驟之命令後出現如圖 10-7 所示之視窗，並如圖 10-7 所示之設定，再鍵入 OUT 輸出接腳名稱，Type 點選 Output 然後再將小黑正方形，置於方塊圖的右邊中間位置，定位後，再按 Esc 鍵完成如圖 10-8 所示之方塊圖。

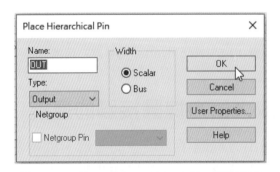

圖 10-7　Place Hierarchical Pin 視窗(二)

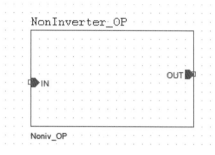

圖 10-8　NonInverter_OP 方塊圖

註 一：點選在圖 10-6、10-7 右邊的 Use Properties 鈕，可檢查其設定的內容，在其 Is No Connect 的值(Value)一定要顯示 False，表此本接腳一定要連接，否則模擬時電路會產生錯誤訊息。

10-1-3　運算放大器方塊圖內部電路的畫法

在 10-1-2 節中已將方塊圖及其相關接腳畫完，現在要開始繪方塊圖內部的電路圖，其操作步驟如下：

1. 進入方塊圖內部

(1) 以 mouse 左鍵點選圖 10-8 之方塊圖，使之變粉紅色，然後點選 View → Dscend Hierarchy 命令，就會出現一如圖 10-9 所示之 New Page in Schematic 視窗，會顯示電路圖頁的名稱(預設值為 PAGE1，若不滿意可更改之)，然後再點選右邊的 OK 鈕，就會出現一含有一個輸入及一個輸出接腳的空白圖頁，如圖 10-10 所示(若看不到二個接腳，請將圖面縮小即可看到)。

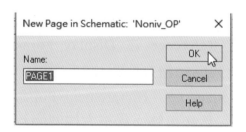

圖 10-9　New Page in Schematic 視窗　　圖 10-10　運算放大器方塊圖的內部圖頁

(2) 可將圖 10-10 的接腳,以 mouse 分別點選然後將之置於適當位置。

注意:切記,小正方形代表連線的端點。

2. 開始繪電晶體方塊圖內部之電路

(1) 如圖 10-11 所示,將方塊圖內部的電路繪於圖 10-10 內,繪完圖後點選 File → Save 命令,存檔。

(2) 點選 View→Ascend Hierarchy 命令,即可回到電路圖。

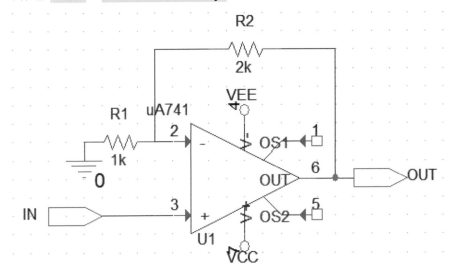

圖 10-11 運算放大器方塊圖之內部電路

10-1-4 帶通濾波器方塊圖之設計

同 10-1-1 運算放大器設計方法繪出其方塊圖,其操作步驟如下:

1. 點選 Place → Hierarchical Block 命令,會出現如圖 10-12 所示之視窗依視窗上設定,並依運算放大器方塊圖繪製的步驟(圖 10-3 至圖 10-4 步驟)執行繪方塊圖(不要忘了設定 Reference 之 Display Format 為 Value Only 再點選 OK 鈕(圖 10-4),再開始繪方塊圖,請參考圖 10-5)。

2. 點選該方塊使之變粉紅色,再點選 Place → Hierarchical Pin 命令,設定 IN 輸入接腳,如圖 10-13 所示,然後再將之移至方塊圖的左方中間位置。再按 Esc 鍵結束命令。

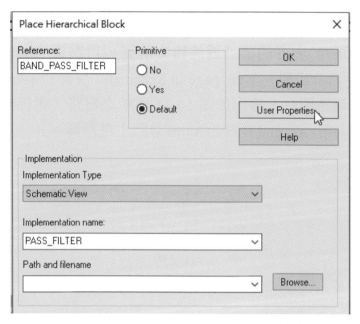

圖 10-12 Place Hierarchical Block 視窗

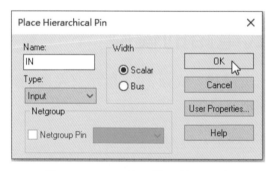

圖 10-13 IN 輸入電源接腳設定

3. 使用相同步驟方法設定 OUT 輸出接腳(如圖 10-7 所示),並將之置於方塊圖的右方中間位置,完成如圖 10-14 所示之方塊。

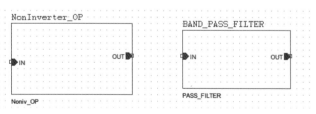

圖 10-14 BAND_PASS_FILTER 方塊圖

10-1-5　帶通濾波器內部電路之設計

1. 點選圖 10-14 右方的帶通濾波器方塊圖，再點選 View → Descend Hierarchy 命令出現一 New page in Schematic 視窗，再點選 OK 鈕，進入一空白電路圖頁，繪出如圖 10-15 所示之電路，再存檔。

2. 點選 View → Ascend Hierarchy 命令回主電路圖。

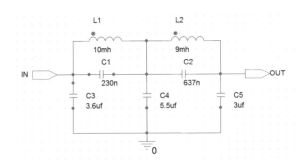

圖 10-15　帶通濾波器方塊圖內部電路

10-2　階層式電路的模擬

1. 方塊圖完成後在主電路，依圖 10-1 所示之電路將之連接成圖 10-16 之階層式電路後存檔。

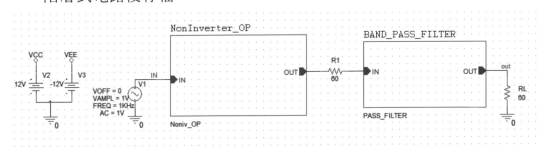

圖 10-16　完整的階層式電路圖

2. 執行暫態分析

   (1) 點選 PSpice → New Simulation Profile 產生一 New Simulation Profiles 視窗，在 Analysis Type: 鍵入 Time Domain(Transient)，Run to time 鍵入 2ms，Max Step Size 鍵入 0.01ms，再點選 OK 鈕。

(2) 點選 PSpice → Run 命令進入 Probe 視窗(在下方工作列上)，觀察輸入波形 V(IN)及輸出波形 V(OUT)應如圖 10-17 所示。

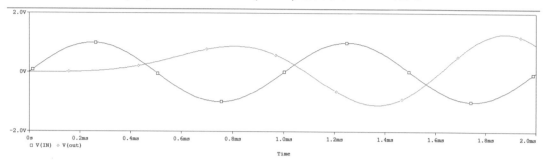

圖 10-17 輸入及輸出波

3. 執行交流分析

(1) 回到圖 10-16，點選 PSpice → Edit Simulation Profile 命令，將 Analysis Type: 改成：AC Sweep/Noise, Logarithmic:Decade; Start Frequency; 10Hz, End Frquency:10K，Points/Decade:100。

(2) 點選 PSpice → Run 命令，Trace Expression:DB(V(out));觀察其輸出之頻率響應曲線，如圖 10-18 所示。

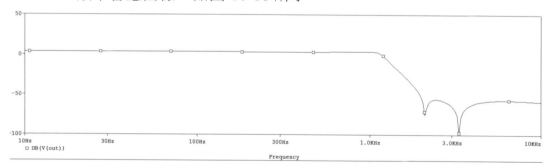

圖 10-18 輸出頻率響應曲線

10-3 如何將階層圖編輯成符號元件使用

在上節所使用的階層方塊圖中，若其他的電路也剛好要使用到這一個同樣的方塊圖來設計電路時，就應該考慮如何將此方塊圖建立一個元件符號來供給大家使用，因此本節將要針對這個問題作一詳細的介紹。在完成上節的圖 10-16 完整電路後，回到 Project Manager 視窗，就會看到如圖 10-19(a)所示之電路圖資料夾，其中 SCHEMATIC1 的 PAGE1 為主電路，而 Noniv_OP 下的 PAGE1 圖頁即為運算放大器方塊圖的內部電路，PASS_FILTER 下的 PAGE1 即為帶通濾波器方塊圖內部的電路，若在右上角出現*號，表示未存檔，請將之存檔。(注意 Project 的名稱為 ex10-1-1.dsn)

如圖 10-19(b)所示，點選上方的 Hierarchy 標籤就會顯示主電路圖有哪些元件。

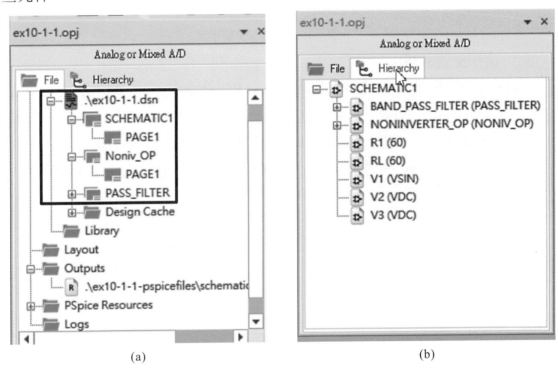

(a)　　　　　　　　　　　　　　(b)

圖 10-19　Project Manager 視窗顯示方塊圖內部電路的圖頁及元件

10-3-1　運算放大器方塊圖符號元件資料庫的建立

現在開始以圖 10-19 來說明如何將在 10-2 小節所建立的方塊圖，將之編輯成一個可用的符號元件來使用。

將運算放大器方塊圖編輯成一符號元件

建立符號元件庫的步驟：

1. 在圖 10-19(a)之 Project Manager 視窗下，點選 File → New → Library 命令後會產生 Library1.olb 檔(若沒有出現，滑鼠要點選在 SCHEMATIC1 字體上，再執行上述命令)，然後存檔(點存檔圖示)，將之存在本專案內。(若已經有 Library1.olb 在本 Project 的同一路徑內就不要執行這一項動作，則應點選 File → Open → Library 命令將之打開)如圖 10-20 所示。

2. 點選圖 10-20 上方的 Noniv_OP 字體(不是 PAGE1)，再點選 Edit → Copy 命令。

3. 點選 Library1.olb 檔案，再點選 Edit → Paste 命令將 Noniv_OP 複製到 Library1.olb 中。這樣以後所有 Project 就可以在 Library1.olb 中取此 Noniv_OP 方塊電路圖來使用(如圖 10-21 所示可看到 Noniv_OP 已複製到 Library1.olb 中)，然後存檔使其 Noniv_OP 右上角之*字體消失。

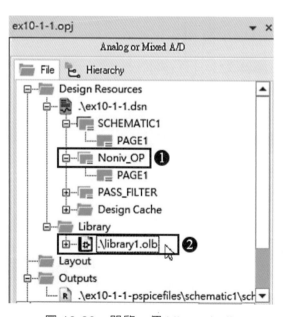

圖 10-20　開啓一個 Library1.olb

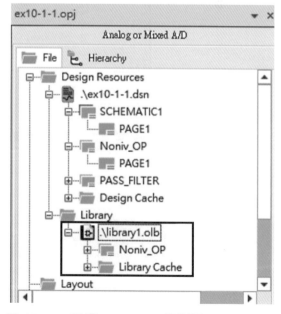

圖 10-21　已將 Noniv_OP 複製至 Library1.olb

10-3-2 運算放大器方塊圖符號元件的建立

1. 在 Project Manager 視窗的 Library1.olb 上點選，再按 mouse 右鍵會出現一功能表，如圖 10-22 所示後點選 New Part 命令，會進入一 New Part Properties 視窗，如圖 10-23 所示。

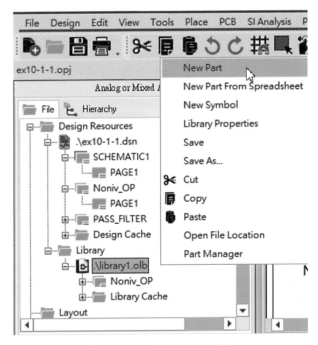

圖 10-22 建立符號元件

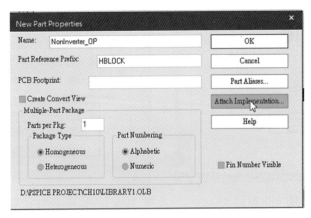

圖 10-23 New Part Properties 視窗

(1) 在 Name:右框鍵入方塊圖符號元件的名字 NonInverter_OP。

(2) 在 Part Reference Prefix 右框鍵入 HBlock(表示以階層圖的方塊圖來建立符號元件)。

(3) 右下角的 Pin Number Visible 不點選,以使符號元件的接腳號碼不顯示。

其餘命令功能如下:

PCB Footprint:Layout 時元件包裝型式的名稱。

Create Convert View:產生可以編輯元件的第二種符號外觀。

Part Per Pkg:每一個包裝所包含的元件數目。

Package Type

Homogeneous:同一個包裝內每個元件的符號外觀都一樣

Heterogeneous:同一個包裝內每個元件的符號外觀都不一樣

Part Numbering:

Alphabetic:同一包裝內容符號元件依字母編排,如 H?A。

Numberic:同一包裝內容符號元件依數字編排,如 H?1。

Pin Number Visible:接腳號碼要顯示。

(4) 再點選圖 10-23 視窗右邊的 Attach Implementation 鈕就會出現如圖 10-24 所示的 Attach Implementation 視窗,在 Implementation Type 點選 Schematic View 表示此符號元件會參考到電路圖(即方塊圖的內部電路)。

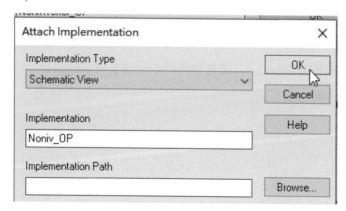

圖 10-24 Attach Implementation 視窗

(5)　在 Implementation 下鍵入原方塊圖內部電路的名稱，即 Noniv_OP(即
　　　Project Manager 視窗下方塊圖之電路圖名，不是方塊圖的符號元件
　　　名稱 NonInverter_OP)。

(6)　再點選 OK 鈕後，就會回到圖 10-23 之 New Part Properties 視窗，再
　　　點選 OK 鈕會進入如圖 10-25 所示，符號元件編輯視窗。

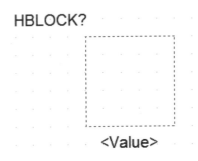

圖 10-25　符號元件編輯視窗

10-3-3　運算放大器符號元件的編輯

　　　開始使用第九章建副電路符號元件的方法來編輯符號元件，首先將運
算放大器建一符號元件，其操作步驟如下：

1.　點選 Place → Rectangle 命令，開始在圖 10-25 處虛線上繪符號元件
　　的外框。

2.　點選 Place → Pin 命令，繪出元件的輸入及輸出二個接腳，其設定如
　　圖 10-26 及圖 10-27 所示(每設定一接腳完要按 Esc 鍵表示結束)，然
　　後並將之置於框線的左邊及右邊中間位置，完成後如圖 10-28 所示。

3.　點選 File → Save 命令存檔，若會出現一另存新檔視窗，將此符號元
　　件儲存於以 LIBERAY1.OLB 的符號元件資料庫檔案。

圖 10-26　輸入接腳設定 Place Pin 視窗

圖 10-27　輸出接腳設定 Place Pin 視窗

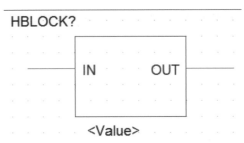

圖 10-28　Noniv_OP 完成之符號元件外觀

10-3-4　帶通濾波器方塊圖符號元件之設計

同法將帶通濾波器方塊圖建一符號元件

1.　將符號元件建立在資料庫上

(1)　將圖 10-28 縮小化或關閉(點選左上角的 LIBRARY1.OLB NonInverter-OP 標籤，按右鍵出現一功能表，點選 Close 命令)，回到 Project Manager 視窗後(在圖 10-19(a)中)點選 PASS_FILTER 電路圖字體，再點選 Edit → Copy 命令。

(2)　點選 library1.olb 字體後，再點選 Edit → Paste 命令後就會將 PASS_FILTER 電路複製至 library1.olb 符號元件資料庫中，如圖 10-29 所示，點選存檔後會使 PASS_FILTER 右上角的 * 號消除。

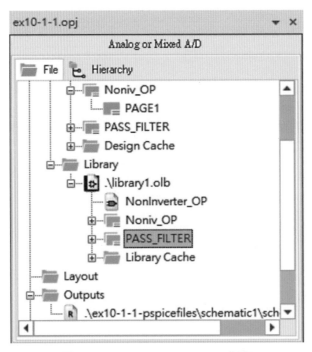

圖 10-29　Project Manager 視窗

(3) 在圖 10-29 的 Project manager 視窗上點選 library1.olb，再按 mouse 右鍵出現一功能表，點選 New Part 命令，就會出現一 New Part Properties 視窗，如圖 10-30 所示鍵入各設定參數，其中在 Name: 右框鍵入 BAND_PASS_FILTER 表示此符號元件的名稱為 BAND_PASS_FILTER，Part Reference Prefix:右框鍵入 HBLOCK。

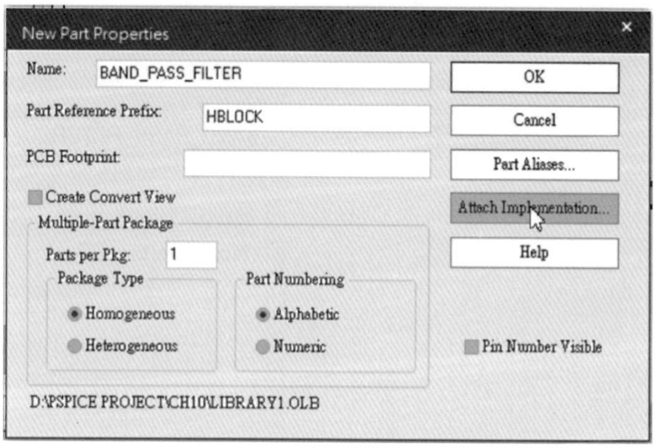

圖 10-30　New Part Properties 視窗

(4) 點選圖 10-30 右邊的 Attach Implementation 鈕，進入如圖 10-31 所示之 Attach Implementation 視窗，在 Implementation Type 下欄 點選 Schematic View，在 Implementation name 下框鍵入 PASS_FILTER 要與方塊圖內部電路圖名稱一樣，如圖 10-31 所示 設定後，再點選 OK 鈕就會進入，如圖 10-25 所示，符號元件編 輯視窗。

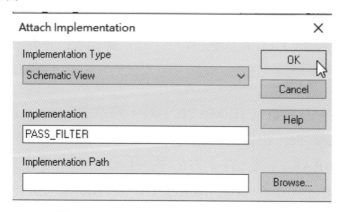

圖 10-31　Attach Implementation 視窗

(5) 同以前的方法(10-3-3 小節)編輯符號元件的外框及輸入及輸出接腳，(如圖 10-26 至圖 10-27)。(Place → Rectangle 命令畫外框，Place → Pin 命令畫接腳)而完成圖 10-32 所示之符號元件，然後存檔。

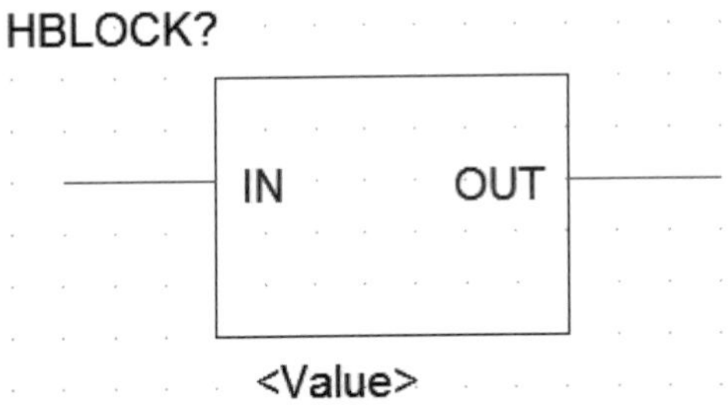

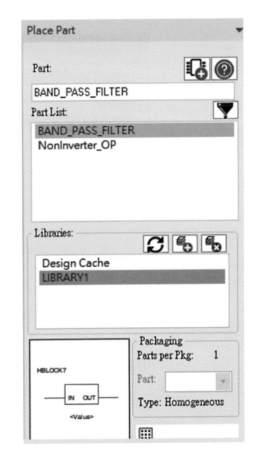

HBLOCK?

IN　　OUT

\<Value\>

圖 10-32　BAND_PASS_FILTER 符號元件外觀

圖 10-33　符號元件建立在 LIBRARY1.OLB 上

(6) 回到主電路圖(SCHEMATIC1)後，點選 Place → Part 命令後出現一 Place Part 視窗，如圖 10-33 所示，點選左下角 Libraries:下方的 LIBRARY1 後，在上方的 Part List 下框內會出現剛剛所建立的方塊圖符號元件 Noninverter_OP 及 BAND_PASS_FILTER 在上面，表示已將方塊圖建立符號元件成功。

10-4 方塊圖符號元件的應用實例

在前小節的幾個步驟已經將圖 10-34(a)所示階層電路中各個方塊圖建立了二個符號元件 Noninverter_OP 及 BAND_PASS_FILTER，現在以圖 10-34(a)之電路為例說明如何應用於實際電路上。

1. 將圖 10-34(a)主電路圖(SCHEMATIC_1)之二個方塊圖刪除，然後再將 Noninverter_OP 及 BAND_PASS_FILTER 符號元件取出後(採用上一小節(6)步驟之方法執行 Place → Part 命令)，代替原來之方塊圖之位置，完成如圖 10-34(b)所示。

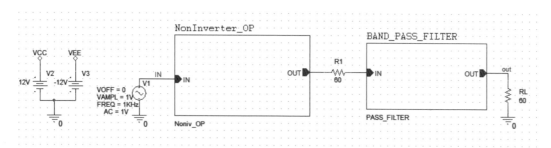

(a) 階層圖電路

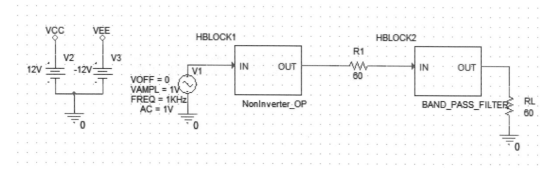

(b) 將方塊圖以符號元件代替

圖 10-34

2. 在圖 10-34(b)點選 Noninverter_OP 方塊圖符號元件，按 mouse 右鍵出現一功能表，點選 Edit Properties 命令出現一 Property Editor 視窗(點選 pivot 標籤讓它成垂直顯示)，如圖 10-35 所示。

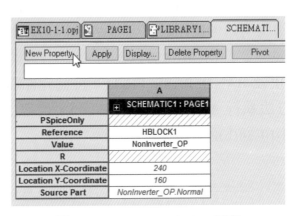

圖 10-35　Property Editor 視窗

3. 點選左上角之 New Property 鈕會出現一 Undo Warming 小視窗，點選 Yes 後出現一 Add New Property 視窗，如圖 10-36 所示，在 Name:下框鍵入 Primitive 字，Value 下方框內鍵入 no(表示此符號元件為非基本元件而是符號元件)，再按 OK 鈕，會回到圖 10-34(b)之視窗，再回到電路圖。(注意：此步驟一定要做，否則模擬會出問題)

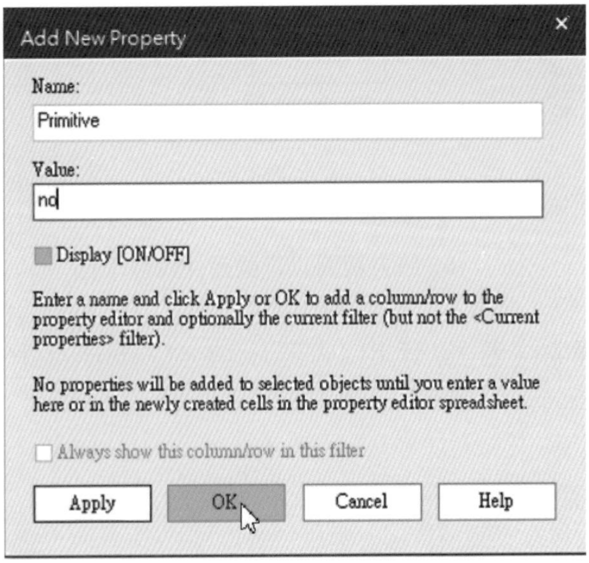

圖 10-36　Add New Property 視窗

4. 回到電路圖後點選此 Noninverter_OP 方塊圖，再點選 View → Descend Hierarchy 命令就可看到此方塊圖內部的電路(如圖 10-11 所示)，然後再點選 View → Ascend Hierarchy 回到主電路。

5. 相同方法點選 BAND_PASS_FILTER 方塊圖，同步驟 2 至步驟 4 之操作，再回到主電路(可再執行上列 4 步驟看到內部電路如圖 10-15 所示)。

6. 記得存檔，然後開始模擬執行暫態分析，執行 PSpice → Edit Simulation Profile 命令，在 Analysis Type: 點選 Time Domain (Transient)，Run to time=2ms Maximam Step Size=0.01ms

7. 觀察輸出之波形，應與圖 10-17(b)完全相同。

10-5 如何在其他的專案中引用其他專案所建立之階層式方塊圖

在 10-4 小節前所建立的階層式方塊圖，係在該專案中所建立的(即 EX10-1-1.opj)，現在若要在其他的專案中引用此階層式方塊圖，則其操作方式如下：

1. 建立一個新的專案，如 EX10-5。

2. 點選 Place → Part 命令就會在右方出現如圖 10-37 所示之 Place Part 小視窗。

3. 點選圖 10-37 中間右方的 Add Library (Alt + A)圖示，就會出現如圖 10-38 之 Browse File 小視窗，點選在 10-4 小節所建立專案的資料夾內的 LIBRARY1.olb，將之開啟就會出現如圖 10-39 所示之視窗。在其上方的 Part List:下框出現 BAND_PASS_FITER 及 Noninverter_OP 二個階層式方塊圖(若沒有出現表示在 Libraries:下方沒有點選到 LIBRARY1 字體)，就可將之取出連接所設計的電路，然後存檔。

4.　在模擬前，切記要點選該階層式方塊圖後，按右鍵出現一功能表，點選 <u>Edit Properties</u> 命令會出現如圖 10-40 所示之 Property 視窗，請將 Primitive 右欄之屬性改為 <u>NO</u>，原因同前所述(二個方塊圖都要改)，否則模擬會出現錯誤信息。

註 二：亦可不執行步驟 3 直接在圖 10-39 所示之 Libraries:下框點選 LIBRARY1 字體，即可在上方的 Part List:下框出現該二個階層式方塊圖符號元件。

圖 10-37　Place Part 視窗(一)

圖 10-38 Browse File 視窗

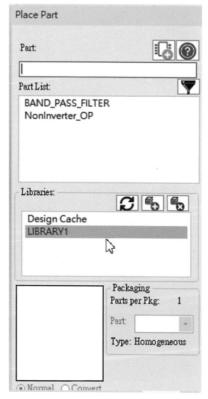

圖 10-39 Place Part 視窗(二)

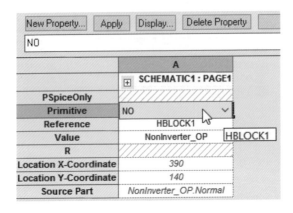

圖 10-40

★習題詳見目錄 QR Code

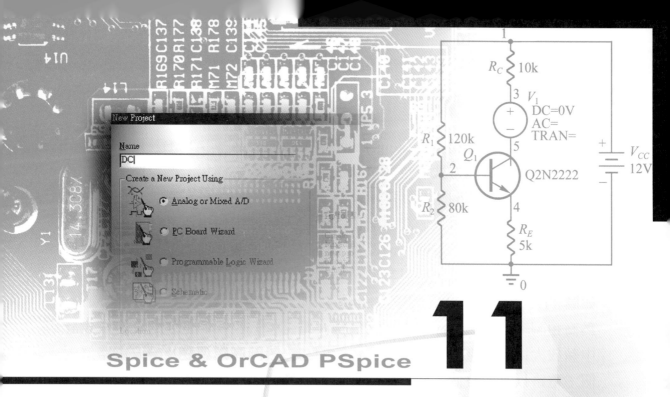

Spice & OrCAD PSpice

11

PSpice 類比行為模型

學習目標

11-1 PSpice 類比行為模型元件的
種類

11-2 PSpice 等效元件類比行為模
型應用實例介紹

11-3 PSpice 控制系統元件之類比
行為模型應用實例介紹

　　所謂類比行為模型(Analog Behavioral model 簡稱 ABM)就是使用者可以利用描點的敘述方式或更簡單的數學式表示式來描述一個電路的特性及行為，而不必實際的來設計這個電路。其主要的作用是在設計一個大系統的某一子電路時，可以假設這個電路的輸入或輸出係來自其他某個子電路或送至某一個其他子電路，因此我們就可以把這個其他的某一子電路使用類比行為模型來代替，所以我們只要專心來設計要設計的這個電路即可，如圖 11-1 所示為一 AM 調變解調電路，它係由三大部分(子電路)組成，一為高頻調變，二為中頻放大，三為檢波電路；假設我們主要的工作在設計中頻放大這個子電路，為了不浪費時間在去設計高頻調變及檢波電路這兩個子電路以完成整個系統功能之評估，因此我們就將高頻調變及檢波電路以類比行為模型代替，就可以節省設計中頻放大電路的時間，如圖 11-2 所示。

註 本章參考自[8][9]之參考資料及其他相關參考資料。

圖 11-1　AM 調變解調電路

圖 11-2　具有類比行為模型之電路

11-1　類比行為模型元件的種類

　　OrCAD PSpice 提供了以轉換函數(transfer function)，表格輸入(lookup table)，數學函式描述方式的類比行為模型元件。

OrCAD PSpice 所提供的類比行為模型元件之資料庫在 ABM.OLB 資料庫中,它可分為二大類,一為 PSpice 等效元件,另一為控制系統元件。

11-1-1 PSpice 等效元件之類比行為模型

PSpice 等效元件之類比行為模型元件之觀念,可以由第五章中所介紹的四種控制電源元件;即

1. 電壓控制電壓電源(E)
2. 電壓控制電流電源(G)
3. 電流控制電流電源(F)
4. 電流控制電壓電源(H)

四種電流的使用來說明。這些元件具有簡單的輸入輸出轉移函數之功能,例如在圖 11-3(a)中 E1 電壓控制電壓電源元件具有將輸入電壓放大 5 倍的功能(因 GAIN=5),由圖 11-3(b)之輸入及輸出波形可知。所以它是具有電壓增益五倍之電壓放大器功能的類比行為模型,所以在電路中若要使用一電壓放大器時,就可以採用此種電壓控制電壓電源元件來代替,這種過程就是類比行為模型的基本觀念。

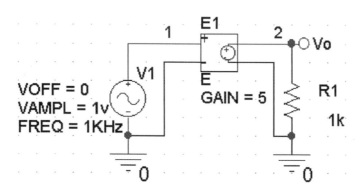

圖 11-3 (a)電壓控制電壓電源元件具有電壓放大器之類比行為模型功能

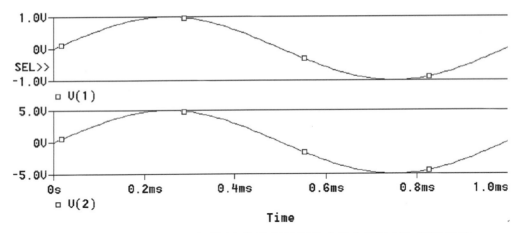

圖 11-3　(b)電壓控制電壓電源元件具有電壓放大器之類比行為模型功能

　　OrCAD PSpice 將電壓控制電壓電源(E)及電壓控制電流電源(G)，這兩個元件延伸出來作為類比行為模型的等效元件，這些 PSpice 等效類比行為模型元件如表 11-1 至表 11-2 所示，可在 OrCAD Capture CIS 中執行 Place → Part 命令後在 ABM Libraries 中取得(在所安裝 PSpice 下的 Cadence\SPB_17.4\tools\Capture\library\PSpice\abm.olb)，如圖 11-4 所示。

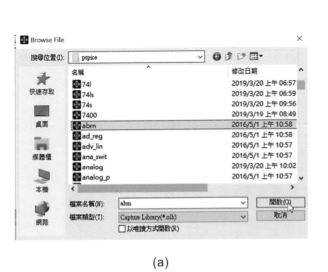

(a)　　　　　　　　　　　　　　　　　　(b)

圖 11-4

表 11-1 PSpice 等效元件之類比行為模型

種類	元件	功能	屬性
數學表示式	EVALUE	一般用途	EXPR
	GVALUE		
	ESUM	特殊用途	無
	GSUM		
	EMULT		
	GMULT		
表格方式	ETABLE	一般用途	EXPR
	GTABLE		TABLE
頻率表格方式	EFREQ	一般用途	EXPR
	GFREQ		TABLE
拉氏轉換	ELAPLACE	一般用途	EXPR
	GLAPLACE		XFORM

　　表 11-1 中以 E 為開頭的類比行為模型具有二個輸入端，二個輸出端，輸出為電壓，以 G 為開頭的類比行為模型具有二個輸入端，二個輸出端，輸出為電流，二者的輸入可以為電壓或電流(它不再是電壓控制或電流控制)，也就是只要依據輸出的型態(電壓或電流)選擇使用 EXXX 或 GXXX 類比行為模型。

11-1-2　控制系統元件之類比行為模型

　　OrCAD PSpice 所提供的控制系統元件之類比行為模型只有一個輸入端及一個輸出端，輸入及輸出電壓以接地電壓(0 節點)為參考電位，也就是這些元件可以直接連接而不需要輸入電阻或虛擬負載，這些控制系統元件之類比行為模型如表 11-2 所示，其中表 11-2(b)為具有數學函數功能的類比行為模型。詳細功能可參閱 OrCAD PSpice User Guide[9]。

表 11-2　(a)控制系統元件之類比行為模型(一)[9]

種類	元件	功能	屬性
基本元件	CONST	常數	VALUE
	SUM	加法器	
	MULT	乘法器	
	GAIN	增益方塊	GAIN
	DIFF	減法器	
限制器（Limiter）	LIMIT	hard limiter	LO,HI
	GLIMIT	Limiter with gain	LO,HI,GAIN
	SOFTLIM	soft(tanh)limiter	LO,HI,GAIN
切比雪濾波器（Chebyshv filter）	LOPASS	低通濾波器	FP,FS,RIPPLE,STOP
	HIPASS	高通濾波器	FP,FS,RIPPLE,STOP
	BANDPASS	帶通濾波器	F0,F1,F2,F3,RIPPLE,STOP
	BANDREJ	帶斥（凹形）濾波器（notch filter）Band reject filter	F0,F1,F2,F3,RIPPLE,STOP
積分器與微分器	INTEG	積分器	GAIN,IC
	DIFFER	微分器	GAIN
查表格	TABLE	lookup table	ROW1...ROW5
	FTABLE	Frequency lookup table	ROW1...ROW5

表 11-2　(b)控制系統元件之類比行為模型

種類	元件	功能	屬性
拉氏轉換 （Laplace transform）	LAPLACE	拉氏表示式 （Laplace expression）	NUM，DENOM
數學函數 （X 為輸入）	ABS	$\lvert x \rvert$	
	SQRT	$X^{1/2}$	
	PWR	$\lvert X \rvert^{EXP}$	EXP
	PWRS	X^{EXP}	EXP
	LOG	$\ln(x)$	
	LOG10	$\log(x)$	
	EXP	e^{X}	
	SIN	$\sin(x)$	
	COS	$\cos(x)$	
	TAN	$\tan(x)$	
	ATAN	$\tan^{-1}(x)$	
	ARCTAN	$\tan^{-1}(x)$	
表示式函數	ABM	沒有輸入，電壓輸出	EXP1...EXP4
	ABM1	一個輸入，電壓輸出	EXP1...EXP4
	ABM2	二個輸入，電壓輸出	EXP1...EXP4
	ABM3	三個輸入，電壓輸出	EXP1...EXP4
	ABM/I	沒有輸入，電流輸出	EXP1...EXP4
	ABM1/I	一個輸入，電流輸出	EXP1...EXP4
	ABM2/I	二個輸入，電流輸出	EXP1...EXP4
	ABM3/I	三個輸入，電流輸出	EXP1...EXP4

註 一：表示式函數係以各種數學函數表示

* 尚有其他類比行為模型，請檢視 ABM Libraries。

11-2　PSpice 等效元件類比行為模型應用實例介紹

本節將以幾種 PSpice 等效元件類比行為模型元件為例子作介紹，以使大家瞭解類比行為模型的功能。

11-2-1　EFREQ 與 GFREQ 類比行為模型元件之應用 ─ 使用描點方式

EFREQ 元件基本上是以電壓控制電壓電源為主的類比行為模型元件，它的輸入為電壓，輸出為電壓，是以頻率響應描點的方式，將電路的頻率響應曲線描繪出來，其輸入資料格式為(頻率、振幅大小(dB 值)、相角)，其任意兩點間的振幅響應曲線係使用內插法計算而求得，而相角則是以線性的方法作內插計算而獲得。GFREQ 元件與 EFREQ 元件之功能相同，只是 GFREQ 之輸出為電流。

範例 11-1　試將圖 11-5 所示之濾波器電路特性以類比行為模型 EFREQ 元件代替(EX11-1.opj)。

解

1.　首先將圖 11-5 所示之電路模擬其輸出頻率響應曲線如圖 11-6 及圖 11-7 所示。(V1 為 AC 電源，觀測元件為 VPRINT1，頻率由 1Hz 至 200kHz，每十倍頻率掃描間有五點)

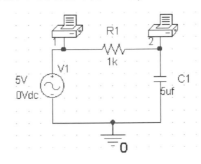

圖 11-5　低通濾波器

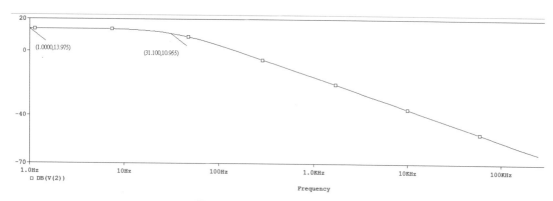

圖 11-6 輸出頻率響應曲線

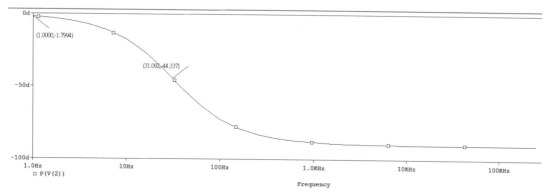

圖 11-7 輸出相位曲線

2. 在圖 11-6 及圖 11-7 中找出各種不同頻率下之 dB 值及其相位值(亦可由輸出檔中讀取),然後將之填入表 11-3 中。

表 11-3 低通濾波器之輸出大小及相位與頻率之關係

F	V（2） dB	V（2） Phase
1Hz	13.98dB	-1.7994
3.981Hz	13.91dB	-7.129
10Hz	13.57dB	-17.44
31.1Hz	10.955dB	-44.337
251.2Hz	-4.033dB	-82.78
1000Hz	-15.97dB	-88.18
6.31KHz	-31.96dB	-89.71
39.81KHz	-47.96dB	-89.95
158.5KHz	-59.96dB	-89.99

3. 在 OrCAD Capture CIS 中使用 Place → Part 命令取出 EFREQ 元件
   (在 ABM.OLB 元件資料庫中)，置於適當位置，如圖 11-8 所示右圖(您
   也可以建立一個新專案)。

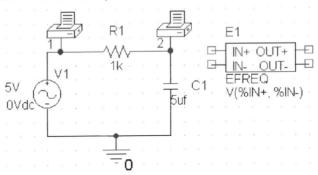

圖 11-8　EFREQ 類比行為模型

4. 以 mouse 左鍵連續點選 EFREQ 元件兩下，出現一如圖 11-9 所示之
   Properties Editor 小視窗(若顯示的是水平方向，可點選上方的 Pivot
   標籤，即可轉成垂直方向顯示)，以 mouse 左鍵點選 TABLE 右欄(下)
   之(0,0,0)(1Meg,-10.90)並將之刪除，然後依表 11-3 之頻率、dB 值、
   相角之關係改成(1,13.98,-1.7994)(3.981,13.91,-7.129)(10,13.57,
   -17.44) (31.1,10.955,-44.337)(251.2,-4.033,-82.78)(1K,-15.97,-88.18)

註 二：17.2 版本最多只能輸入七點之資料)，然後再點選左上角之 Apply 鈕，再回電路
   圖。

	A
	SCHEMATIC1 : PAGE1
PSpiceOnly	TRUE
Primitive	DEFAULT
Reference	E1
Value	EFREQ
R	
DELAY	
EXPR	V(%IN+, %IN-)
Location X-Coordinate	350
Location Y-Coordinate	50
MAGUNITS	
PHASEUNITS	
R_I	
Source Part	EFREQ.Normal
TABLE	(0,0,0) (1Meg,-10,90)

New Property... | Apply | Display... | Delete Property

圖 11-9　Properties Editor 小視窗(一)

註 三：若再按圖 11-9 右上方的 Pivot 標籤就會使 Properties Editor 小視窗形成水平的
顯示，如圖 11-10 所示可檢視輸入之值是否正確。

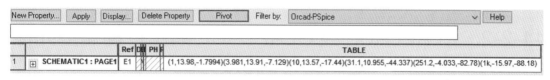

圖 11-10　Property Editor 視窗(二)

5. 將圖 11-8 電路圖之 RC 元件刪除，以 EFREQ 元件代替如圖 11-11 所
示。

6. 開始模擬(使用交流分析模擬)，其輸出響應頻率之 DB 及相位波形
如圖 11-12 所示，應與圖 11-6 及 11-7 之波形類似但較不平滑，但
輸出值及 3dB 頻率稍有差異。

若使用 GFREQ 元件代替時，由於其輸出爲電流，故只要在其輸出
端串一電阻以取出所需之電流即可。

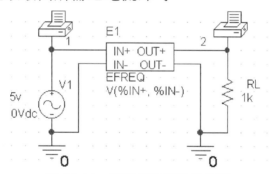

圖 11-11　類比行為模型之應用

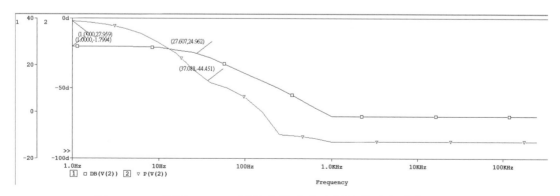

圖 11-12　使用 EFREQ 元件之輸出大小及相位之頻率響應曲線

由於使用此種方法因限制於描點個數的限制，所以較不準確，若要較精確度時，建議採用下列小節所述的方式。

11-2-2　ELAPLACE 與 GLAPLACE 類比行為模型元件之應用－使用轉移函數方式

在 11-2-1 小節中所使用的 EFREQ 類比行為模型元件，其輸出頻率響應曲線會有不平滑的感覺，且較不準確，而 ELAPLACE 類比行為模型係以拉斯轉換描述方式將電路的特性描述出來，故較為準確。如圖 11-5 所示之低通濾波器其-3dB 頻率為

$$f_{-3db} = \frac{1}{2\pi R_1 C_1} = \frac{1}{6.28 \times 1k \times 5\mu F} = \frac{1}{6.28 \times 5 \times 10^{-3}} = 31.83Hz$$

–3dB 相角為 –45°(實際模擬結果為 31.23Hz(31.776Hz)，相角-44.954)其轉換函數為

$$H(s) = \frac{1}{1 + s / s_{-3dB}} = \frac{1}{1 + s / 2\pi f_{-3dB}} = \frac{1}{1 + \dfrac{s}{\dfrac{1}{RC}}}$$

$$= \frac{1}{1 + sR_1C_1} = \frac{1}{1 + s \times 1k \times 5\mu F} = \frac{1}{1 + 0.005s} \tag{11-1}$$

ELAPLACE 類比行為模型元件只要寫出該電路之轉移函數如(11-1)式，即可完成該低通濾波器電路之功能。

範例 **11-2**　將圖 11-5 所示之低通濾波器以 ELAPLACE 類比行為模型元件代替(EX11-2.opj)。

解　該低通濾波器之轉移函數 $H(s) = \dfrac{1}{1 + sR_1C_1} = \dfrac{1}{1 + 0.005 * s}$，因此在取出該

ELAPLACE 元件後(在 ABM.OLB 元件資料庫)，應如圖 11-13(a)所示，在該元件上以 mouse 左鍵連續點二下，就會出現如圖 11-13(b)所示之 Property Editor 視窗後，在 XFORM 欄位右方將 1/s 改為鍵入

$\dfrac{1}{(1+0.005*s)}$ 後，再按 Apply 鈕即可，然後再如圖 11-14 所示，將圖

11-11 電路之 EFREQ 元件改成 ELAPLACE 元件，然後再模擬一次，
結果如圖 11-15 所示。

注意：0.005 與 s 間要打*符號

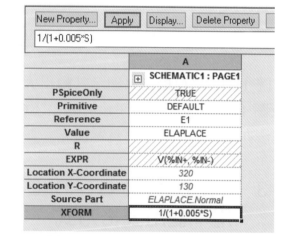

圖 11-13　(a) ELAPLACE 元件　　　　圖 11-13　(b) Property Editor 視窗

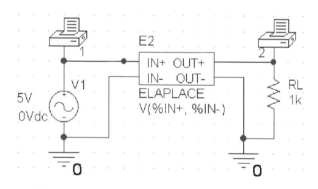

圖 11-14　ELAPLACE 類比行為模型之應用

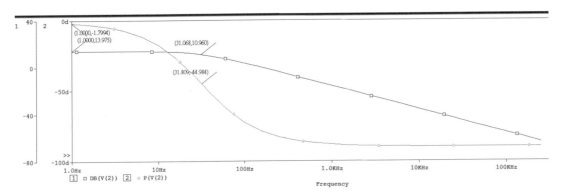

圖 11-15　輸出大小及相位之頻率響應曲線

　　由圖 11-15 之模擬結果顯示其輸出大小及相位頻率響應曲線幾乎與圖 11-6 及圖 11-7 完全相同幾乎沒有誤差。GLAPLACE 類比行為模型元件之使用方法亦同，只是其輸出為電流。

11-2-3　ETABLE 及 GTABLE 類比行為模型元件之應用－使用表格方式

　　ETABLE 及 GTABLE 元件為使用表格的方式來描述轉移函數，此種元件非常適合於測量資料時使用，其表格輸入格式為(輸入，輸出)，也就是使用輸入/輸出特性曲線的描述的方式。ETABLE 元件輸入為電壓輸出為電壓，GTAVLE 元件輸入為電壓輸出為電流。

範例 11-3　有一電壓比較器之規格為當輸入電壓小於-0.5V 時輸出為 -6V，若電壓大於 0.5V 時輸出為 6V，試以 ETABLE 元件來設計此電壓比較器(EX11-2-3.opj)。

解

1. 在取出 ETABLE 元件後(在 ABM.OLB)，以 mouse 左鍵在如圖 11-16(a) 所示的該元件上連續點二下會出現如圖 11-16(b)所示之 Property Editor 視窗，在 TABLE 欄位下有(-15, 15)(15, 15)字，將之改成(-0.5, -6)　(0.5, 6)(注意：括號間要有空格)，然後按 Apply 鈕。

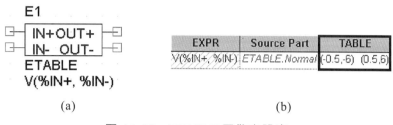

(a)   (b)

圖 11-16   ETABLE 元件之設定

2. 回到電路圖取出一 VPWL 信號電源元件(SOUREC.OLB 元件資料庫)，設定其輸入波形為一三角波，在 VPWL 元件上連續點二下，出現如圖 11-17 所示之 Property Editor 視窗在 T1~T3 及 V1~V3 欄位下設定其輸入時間及電壓值，如圖 11-16 所示設定。(分斷線性波之電壓設定方法見第 4-2-4 節)

3. 然後將之連接成如圖 11-18 所示之電路，並執行暫態分析之模擬，Run to time：10us，Max Tme Step：0.01us，則其模擬結果之輸出波形如圖 11-19 所示。

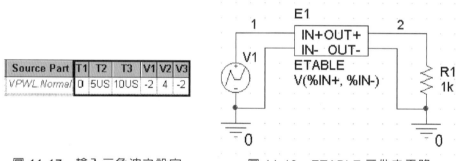

圖 11-17   輸入三角波之設定   圖 11-18   ETABLE 元件之電路

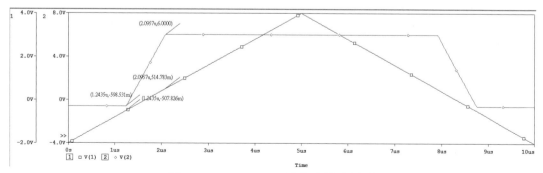

圖 11-19   ETABLE 元件之輸出波形

由輸出波形中可看出,當輸入 V(1)輸入波形小於-0.5V 時,輸出為-6V,當輸入大於 0.5V 時,輸出為+6V。

範 例 11-4 同上題,但使用 GTABLE 元件,且輸入電壓小於-2V 時,輸出為-6A,輸入大於 2V 時輸出為 6A(EX11-4.opj)。

解

1. 將 GTABLE 元件取出後同上題之方法,在 Property Editor 的 TABLE 欄位下將(-15, 15)(15, 15)改為(-2, -6)(2, 6),如圖 11-20 所示,注意括號間要有空格。

2. V1 輸入信號電源 VPWL 之設定,如圖 11-21 所示,在其 Propert Editor 視窗設定不同時間之電壓值。

Value	EXPR	Source Part	TABLE
GTABLE	V(%IN+, %IN-)	*GTABLE.Normal*	(-2,-6) (2,6)

Source Part	T1	T2	T3	V1	V2	V3
VPWL.Normal	0	5us	10us	-3	8	-3

圖 11-20　GTABLE 元件之設定　　　圖 11-21　輸入三角波之設定

3. 將 GTABLE 元件連接成如圖 11-22 所示之電路。

4. 開始執行暫態分析之模擬,由於 GTABLE 為電壓控制電流元件,故輸出為電流(Run to time:10μs, Max time step:0.01μs),圖 11-23 為輸入電壓與輸出電流之關係,當輸入電壓小於-2V 時輸出為-6A,當輸入電壓大於 2V 時輸出為 6A,輸出電流取-I(R1)乃是該 GTABLE 元件之輸出電流方向與電阻 R1 電流方向相反之故。

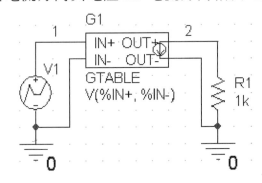

圖 11-22　GTABLE 類比行為模型元件應用電路

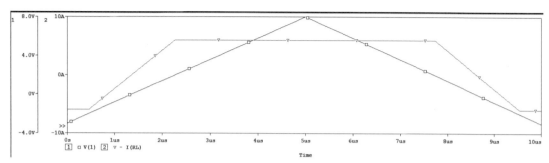

圖 11-23　輸入電壓與輸出電流之曲線

11-2-4　GVALUE 及 EVALUE 類比行為模型之應用實例－使用數學函數

GVALUE 及 EVALUE 元件係以數學函數表示的方式將電路輸入/輸出的關係描述出來，其數學式表示的方法為表 11-2(b)中的數學函數表示式(如 ABS,SQRT 等)。GVALUE 輸入為電壓，輸出為電流，而 EVALUE 輸入為電壓，輸出為電壓。

範例 11-5　試使用 GVALUE 類比行為模型元件設計一具有能將輸入正弦波電壓產生全波整流之電流，且又具有倍壓(1000 倍)之功能之電路(EX11-2-4.opj)。

解

1. GVALUE 為電壓控制電流電源的元件，要使之具有全波整流電流之功能時，只要設定能使輸入交流正弦波電壓產生絕對值作用之 ABS 數學函數，然後以電流為輸出即可獲得，要產生 1000 倍壓之作用，只要將此輸出電流再經過 1K 電阻之壓降，即可產生 1000 倍之倍壓作用。

2. 在取出 GVALUE 元件後，同範例 11-3 之方法，在 Property Editor 視窗上，設定其取輸入絕對值之數學函數功能(ABS) 如圖 11-23 所示，即在 EXPR 欄位下將原有之 V(％IN+, ％IN-)改成 ABS(V(％IN+, ％IN-))。

Reference	Value	EXPR	Source Part
G1	GVALUE	ABS(V(%IN+, %IN-))	GVALUE.Normal

圖 11-24　Property Editor 視窗 GVALUE 元件之設定

3.　將 GVALUE 元件連接成圖 11-25 所示之電路，輸入信號為正弦波。

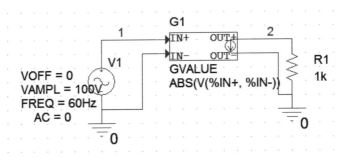

圖 11-25　全波整流電流及倍壓電路

4.　開始模擬，暫態分析，Run to time：32ms，Max step size:0.01ms，進入 Probe 畫面點選 Trace → Add Trace 鍵入 V(1)，點選 Plot → Add Y Axis 增加 Y 軸，再點選 Trace → Add Trace 命令，鍵入 -I(R1)，再點選 Plot → Add Y Axis 增加 Y 軸，點選 Trace → Add Trace 命令，鍵入 -V(R1)，就可得如圖 11-26 所示之輸入電壓(V(1))，輸出電流(-I(R1))及輸出電壓(-V(2))之波形。

5.　在圖 11-26 中 -I(R1)及 -V(2)之波形是重疊在一起，但是其 y 軸刻度是不一樣的，輸出電流為第 2y 軸刻度，輸出電壓為第 3y 軸刻度。由圖 11-26 中可看出 V(1)輸入電壓峰值為 100V(第 1y 軸刻度)，輸入電流 -I(R1)為 100A(第 2y 軸刻度)，輸出電壓 -V(2)為 100KV(在第 3y 軸刻度)，故有 1000 倍倍壓之功能，V(2)及 I(R1)取負號原因與範例 11-4 相同。

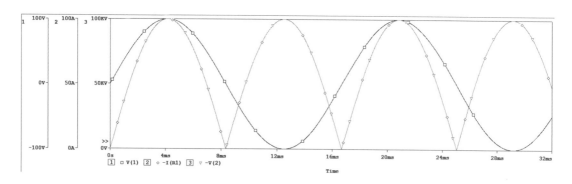

圖 11-26 輸入電壓、輸出電流及輸出電壓之波形

11-3 PSpice 控制系統元件之類比行為模型應用實例介紹

11-3-1 MULT 乘法器之應用

本節將 PSpice 控制系統元件類比行為模型的 MULT 乘法器之功能做一實例介紹。

範例 11-6 試將圖 11-1 所示之 AM 調變解調電路之高頻調變電路以類比行為模型代替(EX11-3-1.opj)？

解 在通訊系統原理中 AM 調變電路之基本架構如圖 11-27 所示，其中 f_c 為載波頻率，f_1 為基頻信號頻率，乘法器可利用 MULT 類比行為模型代替，以完成 AM 調變電路之功能，其步驟如下：

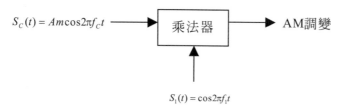

圖 11-27 AM 調變電路之基本架構

1. 使用 Place → Part 命令在 ABM.OLB 元件資料庫中取出 MULT 乘法器，並連接成如圖 11-28 所示之電路，其中 $V_{carrier}$ 為載波信號 (V1)，頻率為 1500kHz，V_{audio} 為基頻信號(V2)頻率為 1k。

2. 開始模擬暫態分析，Run to time：5ms，Max step size：0.1ms，可獲得圖 11-29 之 AM 調變暫態分析輸出波形，其中 V(1)為載波信號，V(2)為基頻信號，V(3)為 AM 調變信號(點選 Plot → Add Plot to Window 命令可產生三個獨立的波形圖)。

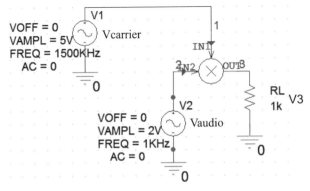

圖 11-28　AM 調變電路高頻調變電路之類比行為模型

　　如果要設計一具有圖 11-1 檢波電路功能之類比行為模型之元件，可使用一限制器(LIMIT)類比行為模型串聯一 ELAPLACE 類比行為模型元件(其-3dB 頻率為其基頻信號 1kHz)，即可完成。

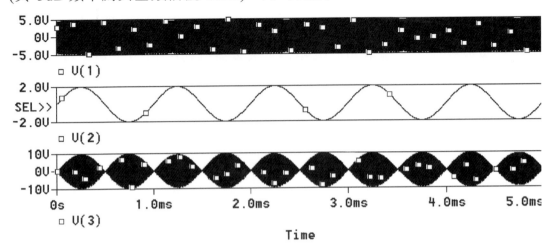

圖 11-29　載波信號、基頻信號及 AM 調變信號

11-3-2 Chebyshev 濾波器之應用

PSpice 的 Chebyshev 濾波器類別行為模型可提供四種型態的濾波電路，即(1)帶通濾波器(BANDPASS)：(2)帶拒濾波器(BANDREJ)：(3)高通濾波器(HIPASS)：(4)低通濾波器(LOPASS)四種，如圖 11-30 所示為機定的此四種濾波器的外觀及屬性。各濾波器之屬性功能，如表 11-1 所示。

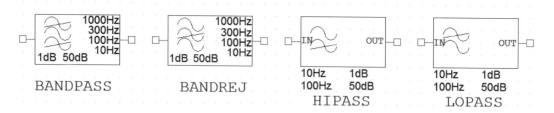

圖 11-30 Chebyshev 濾波器種類

表 11-1 各濾波器之屬性功能

BANDPASS 及 BANDREJ		HIPASS 及 LOPASS	
F0、F1、F2、F3	轉折頻率	FP	導通的臨界轉折頻率
RIPPLE	Pass Band 的漣波量(dB)	FS	截止帶的臨界轉折頻率
STOP	Stop Band 的最小衰減值(dB)	RIPPLE	Pass Band 的漣波量(dB)
		STOP	Stop Band 的最小衰減值(dB)

在圖 11-30 中的

BANDPASS 表示在 10Hz(F0)以下及 1000Hz(F3)以上為截止帶最小衰減(STOP)值為 50dB，100Hz(F1)至 300Hz(F2)間為帶通，其漣波量為 1dB。

BANDREJ 表示在 10Hz(F0)以下及 1000Hz(F3)以上為導通帶，漣波量為 1dB，在 100Hz(F1)至 300Hz(F2)間為截止帶，最小衰減值為 50dB(STOP)。

HIPASS 表示 10Hz(FS)以下為截止帶最小衰減值(STOP)為 50dB，100Hz(FP)以上為導通帶，其漣波量(RIPPLE)為 1dB。

LOPASS 表示 10Hz(FP)以下為導通帶其漣波量(RIPPLE)為 1dB，100Hz(FS)以上為截止帶，其衰減值(STOP)為 50dB。

範例 11-7　試使用 Chebyshev 設計一帶通濾波器，其帶通帶在 500Hz 至 1kHz 之間，最大漣波量為 2dB，300Hz 以下及 1.5kHz 以上為截止帶，其最小衰減值為 45dB(EX11-3-2.opj)

解

1. 在 ABM.OLB 資料庫中取出 <u>BANDPASS</u> 元件後，在其元件上連續點二下就會出現一如圖 11-31 所示之 Property Editor 視窗，將其 F0、F1、F2、F3、RIPPLE 及 STOP 鍵入如圖 11-31 所示之設定值。

2. 如圖 11-32 所示之電路連接。

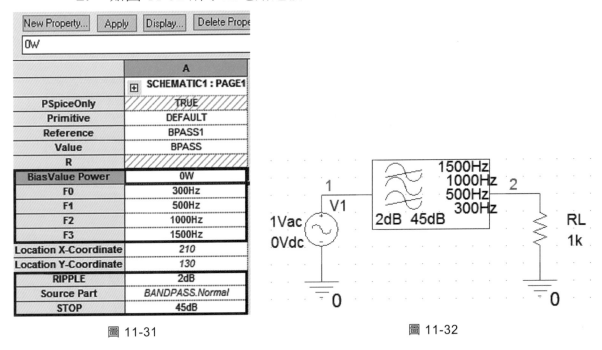

圖 11-31　　　　　　　　　　　　　　　　圖 11-32

3. 執行交流分析，Start Frequency:10Hz，End frequency:10kHz Points/Decade:100。

4. 進入 Probe 畫面點選 Plot → Axis Settings → Yaxis，出現如圖
    11-33 所示之 Axis Settings 小視窗，點選 User Defined: -250 to 10，
    然後點選左下角之 OK 鈕就會顯示其輸出波形之 dB 值應如圖
    11-34 所示。

圖 11-33　Y 軸設定

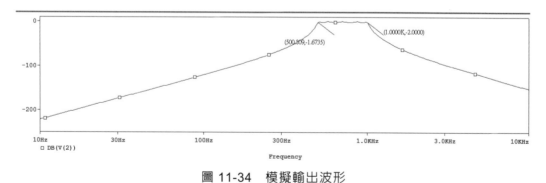

圖 11-34　模擬輸出波形

★習題詳見目錄 QR Code

參考資料

1. L. W. Nagel, "SPICE 2: A Computer Program to Simulate Semiconductor Circuits, Electronics Research Laboratory, Rep. No.ERL-M520," University of California, Berkeley, l975.

2. A. Vladimirescu, Kaihe Zhang, A.R. Newton, D.O. Pederson, A. Sangiovanni Vincentelli, "SPICE Version 2G User's Guide", Dept of Electrical Engineering and computer Sciences university of California, Berkeley, Ca, Aug, 1981.

3. Walter Banzhaf, "Computer-aided Circuit Analysis Using SPICE", Prentice Hall, Englewood Cliffs, New Jersey, 1989.

4. Giuseppe Massobrio, paolo Antognetti, "Semiconductor Device Modeling with SPICE", McGraw-Hill, 1993.

5. S, Liu, and A. Vladimirescu, "The Simulation of MOS Integrated Circuit using SPICE 2", ERL Memo No, ERL M80/7, Electronics Research Laboratory, University of California, Berkeley, Oct, 1980.

6. Paul W. Tuinenga, "SPICE A Guide to Circuit Simulation & Analysis Using PSPICE", prentice-Hall, Englewood Cliffs, New Jersey, 1988(1992).

7. Muhammad H. Rashid etc, "SPICE for Circuits and Electronics Using PSPICE", Prentice-Hall, Englewood Cliffs, New Jersey.

8. Cadence Corporation, "OrCAD PSpice User's Guide", Portland, Oregon, 2000.

9. Cadence Corporation, "OrCAD Capature User's Guide", Portland, Orgon, 2000.

10. Ian Getreu, Modeling the Bipolar Transistor, Tektronix, lnc. part #062-2841–00.

11. Andrei Vladimiresou, and Sally Liu, The Simulation of MOS Integrated Circuits Using SPICE 2, Memorandum No. UCB/ERL M80/7.

12. W. R. Curtice, "A MOSFET Model for Use in the Design of GaAs Integrated Circuits", IEEE Transactions on Microwave Theory and Techniques, Vol. MTT-28, May 1980, p448-p456.

13. S. E. Sussman-Fort, S. Narasimhan, and K. Mayaram, "A Complete GaAs MOSFET Computer Model for SPICE", IEEE Transactions on Microwave Theory and Techniques, Vol. MTT-32, April 1984, p471-p473.

14. G.M. KUII, L.W. Nagel, S.W. Lee, P. Lloyd, E.J. Prendergast, and H.K. Dirks, "A Unified Circuit MODEL for Bipolar Transistors Including Quasisaturation Effects", IEEE Transactions on Electron Devices, ED-32, 1103-1113, 1985.

15. H Statz, P. Newman, I.W. Smith, R.A. Pucel, and H.A. Haus, "GaAs FET Device and circuit Simulation in SPICE", IEEE Transactions on Electron Devices, ED-34, 160-169, 1987.

16. A. J. McCamant, G.D. McCormack, and D.H. Smith, "An Improved GaAs MES-FET Model for SPICE, "IEEE Transactions on Microwave Theory and Techniques, June, 1990(est).

17. Sedra & Smith, "SPICE for Microelectronic Circuits", Saunders College Publishing, USA,1992.

18. 許榮睦，"大專電子實習(II)"，全華科技圖書公司，台北，1987。

19. Charles A. Desor, Ernest S. Kuh, "Basic Circuit Theory", McGRAW-Hill Book Company, New York, NY.1972．

20. Jacob Millman, Arvin Grabel, "Microelectronics", McGRaw-Hill Company, USA, 1998.

21. Sedra & Smith, "Microelectronics Circuits", Saunders College Publishing, USA, 1990.

22. 映陽科技有限公司，OrCAD PSpice 17.4-2021 訓練教材，新北市，2022。

國家圖書館出版品預行編目資料

電腦輔助電子電路設計：使用 Spice 與 OrCAD
　PSpice / 鄭群星編著. -- 五版. -- 新北市：全
　　面　；　公分
　參考書目：面
　ISBN 978-626-328-057-1
　1.CST: 電路　2.CST: 電腦輔助設計　3.CST:
　SPICE(電腦程式) 4.CST: PSPICE(電腦程式)

448.62029　　　　　　　　　111000256

電腦輔助電子電路設計－使用 Spice 與 OrCAD PSpice

作者 / 鄭群星

發行人 / 陳本源

執行編輯 / 呂詩雯

出版者 / 全華圖書股份有限公司

郵政帳號 / 0100836-1 號

印刷者 / 宏懋打字印刷股份有限公司

圖書編號 / 0512904

五版一刷 / 2022 年 03 月

定價 / 新台幣 650 元

ISBN / 978-626-328-057-1

全華圖書 / www.chwa.com.tw

全華網路書店 Open Tech / www.opentech.com.tw

若您對書籍內容、排版印刷有任何問題，歡迎來信指導 book@chwa.com.tw

臺北總公司(北區營業處)
地址：23671 新北市土城區忠義路 21 號
電話：(02) 2262-5666
傳真：(02) 6637-3695、6637-3696

南區營業處
地址：80769 高雄市三民區應安街 12 號
電話：(07) 381-1377
傳真：(07) 862-5562

中區營業處
地址：40256 臺中市南區樹義一巷 26 號
電話：(04) 2261-8485
傳真：(04) 3600-9806(高中職)
　　　(04) 3601-8600(大專)

歡迎加入 全華會員

● 會員獨享

會員享購書折扣、紅利積點、生日禮金、不定期優惠活動⋯等。

● 如何加入會員

掃 QRcode 或填妥讀者回函卡直接傳真 (02) 2262-0900 或寄回，將由專人協助登入會員資料，待收到 E-MAIL 通知後即可成為會員。

如何購買 全華書籍

1. 網路購書

全華網路書店「http://www.opentech.com.tw」，加入會員購書更便利，並享有紅利積點回饋等各式優惠。

2. 實體門市

歡迎至全華門市（新北市土城區忠義路 21 號）或各大書局選購。

3. 來電訂購

(1) 訂購專線：(02) 2262-5666 轉 321-324
(2) 傳真專線：(02) 6637-3696
(3) 郵局劃撥（帳號：0100836-1 戶名：全華圖書股份有限公司）
※ 購書未滿 990 元者，酌收運費 80 元。

OpenTech.com.tw 全華網路書店

全華網路書店 www.opentech.com.tw
E-mail: service@chwa.com.tw

※ 本會員制如有變更則以最新修訂制度為準，造成不便請見諒。

讀者回函卡

掃 QRcode 線上填寫 ▶▶▶

姓名：＿＿＿＿＿＿＿＿＿ 生日：西元＿＿＿＿年＿＿月＿＿日 性別：□男 □女

電話：（　）＿＿＿＿＿＿＿＿＿ 手機：＿＿＿＿＿＿＿＿＿

e-mail：（必填）＿＿＿＿＿＿＿＿＿

註：數字零，請用 Φ 表示，數字 1 與英文 L 請另註明並書寫端正，謝謝。

通訊處：□□□□□

學歷：□高中・職 □專科 □大學 □碩士 □博士

職業：□工程師 □教師 □學生 □軍・公 □其他

學校／公司：＿＿＿＿＿＿ 科系／部門：＿＿＿＿＿＿

· 需求書類：

□ A. 電子 □ B. 電機 □ C. 資訊 □ D. 機械 □ E. 汽車 □ F. 工管 □ G. 土木 □ H. 化工 □ I. 設計
□ J. 商管 □ K. 日文 □ L. 美容 □ M. 休閒 □ N. 餐飲 □ O. 其他

· 本次購買圖書為：＿＿＿＿＿＿＿＿＿ 書號：＿＿＿＿＿

· 您對本書的評價：

封面設計：□非常滿意 □滿意 □尚可 □需改善，請說明＿＿＿＿＿
內容表達：□非常滿意 □滿意 □尚可 □需改善，請說明＿＿＿＿＿
版面編排：□非常滿意 □滿意 □尚可 □需改善，請說明＿＿＿＿＿
印刷品質：□非常滿意 □滿意 □尚可 □需改善，請說明＿＿＿＿＿
書籍定價：□非常滿意 □滿意 □尚可 □需改善，請說明＿＿＿＿＿
整體評價：請說明＿＿＿＿＿

· 您在何處購買本書？

□書局 □網路書店 □書展 □團購 □其他

· 您購買本書的原因？（可複選）

□個人需要 □公司採購 □親友推薦 □老師指定用書 □其他

· 您希望全華以何種方式提供出版訊息及特惠活動？

□電子報 □DM □廣告（媒體名稱）＿＿＿＿＿

· 您是否上過全華網路書店？（www.opentech.com.tw）

□是 □否 您的建議＿＿＿＿＿

· 您希望全華出版那方面書籍？＿＿＿＿＿

· 您希望全華加強那些服務？＿＿＿＿＿

感謝您提供寶貴意見，全華將秉持服務的熱忱，出版更多好書，以饗讀者。

填寫日期：　　／　　／

2020.09 修訂

親愛的讀者：

感謝您對全華圖書的支持與愛護，雖然我們很慎重的處理每一本書，但恐仍有疏漏之處，若您發現本書有任何錯誤，請填寫於勘誤表內寄回，我們將於再版時修正，您的批評與指教是我們進步的原動力，謝謝！

全華圖書 敬上

勘 誤 表

頁 數	行 數	書 名		作 者
書 號				
		錯誤或不當之詞句		建議修改之詞句

我有話要說：（其它之批評與建議，如封面、編排、內容、印刷品質等・・・）